饲料工业标准汇编

（中册）

（第四版）

中国标准出版社　编

中国标准出版社

北　京

图书在版编目(CIP)数据

饲料工业标准汇编.中/中国标准出版社编.—4版.—北京:中国标准出版社,2014.1(2014.7重印)
ISBN 978-7-5066-7469-0

Ⅰ.①饲… Ⅱ.①中… Ⅲ.①饲料工业-标准-汇编-中国 Ⅳ.①S816.1

中国版本图书馆CIP数据核字(2013)第310158号

中国标准出版社出版发行
北京市朝阳区和平里西街甲2号(100013)
北京市西城区三里河北街16号(100045)
网址 www.spc.net.cn
总编室:(010)64275323 发行中心:(010)51780235
读者服务部:(010)68523946
中国标准出版社秦皇岛印刷厂印刷
各地新华书店经销
*
开本 880×1230 1/16 印张 37 字数 1 146 千字
2014年1月第四版 2014年7月第五次印刷
*
定价 210.00 元

第四版出版说明

本汇编第三版自2011年8月出版以来，所收录的标准已有部分被代替，且有一部分新的饲料工业标准陆续发布实施，企业和检测部门急需掌握新的标准以指导生产和提高产品质量。为了更好地满足读者需求，本汇编第四版收录了截至2013年12月底批准发布的现行国家标准223项、国家标准化指导性技术文件2项及行业标准66项，国内相关法律、法规和规章13项。与第三版相比，新增制修订标准54项、法律法规和规章13项。

本汇编分上、中、下三册。上册共收录饲料工业标准97项，其中国家标准44项，国家标准化指导性技术文件2项，行业标准51项，其内容包括综合标准、饲料产品、饲料原料三部分。中册共收录饲料工业标准71项，其中国家标准63项，行业标准8项，另有国内相关法律、法规和规章13项，其内容包括饲料添加剂以及国内相关法律、法规和规章两部分。下册共收录饲料工业标准123项，其中国家标准116项，行业标准7项，其内容包括检测方法和其他相关标准两部分。

本汇编适合于广大饲料生产、使用、销售单位和科研机构技术人员，以及饲料质检单位和各级饲料标准化管理部门人员参考使用。

编　者

2014年1月

目　录

饲料添加剂

国内相关法律、法规和规章

饲料添加剂

前言

本标准是GB/T 7292—1987《饲料添加剂　维生素A乙酸酯微粒》的修订本。

本标准与GB/T 7292—1987的主要差异如下：

——第1章删去了“……以β-紫罗兰酮为起始原料……”；

——产品性状外观改为“淡黄色至棕褐色”；

——原标准中所使用的筛网用号数表示，现改为用孔径表示；

——主要成分含量的测定，采用了国外企业标准的“高效液相色谱法”；

——产品包装材料改用铝箔聚乙烯袋或其他适当材质。

本标准自实施之日起同时代替GB/T 7292—1987。

本标准由国家药品监督管理局提出。

本标准由中国医药工业公司技术归口。

本标准由罗氏泰山(上海)维生素制品有限公司负责起草。

本标准主要起草人：王云全、郝玫。

中华人民共和国国家标准

饲料添加剂
维生素A乙酸酯微粒

GB/T 7292—1999

代替 GB/T 7292—1987

Feed additive—
Vitamin A acetate beadlets

1 范围

本标准规定了饲料添加剂维生素A乙酸酯微粒的范围、要求、试验方法、验收规则、标签以及包装运输和储存。

本标准适用于由合成维生素A乙酸酯，加入适量抗氧剂，采用明胶为主要辅料制成的微粒。

分子式：$C_{22}H_{32}O_2$

相对分子质量：328.49（按1995年国际相对原子质量）

结构式：

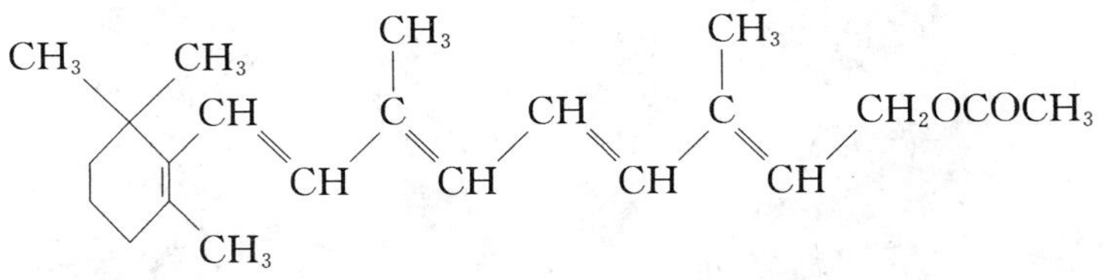

2 引用标准

下列标准所包含的条文，通过在本标准中引用而构成为本标准的条文。本标准出版时，所示版本均为有效。所有标准都会被修订，使用本标准的各方应探讨使用下列标准最新版本的可能性。

GB/T 6682—1992 分析实验室用水规格和试验方法

GB 10648—1993 饲料标签

3 要求

3.1 性状：本品为淡黄色至棕褐色颗粒状粉末，易吸潮，遇热、酸、日光或吸潮后易分解，并使含量下降。

3.2 饲料添加剂维生素A乙酸酯微粒应符合表1要求。

表 1

项　　目	指　　标
粒　　度	本品应100%通过0.84 mm孔径的筛网(20目)
标示量	含维生素A乙酸酯500 000 IU/g
含量(以 $C_{22}H_{32}O_2$ 计，占标示量的百分比)，%	90.0～120.0
干燥失重，%　　≤	5.0

国家质量技术监督局1999-08-10批准　　2000-02-01实施

4 试验方法

本标准所用试剂和水,在没有注明其他要求时,均指分析纯试剂和GB/T 6682规定的三级水。

4.1 外观和粒度

称取样品50 g,用肉眼观察颜色,再用孔径为0.84 mm的分样筛测定。

4.2 鉴别

4.2.1 试剂和溶液

4.2.1.1 无水乙醇

4.2.1.2 三氯化锑-三氯甲烷溶液:取三氯化锑1 g,加三氯甲烷使之成4 mL。

4.2.2 方法

称取试样0.1 g,用无水乙醇(4.2.1.1)湿润后,研磨数分钟,加三氯甲烷10 mL,振摇过滤,取滤液2 mL,加三氯化锑-三氯甲烷溶液(4.2.1.2)0.5 mL,即呈蓝色,并迅即褪去蓝色。

4.3 维生素A乙酸酯含量测定

维生素A的含量以每克样品中所含维生素A的国际单位表示。

测定过程均应在半暗室中尽快进行。

4.3.1 试剂和溶液

4.3.1.1 无水乙醇。

4.3.1.2 全反式维生素A乙酸酯对照品。

4.3.1.3 碱性蛋白酶(酶活力每克大于40 000单位)。

4.3.1.4 0.1%氨水溶液。

4.3.1.5 乙腈:色谱纯。

4.3.1.6 异丙醇:色谱纯。

4.3.1.7 重蒸馏水(经处理液相色谱专用)。

4.3.2 仪器设备

4.3.2.1 超声波恒温水浴。

4.3.2.2 高速离心机。

4.3.2.3 高压液相色谱仪。

4.3.3 测定方法

4.3.3.1 对照品溶液的制备

精确称取约85～90 mg(准确至0.000 1 g)全反式维生素A乙酸酯对照品(4.3.1.2),置于50 mL棕色容量瓶中,加入30～40 mL无水乙醇(4.3.1.1),置于超声水浴中处理2 min使之完全溶解,用无水乙醇稀释到刻度,摇匀。精密吸取此溶液10.00 mL于100 mL棕色容量瓶中,用无水乙醇稀释至刻度,摇匀待测。

4.3.3.2 试样溶液的制备

精确称取试样约0.2 g(准确至0.000 1 g),置于200 mL棕色容量瓶中,加入200 mg的碱性蛋白酶(4.3.1.3),0.1%氨水溶液(4.3.1.4)10 mL;将容量瓶置于45℃超声波水浴中处理10 min,加入100 mL无水乙醇后猛烈振摇,然后用无水乙醇稀释至刻度,摇匀。将混合液离心后,取上清液经0.2 μm微孔滤膜过滤后用于高效液相色谱的测定。

4.3.3.3 高效液相色谱条件

色谱柱:不锈钢色谱柱,长250 mm,内径4.6 mm。

固定相:ODS-2,5 μm。

流动相:乙腈∶异丙醇∶水=1 500∶250∶250。

流速:1.0 mL/min。

进样量:10 μL。

检测波长:326 nm。

4.3.3.4 测定

精密量取对照品溶液与试样溶液各 10 μL,依次注入液相色谱仪,记录色谱图,按外标法以峰面积进行计算。

4.3.4 计算和结果的表示

对照品溶液浓度 C_{st} 按式(1)计算:

$$C_{st} = \frac{m_{st} \times P_{st}}{500} \qquad \cdots\cdots (1)$$

式中:C_{st}——对照品溶液浓度,IU/mL;

m_{st}——对照品质量,g;

P_{st}——对照品含量,IU/g;

500——对照品溶液稀释的体积,mL。

试样中维生素 A 含量按式(2)计算:

$$P = \frac{F_s \times C_{st} \times 200}{F_{st} \times m_s} \qquad \cdots\cdots (2)$$

式中:P——试样中维生素 A 含量,IU/g;

F_s——试样溶液中维生素 A 峰面积;

F_{st}——对照品溶液中维生素 A 峰面积;

C_{st}——对照品溶液浓度,IU/mL;

m_s——试样质量,g;

200——试样溶液稀释的体积数,mL。

按式(3)计算试样所含维生素 A 相当于标示量的质量百分数(X_1)。

$$X_1(\%) = \frac{P}{\text{标示量}} \times 100 \qquad \cdots\cdots (3)$$

注

1 在试样中可能会存在少量维生素 A 乙酸酯的顺式异构体,同样具有维生素 A 的效价,因此在计算时应将维生素 A 乙酸酯的顺-反异构体峰面积合并计算。

2 对照品和试样的稀释液最后进样时的浓度应控制在仪器的线性范围内。

3 试样在柱上的分离度必须大于 1.5。

4.4 干燥失重的测定

4.4.1 称取试样 1 g(准确至 0.000 1 g),置于已在 105℃烘箱中干燥至恒重的称量瓶内,打开称量瓶瓶盖,置于 105℃烘箱中,干燥至恒重。

4.4.2 计算和结果的表示

干燥失重 X_2(以质量百分数表示)按式(4)计算:

$$X_2(\%) = \frac{m_1 - m_2}{m} \times 100 \qquad \cdots\cdots (4)$$

式中:m_1——干燥前的试样加称量瓶质量,g;

m_2——干燥后的试样加称量瓶质量,g;

m——试样质量,g。

5 验收规则

5.1 本标准规定的所有项目为出厂检验项目。

5.2 本产品应由生产厂的质量检验部门进行检验,生产厂应保证所有出厂的产品均符合本标准的要求，每批出厂的产品都应附有质量证明书。

5.3 使用单位有权按照本标准规定的检验规则和试验方法对所收到的产品进行质量检验，检验其指标是否符合本标准的要求。

5.4 采样方法

采样需备有清洁、干燥、具有密闭性和避光性的样品瓶。瓶上贴有标签，注明生产厂名称、产品名称、批号及取样日期。

抽样时，应用清洁适用的抽样器。每批产品抽样2份，每份抽样量应为检验所需样品的3倍量，装入样品瓶中，一件送化验室检验，另一件应密封保存，以备仲裁分析用。

5.5 如果在检验中有一项指标不符合本标准时，应重新抽样，抽样量是第一次的两倍量进行检验。产品重新检验结果即使只有一项指标不符合标准时，则整批不能验收。

5.6 如供需双方对产品质量发生异议时，可由双方协商选定仲裁单位，按本标准的验收规定和检验方法进行仲裁检验。

6 标签

本产品采用符合GB 10648规定的标签。

7 包装、运输和储存

7.1 本产品装入铝箔聚乙烯袋等适当材质的包装袋中，正确称量，封口，盛于外包装容器内，封存。

7.2 运输过程应有遮盖物，避免日晒雨淋、受热及撞击。搬运装卸小心轻放，不得与有毒有害或其他有污染的物品混装、混运。

7.3 本品应于阴凉干燥处储存。

7.4 保质期：原包装在规定的储存条件下保质期为一年(开封后应尽快使用，以免变质)。

ICS 65.120
B 46

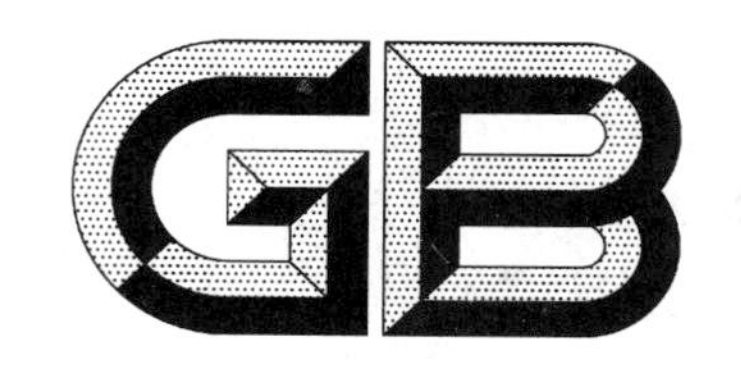

中华人民共和国国家标准

GB/T 7293—2006
代替 GB/T 7293—2000

饲料添加剂　维生素 E 粉

Feed additive—Vitamin E powder

2006-12-12 发布　　　　2007-03-01 实施

中华人民共和国国家质量监督检验检疫总局
中国国家标准化管理委员会　发布

前　言

本标准是对 GB/T 7293—2000《饲料添加剂　维生素 E 粉》的修订。

本标准与 GB/T 7293—2000 的主要差异如下：

——更正了维生素 E 的结构式，并增加了化学名；

——性状表述改为“本品为类白色或淡黄色粉末或颗粒状粉末”；

——由标示量改为实际含量，由“含量(以 $C_{31}H_{52}O_3$ 计标示量的百分率)，指标≥99.0%”改为“含量(以 $C_{31}H_{52}O_3$ 的质量分数计)，指标≥50.0%”；

——增加了用高效液相色谱法测定维生素 E 含量作为第二法，气相色谱法测定维生素 E 含量作为第一法(仲裁法)；

——增加了卫生指标(重金属、砷)要求及相应的检测方法。

本标准自实施之日起同时代替 GB/T 7293—2000。

本标准由全国饲料工业标准化技术委员会提出并归口。

本标准起草单位：上海市兽药饲料监察所、帝斯曼维生素(上海)有限公司。

本标准主要起草人：王蓓、商军、沈富林、华贤辉、黄士新、陈晓莉、虞哲高。

本标准所代替标准的历次版本发布情况为：

——GB/T 7293—2000；

——GB 7293—1987。

饲料添加剂　维生素E粉

1　范围

本标准规定了饲料添加剂维生素E粉产品的要求、试验方法、检验规则、标签、包装、运输、贮存和保质期。

本标准适用于以维生素E油为原料，加入符合饲料卫生要求的吸附剂的维生素E粉或颗粒状粉，本产品在饲料工业中作为维生素类饲料添加剂。

化学名：DL-α-生育酚醋酸酯

分子式：$C_{31}H_{52}O_3$

相对分子质量：472.75(按1999年国际相对原子质量表)

结构式：

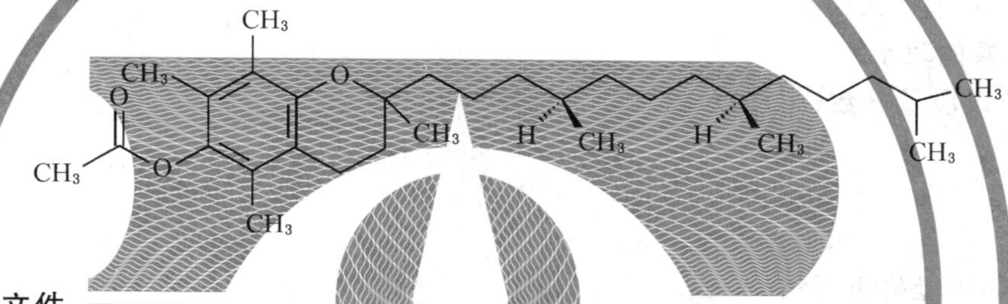

2　规范性引用文件

下列文件中的条款通过本标准的引用而成为本标准的条款。凡是注日期的引用文件，其随后所有的修改单(不包括勘误的内容)或修订版均不适用于本标准，然而，鼓励根据本标准达成协议的各方研究是否可使用这些文件的最新版本。凡是不注日期的引用文件，其最新版本适用于本标准。

GB/T 6682　分析实验室用水规格和试验方法(neq ISO 3696:1987)

GB 9691　食品包装用聚乙烯树脂卫生标准

GB 10648　饲料标签

《中华人民共和国药典》2005年版二部

3　要求

3.1　性状

本品为类白色或淡黄色粉末或颗粒状粉末，易吸潮。

3.2　技术指标

技术指标应符合表1的要求。

表1

项　　目		指　　标
干燥失重/(%)	≤	5.0
粒度		90%通过孔径为0.84 mm分析筛
含量(以 $C_{31}H_{52}O_3$ 的质量分数计)/(%)	≥	50.0
重金属(以Pb计)/(%)	≤	0.001
砷(As)/(%)	≤	0.000 3

4 试验方法

本标准所用试剂和水，未注明其要求时，均指分析纯试剂和符合 GB/T 6682 中规定的三级水。色谱分析中所用水均为符合 GB/T 6682 中规定的一级水。

4.1 鉴别试验

4.1.1 试剂和溶液

4.1.1.1 无水乙醇。

4.1.1.2 硝酸。

4.1.2 测定步骤

取维生素 E 粉适量(约相当于维生素 E 15 mg)，加无水乙醇(4.1.1.1)10 mL 溶解后。加硝酸(4.1.1.2)2 mL，摇匀，在 75℃加热约 15 min，溶液呈橙红色。

4.2 干燥失重

4.2.1 测定步骤

取维生素 E 粉约 1 g～2 g(精确至 0.000 2 g)，置于已在 105℃烘箱中干燥至恒量的称量瓶中，打开称量瓶盖，于 105℃干燥至恒量。

4.2.2 计算和结果的表示

干燥失重 X_1 以质量分数(%)表示，按式(1)计算：

$$X_1 = \frac{m_1 - m_2}{m} \times 100 \qquad \cdots\cdots(1)$$

式中：

X_1——试样的干燥失重，%；

m_1——干燥前的试样加称量瓶质量，单位为克(g)；

m_2——干燥后的试样加称量瓶质量，单位为克(g)；

m——试样质量，单位为克(g)。

4.3 粒度

4.3.1 测定步骤

称取维生素 E 粉适量，倾入分析筛(孔径为 0.84 mm)中，振摇数分钟，取筛下物称量。

4.3.2 计算和结果的表示

粒度以筛下物 X_2 的质量分数(%)表示，按式(2)计算：

$$X_2 = \frac{m_g}{m_s} \times 100 \qquad \cdots\cdots(2)$$

式中：

X_2——粒度，%；

m_g——筛下物质量，单位为克(g)；

m_s——试样质量，单位为克(g)。

4.4 维生素 E 含量测定

4.4.1 试剂和溶液

4.4.1.1 甲醇(色谱纯)。

4.4.1.2 维生素 E 标准品(含量≥99.0%)。

4.4.1.3 正己烷。

4.4.1.4 盐酸溶液：1 mol/L，取 90 mL 盐酸，加水稀释至 1 000 mL。

4.4.2 仪器和设备

4.4.2.1 气相色谱仪：带火焰离子化检测器(FID)。

4.4.2.2 高效液相色谱仪:带紫外检测器(UV)。

4.4.2.3 柱温箱。

4.4.2.4 微孔滤膜:孔径 0.45 μm。

4.4.2.5 超声波水浴器。

4.4.3 第一法(仲裁法) 气相色谱法

4.4.3.1 色谱条件与系统适用性试验

可视情况在 4.4.3.1.1 与 4.4.3.1.2 中任选一种进行测定。

4.4.3.1.1 以硅酮(OV-17)为固定相,涂布浓度为 2%;柱温为 265℃。理论塔板数按维生素 E 峰计算应不低于 500,维生素 E 峰与内标物质峰的分离度应大于 2。

4.4.3.1.2 以甲基硅橡胶(SE-30)为固定相,涂布浓度为 1%～5%;柱温为 240℃～280℃的一个恒定值,进样口温度和检测器温度各为在 270℃～320℃的一个恒定值,理论塔板数按维生素 E 峰计算应不低于 500,维生素 E 峰与内标物质峰的分离度应大于 2。

4.4.3.2 标准溶液制备

4.4.3.2.1 取维生素 E 标准品(4.4.1.2)约 0.1 g(精确至 0.000 2 g),置具塞锥形瓶中,精密加入内标溶液(4.4.3.3.1)50.00 mL,密塞,振摇使溶解。

4.4.3.2.2 取维生素 E 标准品(4.4.1.2)约 0.1 g(精确至 0.000 2 g),置具塞锥形瓶中,精密加入内标溶液(4.4.3.3.2)25.00 mL,密塞,振摇使溶解。

4.4.3.3 内标溶液制备

4.4.3.3.1 取正三十二烷适量,加正己烷(4.4.1.3)溶解并稀释成每毫升中含有 5.0 mg 正三十二烷的溶液,摇匀。作为内标溶液。

4.4.3.3.2 取十六酸十六醇酯适量,加正己烷(4.4.1.3)溶解并稀释成每毫升中含有 5.6 mg 十六酸十六醇酯的溶液,摇匀。作为内标溶液。

4.4.3.4 试样溶液制备

取维生素 E 粉约 0.2 g(约相当于维生素 E0.1 g,精确至 0.000 2 g),置具塞锥形瓶中,加入 20 mL 盐酸溶液(4.4.1.4),在 70℃的超声水浴中助溶 20 min,加入 50 mL 乙醇(4.1.1.1)并精密加入内标溶液(4.4.3.3.1)50.00 mL 或内标溶液(4.4.3.3.2)25.00 mL,密塞,充分混合约 30 min,分层。取上清液待用。

4.4.3.5 测定步骤

取标准溶液(4.4.3.2)及试样溶液(4.4.3.4),分别连续注样 3 次～5 次,每次 0.5 μL～3 μL,按峰面积计算校正因子,并用其平均值计算试样中维生素 E 的含量。

4.4.3.6 计算和结果的表述

4.4.3.6.1 维生素 E 含量 X_3 以质量分数(%)表示,按式(3)、式(4)计算:

$$X_3 = f \times \frac{A_3 \times m_4}{A_4 \times m_3} \times 100 \qquad (3)$$

$$f = \frac{A_1 \times m_2}{A_2 \times m_1} \times 100 \qquad (4)$$

式中:

X_3——试样中维生素 E 含量,%;

f——维生素 E 的质量校正因子;

A_1——标准溶液中内标物的峰面积;

A_2——标准溶液中维生素 E 标准品的峰面积;

A_3——试样溶液中维生素 E 的峰面积;

A_4——试样溶液中内标物的峰面积；

m_1——标准溶液中内标物的质量，单位为克(g)；

m_2——标准溶液中维生素 E 的质量，单位为克(g)；

m_3——试样溶液中试样的质量，单位为克(g)；

m_4——试样溶液中内标物的质量，单位为克(g)。

4.4.3.6.2 允许误差：同一分析者对同一试样同时两次平行测定所得结果相对偏差不大于±1.5%。

4.4.4 第二法 高效液相色谱法

4.4.4.1 标准溶液制备

取维生素 E 标准品(4.4.1.2)约 0.1 g(精确至 0.000 2 g)，置 250 mL 棕色量瓶中，加甲醇(4.4.1.1)适量溶解，用甲醇(4.4.1.1)稀释至刻度，摇匀。

4.4.4.2 试样溶液制备

取维生素 E 粉约 0.2 g(约相当于维生素 E 0.1 g，精确至 0.000 2 g)，置 250 mL 棕色量瓶中，加甲醇(4.4.1.1)适量，置超声波水浴中助溶 30 min，冷却至室温，用甲醇(4.4.1.1)稀释至刻度，充分摇匀；经 0.45 μm 滤膜滤过，滤液作为试样溶液。

4.4.4.3 色谱条件与系统适用性试验

4.4.4.3.1 色谱条件

色谱柱：C_{18}柱(长：150 mm，内径：4.6 mm，粒径：4 μm～5 μm)；

流动相：甲醇＋水＝98＋2；

流速：1.2 mL/ min；

柱温：25℃±2℃；

检测波长：285 nm；

进样量：20 μL。

4.4.4.3.2 系统适用性试验

取标准溶液(4.4.4.1)，按色谱条件(4.4.4.3.1)连续注样 3 次～5 次，理论板数按生育酚醋酸酯峰计算应不低于 1 200，生育酚醋酸酯峰和游离生育酚峰的分离度应大于 1.5。

4.4.4.4 测定步骤

取标准溶液(4.4.4.1)及试样溶液(4.4.4.2)分别注入液相色谱仪，得到色谱峰面积(A_{st}、A_i)，用外标法计算。

4.4.4.5 计算和结果的表述

4.4.4.5.1 计算公式

维生素 E 含量 X_4 以质量分数(%)表示，按式(5)计算：

$$X_4 = \frac{m_{st} \times P_{st} \times A_i}{m_i \times A_{st}} \times 100 \qquad (5)$$

式中：

X_4——试样中维生素 E 含量，%；

m_{st}——标准品质量，单位为克(g)；

m_i——试样质量，单位为克(g)；

P_{st}——维生素 E 标准品含量，%；

A_i——试样溶液中维生素 E 的峰面积；

A_{st}——标准溶液中维生素 E 的峰面积。

4.4.4.5.2 允许差

同一分析者对同一试样同时两次平行测定所得结果相对偏差不大于±1.5%。

4.5 重金属测定

4.5.1 试剂和溶液

4.5.1.1 硝酸铅。

4.5.1.2 硫酸。

4.5.1.3 盐酸。

4.5.1.4 氨溶液:取氨水 400 mL,加水成 1 000 mL。

4.5.1.5 酚酞指示液:取酚酞 1 g,加乙醇 100 mL 溶解,即得。

4.5.1.6 醋酸盐缓冲液:pH3.5,取醋酸铵 25 g,加水 25 mL 溶解后,加 7 mol/L 盐酸溶液 38 mL,用 2 mol/L盐酸溶液或 5 mol/L 氨溶液准确调节 pH 至 3.5(电位计指示),用水稀释至 100 mL,即得。

4.5.1.7 硫代乙酰胺溶液:取硫代乙酰胺 4 g,加水使溶解成 100 mL,置冰箱中冷藏保存。临用前取混合液(由 1mol/L 氢氧化钠 15 mL、水 5 mL 及甘油 20 mL 组成)5.0 mL,加上述硫代乙酰胺溶液 1.0 mL,置水浴上加热 20 s,混匀,冷却,立即使用。

4.5.2 仪器和设备

纳氏比色管:应选玻璃质量好、无色(尤其管底)、配对、刻度标线高度一致的纳氏比色管。

4.5.3 标准铅溶液制备

取在 105℃干燥至恒量的硝酸铅(4.5.1.1)0.159 8 g(精确至 0.000 2 g),置 1 000 mL 量瓶中,加硝酸(4.1.1.2)5 mL 与水 50 mL 溶解后,加水稀释至刻度,摇匀,作为贮备液。临用前,精密量取贮备液 10.00 mL,置 100 mL 量瓶中,加水稀释至刻度,摇匀,即得(每毫升相当于 10 μg 的铅)。

4.5.4 试样溶液制备

取维生素 E 粉约 2 g(精确至 0.01 g)于瓷坩埚中,缓缓炽灼至完全碳化,放冷,加硫酸(4.5.1.2)0.5 mL～1 mL,使恰湿润,用低温加热至硫酸(4.5.1.2)除尽后,加硝酸(4.1.1.2)0.5 mL,至氧化氮蒸气除尽后,放冷,在 550℃炽灼使完全灰化,放冷。加盐酸(4.5.1.3)2.0 mL,置水浴上蒸干后加入水 15 mL,滴加氨溶液(4.5.1.4)至对酚酞指示液(4.5.1.5)显中性,再加醋酸盐缓冲液(4.5.1.6)2.0 mL,微热溶解(必要时过滤)。

4.5.5 空白溶液制备

取制备试样溶液的试剂,置瓷器皿中蒸干后,加醋酸盐缓冲液(4.5.1.6)2.0 mL 与水 15 mL,微热溶解。

4.5.6 测定步骤

取 25 mL 纳氏比色管两支,编号为甲、乙。取空白溶液(4.5.5)移入甲管中,精密加入标准铅溶液(4.5.3)2.00 mL,加水稀释成 25 mL,取试样溶液(4.5.4)移入乙管中,加水稀释成 25 mL。在甲、乙两管中分别加硫代乙酰胺溶液(4.5.1.7)各 2.0 mL,放置 2 min,同置白色衬板上,自上向下透视。

4.5.7 结果判定

甲管与乙管比较,乙管所显颜色浅于甲管,判为符合指标规定。

4.6 砷测定

4.6.1 试剂和溶液

4.6.1.1 三氧化二砷。

4.6.1.2 氢氧化钠溶液:20%,称取 20 g 氢氧化钠溶于 100 mL 水中,摇匀,即得。

4.6.1.3 硫酸溶液:取硫酸 57 mL,加水稀释至 100 mL。

4.6.1.4 醋酸铅溶液:取醋酸铅 10 g,加新沸过的冷水溶解后,滴加醋酸使溶液澄清,再加新沸过的冷水使成 100 mL,即得。

4.6.1.5 醋酸铅棉花:取脱脂棉,浸入醋酸铅溶液(4.6.1.4)与水的等容混合液中,湿透后,沥去多余的溶液,并使之疏松,在 100℃以下干燥后,贮于磨口塞玻璃瓶中备用。

4.6.1.6 乙醇制溴化汞溶液:取溴化汞 2.5 g,加乙醇 50 mL,微热使溶解,即得。应置棕色磨口瓶中,在暗处保存。

4.6.1.7 溴化汞试纸：取质地较疏松的中速定量滤纸条浸入乙醇制溴化汞溶液(4.6.1.6)中，1 h后取出，在暗处干燥，即得。本试纸应置棕色磨口瓶中保存。

4.6.1.8 碘化钾溶液：取碘化钾16.5 g，加水使溶解成100 mL，即得。应临用新制。

4.6.1.9 无砷锌粒：以能通过1号筛的细粒无砷锌粒为宜，如使用锌粒较大时，用量酌情增加，反应时间也应延长为1 h。

4.6.1.10 酸性氯化亚锡溶液：取氯化亚锡20 g，加盐酸使溶解成50 mL，滤过，即得。配成后3个月即不适用。

4.6.2 仪器和设备

测砷装置：标准磨口锥形瓶、中空的标准磨口塞、导气管、有机玻璃旋塞、有机玻璃旋塞盖(见图1)。

单位为毫米

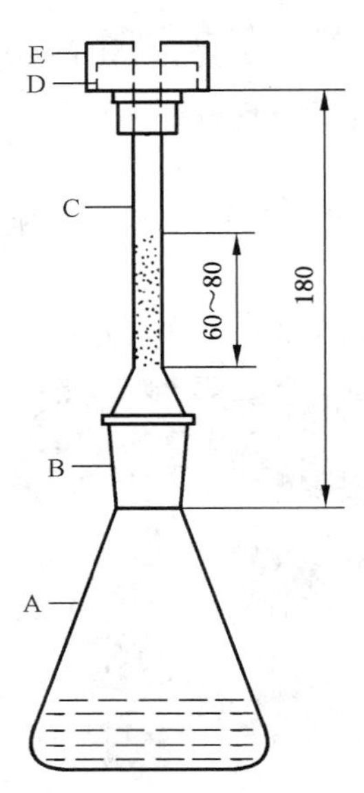

A——100 mL标准磨口锥形瓶；
B——中空的标准磨口塞；
C——导气管(外径8.0 mm，内径6.0 mm)，全长约180 mm；
D——具孔(孔径6.0 mm)的有机玻璃旋塞；
E——中央具有圆孔(孔径6.0 mm)的有机玻璃旋塞盖。

图1 测砷装置图

4.6.3 标准砷溶液制备

取在105℃干燥至恒量的三氧化二砷(4.6.1.1)0.132 g(精确至0.000 2 g)，置1 000 mL量瓶中，加氢氧化钠溶液(4.6.1.2)5 mL，溶解后，用适量的硫酸溶液(4.6.1.3)中和，再加硫酸溶液(4.6.1.3)10 mL，加水稀释至刻度，摇匀，作为贮备液。临用前，精密量取贮备液10.00 mL，置1 000 mL量瓶中，加水稀释至刻度，摇匀，即得(每毫升相当于1 μg的砷)。

4.6.4 试样溶液制备

取维生素E粉约0.67 g(精确至0.01 g)于瓷坩埚中，缓缓炽灼至完全碳化，放冷，加硫酸(4.5.1.2)0.5 mL～1 mL，使恰湿润，用低温加热至硫酸除尽后，加硝酸(4.1.1.2)0.5 mL，至氧化氮蒸气除尽后，放冷，在550℃炽灼使完全灰化，放冷。加盐酸(4.5.1.3)5 mL与水21 mL。

4.6.5 标准砷斑溶液制备

精密量取标准砷溶液(4.6.3)2.00 mL于瓷坩埚中，照试样溶液制备(4.6.4)项下条件同法操作。

4.6.6 测定步骤

4.6.6.1 测砷装置(见图1)的准备

取醋酸铅棉花(4.6.1.5)60 mg～100 mg，撕成疏松状，每次少量，用玻璃棒均匀地装入导气管C

中，松紧要适度，装管高度为60 mm～80 mm。用玻璃棒夹取溴化汞试纸(4.6.1.7)1片(其大小能覆盖D顶端口径而不露出平面外为宜)，置旋塞D顶端平面上，盖住孔径，盖上旋塞盖E并旋紧。

4.6.6.2 **标准砷斑制备**

取标准砷斑溶液(4.6.5)移入A瓶中，加碘化钾溶液(4.6.1.8)5 mL与酸性氯化亚锡溶液(4.6.1.10)5滴，摇匀，在室温放置10 min后，加无砷锌粒(4.6.1.9)2 g，立即将准备好的导气管C密塞于A瓶上，并将A瓶置25℃～40℃水浴中反应45 min，取出溴化汞试纸，即得。

4.6.6.3 **试样液砷斑制备**

取试样溶液(4.6.4)移入A瓶中，照标准砷斑制备(4.6.6.2)项下自“加碘化钾溶液(4.6.1.8)5 mL”起同法操作。

4.6.7 **结果判定**

试样液生成的砷斑比标准砷斑色浅，判为符合指标规定。

5 检验规则

5.1 出厂检验：产品出厂时应检验干燥失重和主成分含量。

5.2 型式检验：本标准规定的全部要求为型式检验项目，当产品投产或原材料更换或监督抽查或停产半年以上重新生产时，必须进行型式检验。

5.3 本品应由生产厂的质量检验部门按本标准的规定进行检验，生产厂应保证所有出厂产品均符合本标准要求，每批出厂产品都应附有产品合格证。

5.4 使用单位有权按照本标准的规定对所收到的产品进行验收。

5.5 取样方法：抽样需备有清洁、干燥、具有密闭性和避光性的试样瓶，瓶上贴有标签，注明生产厂名称、产品名称、批号及取样日期。抽样时，应用清洁适用的抽样器。每批试样抽2份，每份抽样量应为检验所需试样的3倍量(约100 g)，装入试样瓶或试样袋中，一件送化验室检验，另一件应密封保存，以备仲裁分析用。

5.6 判定规则：若检验结果有一项指标不符合本标准要求时，则应加倍抽样进行复验，复验结果仍有一项指标不符合本标准要求时，则整批产品判为不合格品。

6 标签、包装、运输和贮存

6.1 标签

标签按GB 10648执行。

6.2 包装

包装应使用适当的密封、防潮包装材料，聚乙烯材料卫生指标应符合GB 9691的要求。维生素E粉每件包装的净含量可根据客户要求。

6.3 运输

本品运输过程中应避光、防潮、防高温、防止包装破损，严禁与有毒有害的物质混运。

6.4 贮存

本品应贮存在避光、阴凉、通风、干燥处；开启后尽快使用，以免变质。

7 保质期

用符合饲料卫生要求的无机辅料原包装保质期为24个月；用符合饲料卫生要求的有机辅料原包装保质期为12个月。

ICS 65.120
B 46

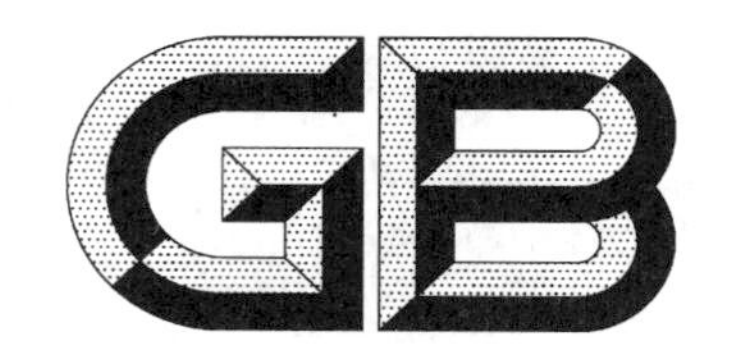

中华人民共和国国家标准

GB/T 7294—2009
代替 GB/T 7294—2006

饲料添加剂 亚硫酸氢钠甲萘醌(维生素 K_3)

Feed additive—
Menadione sodium bisulfite(Vitamin K_3)

2009-03-26 发布　　　　2009-07-01 实施

中华人民共和国国家质量监督检验检疫总局
中国国家标准化管理委员会　发布

前　言

本标准代替 GB/T 7294—2006《饲料添加剂　维生素 K_3（亚硫酸氢钠甲萘醌）》。

本标准与 GB/T 7294—2006 相比主要变化如下：

——对标准名称进行了调整；

——对化学名称进行了修正；

——对分子式、分子量进行了修改；

——规范性引用文件增加“GB/T 13088　饲料中铬的测定”；

——对原标准“外观和性状”中乙醇中的溶解性进行修改；

——技术指标中取消规格“甲萘醌（$C_{11}H_8O_2$）含量≥51.0%”，并增加“铬”项，对“游离亚硫酸氢钠（$NaHSO_3$）含量”指标由 10.0%调整为 5.0%；

——对原标准中的计算公式进行了修改，增加计算结果中有效数字位数的约定，对亚硫酸氢钠含量检验的允许差由绝对值之差小于等于 2%调整为绝对值之差不得过 0.2%；

——增加“含量测定”中的避光操作；

——增加原标准中“重金属”、“砷盐”测定的试样前处理方法，重金属检查改为第二法；

——对“包装、运输、贮存”条款的描述进行了修改。

本标准由全国饲料工业标准化技术委员会（SAC/TC 76）提出并归口。

本标准起草单位：浙江省饲料监察所、兄弟科技股份有限公司、云南省陆良和平科技有限公司、浙江大学饲料科学研究所。

本标准主要起草人：任玉琴、施杏芬、朱聪英、金海丽、周中平、李文藩、吕伟军、占秀安、陈勇。

本标准所代替标准的历次版本发布情况为：

——GB 7294—1987、GB/T 7294—2006。

饲料添加剂
亚硫酸氢钠甲萘醌(维生素 K_3)

1 范围

本标准规定了饲料添加剂　亚硫酸氢钠甲萘醌产品的要求、试验方法、检验规则、标签、包装、贮存、运输及保质期。

本标准适用于以化学合成法制得的含1个～3个结晶水的亚硫酸氢钠甲萘醌混合物。该产品在饲料工业中作维生素类饲料添加剂。

化学名称:2-甲基-1,4-二氧-1,2,3,4-四氢-萘-2-磺酸钠水合物

分子式:$C_{11}H_9NaO_5S \cdot nH_2O$

相对分子质量:294.33(n=1),312.34(n=2),330.36(n=3)(按2005年国际相对原子质量)

结构式:

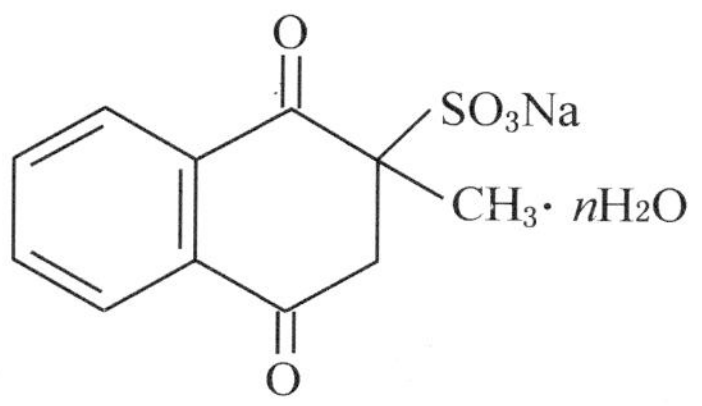

$$\text{(1,4-dioxo-2-methyl-1,2,3,4-tetrahydronaphthalene-2-}SO_3Na) \quad SO_3Na,\ CH_3 \cdot nH_2O$$

2 规范性引用文件

下列文件中的条款通过本标准的引用而成为本标准的条款。凡是注日期的引用文件,其随后所有的修改单(不包括勘误的内容)或修订版均不适用于本标准,然而,鼓励根据本标准达成协议的各方研究是否可使用这些文件的最新版本。凡是不注日期的引用文件,其最新版本适用于本标准。

GB/T 601—2002　化学试剂　标准滴定溶液的制备

GB/T 6682　分析实验室用水规格和试验方法(GB/T 6682—2008,ISO 3696:1987,MOD)

GB 10648　饲料标签

GB/T 13088　饲料中铬的测定

《中华人民共和国药典》2005年版二部

3 要求

3.1 外观和性状

本品为白色结晶性粉末,无臭或微有特臭,有引湿性,遇光易分解。本品在水中易溶,在乙醇、乙醚或苯中几乎不溶。

3.2 技术指标

技术指标应符合表1要求。

表1　技术指标

项　目		指　标
亚硫酸氢钠甲萘醌含量(以甲萘醌计)/%	≥	50.0
游离亚硫酸氢钠($NaHSO_3$)含量/%	≤	5.0

表 1（续）

项　　目		指　　标
水分/%	≤	13.0
溶液色泽	≤	黄绿色标准比色液 4 号
磺酸甲萘醌		无沉淀
铬/(mg/kg)	≤	50
重金属(以 Pb 计)/%	≤	0.002
砷盐(As)/%	≤	0.000 5

4　试验方法

本标准中所用试剂和水，在未注明其要求时，均指分析纯试剂和 GB/T 6682 中规定的三级用水。色谱分析中所用试剂均为色谱纯和优级纯，试验用水均为 GB/T 6682 中规定的一级水。原子吸收光谱法分析中所用试剂均为优级纯，水符合 GB/T 6682 中规定的一级水。

4.1　试剂和溶液

4.1.1　三氯甲烷(氯仿)。

4.1.2　95%乙醇。

4.1.3　亚硫酸氢钠。

4.1.4　氰乙酸乙酯。

4.1.5　无水乙醇。

4.1.6　甲醇(色谱级)。

4.1.7　盐酸。

4.1.8　氢氧化钠。

4.1.9　氨水。

4.1.10　无水碳酸钠。

4.1.11　可溶性淀粉。

4.1.12　硫酸亚铁。

4.1.13　硫酸。

4.1.14　邻菲罗啉。

4.1.15　甲萘醌标准品。

4.1.16　盐酸溶液：$c(HCl)=3$ mol/L，取盐酸(4.1.7)27 mL，加水适量使成 100 mL，摇匀。

4.1.17　三氯甲烷的无水乙醇溶液：取三氯甲烷(4.1.1)2 mL，加无水乙醇(4.1.5)使成 100 mL，摇匀。

4.1.18　氢氧化钠溶液：称取氢氧化钠(4.1.8)10 g，加水溶解并稀释至 30 mL。

4.1.19　氨水的乙醇溶液：取氨水(4.1.9)与乙醇(4.1.2)等体积混合。

4.1.20　碳酸钠溶液：$c(Na_2CO_3)=1$ mol/L，称取无水碳酸钠(4.1.10)10.6 g，加水使溶解成 100 mL，摇匀。

4.1.21　碘标准滴定溶液：$c(1/2I_2)=0.1$ mol/L，按 GB/T 601—2002 制备。

4.1.22　硫代硫酸钠标准滴定溶液：$c(Na_2S_2O_3)=0.1$ mol/L，按 GB/T 601—2002 制备和标定。

4.1.23　淀粉指示液：称取可溶性淀粉(4.1.11)0.5 g，加入 5 mL 水搅匀后，缓缓倾入 100 mL 沸水，随加随搅拌，继续煮沸 2 min，放冷，倾取上层清液。本液临用新配。

4.1.24　邻菲罗啉指示液：称取硫酸亚铁(4.1.12)0.5 g，加水 100 mL 使溶解，加硫酸(4.1.13)2 滴与邻菲罗啉(4.1.14)0.5 g，摇匀。本液应临用新制。

4.2 仪器和设备

4.2.1 实验室常用仪器设备。

4.2.2 紫外分光光度仪，附 1 cm 石英比色皿。

4.2.3 高效液相色谱仪(带紫外检测器)。

4.3 鉴别试验

4.3.1 称取试样约 0.1 g，置分液漏斗中，加水 10 mL 溶解，加碳酸钠溶液(4.1.20)3 mL，即发生鲜黄色沉淀，用三氯甲烷(4.1.1)5 mL 萃取沉淀，分取三氯甲烷层，通过用三氯甲烷洗涤过的滤器过滤，滤液在水浴中蒸干，放冷，残余物加少量乙醇(4.1.2)溶解，并重新水浴蒸干，残渣依照《中华人民共和国药典》2005 年版二部　附录Ⅵ C 熔点测定法第一法测定，熔点应为 104 ℃～107 ℃。

4.3.2 按 4.3.1 项下方法制得沉淀约 50 mg，加水 5 mL，加亚硫酸氢钠(4.1.3)75 mg，水浴上加热并剧烈振摇，直到全部溶解呈几乎无色的溶液，用水稀释至 50 mL，摇匀，取 2 mL，加氨水的乙醇溶液(4.1.19)2 mL，振摇，加氰乙酸乙酯(4.1.4)3 滴，溶液显深紫蓝色，加氢氧化钠溶液(4.1.18)1 mL，溶液转变成绿色，随即变成黄色。

4.3.3 称取试样 80 mg，加水 2 mL 溶解后，加盐酸溶液(4.1.16)数滴，温热，即产生有刺激性的二氧化硫气味。

4.4 甲萘醌含量测定

警告：应避光操作！

4.4.1 原理

试样在碱性溶液中析出甲萘醌沉淀，用三氯甲烷萃取沉淀后用高效液相色谱仪或紫外分光光度仪进行检测。

4.4.2 高效液相色谱法(仲裁法)

4.4.2.1 标准溶液制备

称取甲萘醌标准品约 0.05 g(精确至 0.000 01 g)，置 250 mL 容量瓶中，用三氯甲烷(4.1.1)溶解并稀释至刻度，摇匀，精密量取 2 mL，置 100 mL 容量瓶中，用甲醇(4.1.6)稀释至刻度，摇匀。

4.4.2.2 试样溶液制备

称取试样适量(相当于甲萘醌 0.5 g，精确至 0.000 1 g)，置 250 mL 容量瓶中，用水溶解并稀释至刻度，摇匀。精密量取 25 mL，置 250 mL 分液漏斗中，加三氯甲烷 40 mL 和碳酸钠溶液(4.1.20)5 mL，剧烈振摇 30 s，静止，取三氯甲烷层，通过预先用三氯甲烷湿润的医用脱脂棉过滤，滤液置 250 mL 容量瓶中，立即用三氯甲烷 40 mL 洗涤滤器，洗液并入容量瓶中，水层用三氯甲烷萃取两次，每次 20 mL，萃取液滤过，并用三氯甲烷 20 mL 洗涤滤器，洗液和全部滤液并入容量瓶中，用三氯甲烷稀释到刻度，摇匀。精密量取 2 mL，置 100 mL 容量瓶中，用甲醇稀释至刻度，摇匀。

4.4.2.3 测定

4.4.2.3.1 色谱条件

色谱柱：ODS　C_{18}柱，250 mm×4.6 mm(内径)，粒径 5 μm，或性能相当者；

流动相：甲醇(4.1.6)＋水＝65＋35；

流速：1.0 mL/min；

检测波长：250 nm；

进样量：20 μL。

4.4.2.3.2 上机测定

取标准溶液和试样溶液，注入液相色谱仪，记录色谱图。按外标法以峰面积计算。

4.4.2.4 计算和结果的表示

甲萘醌含量 X_1，以质量分数表示，数值以%计，按式(1)计算：

$$X_1 = \frac{A_2 \times m_1 \times P \times 10}{A_1 \times m_2} \times 100 \quad \cdots\cdots(1)$$

式中：

A_2——试样溶液中甲萘醌的峰面积；

m_1——标准品质量，单位为克(g)；

P——标准品纯度，%；

10——稀释倍数；

A_1——标准溶液中甲萘醌的峰面积；

m_2——试样质量，单位为克(g)。

计算结果保留三位有效数字。

4.4.2.5 重复性

在重复性条件下获得的两次独立测定结果的绝对值之差不得过1.0%。

4.4.3 紫外分光光度法

4.4.3.1 标准溶液的制备

称取甲萘醌标准品约0.05 g(精确至0.000 01 g)，置250 mL容量瓶中，用三氯甲烷(4.1.1)溶解并稀释至刻度，摇匀，精密量取2 mL，置100 mL容量瓶中，用无水乙醇(4.1.5)稀释至刻度，摇匀。

4.4.3.2 试样溶液制备

称取试样适量(相当于甲萘醌0.5 g，精确至0.000 1 g)，置250 mL容量瓶中，用水溶解并稀释至刻度，摇匀，精密量取25 mL，置250 mL分液漏斗中，加三氯甲烷40 mL和碳酸钠溶液(4.1.20)5 mL，剧烈振摇30 s，静止，取三氯甲烷层，通过预先用三氯甲烷湿润的医用脱脂棉过滤，滤液置250 mL容量瓶中，立即用三氯甲烷40 mL洗涤滤器，洗液并入容量瓶中，水层用三氯甲烷萃取两次，每次20 mL，萃取液滤过，并用三氯甲烷20 mL洗涤滤器，洗液和全部滤液并入容量瓶中，用三氯甲烷稀释至刻度，摇匀。精密量取2 mL，置100 mL容量瓶中，用无水乙醇稀释至刻度，摇匀。

4.4.3.3 测定

标准溶液和试样溶液用紫外分光光度仪分别在(250±1)nm波长处测定吸收度。用三氯甲烷的无水乙醇溶液(4.1.17)作空白。

4.4.3.4 计算和结果的表示

甲萘醌含量 X_2，以质量分数表示，数值以%计，按式(2)计算：

$$X_2 = \frac{A_4 \times m_3 \times P \times 10}{A_3 \times m_4} \times 100 \quad \cdots\cdots(2)$$

式中：

A_4——试样溶液的吸收度；

m_3——标准品质量，单位为克(g)；

P——标准品纯度，%；

10——稀释倍数；

A_3——标准溶液的吸收度；

m_4——试样质量，单位为克(g)。

计算结果保留三位有效数字。

4.4.3.5 重复性

在重复性条件下获得的两次独立测定结果的绝对值之差不得过1.0%。

4.5 游离亚硫酸氢钠含量测定

4.5.1 测定方法

称取试样约1.5 g(精确至0.000 1 g)，置于100 mL容量瓶中，用水溶解并稀释至刻度，摇匀，精密量取 20 mL，置碘量瓶中，精密加碘标准滴定溶液（4.1.21）25 mL，密塞混合，放置 5 min，缓缓加盐酸（4.1.7）1 mL，用硫代硫酸钠标准滴定溶液（4.1.22）滴定剩余的碘，至近终点时，加淀粉指示液（4.1.23）3 mL，继续滴定至蓝色消失，并同时做空白试验。

4.5.2 计算和结果的表示

游离亚硫酸氢钠含量 X_3，以质量分数表示，数值以%计，按式（3）计算：

$$X_3 = \frac{(V_0 - V) \times c \times 0.05203 \times 5}{m_5} \times 100 \quad \cdots\cdots(3)$$

式中：

V_0——空白溶液消耗硫代硫酸钠标准滴定溶液体积，单位为毫升（mL）；

V——试样溶液消耗硫代硫酸钠标准滴定溶液体积，单位为毫升（mL）；

c——硫代硫酸钠标准滴定溶液的浓度，单位为摩尔每升（mol/L）；

0.052 03——与 1.00 mL 碘标准滴定溶液[$c(1/2I_2)=1$ mol/L]相当的、以克表示的亚硫酸氢钠的质量；

5——稀释倍数；

m_5——试样质量，单位为克（g）。

计算结果保留两位有效数字。

4.5.3 重复性

在重复性条件下获得的两次独立测定结果的绝对值之差不得过 0.2%。

4.6 溶液色泽的检查

称取试样 1 g（精确至 0.1 g），加水 25 mL 溶解，溶液如显色，与黄绿色 4 号标准比色液（《中华人民共和国药典》2005 年版二部　附录Ⅸ A 第一法）比较，不得更深。

4.7 磺酸甲萘醌的检查

称取试样 0.2 g，加水 10 mL 溶解，加邻菲罗啉指示液（4.1.24）2 滴，不得发生沉淀。

4.8 水分

称取试样（精确至 0.000 1 g），依照《中华人民共和国药典》2005 年版二部　附录Ⅷ M 水分测定法第一法测定。

4.9 铬

按 GB/T 13088 测定。

4.10 重金属

称取试样 1 g（精确至 0.01 g），依照《中华人民共和国药典》2005 年版二部　附录Ⅷ H 重金属检查法第二法检查。

4.11 砷盐

称取试样 1 g（精确至 0.01 g），加水 23 mL 溶解后，加盐酸（4.1.7）5 mL，依照《中华人民共和国药典》2005 年版二部　附录Ⅷ J 砷盐检查法第一法检查。

5 检验规则

5.1 本品应由生产企业的质量检验部门进行检验，本标准规定所有项目为出厂检验项目，生产企业应保证出厂产品均符合本标准的要求。

5.2 在规定期限内具有同一性质和质量，并在同一连续生产周期中生产出来的一定数量的产品为一批。

5.3 使用单位可按照本标准规定的检验规则和试验方法对所收到的产品进行质量检验，检验其是否符合本标准的要求。

5.4 取样方法：抽样需备有清洁、干燥、具有密闭性和避光性的样品瓶（袋），瓶（袋）上贴有标签，注明生产企业名称、产品名称、批号及取样日期。

抽样时，用清洁适用的取样工具伸入包装容器的四分之三深处，将所取样品充分混匀，以四分法缩分，每批样品分2份，每份样品量应不少于检验所需试样的3倍量，装入样品瓶(袋)中，一瓶(袋)供检验用，另一瓶(袋)密封保存备查。

5.5 出厂检验若有一项指标不符合本标准要求时，允许加倍抽样进行复验，复验结果仍有一项指标不符合本标准要求时，则整批产品判为不合格品。

5.6 如供需双方对产品质量发生异议时，可由双方商请仲裁单位按本标准的检验方法和规则进行仲裁。

6 标签、包装、运输和贮存

6.1 标签

标签按GB 10648执行。

6.2 包装

本品装于适宜的容器中，采用密封、避光包装，包装材料的卫生标准应符合要求。

6.3 运输

本品在运输过程中应避光、防潮、防高温、防止包装破损，严禁与有毒有害物质混运。

6.4 贮存

本品应贮存在阴凉、干燥、无污染的地方。

7 保质期

本产品在规定的贮存条件下，原包装保质期为12个月(开封后尽快使用，以免变质)。

ICS 65.120
B 46

中华人民共和国国家标准

GB/T 7295—2008
代替 GB/T 7295—1987

饲料添加剂 维生素 B_1（盐酸硫胺）

Feed additive—Vitamin B_1 (thiamine hydrochloride)

2008-03-03 发布 2008-05-01 实施

中华人民共和国国家质量监督检验检疫总局
中国国家标准化管理委员会 发布

前　言

本标准是对 GB/T 7295—1987《饲料添加剂　维生素 B_1（盐酸硫胺）》的修订，自实施之日起代替 GB/T 7295—1987，与 GB/T 7295—1987 相比主要变化如下：

——按 GB/T 1.1—2000 的要求增加了前言、规范性引用文件；

——按 GB/T 20001.4—2001 的要求增加了试验方法中指标测定的重复性；

——将酸度 pH 范围由“2.7～3.3”调整为“2.7～3.4”；

——将测定方法中的“加水 20 mL 使溶解”修订为“加水 50 mL 使溶解”。

本标准由全国饲料工业标准化技术委员会提出并归口。

本标准主要起草单位：国家饲料质量监督检验中心（武汉）。

本标准主要起草人：钱昉、刘小敏、屈利文 。

本标准所代替标准的历次版本发布情况为：

——GB/T 7295—1987。

饲料添加剂　维生素 B_1（盐酸硫胺）

1　范围

本标准规定了饲料添加剂维生素 B_1（盐酸硫胺）的要求、试验方法、检验规则及标签、包装、贮存、运输。

本标准适用于化学合成法制得的维生素 B_1（盐酸硫胺）产品，在饲料工业中作为维生素类饲料添加剂。

化学名称：氯化 4-甲基-3-[(2-甲基-4-氨基-5-嘧啶基)甲基]-5-(2-羟基乙基)噻唑嗡盐酸盐

分子式：$C_{12}H_{17}ClN_4OS \cdot HCl$

相对分子质量：337.27(1999 年国际相对原子质量)

结构式：

S, N, CH_3, HO, N^+, N, H_3C, NO_3^-, NH_2

2　规范性引用文件

下列文件中的条款通过本标准的引用而成为本标准的条款。凡是注日期的引用文件，其随后所有的修改单(不包括勘误的内容)或修订版均不适用于本标准，然而，鼓励根据本标准达成协议的各方研究是否可使用这些文件的最新版本。凡是不注日期的引用文件，其最新版本适用于本标准。

GB/T 602　化学试剂　杂质测定用标准溶液的制备(GB/T 602—2002,ISO 6353-1:1982,NEQ)

GB/T 603　化学试剂　试验方法中所用制剂及制品的制备(GB/T 603—2002,ISO 6353-1:1982,NEQ)

GB/T 6682　分析实验室用水规格和试验方法(GB/T 6682—1992,neq ISO 3696:1987)

GB 10648　饲料标签

3　要求

3.1　外观和性状

本品为白色结晶或结晶性粉末，有微弱的特臭，味苦。易溶于水中，略溶于乙醇，不溶于乙醚。干燥品在空气中迅即吸收约 4%的水分。

3.2　技术指标

技术指标应符合表 1 要求。

表 1　主要技术指标

项　　目	指　　标
维生素 B_1 含量(以 $C_{12}H_{17}ClN_4OS \cdot HCl$ 干基计)/%	98.5～101.0
干燥失重/%	≤5.0
炽灼残渣/%	≤0.1
溶液色泽	≤0.6 mL
酸度(pH)	2.7～3.4
硫酸盐(以 SO_4^{2-} 计)/%	≤0.03

4 试验方法

本标准所用试剂和水，除特别注明外，均指分析纯试剂和符合 GB/T 6682 中规定的三级用水，标准溶液和杂质溶液的制备应符合 GB/T 602 和 GB/T 603。

4.1 鉴别

4.1.1 试剂和溶液

4.1.1.1 氢氧化钠：称取氢氧化钠 4.3 g，加水使溶解成 100 mL。

4.1.1.2 铁氰化钾：称取铁氰化钾 1 g，加水 10 mL 使溶解，临用现配。

4.1.1.3 正丁醇。

4.1.1.4 二氧化锰。

4.1.1.5 硫酸。

4.1.1.6 碘化钾。

4.1.1.7 淀粉指示液：称取可溶性淀粉 0.5 g，加水 5 mL 搅匀后，缓缓倾入 100 mL 沸水中，随加随搅拌，继续煮沸 2 min，放冷，取上清液，即得；现配现用。

4.1.1.8 碘化钾淀粉试纸：取滤纸条浸入含有碘化钾 0.5 g 的新制的淀粉指示液 100 mL 中，湿透后，取出干燥，即得。

4.1.2 鉴别步骤

4.1.2.1 称取样品约 5 mg，加氢氧化钠溶液 2.5 mL 溶解后，加铁氰化钾溶液 0.5 mL 与正丁醇5 mL，强力振摇 2 min，放置使分层，上面的醇层显强烈的蓝色荧光，加酸使成酸性，荧光即消失，再加碱使成碱性，荧光又显出。

4.1.2.2 本品的水溶液显氯化物的鉴别反应：称取样品 0.5 g，置干燥试管中，加二氧化锰 0.5 g，混匀，加硫酸湿润，缓缓加热，即发生氯气，能使湿润的碘化钾淀粉试纸显蓝色。

4.2 盐酸硫胺含量测定

4.2.1 试剂和溶液

4.2.1.1 盐酸。

4.2.1.2 10%硅钨酸溶液：称取 10 g 硅钨酸溶解于 100 mL 水中。

4.2.1.3 5%盐酸溶液：取 5 mL 盐酸加水稀释成 100 mL。

4.2.1.4 丙酮。

4.2.2 测定方法

称取样品 0.05 g(准确至 0.000 2 g)，加水 50 mL 溶解后，加盐酸(4.2.1.1)2 mL 煮沸，立即滴加硅钨酸溶液(4.2.1.2)4 mL，继续煮沸 2 min，用在 80℃ 干燥至恒重的 4＃垂熔坩埚滤过，沉淀先用煮沸的盐酸溶液(4.2.1.3)20 mL 分次洗涤，再用水 10 mL 洗涤 1 次，最后用丙酮(4.2.1.4)洗涤 2 次，每次 5 mL，沉淀物在 80℃ 干燥至恒重。

4.2.3 结果计算

盐酸硫胺含量 w_1 以质量分数计，数值以%表示，按式(1)计算：

$$w_1 = \frac{m_1 \times 0.193\,9}{m \times (1 - w_2)} \times 100 \qquad \cdots\cdots(1)$$

式中：

m_1——干燥恒重后沉淀质量，单位为克(g)；

0.193 9——盐酸硫胺硅钨酸盐换算成盐酸硫胺系数；

m——样品质量，单位为克(g)；

w_2——样品干燥失重,%。

4.2.4 重复性

两个平行测定结果绝对值之差,不大于0.5%。

4.3 溶液色泽的检查

4.3.1 试剂和溶液

制备比色用重铬酸钾溶液。

4.3.2 测定方法

称取样品1.0 g,置于50 mL纳氏比色管中,加水10 mL溶解后与同体积的对照液(取比色用重铬酸钾溶液0.6 mL,加水适量使成40 mL)比较,颜色不得更深。

4.4 酸度的测定

4.4.1 仪器设备

酸度计。

4.4.2 测定方法

称取样品0.5 g(准确至0.01 g),置于100 mL烧杯中,加水50 mL使溶解,用酸度计测其pH值。

4.5 硫酸盐的测定

4.5.1 试剂和溶液

4.5.1.1 10%盐酸溶液:取10 mL盐酸加水稀释成100 mL。

4.5.1.2 25%氯化钡溶液:称取25 g氯化钡溶解于100 mL水中。

4.5.1.3 制备标准硫酸钾溶液(1 mL含0.1 mg SO_4^{2-})。

4.5.2 测定方法

称取样品1 g(准确至0.1 g),加水溶解成20 mL。溶液如不澄清,过滤。置50 mL纳氏比色管中,加水适量稀释成25 mL,再加盐酸溶液(4.5.1.1)1 mL。加氯化钡溶液(4.5.1.2)3 mL,摇匀,放置10 min,如发现浑浊,与标准硫酸钾溶液(4.5.1.3)3 mL用同法制成的对照液比较,不得更浑浊。

4.6 干燥失重的测定

4.6.1 测定方法

称取样品1 g~2 g(准确至0.000 2 g),置于已在105℃烘箱中干燥至恒重的称量瓶内,打开称量瓶瓶盖,置于105℃烘箱中,干燥至恒重。

4.6.2 结果计算

干燥失重 w_2 以质量分数计,数值以%表示,按式(2)计算:

$$w_2 = \frac{(m_2 - m_3)}{m} \times 100 \qquad \cdots\cdots(2)$$

式中:

m_2——干燥前的样品和称量瓶总质量,单位为克(g);

m_3——干燥后的样品和称量瓶总质量,单位为克(g);

m——样品质量,单位为克(g)。

4.6.3 重复性

两个平行测定结果绝对值之差,不大于0.05%。

4.7 炽灼残渣的测定

4.7.1 试剂

硫酸。

4.7.2 测定方法

称取样品 1 g(准确至 0.01 g),置于已在 700℃～800℃灼烧至恒重的瓷坩埚中,用小火缓缓加热至完全炭化,放冷后,加硫酸 0.5 mL～1 mL 使湿润,低温加热至硫酸蒸气除尽后,移入马福炉中,在 700℃～800℃下灼烧至恒重。

4.7.3 结果的计算

炽灼残渣 w_3 以质量分数计,数值以%表示,按式(3)计算:

$$w_3 = \frac{(m_4 - m_5)}{m} \times 100 \qquad \cdots\cdots(3)$$

式中:

m_4——坩埚和残渣质量,单位为克(g);

m_5——坩埚质量,单位为克(g);

m——样品质量,单位为克(g)。

4.7.4 重复性

两个平行测定结果绝对值之差,不大于 0.02%。

5 检验规则

5.1 出厂检验

饲料添加剂维生素 B_1(盐酸硫胺)应由生产企业的质量监督部门按本标准进行检验,本标准规定所有项目为出厂检验项目,生产企业应保证所有产品均符合本标准规定的要求。每批产品都应检验合格后方可出厂。

5.2 验收检验

使用单位有权按照本标准对所收到的维生素 B_1(盐酸硫胺)产品进行质量验收,检验其指标是否符合本标准的要求。

5.3 取样方法

取样需备有清洁、干燥、具有密闭性和避光性的样品瓶。瓶上贴有标签,并注明生产厂名称、产品名称、批号及取样日期。

抽样时,应用清洁适用的取样工具插入料层深度四分之三处,将所取样品充分混匀,以四分法缩分,每批样品分 2 份,每份样量应为检验所需试样的 3 倍量,装入样品瓶中,一份供检验用,另一份应密封保存,以备仲裁分析用。

5.4 判定规则

如果检验结果有一项指标不符合本标准要求时,应加倍抽样进行复验,复验结果仍有一项指标不符合本标准要求时,则整批产品判为不合格品。

5.5 仲裁检验

如供需双方对产品质量发生异议时,可由双方协商选定仲裁单位,按本标准的检验方法进行仲裁检验。

6 标签、包装、运输、贮存

6.1 标签

标签按 GB 10648 的规定执行。

6.2 包装

本品装于适当的容器内封存,包装应符合运输和贮藏的要求。每件包装的质量可根据客户的要求而定。

6.3 运输

应避免日晒雨淋、受热及撞击。搬运装卸小心轻放，不得与有毒有害或其他有污染的物品混装、混运。

6.4 贮存

本品应贮存在通风、阴凉、干燥、无污染、无有害物质的地方。

本品在规定的贮存条件下，原包装保质期12个月。

ICS 65.120
B 46

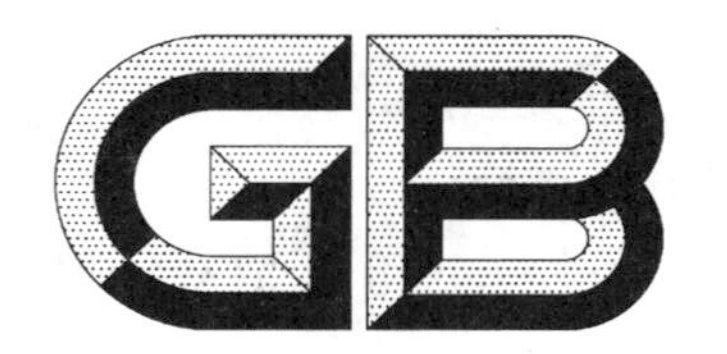

中华人民共和国国家标准

GB/T 7296—2008
代替 GB/T 7296—1987

饲料添加剂 维生素 B_1（硝酸硫胺）

Feed additive—Vitamin B_1 (thiamine mononitrate)

2008-04-09 发布 2008-07-01 实施

中华人民共和国国家质量监督检验检疫总局
中国国家标准化管理委员会 发布

前言

本标准是GB/T 7296—1987《饲料添加剂　维生素B_1(硝酸硫胺)》的修订版。

本标准代替GB/T 7296—1987。

本标准与GB/T 7296—1987的主要技术差异为:

——增加前言、规范性引用文件;

——技术要求中明确含量以干基计;

——增加铅不大于10 mg/kg的要求;

——增加硝酸硫胺含量测定允许差;

——增加干燥失重的测定允许差;

——增加炽灼残渣的测定允许差。

本标准由全国饲料工业标准化技术委员会提出并归口。

本标准主要起草单位:中国饲料工业协会、国家饲料质量监督检验中心(武汉)、上海市饲料行业协会。

本标准主要起草人:杨林、辛盛鹏、钱昉、粟胜兰、何一帆、何凤琴、黄婷、凤懋熙。

本标准所代替标准的历次版本发布情况为:

——GB/T 7296—1987。

饲料添加剂　维生素 B_1（硝酸硫胺）

1　范围

本标准规定了饲料添加剂维生素 B_1（硝酸硫胺）的技术要求、试验方法、检验规则以及标签、包装、贮存、运输。

本标准适用于化学合成法制得的维生素 B_1（硝酸硫胺）产品，在饲料工业中作为维生素类饲料添加剂。

化学名称：4-甲基-3-[（2-甲基-4-氨基-5-嘧啶基）甲基]-5-（2-羟基乙基）噻唑鎓硝酸盐。

分子式：$C_{12}H_{17}N_5O_4S$

相对分子质量：327.37（2001 年国际相对原子质量）

结构式：

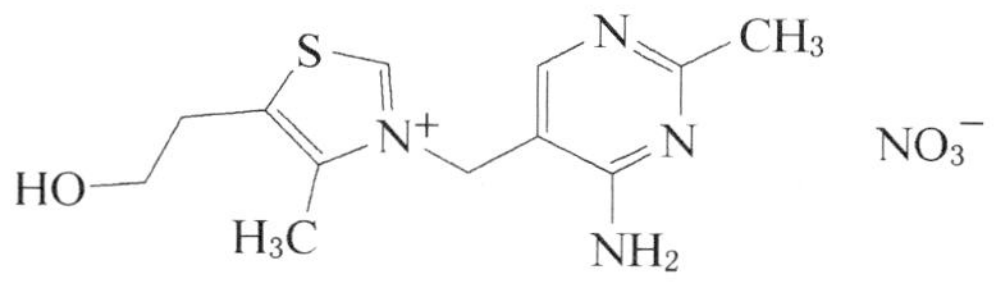

2　规范性引用文件

下列文件中的条款通过本标准的引用而成为本标准的条款。凡是注日期的引用文件，其随后所有的修改单（不包括勘误的内容）或修订版均不适用于本标准，然而，鼓励根据本标准达成协议的各方研究是否可使用这些文件的最新版本。凡是不注日期的引用文件，其最新版本适用于本标准。

GB/T 6682　分析实验室用水规格和试验方法（GB/T 6682—1992，neq ISO 3696:1987）

GB 10648　饲料标签

GB/T 13080　饲料中铅的测定　原子吸收光谱法

GB/T 14699.1　饲料　采样（GB/T 14699.1—2005，ISO 6497:2002，IDT）

中华人民共和国药典　2005 年版

3　要求

3.1　外观和性状

本品为白色或微黄色结晶或结晶性粉末，有微弱的特臭。在水中略溶，在乙醇或三氯甲烷中微溶。

3.2　技术要求

技术指标应符合表 1 要求。

表 1　技术指标

项　目		指　标
含量（以 $C_{12}H_{17}N_5O_4S$ 干基计）/%		98.0～101.0
pH		6.0～7.5
氯化物（以 Cl 计）（质量分数）/%	≤	0.06
干燥失重/%	≤	1.0
炽灼残渣/%	≤	0.2
铅/（mg/kg）	≤	10

4 试验方法

本标准所用试剂和水，除特别注明外，均指分析纯试剂和符合 GB/T 6682 中规定的三级用水。

4.1 鉴别

4.1.1 试剂和溶液

4.1.1.1 硫酸。

4.1.1.2 硫酸亚铁：取硫酸亚铁($FeSO_4 \cdot 7H_2O$) 8 g，加新沸过的冷水 100 mL 使溶解，摇匀，现用现配。

4.1.1.3 冰乙酸。

4.1.1.4 乙酸铅溶液：取乙酸铅 10 g，加新沸过的冷水溶解后，滴加冰乙酸使溶液澄清，再加新沸过的冷水使成 100 mL，摇匀。

4.1.1.5 氢氧化钠溶液(质量浓度)：10%。

4.1.1.6 铁氰化钾溶液：取铁氰化钾[$K_3Fe(CN)_6$]1 g，加水 10 mL，使溶解，现用现配。

4.1.1.7 异丁醇。

4.1.2 方法

4.1.2.1 取 2%试样溶液 2 mL，加硫酸(4.1.1.1)2 mL，放冷，缓缓加入硫酸亚铁溶液(4.1.1.2) 2 mL，两层溶液接触处产生棕色环。

4.1.2.2 溶解试样约 5 mg 于乙酸铅溶液(4.1.1.4)1 mL 和氢氧化钠溶液(4.1.1.5)1 mL 的混合液中，产生黄色；再在水浴上加热几分钟，溶液变成棕色，放置有硫化铅析出。

4.1.2.3 称取试样约 5 mg，加氢氧化钠溶液(4.1.1.5)2.5 mL，溶解后，加铁氰化钾溶液(4.1.1.6) 0.5 mL与异丁醇(4.1.1.7)5 mL 强力振摇 2 min，放置使分层，上面的醇层显强烈的蓝色荧光；加酸使成酸性，荧光即消失，再加碱使成碱性，荧光又显出。

4.2 硝酸硫胺含量测定

4.2.1 试剂和溶液

4.2.1.1 盐酸。

4.2.1.2 硅钨酸：10%溶液。称取 10 g 硅钨酸，溶于 100 mL 水中。

4.2.1.3 盐酸：取盐酸(4.2.1.1)5 mL 加水稀释至 100 mL。

4.2.1.4 丙酮。

4.2.2 测定方法

称取试样 0.1 g(准确至 0.000 2 g)，加水 50 mL 溶解后，加盐酸(4.2.1.1)2 mL，煮沸，立即滴加硅钨酸(4.2.1.2)溶液 10 mL，继续煮沸 2 min，用在 80℃干燥至恒重的 4# 垂熔坩埚过滤，沉淀先用煮沸的盐酸溶液(4.2.1.3)洗涤 2 次，每次 10 mL，再用水 10 mL 洗涤 1 次，最后用丙酮(4.2.1.4)洗涤 2 次，每次 5 mL，沉淀物在 80℃干燥至恒重。

4.2.3 结果计算

硝酸硫胺含量 ω_1 以质量分数计，数值以%表示，按式(1)计算：

$$\omega_1 = \frac{m_1 \times 0.1882}{m \times (1 - \omega_2)} \times 100 \qquad \cdots\cdots(1)$$

式中：

ω_1——试样中硝酸硫胺含量，%；

m_1——干燥恒重后沉淀质量，单位为克(g)；

0.188 2——硝酸硫胺硅钨酸盐换算成硝酸硫胺系数；

m——试样质量，单位为克(g)；

ω_2——试样干燥失重(质量分数)，%。

4.2.4 **允许差**

两个平行测定结果绝对值之差，不大于0.5%。

4.3 **酸度的测定**

4.3.1 **仪器设备**

酸度计。

4.3.2 **测定方法**

称取试样0.5 g(准确至0.01 g)，置于50 mL烧杯中，加水25 mL使溶解，用酸度计测其pH。

4.4 **氯化物的测定**

4.4.1 **试剂和溶液**

4.4.1.1 硝酸。

4.4.1.2 硝酸银：0.1 mol/L溶液。

4.4.1.3 标准氯化钠溶液：按《中华人民共和国药典》2005年版一部附录制备(1 mL含0.1 mg Cl)。

4.4.2 **测定方法**

称取试样0.2 g(准确至0.01 g)，置于100 mL纳氏比色管中，加水30 mL～40 mL使其溶解，再分别加硝酸(4.4.1.1)1 mL及硝酸银溶液(4.4.1.2)1 mL，加水至50 mL，摇匀，在暗处放置5 min，如发生浑浊，与标准氯化钠溶液(4.4.1.3)1.20 mL用同法制成的对照液比较，颜色不得更浓。

4.5 **干燥失重的测定**

4.5.1 **测定方法**

称取试样1 g～2 g(准确至0.000 2 g)，置于已在105℃烘箱中干燥至恒重的称量瓶内，打开称量瓶瓶盖，置于105℃烘箱中，干燥至恒重。

4.5.2 **结果计算**

干燥失重ω_2以质量分数计，数值以%表示，按式(2)计算：

$$\omega_2 = \frac{(m_2 - m_3)}{m} \times 100 \qquad \cdots\cdots(2)$$

式中：

ω_2——试样干燥失重，%；

m_2——干燥前的试样和称量瓶总质量，单位为克(g)；

m_3——干燥后的试样和称量瓶总质量，单位为克(g)；

m——试样质量，单位为克(g)。

4.5.3 **允许差**

两个平行测定结果绝对值之差，不大于0.05%。

4.6 **炽灼残渣的测定**

4.6.1 **试剂**

硫酸。

4.6.2 **测定方法**

称取试样1 g(准确至0.01 g)，置于已在700℃～800℃灼烧至恒重的瓷坩埚中，用小火缓缓加热至完全炭化，放冷后，加硫酸0.5 mL～1 mL使湿润，低温加热至硫酸蒸气除尽后，移入马福炉中，在700℃～800℃下灼烧至恒重。

4.6.3 **结果的计算**

炽灼残渣ω_3以质量分数计，数值以%表示，按式(3)计算：

$$\omega_3 = \frac{(m_4 - m_5)}{m} \times 100 \quad \cdots\cdots (3)$$

式中：

ω_3——试样炽灼残渣，%；

m_4——坩埚和残渣质量，单位为克(g)；

m_5——坩埚质量，单位为克(g)；

m——试样质量，单位为克(g)。

4.6.4 允许差

两个平行测定结果绝对值之差，不大于0.02%。

4.7 铅的测定

按GB/T 13080执行。

5 检验规则

5.1 采样方法

按GB/T 14699.1进行。

5.2 出厂检验

5.2.1 批

以同班、同原料、同配方的产品为一批，每批产品进行出厂检验。

5.2.2 出厂检验项目

本标准第3章中除铅以外的其他所有项目。

5.2.3 判定方法

以本标准的有关试验方法为依据，对抽取样品按出厂检验项目进行检验。检验结果如有一项指标不符合本标准要求时，应重新加倍抽样进行复检，复检结果如仍有任何一项不符合标准要求，则判定该批产品为不合格产品，不能出厂。

5.3 型式检验

5.3.1 有下列情况之一时，应进行型式检验：

a) 改变配方或生产工艺；

b) 正常生产每半年或停产半年后恢复生产；

c) 国家技术监督部门提出要求时。

5.3.2 型式检验项目

本标准第3章中的全部项目。

5.3.3 判定方法

以本标准的有关试验方法为依据，对抽取样品按型式检验项目进行检验，检验结果如有一项指标不符合本标准要求时，应重新加倍抽样进行复检，复检结果如仍有任何一项不符合本标准要求，则判型式检验不合格。

6 标签、包装、运输、贮存

6.1 标签

应符合GB 10648中的规定。

6.2 包装

本产品内包装采用食品级聚乙烯薄膜，外包装采用纸箱、纸桶或聚丙烯塑料桶包装，每箱(桶)净含量25 kg(或根据客户要求，按合同执行)。

6.3 运输

运输过程中，不得与有毒、有害、有污染和有放射性的物质混放混载，防止日晒雨淋。

6.4 贮存

本品应贮存在清洁、干燥、阴凉、通风的仓库中。

在符合上述运输、贮存条件下，本产品自出厂之日起原包装保质期为24个月。

ICS 65.120
B 46

中华人民共和国国家标准

GB/T 7297—2006
代替 GB 7297—1987

饲料添加剂 维生素 B_2（核黄素）

Feed additive—Vitamin B_2 (riboflavin)

2006-12-20 发布 2007-03-01 实施

中华人民共和国国家质量监督检验检疫总局
中国国家标准化管理委员会 发布

前　　言

本标准是 GB 7297—1987《饲料添加剂　维生素 B_2(核黄素)》的修订版。

本标准与 GB 7297—1987 主要差异如下：

——含量、感光黄素参照欧洲药典进行测定；

——增加有毒有害指标砷、铅允许量及检测方法。

本标准自实施之日起代替 GB 7297—1987。

本标准由中华人民共和国农业部提出。

本标准由全国饲料工业标准化技术委员会归口。

本标准起草单位：国家饲料质量监督检验中心(北京)。

本标准主要起草人：李兰、赵小阳、闫惠文、马冬霞、王彤。

饲料添加剂　维生素 B_2（核黄素）

1　范围

本标准规定了饲料添加剂维生素 B_2（核黄素）产品的技术要求、试验方法、检验规则及标签、包装、运输、贮存。

本标准适用于生物发酵法或化学合成法制得的维生素 B_2，在饲料工业中作为维生素类饲料添加剂。

分子式：$C_{17}H_{20}N_4O_6$

相对分子质量：376.37（1999 年国际相对原子质量）

2　规范性引用文件

下列文件中的条款通过本标准的引用而成为本标准的条款。凡是注日期的引用文件，其随后所有的修改单（不包括勘误的内容）或修订版均不适用于本标准，然而，鼓励根据本标准达成协议的各方研究是否可使用这些文件的最新版本。凡是不注日期的引用文件，其最新版本适用于本标准。

GB/T 6435　饲料水分的测定方法

GB/T 6682　分析实验室用水规格和试验方法

GB 10648　饲料标签

GB/T 13080　饲料中铅的测定　原子吸收光谱法

GB/T 14699.1　饲料　采样

中华人民共和国药典（2005 年版）

3　要求

3.1　规格

96%，98%。

3.2　外观

本品为黄色至橙色粉末，微臭。

3.3　技术指标

技术指标应符合表 1 规定。

表 1　技术指标

项　目	规　格	指　标
含量（以 $C_{17}H_{20}N_4O_6$ 干燥品计）/(%)	96%	96.0～102
	98%	98.0～102
比旋度（$[\alpha]_D^t$）	−115°～−135°	
感光黄素（吸收值）	≤0.025	
干燥失重/(%)	≤1.5	
炽灼残渣/(%)	≤0.3	
铅/(mg/kg)	≤10.0	
砷/(mg/kg)	≤3.0	

4 试验方法

4.1 试剂和溶液

除非另有规定，在分析中仅使用确认为分析纯的试剂和符合 GB/T 6682 规定的三级水。

4.1.1 连二亚硫酸钠。

4.1.2 氢氧化钠溶液：$c(NaOH)=2$ moL/L。

4.1.3 无碳酸盐的氢氧化钠溶液：$c(NaOH)=0.05$ moL/L：将一定量的蒸馏水煮沸放冷配制氢氧化钠溶液即得。

4.1.4 冰乙酸。

4.1.5 乙酸钠溶液：1.4%。

4.1.6 三氯甲烷。

4.1.7 无水硫酸钠。

4.1.8 无乙醇的三氯甲烷：取三氯甲烷(4.1.6)20 mL，置分液漏斗中，加水 20 mL，缓缓振摇 3 min，静置，分取三氯甲烷，再用水振摇 2 次，每次 20 mL，三氯甲烷用干燥滤纸滤过，加无水硫酸钠(4.1.7)5 g，充分振摇 5 min，放置 2 h，倾取上层澄清的三氯甲烷，即得。

4.1.9 硫酸。

4.2 仪器和设备

4.2.1 实验室常用设备。

4.2.2 紫外分光光度计，附 1 cm 比色皿。

4.2.3 旋光仪。

4.2.4 原子吸收分光光度计。

4.3 鉴别试验

4.3.1 称取样品约 1 mg，加水 100 mL 溶解后，溶液在透射光下显黄绿色并有强烈的黄绿色荧光；分成 2 份，1 份中加无机酸或碱溶液，荧光即消失；另一份中加连二亚硫酸钠结晶少许，摇匀后，黄色即消退，荧光即消失。

4.3.2 按含量测定制备溶液，用分光光度计测定，以 1 cm 比色皿在 200 nm～500 nm 波长范围内测定试样溶液的吸收光谱，应在 267 nm±1 nm、375 nm±1 nm、444 nm±1 nm 的波长处有最大吸收。

375 nm 处吸收度与 267 nm 处吸收度的比值应为 0.31～0.33；444 nm 处吸收度与 267 nm 处吸收度的比值应为 0.36～0.39。

4.4 维生素 B_2 含量的测定

4.4.1 原理

试样中维生素 B_2 经碱溶解后，其在试液中的浓度与 444 nm 波长下的紫外吸收值成正比，依此测定其百分含量。

4.4.2 分析步骤

注意：避光操作！

称取试样约 0.065 g(精确至 0.000 2 g)，置 500 mL 棕色容量瓶中，加 5 mL 水，使样品完全湿润，加 5 mL 氢氧化钠溶液(4.1.2)使其全部溶解，立即加入 100 mL 水和 2.5 mL 冰乙酸(4.1.4)，加水稀释至刻度，摇匀。精密吸取 10 mL 试液置 100 mL 棕色容量瓶中，加乙酸钠溶液(4.1.5)1.8 mL，并用水稀释至刻度，摇匀。另取乙酸钠溶液(4.1.5)1.8 mL 于 100 mL 棕色容量瓶中，用水稀释至刻度，作为空白，于 1 cm 比色皿内，用紫外分光光度计在 444 nm 处测定吸光度。

4.4.3 结果计算

维生素 B_2 含量 X_1(以质量分数表示，数值以%计)，按式(1)计算：

$$X_1 = \frac{A \times 5\,000}{328 \times m} \qquad \cdots\cdots (1)$$

式中：

A——试液(4.4.2)在 444 nm±1 nm 波长处测得的吸光度；

5 000——稀释倍数；

328——维生素 B_2 在 444 nm±1 nm 波长处的吸光系数；

m——试样质量，单位为克(g)。

4.4.4 重复性

结果保留三位有效数字。

同一分析者对同一试样同时两次平行测定结果的相对偏差应不大于 2%。

4.5 比旋度的测定

称取 50.0 mg 的样品置于试管中，加 10 mL 无碳酸盐的氢氧化钠溶液(4.1.3)溶解，在 30 min 内测定旋光值。

4.6 感光黄素的测定

称取样品 25.0 mg，加无乙醇的三氯甲烷(4.1.8)10 mL，振摇 5 min，过滤。滤液在紫外分光光度计 440 nm 处测定吸光度。

4.7 干燥失重的测定

按 GB/T 6435 测定。

4.8 炽灼残渣的测定

4.8.1 测定方法

称取样品 1 g～2 g(准确至 0.01 g)，置于已在 700℃～800℃灼烧至恒量的瓷坩埚中，用小火缓缓加热至完全碳化，放冷后，加硫酸(4.1.9)0.5 mL～1 mL 使湿润，低温加热至硫酸蒸气除尽后，移入马福炉中，在 700℃～800℃下灼烧至恒量。

4.8.2 计算和结果表示

炽灼残渣含量 X_2(以质量分数表示，数值以%计)，按式(2)计算：

$$X_2 = \frac{m_1 - m_2}{m} \times 100 \qquad \cdots\cdots (2)$$

式中：

m_1——坩埚加残渣质量，单位为克(g)；

m_2——坩埚质量，单位为克(g)；

m——样品质量，单位为克(g)。

4.8.3 重复性

结果保留两位有效数字。

同一分析者对同一试样同时两次平行测定结果的相对偏差应不大于 5%。

4.9 铅的测定

按 GB/T 13080 测定。

4.10 砷的测定

准确称取试样 1 g(准确至 0.000 2 g)，按照中华人民共和国药典(2005 年版) 砷的测定法　第一法(古莱氏法)测定。

5 检验规则

5.1 生产企业应保证所有产品均符合本标准规定的要求。每批产品都应附有产品合格证。

本标准规定的项目除砷、铅外为出厂检验项目。

5.2 型式检验：有下列情况之一时，应对饲料添加剂维生素 B_2 的质量进行型式检验，检验项目包括本标准规定的所有项目：

a) 正式生产后，原料、工艺改变时；

b) 正式生产后，每半年进行一次型式检验；

c) 停产恢复生产，要进行应型式检验；

d) 产品质量监督部门提出进行型式检验的要求时。

5.3 使用单位有权按照本标准的规定对所收到的维生素 B_2 产品进行验收，验收时间在货到1个月内进行。

5.4 采样方法：按 GB/T 14699.1 的规定进行。抽样需备有清洁、干燥、具有密闭性和避光性的样品瓶，瓶上贴有标签并注明生产厂家、产品名称、批号、取样日期。抽样时，用清洁适用的取样工具插入料层深度四分之三处，将所取样品充分混匀，以四分法缩分，每批样品分两份，每份样量应为检验所需试样的3倍量，装入样品瓶中，一瓶供检验用，一瓶密封保存备查。

5.5 判定规则：若检验结果有一项指标不符合本标准要求时，应加倍抽样进行复验，复验结果即使只有一项指标不符合本标准要求时，则整批产品判为不合格品。

5.6 仲裁：如供需双方对产品质量发生异议，可由双方协商选定仲裁单位，按本标准的检验规则和检验方法进行仲裁检验。

6 标签、包装、运输、贮存

6.1 标签

标签按 GB 10648 执行。

6.2 包装

本品采用避光、密封、防潮（或根据用户要求）包装。

6.3 运输

本品在运输过程中应避光、防潮、防高温、防止包装破损，严禁与有毒有害物质混运。

6.4 贮存

本品应贮存在避光、阴凉、通风、干燥处；开封后尽快使用，以免变质。

本品在规定的包装、贮存条件下，保质期为36个月。

ICS 65.120
B 46

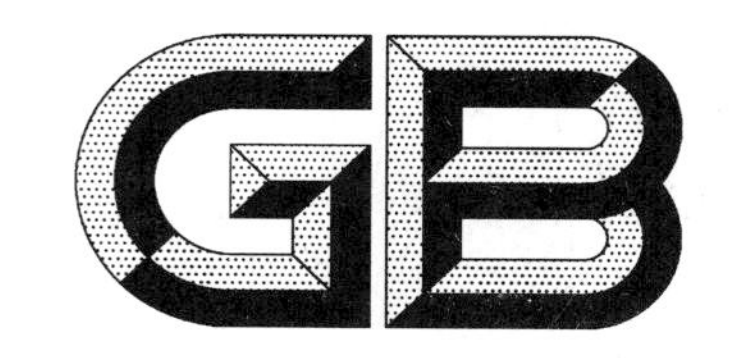

中华人民共和国国家标准

GB/T 7298—2006
代替 GB 7298—1987

饲料添加剂　维生素 B_6

Feed additive—Vitamin B_6

2006-12-20 发布　　　　2007-03-01 实施

中华人民共和国国家质量监督检验检疫总局
中国国家标准化管理委员会　发布

前　言

本标准是 GB 7298—1987《饲料添加剂　维生素 B_6》的修订版。

本标准与 GB 7298—1987 的主要差异如下：

——原标准技术要求项目和指标中“酸度(pH)”为“2.5～3.5”，本标准改为“2.4～3.0”；

——原标准中酸度测定“称取样品 1 g、加水 10 mL”，本标准改为“称取样品 2.50 g、加水 50 mL 溶解”；

——原标准含量测定方法中“称取样品”，本标准改为“称取干燥至恒量的样品”，计算公式中“以重量百分数表示”，本标准改为“按干燥品计，以质量分数表示”；

——原标准熔点的测定方法，本标准改为《中华人民共和国药典》2005 年版二部　附录Ⅵ　熔点测定法；

——原标准重金属的测定方法，本标准改为《中华人民共和国药典》2005 年版二部　附录Ⅷ　重金属检查法；

——原标准中“保质期一年”，本标准改为“保质期为 24 个月”。

本标准自实施之日起同时代替 GB 7298—1987。

本标准由全国饲料工业标准化技术委员会提出。

本标准由全国饲料工业标准化技术委员会归口。

本标准起草单位：浙江省饲料监察所、浙江天新药业有限公司。

本标准主要起草人：朱聪英、章根宝、金海丽、施杏芬、张志健、宣士荣、范卫东。

饲料添加剂　维生素 B_6

1　范围

本标准规定了饲料添加剂维生素 B_6 产品的要求、试验方法、检验规则、标签、包装、运输和贮存、保质期。

本标准适用于合成法制得的维生素 B_6，在饲料工业中作为维生素类饲料添加剂。

化学名称：6-甲基-5-羟基-3,4-吡啶二甲醇盐酸盐

分子式：$C_8H_{11}NO_3 \cdot HCl$

相对分子质量：205.64(按 1999 年国际相对原子质量)

化学结构式：

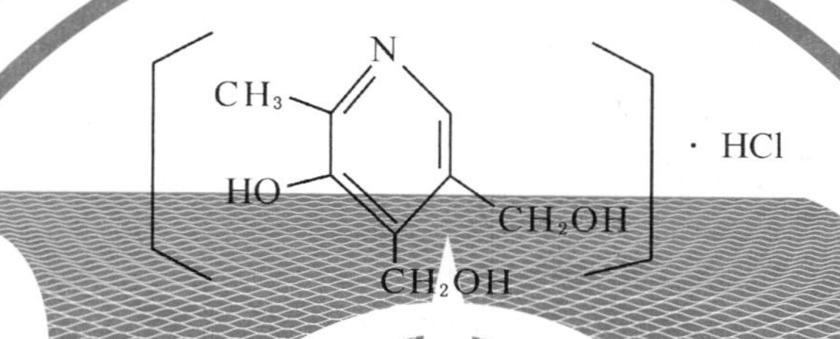

2　规范性引用文件

下列文件中的条款通过本标准的引用而成为本标准的条款。凡是注日期的引用文件，其随后所有的修改单(不包括勘误的内容)或修订版均不适用于本标准，然而，鼓励根据本标准达成协议的各方研究是否可使用这些文件的最新版本。凡是不注日期的引用文件，其最新版本适用于本标准。

GB/T 601　化学试剂　标准滴定溶液的制备

GB/T 6682　分析实验室用水规格和试验方法(neq ISO 3696)

GB 10648　饲料标签

《中华人民共和国药典》2005 年版二部

3　要求

3.1　性状

本品为白色至微黄色的结晶性粉末，无臭，味酸苦，遇光渐变质。本品在水中易溶，在乙醇中微溶，在三氯甲烷或乙醚中不溶。

3.2　技术指标

技术指标应符合表 1 的要求。

表 1　技 术 指 标

项　　目		指　　标
含量(以 $C_8H_{11}NO_3 \cdot HCl$ 干燥品计)/(%)		98.0～101.0
熔点(熔融同时分解)/℃		205～209
酸度(pH)		2.4～3.0
重金属(以 Pb 计)/(%)	≤	0.003
干燥失重/(%)	≤	0.5
炽灼残渣/(%)	≤	0.1

4 试验方法

4.1 试剂和溶液

本标准所用试剂，在未注明其要求时，均为分析纯试剂，水为 GB/T 6682 中规定的三级水。

4.1.1 体积分数为 95%乙醇。

4.1.2 硝酸。

4.1.3 氨水。

4.1.4 冰乙酸。

4.1.5 质量浓度为 20%乙酸钠溶液。

4.1.6 质量浓度为 4%硼酸溶液。

4.1.7 硝酸溶液：取硝酸(4.1.2)105 mL，加水稀释至 1 000 mL。

4.1.8 氨试液：取氨水(4.1.3)40 mL，加水使成 100 mL。

4.1.9 0.1 mol/L 硝酸银溶液。

4.1.10 质量浓度为 0.5%氯亚胺基-2,6-二氯醌乙醇溶液。

4.1.11 质量浓度为 5%乙酸汞溶液：取乙酸汞 5 g 研细，加温热的冰乙酸使溶解成 100 mL。

4.1.12 结晶紫指示液：质量浓度为 0.5%冰乙酸溶液。

4.1.13 0.1 mol/L 高氯酸标准滴定溶液：按 GB/T 601 的规定制备、标定。

4.1.14 硫酸。

4.2 仪器和设备

4.2.1 实验室常用仪器设备。

4.2.2 酸度计。

4.2.3 熔点测定仪。

4.3 鉴别

4.3.1 称取试样约 10 mg，加水 100 mL 溶解后，各取 1 mL，分别置甲、乙两个试管中，各加质量浓度为 20%乙酸钠溶液(4.1.5)2 mL，甲管中加水 1 mL，乙管中加质量浓度为 4%硼酸溶液(4.1.6)1 mL，混匀，各迅速加质量浓度为 0.5%氯亚胺基-2,6-二氯醌乙醇溶液(4.1.10)1 mL，甲管中显蓝色，几分钟后即消失，并转变为红色，乙管中不显蓝色。

4.3.2 取 4.3.1 中试样的水溶液，加氨试液(4.1.8)使成碱性，再加硝酸溶液(4.1.7)使成酸性后，加 0.1mol/L 的硝酸银溶液(4.1.9)，即产生白色凝胶状沉淀；分离，加氨试液(4.1.8)，沉淀即溶解，再加硝酸溶液(4.1.7)，沉淀复生成。

4.4 维生素 B_6 含量

4.4.1 测定方法

称取干燥至恒量的试样 0.15 g(准确至 0.000 2 g)，加冰乙酸(4.1.4)20 mL 与质量浓度为 5%乙酸汞溶液(4.1.11)5 mL，温热溶解后，放冷，加结晶紫(4.1.12)指示液 1 滴，用 0.1 mol/L 高氯酸标准滴定溶液(4.1.13)滴定，至溶液显蓝绿色，并将滴定结果用空白试验校正。

4.4.2 计算和结果的表示

维生素 B_6 含量 X_1(按干燥品计，以质量分数表示，数值以%表示)按式(1)计算：

$$X_1 = \frac{(V - V_0) \times c \times 205.6}{m \times 1\,000} \times 100 \qquad (1)$$

式中：

V——试料溶液消耗高氯酸标准滴定溶液的体积，单位为毫升(mL)；

V_0——空白试验消耗高氯酸标准滴定溶液的体积，单位为毫升(mL)；

c——高氯酸标准滴定溶液的摩尔浓度，单位为摩尔每升(mol/L)；

205.6——维生素 B_6 的摩尔质量的数值[$M(C_8H_{11}NO_3 \cdot HCl)=205.6$],单位为克每摩尔(g/mol);

m——样品质量,单位为克(g)。

4.4.3 允许差

两次平行测定结果绝对值之差小于等于1%。

4.5 熔点

按照《中华人民共和国药典》2005年版二部 附录Ⅵ 熔点的测定。

4.6 酸度

称取试样2.50 g(准确至0.01 g),加水50 mL使溶解,用酸度计测其pH。

4.7 重金属

按照《中华人民共和国药典》2005年版二部 附录Ⅷ 重金属的测定。

4.8 干燥失重

4.8.1 测定方法

称取试样1 g~2 g(准确至0.000 2 g),置于已在105℃烘箱中干燥至恒量的称量瓶中,打开称量瓶瓶盖,置于105℃烘箱中,干燥至恒量。

4.8.2 计算和结果的表示

干燥失重 X_2(以质量分数计,数值以%表示)按式(2)计算:

$$X_2=\frac{m_1-m_2}{m_0}\times 100 \qquad \cdots\cdots(2)$$

式中:

m_1——干燥前的试料加称量瓶质量,单位为克(g);

m_2——干燥后的试料加称量瓶质量,单位为克(g);

m_0——试料质量,单位为克(g)。

4.9 炽灼残渣

4.9.1 测定方法

称取试样1 g ~2 g(准确至0.01 g),置于已在700℃~800℃灼烧至恒量的瓷坩埚中,用小火缓缓加热至完全碳化,放冷后,加硫酸(4.1.14)0.5 mL~1 mL使湿润,低温加热至硫酸蒸气除尽后,移入马福炉中,在700℃~800℃下灼烧至恒量。

4.9.2 计算和结果的表示

炽灼残渣 X_3(以质量分数计,数值以%表示)按式(3)计算:

$$X_3=\frac{m_3-m_4}{m_5}\times 100 \qquad \cdots\cdots(3)$$

式中:

m_3——坩埚加残渣质量,单位为克(g);

m_4——坩埚质量,单位为克(g);

m_5——试料质量,单位为克(g)。

5 检验规则

5.1 饲料添加剂维生素 B_6 应由生产企业的质量监督部门按本标准进行检验,本标准规定所有项目为出厂检验项目,生产企业应保证出厂产品均符合本标准规定的要求。每批产品检验合格后,方可出厂。

5.2 使用单位有权按照本标准规定的检查规则和试验方法对所收到的产品进行质量检验,检验其指标是否符合本标准的要求。

5.3 采样方法:抽样需备有清洁、干燥、具有密闭性和避光性的样品瓶(或样品袋),瓶(袋)上贴有标签并注明:生产厂家、产品名称、批号、取样日期。

抽样时,应用清洁适用的取样工具。将所取样品充分混匀,以四分法缩分,每批样品分两份,每份样量应为检验所需试样的3倍量,装入样品瓶(袋)中,一瓶(袋)供检验用,一瓶(袋)密封保存备查。

5.4 判定规则:若检验结果有一项指标不符合本标准要求时,应加倍抽样进行复验,复验结果仍有一项指标不符合本标准要求时,则整批产品判为不合格品。

6 标签、包装、运输和贮存

6.1 标签

标签按GB 10648执行。

6.2 包装

本品装入适当的包装容器内,封存。每件包装量可根据用户的要求而定。包装应符合运输和贮存的规定。

6.3 运输

本产品在运输过程中应避免日晒雨淋、受热,搬运装卸小心轻放,严禁碰撞,防止包装破损,严禁与有毒有害或其他有污染的物品以及具有氧化性的物质混装、混运。

6.4 贮存

本品应贮存于阴凉干燥处,防止日晒、雨淋、受潮,严禁与有毒有害的物品混贮。

7 保质期

本产品在规定的贮存条件下,保质期为24个月。

ICS 65.120
B 46

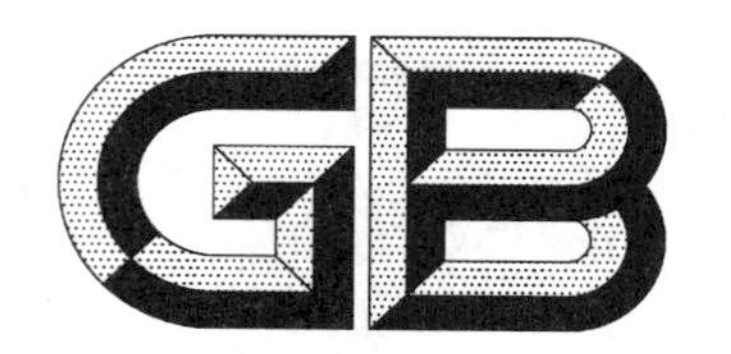

中华人民共和国国家标准

GB/T 7299—2006
代替 GB 7299—1987

饲料添加剂 D-泛酸钙

Feed additive—Dextro calcium pantothenate

2006-12-20 发布　　　　2007-03-01 实施

中华人民共和国国家质量监督检验检疫总局
中国国家标准化管理委员会　发布

前　言

本标准是 GB 7299—1987《饲料添加剂　D-泛酸钙》的修订版。

本标准与 GB 7299—1987 的主要差异如下：

——原标准范围中适用化学合成法，本标准改为合成法，并补充了化学名称；

——补充了规范性引用文件；

——修改了性状的描述；

——补充了泛酸钙含量和甲醇含量两个技术指标；

——比旋度由＋24°～＋28.5°改为＋25.0°～＋28.5°；

——鉴别项中补充了红外分光光度法；

——补充了 D-泛酸钙含量测定高氯酸滴定法为第一测定法、高效液相色谱法作为第二测定方法；

——钙测定改为《中华人民共和国药典》2005 年版二部中泛酸钙的测定方法；

——重金属的测定方法改为《中华人民共和国药典》2005 年版二部　附录Ⅷ　重金属检查法第一法；

——水分测定改为按 GB/T 6435 进行；

——出厂检验氮含量和泛酸钙含量两者可取其一；

——保质期改为 24 个月。

本标准自实施之日起同时代替 GB 7299—1987。

本标准由全国饲料工业标准化技术委员会提出并归口。

本标准起草单位：浙江省饲料监察所、国家饲料质量监督检验中心(北京)和浙江杭州鑫富药业股份有限公司。

本标准主要起草人：施杏芬、张苏、王静静、张志健、马冬霞、金海丽、陆春波、殷杭华。

饲料添加剂　D-泛酸钙

1　范围

本标准规定了饲料添加剂 D-泛酸钙产品的质量要求、试验方法、检验规则、标签、包装、运输和贮存、保质期。

本标准适用于合成法制得的 D-泛酸钙。该产品在饲料工业中作为维生素类饲料添加剂。

化学名称：(*R*)-*N*-(3,3-二甲基-2,4-二羟基-1-氧代丁基)-3-丙氨酸钙盐

分子式：$C_{18}H_{32}CaN_2O_{10}$

相对分子质量：476.54(按 2001 年国际相对原子质量)

化学结构式：

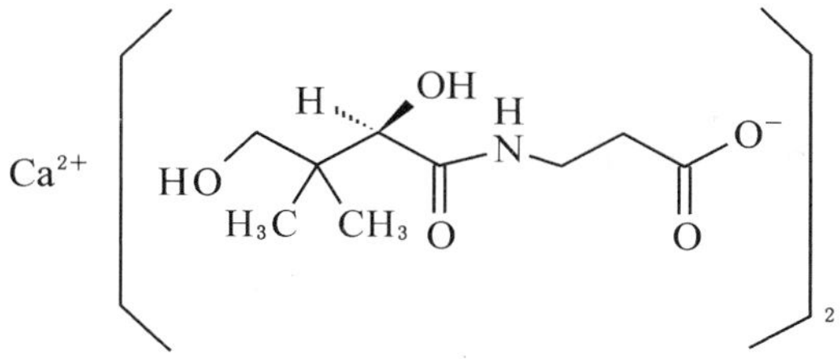

2　规范性引用文件

下列文件中的条款通过本标准的引用而成为本标准的条款。凡是注日期的引用文件，其随后所有的修改单(不包括勘误的内容)或修订版均不适用于本标准，然而，鼓励根据本标准达成协议的各方研究是否可使用这些文件的最新版本。凡是不注日期的引用文件，其最新版本适用于本标准。

GB/T 601　化学试剂　标准滴定溶液的制备

GB/T 603　化学试剂　试验方法中所用制剂及制品的制备

GB/T 6435　饲料水分的测定方法

GB/T 6682　分析实验室用水规格和试验方法(neq ISO 3696)

GB 10648　饲料标签

《中华人民共和国药典》2005 年版二部

3　要求

3.1　性状

本品为白色至类白色粉末，无臭，味微苦，有引湿性。水溶液显中性或弱碱性，在水中易溶，在乙醇中极微溶解，在三氯甲烷或乙醚中几乎不溶。

3.2　技术指标

技术指标应符合表 1 的要求。

表1 技术指标

项目		指标
泛酸钙($C_{18}H_{32}CaN_2O_{10}$,以干燥品计)/(%)		98.0~101.0
钙含量(Ca,以干燥品计)/(%)		8.2~8.6
氮含量(以干燥品计)/(%)		5.7~6.0
比旋度($[\alpha]_D^t$,以干燥品计)		+25.0°~+28.5°
重金属(以Pb计)/(%)	≤	0.002
干燥失重/(%)	≤	5.0
甲醇/(%)	≤	0.3

4 试验方法

4.1 试剂和溶液

本标准所用试剂和水,在未注明其要求时,均为分析纯试剂和GB/T 6682中规定的三级水。色谱分析中所用试剂为色谱纯,试验用水符合GB/T 6682中规定的一级水。

4.1.1 氢氧化钠溶液:43 g/L。

4.1.2 硫酸铜溶液:125 g/L。

4.1.3 酚酞指示液:按照GB/T 603的规定制备。

4.1.4 盐酸溶液:$c(HCl)=1$ mol/L。按GB/T 601的规定制备。

4.1.5 三氯化铁溶液:90 g/L。

4.1.6 草酸铵溶液:35 g/L。

4.1.7 冰乙酸。

4.1.8 盐酸。

注意:盐酸为挥发性溶液,具腐蚀性,操作者需戴手套,在通风柜里进行操作。

4.1.9 钙紫红素指示剂:按照《中华人民共和国药典》2005年版二部 附录XV 指示剂与指示液配置。

4.1.10 乙二胺四乙酸二钠标准滴定溶液(EDTA):$c(EDTA)=0.05$ mol/L。按GB/T 601的规定制备、标定。

4.1.11 硫酸钾(或无水硫酸钠)。

4.1.12 硫酸铜粉末。

4.1.13 硫酸。

注意:硫酸为强腐蚀性溶液,操作者需戴眼镜、手套,以防灼伤。

4.1.14 氢氧化钠溶液:400 g/L。

注意:氢氧化钠为强腐蚀性溶液,操作者需戴眼镜、手套,以防灼伤。

4.1.15 锌粒。

4.1.16 硼酸溶液:20 g/L。

4.1.17 乙醇(体积分数为95%)。

4.1.18 甲基红乙醇溶液:称取甲基红0.1 g,加乙醇(4.1.17)100 mL溶解。

4.1.19 溴甲酚绿乙醇溶液:称取溴甲酚绿0.2 g,加乙醇(4.1.17)100 mL溶解。

4.1.20 甲基红-溴甲酚绿混合指示液:取甲基红乙醇溶液(4.1.18)20 mL,加溴甲酚绿乙醇溶液(4.1.19)30 mL,摇匀。

4.1.21 硫酸标准滴定溶液:$c(H_2SO_4)=0.05$ mol/L。按《中华人民共和国药典》2005年版二部 附录XV 滴定液的规定制备、标定。

4.1.22 高氯酸标准滴定溶液：$c(HClO_4)=0.1$ mol/L。按 GB/T 601 的规定制备、标定。

4.1.23 乙酸酐。

4.1.24 甲醇(色谱级)。

4.1.25 磷酸(优级纯)。

4.1.26 磷酸溶液：取磷酸(4.1.25)1 mL 于 1 000 mL 容量瓶中，用超纯水定容，摇匀。

4.1.27 氢氧化钠溶液：$c(NaOH)=0.1$ mol/L。按 GB/T 601 的规定制备。

4.1.28 磷酸缓冲溶液：称取 3.12 g 二水磷酸二氢钠($NaH_2PO_4 \cdot 2H_2O$)于 1 000 mL 容量瓶中，用超纯水溶解并定容，用氢氧化钠溶液(4.1.27)调节 pH 至 5.5，该溶液通过 0.45 μm 滤膜(4.1.30)，超声脱气，备用。

4.1.29 D-泛酸钙标准品(Fluka)：含量≥99.0%。

4.1.30 滤膜：0.45 μm，水系。

4.2 仪器和设备

实验室常用仪器和设备以及以下设备。

4.2.1 分析天平(精确至 0.1 mg)。

4.2.2 全自动电位滴定仪。

4.2.3 红外分光光度计。

4.2.4 气相色谱仪(配 FID)。

4.2.5 高效液相色谱仪(带紫外检测器)。

4.3 鉴别

4.3.1 称取试样约 50 mg，加氢氧化钠溶液(4.1.1)5 mL，振摇，加硫酸铜溶液(4.1.2)2 滴，即显蓝紫色。

4.3.2 称取试样约 50 mg，加氢氧化钠溶液(4.1.1)5 mL，振摇，煮沸 1 min，放冷，加酚酞指示液(4.1.3)1 滴，加盐酸溶液(4.1.4)至溶液褪色，再多加 0.5 mL 盐酸溶液(4.1.4)，加三氯化铁溶液(4.1.5)2 滴，即显鲜明的黄色。

4.3.3 本品的水溶液显钙盐的鉴别反应：称取试样 0.5 g，加水 5 mL 溶解，加草酸铵溶液(4.1.6)，即发生白色沉淀；分离，所得沉淀不溶于冰乙酸(4.1.7)，但溶于盐酸(4.1.8)。

4.3.4 红外鉴别：按照《中华人民共和国药典》2005 年版二部 附录Ⅳ 红外分光光度法，利用溴化钾压片法，试料的红外光吸收图谱与对照的图谱一致(光谱集 208 图)。

4.4 D-泛酸钙含量测定方法

4.4.1 高氯酸全自动电位滴定法(第一法：仲裁法)

4.4.1.1 测定方法

精密称取试样约 180 mg～200 mg(精确至 0.000 02 g)，加入大约 50 mL 冰乙酸(4.1.7)溶解，加 3 mL 乙酸酐(4.1.23)，用高氯酸(组合的玻璃电极)标准滴定溶液(4.1.22)滴定，采用全自动电位滴定仪测定。

若滴定试料与标定高氯酸标准滴定溶液时的温度差超过 10℃时，则应重新标定；若未超过 10℃，则可将高氯酸标准滴定溶液的浓度加以校正(见 GB/T 601 的修正方法)。

4.4.1.2 计算和结果的表示

D-泛酸钙含量 X_1(按干燥品计，以质量分数表示，数值以%计)，按式(1)计算：

$$X_1 = \frac{V_1 \times c_1 \times 238.27}{m_1 \times 1\,000 \times (1 - X_5)} \times 100 \qquad \cdots\cdots (1)$$

式中：

V_1——试料溶液消耗高氯酸标准滴定溶液的体积，单位为毫升(mL)；

c_1——高氯酸标准滴定溶液的浓度，单位为摩尔每升(mol/L)；

238.27——D-泛酸钙的摩尔质量，$M(1/2C_{18}H_{32}CaN_2O_{10})=238.27$，单位为克每摩尔(g/mol)；

X_5——试料干燥失重，质量分数(%)；

m_1——试料质量，单位为克(g)。

计算结果表示至小数点后一位。

4.4.1.3 允许差

取平行测定结果的算术平均值为测定结果，两次平行测定结果相对偏差小于等于0.5%。

4.4.2 高效液相色谱法(第二法)

4.4.2.1 试样溶液的制备

精密称取D-泛酸钙试样约200 mg(精确至0.000 02 g)，置100 mL容量瓶中，加磷酸溶液(4.1.26)溶解并稀释定容，摇匀。取上述溶液1.0 mL于100 mL容量瓶中，用超纯水稀释定容，摇匀，过滤膜(4.1.30)，上机测定。

4.4.2.2 标准溶液的制备

精密称取D-泛酸钙标准品(4.1.29)约200 mg(精确至0.000 02 g)，按4.4.2.1同样处理。

4.4.2.3 测定

4.4.2.3.1 色谱条件

色谱柱：内径4.6 mm，柱长150 mm，填料为C_{18}，粒径为5 μm的不锈钢柱，或相当者；

流动相：磷酸缓冲溶液(4.1.28)；

流速：1.0 mL/min；

检测波长：200 nm；

进样量：20 μL；

柱温：30℃。

4.4.2.3.2 上机测定

用高效液相色谱仪分别对标准品溶液和试料溶液进行进样检测，测定其色谱峰面积的响应值，进行定量计算。

4.4.2.4 计算和结果的表示

D-泛酸钙含量X_2(按干燥品计，以质量分数表示，数值以%计)，按式(2)计算：

$$X_2=\frac{A_2\times c_2\times n_1}{A_1\times m_2\times(1-X_5)\times 1\,000\,000}\times 100 \qquad \cdots\cdots(2)$$

式中：

A_1——标准溶液的峰面积；

A_2——试料溶液的峰面积；

c_2——标准溶液的浓度，单位为微克每毫升(μg/mL)；

n_1——稀释倍数；

X_5——试料干燥失重，质量分数(%)；

m_2——试料质量，单位为克(g)。

计算结果表示至小数点后一位。

4.4.2.5 允许差

取平行测定结果的算术平均值为测定结果，两次平行测定结果相对偏差小于等于5%。

4.5 钙含量

4.5.1 含量测定方法

称取试样0.5 g(精确至0.000 2 g)，加水100 mL溶解后；加氢氧化钠溶液(4.1.1)15 mL与钙紫红素指示剂(4.1.9)约0.1 g，用乙二胺四乙酸二钠标准滴定溶液(4.1.10)滴定，至溶液自紫红色转变为纯蓝色。

4.5.2 计算和结果的表示

钙含量 X_3(按干燥品计,以质量分数表示,数值以%计),按式(3)计算:

$$X_3 = \frac{V_2 \times c_3 \times 40.08}{m_3 \times 1\ 000 \times (1 - X_5)} \times 100 \quad \cdots\cdots(3)$$

式中:

V_2——试料溶液消耗乙二胺四乙酸二钠标准滴定溶液的体积,单位为毫升(mL);

c_3——乙二胺四乙酸二钠标准滴定溶液的浓度,单位为摩尔每升(mol/L);

40.08——钙的摩尔质量,M(Ca)=40.08,单位为克每摩尔(g/mol);

X_5——试料干燥失重,质量分数(%);

m_3——试料质量,单位为克(g)。

计算结果表示至小数点后一位。

4.5.3 允许差

取平行测定结果的算术平均值为测定结果,两次平行测定结果相对偏差小于等于0.6%。

4.6 氮含量

4.6.1 氮含量测定方法

4.6.1.1 称取试样0.5 g(精确至0.000 2 g),用滤纸将样品包好置于干燥的500 mL凯氏烧瓶中,然后各依次加入硫酸钾(或无水硫酸钠)(4.1.11)10 g,硫酸铜粉末(4.1.12)0.5 g,再沿瓶壁缓缓加入硫酸(4.1.13)20 mL,在凯氏烧瓶口放一小漏斗并使烧瓶呈45°斜置,用直火缓缓加热,使溶液的温度保持在沸点以下,等泡沸停止,强热至沸腾,待溶液呈澄明的绿色后,继续加热30 min,放冷,沿瓶壁缓缓加水250 mL,振摇使混合,放冷后,加氢氧化钠溶液(4.1.14)75 mL,注意使沿瓶壁流至瓶底。自成一液层,加锌粒(4.1.15)数粒,用氮气球将凯氏烧瓶与冷凝管连接,取硼酸溶液(4.1.16)50 mL,置500 mL锥形瓶中,加甲基红-溴甲酚绿混合指示液(4.1.20)10滴,将冷凝管的一端浸入硼酸溶液(4.1.16)的液面下,加热蒸馏,至接受液的总体积约为250 mL时,将冷凝管尖端提出液面,使蒸气冲洗约1min,用水淋洗尖端后停止蒸馏,馏出液用硫酸标准滴定溶液(4.1.21)滴定至溶液由蓝绿色变为灰紫色,并将滴定结果用空白试验校正。

4.6.1.2 采用定氮仪时按仪器本身常量程序进行测定。

4.6.2 计算和结果的表示

氮含量 X_4(按干燥品计,以质量分数表示,数值以%计),按式(4)计算:

$$X_4 = \frac{(V_3 - V_4) \times c_4 \times 14.01 \times 2}{m_4 \times 1\ 000 \times (1 - X_5)} \times 100 \quad \cdots\cdots(4)$$

式中:

V_3——试料溶液消耗硫酸标准滴定溶液的体积,单位为毫升(mL);

V_4——空白试验消耗硫酸标准滴定溶液的体积,单位为毫升(mL);

c_4——硫酸标准滴定溶液的浓度,单位为摩尔每升(mol/L);

14.01——氮的摩尔质量,M(N)=14.01,单位为克每摩尔(g/mol);

X_5——试料干燥失重,质量分数(%);

m_4——试料质量,单位为克(g)。

计算结果表示至小数点后一位。

4.6.3 允许差

取平行测定结果的算术平均值为测定结果,两次平行测定结果相对偏差小于等于2%。

4.7 比旋度的测定

称取未经干燥的试样约2.5 g(精确至0.000 2 g),置于50 mL容量瓶中,加水至刻度,制成每1 mL含50 mg试样的溶液。按照《中华人民共和国药典》2005年版二部 附录Ⅵ 旋光度的测定。

4.8 重金属

称取试样约 1 g(精确至 0.1 g),置于 50 mL 纳氏比色管(乙管)中,加水适量使溶解,加盐酸溶液(4.1.4)1 mL,加水稀释至 25 mL。按照《中华人民共和国药典》2005 年版二部　附录Ⅷ　重金属检查法第一法测定。

4.9 干燥失重

称取试样 1 g(精确至 0.000 2 g),置于已在 105℃烘箱中干燥至恒量的称量瓶中,按 GB/T 6435 的方法进行测定。

4.10 甲醇含量

4.10.1 测定方法

4.10.1.1 标准溶液的制备

精密称取甲醇(4.1.24)约 0.5 g(精确至 0.000 2 g)到 100 mL 的容量瓶中,加水定容至刻度(此为 A 溶液)。

4.10.1.2 试样处理

精确称取 D-泛酸钙样约 25 g～30 g(精确至 0.02 g),用 120 mL 水溶解后转移至蒸馏烧瓶中,搭好蒸馏装置,用 100 mL 量筒作接受器,然后蒸出 80 mL 甲醇水溶液(注意:防止甲醇开始蒸出时的挥发),用无甲醇水定容至 100 mL (B 溶液)。

4.10.2 测定

4.10.2.1 气相色谱条件

色谱柱:不锈钢柱 3 m×3 mm;

固定相:硅藻土白色担体;

固定液:质量浓度为 10%的聚乙二醇(PEG)20 M;

柱温:50℃～150℃;

柱温按以下步骤调控:先保持 50℃ 1 min,然后以每分钟增加 10℃的频度渐增到 150℃;

气化室温度:180℃;

检测室温度:180℃;

进样量:1 μL。

4.10.2.2 上机测定

在给定的条件下调整好仪器,待基线稳定后,用微量玻璃注射器分别进样 A 溶液和 B 溶液,利用色谱工作站测得组分的峰面积,用外标法计算待测组分的含量。

4.10.3 计算和结果的表示

甲醇含量 X_6(以质量分数表示,数值以%计),按式(5)计算:

$$X_6 = \frac{A_3 \times m_5}{A_4 \times m_6} \times 100 \quad \cdots\cdots (5)$$

式中:

A_3——试料溶液的峰面积;

A_4——标准溶液的峰面积;

m_5——标准品质量,单位为克(g);

m_6——试料质量,单位为克(g)。

计算结果表示至小数点后一位。

4.10.4 允许差

取平行测定结果的算术平均值为测定结果,两次平行测定结果相对偏差小于等于 15%。

5 检验规则

5.1 饲料添加剂 D-泛酸钙应由生产企业的质量监督部门按本标准进行检验,本标准规定所有项目为出厂检验项目,氮含量和泛酸钙含量检验两者可取其一,生产企业应保证出厂产品均符合本标准规定的要求。每批产品检验合格后,方可出厂。

5.2 使用单位有权按照本标准规定的检验规则和试验方法对所收到的产品进行质量检验,检验其指标是否符合本标准的要求。

5.3 采样方法:采样需备有清洁、干燥、具有密闭性和避光性的样品瓶(或样品袋),瓶(袋)上贴有标签并注明:生产厂家、产品名称、批号、取样日期。

抽样时,应用清洁适用的取样工具。将所取样品充分混匀,以四分法缩分,每批样品分两份,每份样量应为检验所需试样的3倍量,装入样品瓶(袋)中,一瓶(袋)供检验用,一瓶(袋)密封保存备查。

5.4 判定规则:若检验结果有一项指标不符合本标准要求时,应加倍抽样进行复验,复验结果仍有一项指标不符合本标准要求时,则整批产品判为不合格品。

6 标签、包装、运输和贮存

6.1 标签

标签按GB 10648执行。

6.2 包装

本品装入适当的包装容器内,密封。每件包装量可根据用户的要求而定。包装应符合运输和贮存的规定。

6.3 运输

本产品在运输过程中应避免日晒雨淋、受潮,搬运装卸小心轻放,严禁碰撞,防止包装破损,严禁与有毒有害或其他有污染的物品以及具有氧化性的物质混装、混运。

6.4 贮存

本品应密封贮存,防止日晒、雨淋、受潮,严禁与有毒有害的物品混贮。

7 保质期

本产品在规定的贮存条件下,保质期为24个月(开封后应尽快使用,以免变质)。

ICS 65.120
B 46

中华人民共和国国家标准

GB/T 7300—2006
代替 GB 7300—1987

饲料添加剂 烟酸

Feed additive—Nicotinic acid

2006-12-20 发布 2007-03-01 实施

中华人民共和国国家质量监督检验检疫总局
中国国家标准化管理委员会 发布

前　言

本标准是 GB 7300—1987《饲料添加剂　烟酸》的修订版。

本标准与 GB 7300—1987 的主要差异如下：

——性状由“白色至微黄色结晶性粉末”改为“白色至类白色粉末”；

——含量改为 99.0％～100.5％；

——鉴别项中补充了紫外分光光度法和红外分光光度法；

——补充了烟酸含量测定的高效液相色谱法和高氯酸电位滴定法；

——熔点的测定方法改为《中华人民共和国药典》2005 年版二部　附录Ⅵ　熔点测定法第一法；

——氯化物的测定方法改为《中华人民共和国药典》2005 年版二部　附录Ⅲ　氯化物检查法；

——硫酸盐的测定方法改为《中华人民共和国药典》2005 年版二部　附录Ⅷ　硫酸盐检查法；

——重金属的测定方法改为《中华人民共和国药典》2005 年版二部　附录Ⅷ　重金属检查法第一法。

本标准自实施之日起同时代替 GB 7300—1987。

本标准由全国饲料工业标准化技术委员会提出。

本标准由全国饲料工业标准化技术委员会归口。

本标准起草单位：浙江省饲料监察所。

本标准主要起草人：朱聪英、施杏芬、金海丽、葛丽丽、张志健、俞国珍、吕伟军、陈勇。

饲料添加剂　烟酸

1　范围

本标准规定了饲料添加剂烟酸产品的质量要求、试验方法、检验规则、标签、包装、运输和贮存。

本标准适用于化学合成法制得的烟酸。该产品在饲料工业中作为维生素类饲料添加剂。

化学名称：吡啶-3-羧酸

分子式：$C_6H_5NO_2$

相对分子质量：123.11（按 2001 年国际相对原子质量）

化学结构式：

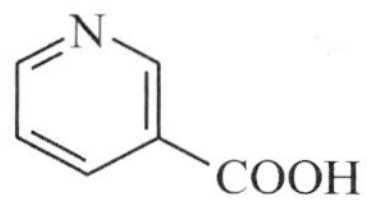

COOH

2　规范性引用文件

下列文件中的条款通过本标准的引用而成为本标准的条款。凡是注日期的引用文件，其随后所有的修改单（不包括勘误的内容）或修订版均不适用于本标准，然而，鼓励根据本标准达成协议的各方研究是否可使用这些文件的最新版本。凡是不注日期的引用文件，其最新版本适用于本标准。

GB/T 601　化学试剂　标准滴定溶液的制备

GB/T 603　化学试剂　试验方法中所用制剂及制品的制备

GB/T 6435　饲料水分的测定方法

GB/T 6682　分析实验室用水规格和试验方法（neq ISO 3696）

GB 10648　饲料标签

《中华人民共和国药典》2005 年版二部

3　要求

3.1　性状

本品为白色至类白色粉末，无臭或有微臭，味微酸，水溶液显酸性反应。本品在沸水或沸乙醇中溶解，在水中略溶，在乙醇中微溶，在乙醚中几乎不溶，在碳酸盐溶液或碱溶液中均易溶。

3.2　技术指标

技术指标应符合表 1 的要求。

表 1　技术指标

项　　目		指　　标
含量（$C_6H_5NO_2$，以干燥品计）/（%）		99.0～100.5
熔点/℃		234～238
氯化物（以 Cl 计）/（%）	≤	0.02
硫酸盐（以 SO_4）/（%）	≤	0.02
重金属（以 Pb 计）/（%）	≤	0.002
干燥失重/（%）	≤	0.5
炽灼残渣/（%）	≤	0.1

4 试验方法

4.1 试剂和溶液

本标准所用试剂和水，在未注明其要求时，均为分析纯试剂和 GB/T 6682 中规定的三级水。色谱分析中所用试剂为色谱纯，试验用水符合 GB/T 6682 中规定的一级水。

4.1.1 2,4-二硝基氯苯。

4.1.2 95%乙醇。

4.1.3 氢氧化钾。

4.1.4 氢氧化钠溶液：$c(NaOH)=0.1$ mol/L。按 GB/T 601 的规定制备。

4.1.5 硫酸铜溶液：125 g/L。

4.1.6 乙醇制氢氧化钾溶液：$c(KOH)=0.5$ mol/L。按照《中华人民共和国药典》2005 年版二部 附录XV 试液配置。

4.1.7 酚酞指示液：按 GB/T 603 的规定制备。

4.1.8 冰乙酸。

4.1.9 乙酸酐。

4.1.10 高氯酸标准滴定溶液：$c(HClO_4)=0.1$ mol/L。按 GB/T 601 的规定制备和标定。

4.1.11 硫酸。

注意：硫酸为强腐蚀性溶液，操作者需戴防护眼镜、手套，以防灼伤。

4.1.12 烟酸标准品(Chem service)：含量≥99.0%。

4.1.13 三氟乙酸(色谱级)。

4.1.14 三氟乙酸溶液：吸收三氟乙酸(4.1.13) 1.0 mL 于 1 000 mL 容量瓶中，用超纯水定容，摇匀，过膜(4.1.15)，脱气。

4.1.15 滤膜(水系，0.22 μm)。

4.1.16 盐酸溶液：取盐酸 234 mL，加水稀释至 1 000 mL，摇匀。

4.2 仪器和设备

实验室常用仪器和设备。

4.2.1 分析天平 (精确至 0.01 mg)。

4.2.2 熔点测定仪。

4.2.3 紫外分光光度仪。

4.2.4 红外分光光度仪。

4.2.5 全自动电位滴定仪。

4.2.6 高效液相色谱仪(带紫外检测器)。

4.3 鉴别

4.3.1 称取试样约 4 mg，加 2,4-二硝基氯苯(4.1.1)8 mg，研匀，置试管中，缓缓加热熔化后，再加热数秒钟，放冷，加乙醇制氢氧化钾溶液(4.1.6)3 mL，即显紫红色。

4.3.2 称取试样约 50 m g，加水 20 mL 溶解后，滴加氢氧化钠溶液(4.1.4)至遇石蕊试纸显中性反应，加硫酸铜溶液(4.1.5)3 mL，即缓缓析出淡蓝色沉淀。

4.3.3 称取试样，加水制成每毫升中含有 20 μg 的试料溶液，按照《中华人民共和国药典》2005 年版二部 附录Ⅳ 分光光度法测定，在 262 nm 处有最大吸收，在 237 nm 处有最小吸收；237 nm 处吸收度与 262 nm 处吸收度的比值应为 0.35～0.39。

4.3.4 红外鉴别：按照《中华人民共和国药典》2005 年版二部 附录Ⅳ 红外分光光度法，利用溴化钾压片法，试料的红外光吸收图谱与对照的图谱一致(光谱集 422 图)。

4.4 烟酸含量

4.4.1 高效液相色谱法(第一法)

4.4.1.1 测定步骤

4.4.1.1.1 试样溶液的制备

称取烟酸试样约 100 mg(精确至 0.000 02 g)，置 100 mL 容量瓶中，加超纯水 75 mL 超声溶解，冷却后用超纯水定容，摇匀。取上述溶液 2.0 mL 于 100 mL 容量瓶中，用三氟乙酸溶液(4.1.14)稀释定容，摇匀，过滤膜(4.1.15)，上机测定。

4.4.1.1.2 标准溶液的制备

称取烟酸标准品(4.1.12)约 100 mg(精确至 0.000 02 g)，按 4.4.1.1.1 同样处理。

4.4.1.2 测定

4.4.1.2.1 色谱条件

色谱柱：Atlantis dC_{18} 内径 4.6 mm，柱长 250 mm，填料为 C_{18}、粒径 5 μm 的不锈钢柱；

流动相：三氟乙酸溶液(4.1.14)；

流速：1.0 mL/min；

检测波长：262 nm；

进样量：10 μL；

柱温：30℃。

4.4.1.2.2 上机测定

用高效液相色谱仪分别对标准品溶液和试料溶液进行进样检测，测定其色谱峰面积的响应值，进行定量计算。

4.4.1.3 计算和结果的表示

烟酸含量 X_1(以质量分数表示，数值以%计，按干燥品计)按式(1)计算：

$$X_1 = \frac{A_2 \times c \times n_1}{A_1 \times m \times (1 - X) \times 1\ 000\ 000} \times 100 \qquad \cdots\cdots(1)$$

式中：

A_1——标准溶液的峰面积；

A_2——试料溶液的峰面积；

c——标准溶液的浓度，单位为微克每毫升(μg/mL)；

n_1——稀释倍数；

m——试料质量，单位为克(g)；

X——试料干燥失重，质量分数(%)。

计算结果表示至小数点后一位。

4.4.1.4 允许差

取平行测定结果的算术平均值为测定结果，两次平行测定结果相对偏差小于等于 5%。

4.4.2 高氯酸电位滴定法(第二法，仲裁法)

4.4.2.1 测定步骤

精确称取烟酸试样约 100 mg～110 mg(精确至 0.000 02 g)，加 50 mL 冰乙酸(4.1.8)，加 3 mL 乙酸酐(4.1.9)，用高氯酸(组合的玻璃电极)标准滴定溶液(4.1.10)滴定，采用全自动电位滴定仪测定。

若滴定试料与标定高氯酸标准滴定溶液时的温度差别超过 10℃时，则应重新标定；若未超过 10℃，则可将高氯酸标准滴定溶液的浓度加以校正(见 GB/T 601 的修正方法)。

4.4.2.2 计算和结果的表示

烟酸含量 X_2(以质量分数表示，数值以%计，按干燥品计)，按式(2)计算：

$$X_2 = \frac{V \times c_1 \times 123.1}{m_1 \times 1\,000 \times (1-X)} \times 100 \qquad \cdots\cdots(2)$$

式中：

V——试料溶液消耗高氯酸标准滴定溶液的体积，单位为毫升(mL)；

c_1——高氯酸标准滴定溶液的浓度，单位为摩尔每升(mol/L)；

123.1——烟酸的摩尔质量的数值，单位为克每摩尔(g/mol)，$M(C_6H_5NO_2)=123.1$；

X——试料干燥失重，质量分数(%)；

m_1——试料质量，单位为克(g)。

计算结果表示至小数点后一位。

4.4.2.3 允许差

取平行测定结果的算术平均值为测定结果，两次平行测定结果相对偏差小于等于0.2%。

4.4.3 中和法(第三法)

4.4.3.1 测定步骤

称取试样约0.3 g(精确至0.000 2 g)，加新沸的冷水50 mL溶解后，加酚酞指示液(4.1.7)3滴，用氢氧化钠标准滴定溶液(4.1.4)滴定至溶液显粉红色。

4.4.3.2 计算和结果的表示

烟酸含量X_3(以质量分数表示，数值以%计，按干燥品计)，按式(3)计算：

$$X_3 = \frac{V_1 \times c_2 \times 123.1}{m_2 \times 1\,000 \times (1-X)} \times 100 \qquad \cdots\cdots(3)$$

式中：

V_1——试料溶液消耗氢氧化钠标准滴定溶液的体积，单位为毫升(mL)；

c_2——氢氧化钠标准滴定溶液的浓度，单位为摩尔每升(mol/L)；

123.1——烟酸的摩尔质量的数值，单位为克每摩尔(g/mol)，$M(C_6H_5NO_2)=123.1$；

m_2——试料质量，单位为克(g)；

X——试料干燥失重，质量分数(%)。

计算结果表示至小数点后一位。

4.4.3.3 允许差

取平行测定结果的算术平均值为测定结果，两次平行测定结果相对偏差小于等于0.2%。

4.5 熔点

按照《中华人民共和国药典》2005年版二部　附录Ⅵ　熔点测定法第一法测定。

4.6 氯化物的测定

称取试样约0.25 g(精确至0.01 g)，按照《中华人民共和国药典》2005年版二部　附录Ⅲ　氯化物检查法测定。

4.7 硫酸盐的测定

称取试样约0.5 g(精确至0.01 g)，按照《中华人民共和国药典》2005年版二部　附录Ⅷ　硫酸盐检查法测定。

4.8 重金属

称取试样约1 g(精确至0.01 g)，加盐酸溶液(4.1.16)1.5 mL，加水至20 mL。缓缓加热使完全溶解，放冷至室温，移入50 mL纳氏比色管(乙管)中，加水至25 mL。按照《中华人民共和国药典》2005年版二部　附录Ⅷ　重金属检查法第一法测定。

4.9 干燥失重

称取试样约1 g(精确至0.000 2 g)，按GB/T 6435进行。

4.10 炽灼残渣

4.10.1 测定方法

称取试样约1 g(精确至0.01 g)，置于已在700℃～800℃灼烧至恒量的瓷坩埚中，用小火缓缓加热至完全炭化，放冷后，加硫酸(4.1.11)0.5 mL～1 mL 使湿润，低温加热至硫酸蒸气除尽后，移入马福炉中，在 700℃～800℃下灼烧至恒量。

4.10.2 计算和结果的表示

炽灼残渣 X_4(以质量分数表示，数值以%计)按式(4)计算：

$$X_4 = \frac{m_5 - m_3}{m_4} \times 100 \qquad (4)$$

式中：

m_5——坩埚加残渣质量，单位为克(g)；

m_3——坩埚质量，单位为克(g)；

m_4——试料质量，单位为克(g)。

计算结果表示至小数点后一位。

4.10.3 允许差

取平行测定结果的算术平均值为测定结果，两次平行测定结果相对偏差小于等于 5%。

5 检验规则

5.1 饲料添加剂烟酸应由生产企业的质量监督部门按本标准进行检验，本标准规定所有项目为出厂检验项目，生产企业应保证出厂产品均符合本标准规定的要求。每批产品检验合格后，方可出厂。

5.2 使用单位有权按照本标准规定的检验规则和试验方法对所收到的产品进行质量检验，检验其指标是否符合本标准的要求。

5.3 采样方法：抽样需备有清洁、干燥、具有密闭性和避光性的样品瓶(或样品袋)，瓶(袋)上贴有标签并注明：生产厂家、产品名称、批号、取样日期。

抽样时，应用清洁适用的取样工具。将所取样品充分混匀，以四分法缩分，每批样品分两份，每份样量应为检验所需试样的 3 倍量，装入样品瓶(袋)中，一瓶(袋)供检验用，一瓶(袋)密封保存备查。

5.4 判定规则：若检验结果有一项指标不符合本标准要求时，应加倍抽样进行复验，复验结果仍有一项指标不符合本标准要求时，则整批产品判为不合格品。

6 标签、包装、运输和贮存

6.1 标签

标签按 GB 10648 执行。

6.2 包装

本品装入适当的包装容器内，密封。每件包装量可根据用户的要求而定。包装应符合运输和贮存的规定。

6.3 运输

本产品在运输过程中应避免日晒雨淋、受潮，搬运装卸小心轻放，严禁碰撞，防止包装破损，严禁与有毒有害或其他有污染的物品以及具有氧化性的物质混装、混运。

6.4 贮存

本品应密闭贮存，防止日晒、雨淋、受潮，严禁与有毒有害的物品混贮。

7 保质期

本产品在规定的贮存条件下，保质期为 12 个月(开封后应尽快使用，以免变质)。

ICS 65.120
B 46

中华人民共和国国家标准

GB/T 7301—2002
代替 GB/T 7301—1987

饲料添加剂　烟酰胺

Feed additive—Nicotinamide

2002-09-24 发布　　2003-03-01 实施

中华人民共和国
国家质量监督检验检疫总局　发布

前　言

本标准修订了 GB/T 7301—1987《饲料添加剂　烟酰胺》。

本标准的试验方法是根据《中国药典》2000 年版二部制定的。

本标准与 GB/T 7301—1987 的主要技术差异如下：

——“产品外观和性状”改为“白色结晶性粉末或白色颗粒状粉末”；

——“烟酰胺含量”指标由“98.5%～101.0%”改为“大于等于 99.0%”；

——“干燥失重”改为“水分”，指标由“小于 0.5%”改为“小于等于 0.10%”；

——增加了产品的鉴别方法(紫外鉴别和红外鉴别)；

——规定了产品包装材料用铝箔聚乙烯袋或其他适当材质；

——产品的保质期改为“原包装条件下，保质期为三年”。

本标准的附录 A 是资料性附录。

本标准由全国饲料工业标准化技术委员会提出并归口。

本标准由广州龙沙有限公司负责起草。

本标准主要起草人：郭自爱、梁水娟、王义珍。

本标准所代替标准的历次版本发布情况为：GB/T 7301—1987。

饲料添加剂　烟酰胺

1　范围

本标准规定了饲料添加剂烟酰胺的技术要求、试验方法、检验规则、标签以及包装运输和储存。

本标准适用于以化学合成法制得的烟酰胺。烟酰胺在饲料工业中作为维生素类饲料添加剂。

化学名称：3-吡啶甲酰胺

结构式：

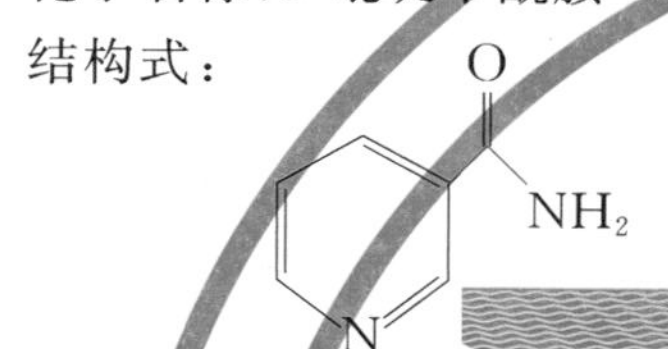

分子式：$C_6H_6N_2O$

相对分子质量：122.13(按 1999 年国际相对原子质量)

2　规范性引用文件

下列文件中的条款通过本标准的引用而成为本标准的条款。凡是注日期的引用文件，其随后所有的修改单(不包括勘误的内容)或修订版均不适用于本标准，然而，鼓励根据本标准达成协议的各方研究是否可使用这些文件的最新版本。凡是不注日期的引用文件，其最新版本适用于本标准。

GB/T 606　化学试剂　水分测定通用方法(卡尔·费休法)

GB/T 6682　分析实验室用水规格和试验方法(neq ISO 3696:1987)

GB 10648　饲料标签

《中国药典》　2000 年版二部

3　要求

3.1　性状

本品为白色结晶性粉末或白色颗粒状粉末；无臭或几乎无臭，味苦。

3.2　项目与指标

烟酰胺的技术指标应符合表 1 规定。

表 1　技术指标

项　　目		指　　标
含量/(%)	≥	99.0
熔点/℃		128.0～131.0
pH(10%溶液)		5.5～7.5
水分/(%)	≤	0.10
重金属(以 Pb 计)/(%)	≤	0.002
灼烧残渣/(%)	≤	0.1

4 试验方法

本标准所用试剂和水，在没有注明其他要求时，均指分析纯试剂和GB/T 6682规定的三级水。仪器、设备为一般实验室仪器设备。

4.1 外观和性状

取样观察，应符合3.1要求。

4.2 鉴别

4.2.1 试剂和溶液

4.2.1.1 氢氧化钠溶液：43 g/L，取氢氧化钠4.3 g，加水使溶解成100 mL。

4.2.1.2 硫酸铜溶液：125 g/L，取硫酸铜（$CuSO_4 \cdot 5H_2O$的分子量为249.69）12.5 g，加水使成100 mL。

4.2.1.3 硫酸溶液：57 mL→1 000 mL，取硫酸57 mL，加水稀释至1 000 mL。

4.2.1.4 酚酞指示剂：10 g/L，取酚酞1 g，加乙醇100 mL使溶解。

4.2.2 仪器设备

4.2.2.1 分析天平：精度为千分之一。

4.2.2.2 紫外分光光度计。

4.2.2.3 红外分光光度计。

4.2.3 鉴别步骤

a) 取试样约0.1 g，加水5 mL溶解后，加氢氧化钠溶液（4.2.1.1）5 mL，缓缓煮沸，即发生氨臭。继续加热至氨臭完全除去，冷却至室温，加酚酞指示剂（4.2.1.4）1～2滴，用硫酸溶液（4.2.1.3）中和，加硫酸铜溶液（4.2.1.2）2 mL，即缓缓析出淡蓝色的沉淀，过滤，取沉淀，灼烧，即发生吡啶的臭气。

b) 紫外鉴别：取试样0.01 g于500 mL容量瓶中，加水定容，制成每1 mL中含20 μg试样的溶液，进行紫外分光光度测定，在262 nm的波长处有最大吸收，在245 nm的波长处有最小吸收，245 nm波长处的吸收度与262 nm波长处的吸收度的比值应为0.63～0.67。

c) 红外鉴别：利用溴化钾压片法，试样的红外光吸收图谱与对照的图谱一致（光谱图参见附录A）。

4.3 烟酰胺含量测定

4.3.1 试剂和溶液

4.3.1.1 冰乙酸。

4.3.1.2 乙酸酐。

4.3.1.3 高氯酸标准滴定溶液：$c(HClO_4)=0.1$ mol/L。按《中国药典》2000年二部 附录XV F之规定制备和标定。

4.3.1.4 结晶紫指示剂：5 g/L，取结晶紫0.5 g，加冰乙酸100 mL使溶解，即得。

4.3.2 测定步骤

称取试样0.09 g～0.11 g（准确至0.000 1 g），加冰乙酸（4.3.1.1）20 mL溶解后，加乙酸酐（4.3.1.2）5 mL与结晶紫指示剂（4.3.1.4）1滴，用高氯酸标准滴定溶液（4.3.1.3）滴定至溶液显蓝绿色，并同时做空白试验。

4.3.3 计算和结果的表示

烟酰胺含量W_1（以质量分数%表示）按式（1）计算：

$$W_1 = \frac{(V_1 - V_2)/1\,000 \times c_1 \times 122.1}{m_1} \times 100 \qquad \cdots\cdots(1)$$

式中：

V_1——试样溶液消耗高氯酸标准滴定溶液(4.3.1.3)的体积，单位为毫升(mL)；

V_2——空白溶液消耗高氯酸标准滴定溶液的体积，单位为毫升(mL)；

c_1——高氯酸标准滴定溶液的浓度，单位为摩尔每升(mol/L)；

122.1——烟酰胺的摩尔质量 $M(C_6H_6N_2O)=122.1$ g/mol；

m_1——试样的质量，单位为克(g)；

1 000——将体积 V_1 和 V_2 由毫升换算为升。

若试样滴定的温度与高氯酸标准滴定溶液标定时的温度差别超过10℃，则应重新标定；若未超过10℃，则应根据式(2)将高氯酸标准滴定溶液的浓度 c_0 校正为 c_1。

$$c_1=\frac{c_0}{1+0.001\,1(t_1-t_0)} \qquad \cdots\cdots(2)$$

式中：

0.001 1——冰乙酸的膨胀系数；

t_0——高氯酸标准滴定溶液(4.3.1.4)标定时的温度，单位为摄氏度(℃)；

t_1——试样滴定时的实际温度，单位为摄氏度(℃)；

c_0——高氯酸标准滴定溶液在温度为 t_0 的标定浓度；

计算结果表示至小数点后一位。

4.3.4 允许误差

取平行测定结果的算术平均值为测定结果，平行测定结果的相对差值不超过0.3%。

4.4 熔点测定

4.4.1 仪器

4.4.1.1 熔点测定仪。

4.4.1.2 熔点测定毛细管。

4.4.1.3 玛瑙研钵。

4.4.2 测定步骤

按《中国药典》2000版二部 附录Ⅵ C熔点测定法，第一法。

4.5 pH值的测定

4.5.1 仪器设备

pH计。

4.5.2 测定步骤

称取试样1.0 g，加水10 mL使溶解，以玻璃电极为指示电极，用pH计测定。

4.6 水分测定

4.6.1 试剂和溶液

4.6.1.1 碘。

4.6.1.2 无水甲醇。

4.6.1.3 吡啶。

4.6.1.4 卡尔·费休氏滴定溶液：滴定度F为每毫升相当于2.000 mg水。

卡尔·费休氏滴定溶液的制备和标定按GB/T 606规定执行。

4.6.2 仪器设备

分析天平：精度0.000 1 g。

4.6.3 测定步骤

加30 mL甲醇(4.6.1.2)到滴定杯中，先用卡尔·费休滴定溶液(4.6.1.4)进行空白滴定，然后称取2.5 g～4 g(准确至0.000 1 g)试样到该滴定杯中，用“永停”滴定法指示终点进行测定。

4.6.4 计算和结果的表示

试样水分 W_2(以质量分数%表示)按式(3)计算:

$$W_2 = \frac{(V_3 - V_4) \times F}{m_3} \times 100 \quad \cdots\cdots(3)$$

式中:

V_3——试样所消耗的卡尔·费休滴定溶液(4.6.1.4)体积,单位为毫升(mL);

V_4——空白所消耗的卡尔·费休滴定溶液体积,单位为毫升(mL);

F——卡尔·费休滴定溶液的滴定度,单位为毫克每毫升(mg/mL);

m_3——试样的质量,单位为毫克(mg)。

计算结果表示至小数点后两位。

4.6.5 允许误差

取平行测定结果的算术平均值为测定结果,平行测定结果的绝对值之差不超过0.01%。

4.7 重金属

4.7.1 试剂和溶液

4.7.1.1 铅标准贮备液〔每毫升含有铅(Pb)100 μg〕:称取在105℃干燥至恒重的硝酸铅0.159 8 g(准确至0.002 g)。置1 000 mL量瓶中,加硝酸5 mL与水50 mL溶解后,用水稀释至刻度,摇匀,作为贮备液。

4.7.1.2 铅标准工作液:移取铅标准贮备液(4.7.1.1)10.0 mL于100 mL容量瓶中,加水稀释至刻度,该溶液每毫升含有10 μg的铅(Pb)。

注:铅标准工作液临用前配制。

4.7.1.3 硫代乙酰胺溶液:40 g/L,取硫代乙酰胺4 g,加水使溶解成100 mL,置冰箱中保存。

4.7.1.4 氢氧化钠-甘油混合液:由 $c(NaOH)=1$ mol/L 氢氧化钠溶液15 mL、水5.0 mL及甘油20 mL组成。

4.7.1.5 硫代乙酰胺混合液:取5.0 mL氢氧化钠-甘油混合液(4.7.1.4)加硫代乙酰胺溶液(4.7.1.3)1.0 mL,置水浴上加热20 s,冷却。

注:该溶液临用前配制。

4.7.1.6 乙酸盐缓冲液(pH3.5):取乙酸铵25 g,加水25 mL溶解后,加 $c(HCl)$ 为7 mol/L盐酸溶液38 mL,再用 $c(HCl)$ 为2 mol/L盐酸溶液或 $c(HCl)$ 5 mol/L氨溶液准确调节pH值至3.5(电位法指示),用水稀释至100 mL,即得。

4.7.1.7 盐酸溶液:$c(HCl)=1$ mol/L。

4.7.2 测定步骤

取25 mL纳氏比色管两支,甲管中加铅标准工作液(4.7.1.1)2 mL与乙酸盐缓冲液(4.7.1.6)2 mL后,加水稀释至25 mL,乙管中加入试样1.0 g,加水10 mL溶解后,加盐酸溶液(4.7.1.7)6 mL与水适量使至25 mL;再在甲乙两管中分别加硫代乙酰胺混合液(4.7.1.5)各2 mL,摇匀,放置2 min,同置白纸上,自上向下透视,乙管中溶液的颜色不得深于甲管溶液的颜色。

4.8 灼烧残渣的测定

4.8.1 试剂

浓硫酸。

警告:硫酸是强腐蚀液,操作者需戴防护眼镜、手套,以防灼伤。

4.8.2 测定步骤

称取试样1 g(准确至0.000 1 g),置于已在700℃~800℃灼烧至恒重的瓷坩埚中,用小火缓慢加热至完全炭化,冷却至室温后,加硫酸0.5 mL~1 mL使湿润,低温加热至硫酸蒸气除尽后,移入高温炉中,在700℃~800℃灼烧至恒重。

4.8.3 **计算和结果表示**

灼烧残渣 W_3(以质量分数%表示)按式(4)计算:

$$W_3 = \frac{m_4 - m_5}{m_6} \times 100 \quad \cdots\cdots(4)$$

式中:

m_4——坩埚加残渣的质量,单位为克(g);

m_5——坩埚质量,单位为克(g);

m_6——试样质量,单位为克(g)。

计算结果表示至小数点后一位。

5 检验规则

5.1 本标准规定的所有项目为出厂检验项目。

5.2 产品应由生产厂的质量检验部门进行检验,生产厂应保证所有出厂的产品均符合本标准的要求,每批出厂的产品应附有质量证明书。

5.3 使用单位有权按照本标准规定的检验规则和试验方法对所收到的产品进行质量检验,检验其指标是否符合本标准的要求。

5.4 采样方法:采样需备有清洁、干燥、具有密闭性的样品瓶。瓶上贴有标签,注明生产厂名称、产品名称、批号及取样日期。

抽样时,应用清洁适用的抽样器。每批产品抽取两份有代表性的样品,每份抽样量应为检验所需样品的3倍量,装入样品瓶中,一份送化验室检验,另一份应密封保存,以备仲裁分析用。

5.5 如果检验结果有一项不合格,则应重新抽样,抽样量是第一次的两倍。产品重新检验结果即使只有一项不合格时,则整批不能验收。

5.6 如供需双方对产品质量发生异议时,可由双方协商选定仲裁单位,按本标准的检验规则和试验方法进行仲裁分析。

6 标签

本产品标签应符合GB 10648规定。

7 包装、运输和储存

7.1 本产品装入铝箔聚乙烯袋等适当材质的包装袋中,正确称量,封口,盛于外包装容器内,封存。

7.2 运输过程应有遮盖物,避免日晒雨淋、受热及撞击。搬运装卸小心轻放,不得与有毒有害或其他有污染的物品以及具有氧化性的物质混装、混运。

7.3 本品应于阴凉干燥处储存。

7.4 保质期:原包装在规定的储存条件下保质期为三年(开封后应尽快使用,以免变质)。

附　录　A
（资料性附录）
烟酰胺标准红外光谱图

中文名：烟酰胺

拉丁名：Nicotinamidum

分子式：$C_6H_6N_2O$

试样制备：KBr 压片法

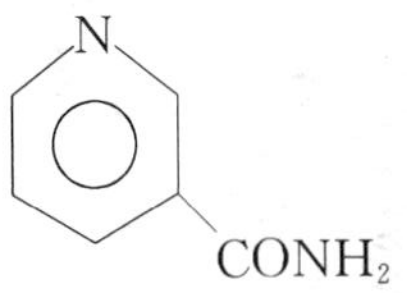

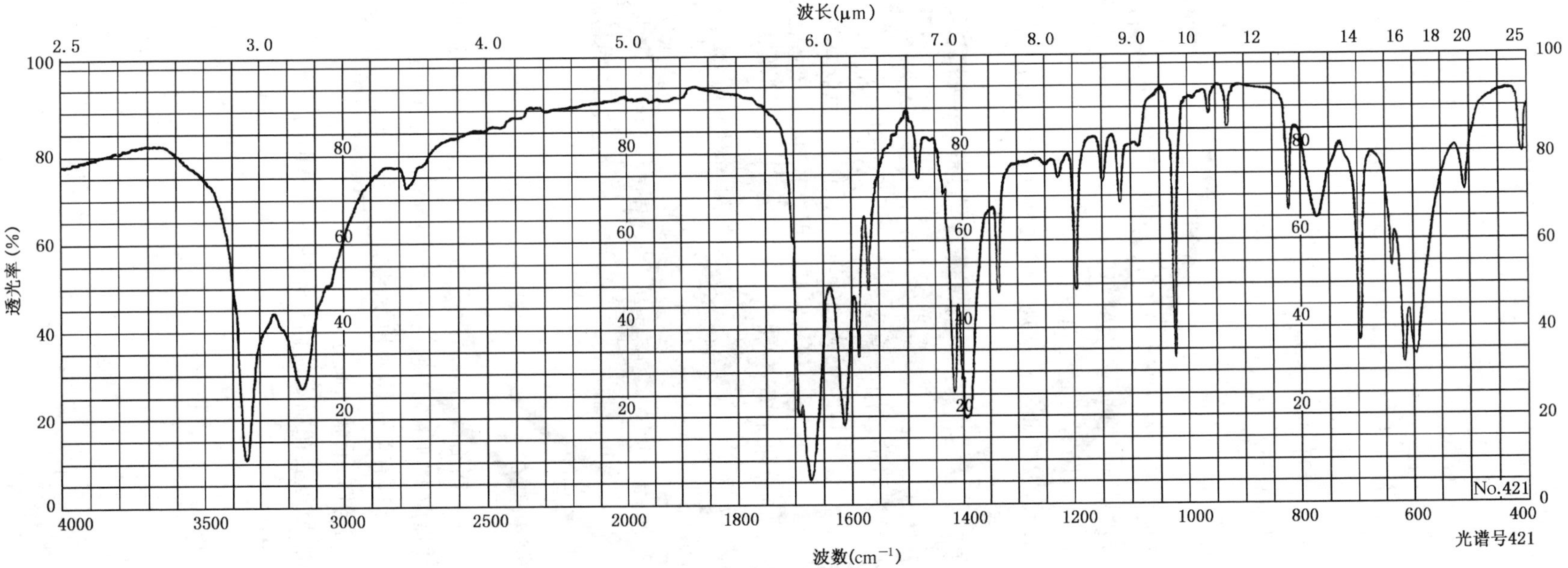

图 A.1　烟酰胺标准红外光谱图

ICS 65.120
B 46

中华人民共和国国家标准

GB/T 7302—2008
代替 GB/T 7302—1987

饲料添加剂　叶酸

Feed additive—Folic acid

2008-03-03 发布　　2008-05-01 实施

中华人民共和国国家质量监督检验检疫总局
中国国家标准化管理委员会　发布

前　言

本标准是对GB/T 7302—1987《饲料添加剂　叶酸》的修订，自实施之日起代替GB/T 7302—1987，与GB/T 7302—1987相比主要变化如下：

——增加前言、规范性引用文件部分；

——实验方法中增加叶酸含量指标测定允许差；

——叶酸测定方法目前通行的检测方法为高效液相法，内标法为仲裁法。

本标准由全国饲料工业标准化技术委员会提出并归口。

本标准起草单位：国家饲料质量监督检验中心(武汉)。

本标准主要起草人：高利红、刘小敏、钱昉。

本标准所代替标准的历次版本发布情况为：

——GB/T 7302—1987。

饲料添加剂　叶酸

1　范围

本标准规定了饲料添加剂叶酸的要求、试验方法、检验规则及标签、包装、运输、贮存等。

本标准适用于化学合成法制得的叶酸产品，在饲料工业中作为维生素类饲料添加剂。

化学名称：*N*-[4-[(2-氨基-4-氧代-1,4-二氢-6-蝶啶)甲氨基]苯甲酰基]-L-谷氨酸

分子式：$C_{19}H_{19}N_7O_6$

相对分子质量：441.40(按 1999 年国际相对原子质量)

结构式：

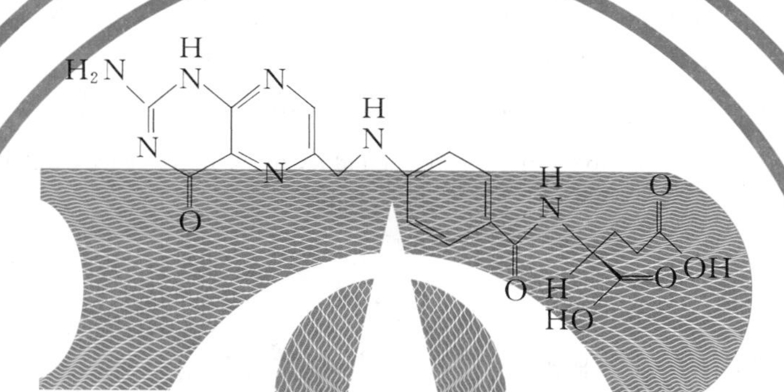

2　规范性引用文件

下列文件中的条款通过本标准的引用而成为本标准的条款。凡是注日期的引用文件，其随后所有的修改单(不包括勘误的内容)或修订版均不适用于本标准，然而，鼓励根据本标准达成协议的各方研究是否可使用这些文件的最新版本。凡是不注日期的引用文件，其最新版本适用于本标准。

GB/T 602　化学试剂　杂质测定用标准溶液的制备(GB/T 602—2002,ISO 6353-1:1982,NEQ)

GB/T 603　化学试剂　试验方法中所用制剂及制品的制备(GB/T 603—2002,ISO 6353-1:1982,NEQ)

GB/T 6682　分析实验室用水规格和试验方法(GB/T 6682—1992,neq ISO 3696:1987)

GB 10648　饲料标签

3　要求

3.1　性状

本品为黄色或橙黄色结晶性粉末，无臭、无味。在水、乙醇、丙酮、三氯甲烷或乙醚中不溶，在氢氧化碱或碳酸盐的稀溶液中溶解。

3.2　技术指标

技术指标应符合表 1 要求。

表 1　技术指标

项　　目	指　　标
叶酸含量(以 $C_{19}H_{19}N_7O_6$ 干基计)/%	95.0～102.0
干燥失重/%	≤8.5
炽灼残渣/%	≤0.5

4 试验方法

本标准所用试剂和水，除特别注明外，均指分析纯试剂和符合 GB/T 6682 中规定的二级用水。标准溶液和杂质溶液的制备应符合 GB/T 602 和 GB/T 603。

4.1 鉴别试验

4.1.1 试剂和溶液

4.1.1.1 0.1 mol/L 氢氧化钠溶液：称取氢氧化钠 4.0 g，用水溶解并稀释至 1 000 mL。

4.1.1.2 0.1 mol/L 高锰酸钾。

4.1.2 仪器设备

分光光度计。

4.1.3 鉴别方法

4.1.3.1 称取样品约 0.2 mg，加氢氧化钠溶液 10 mL，振摇使溶解，加高锰酸钾溶液 1 滴，振摇混匀后，溶液显蓝绿色，在紫外光灯下，显蓝绿色荧光。

4.1.3.2 取样后，加氢氧化钠溶液制成每 1 mL 中含 10 μg 样品的溶液，用分光光度计测定，在 256 nm±1 nm、283 nm±2 nm 及 365 nm±4 nm 的波长处有最大吸收。吸收度 256 nm 与吸收度 365 nm 的比值应为 2.8～3.0。

4.2 叶酸含量测定

4.2.1 试剂和溶液

4.2.1.1 重蒸水：符合 GB/T 6682 中规定的一级用水。

4.2.1.2 磷酸二氢钾：优级纯。

4.2.1.3 磷酸氢二钾：优级纯。

4.2.1.4 0.1 mol/L 氢氧化钾溶液：称取 0.56 g 氢氧化钾溶于 100 mL 水中。

4.2.1.5 甲醇：色谱纯。

4.2.1.6 氨水：体积分数为 0.5%。

4.2.1.7 烟酰胺内标液：取烟酰胺适量，加水溶解并稀释制成 1.0 mg/ mL 的溶液。

4.2.1.8 流动相 A：称取 6.8 g 磷酸二氢钾，加入 70 mL 氢氧化钾溶液（4.2.1.4），用水稀释成约 850 mL并调节 pH 值至 6.3±0.1，加入甲醇 80 mL，用水稀释至 1 000 mL。

4.2.1.9 流动相 B：称取 19.64 g 磷酸二氢钾和 9.68 g 磷酸氢二钾溶于水中，倒入 2 L 容量瓶中，加入 240 mL 甲醇，用水定容至刻度（pH6.4～6.7）。

4.2.1.10 标准工作液 A：取叶酸干燥对照品（纯度≥98.5%）约 20 mg，置于 100 mL 容量瓶中，加入 0.5%氨溶液约 60 mL 溶解，精密加入烟酰胺内标液（4.2.1.7）20 mL，用 0.5%氨溶液稀释至刻度，摇匀。

4.2.1.11 标准工作液 B：取叶酸干燥对照品（纯度≥98.5%）约 20 mg，置于 100 mL 容量瓶中，加入 1.8 mL氢氧化钾溶液（4.2.1.4）和 10.0 mL 流动相 B（4.2.1.9）溶解，然后用流动相 B（4.2.1.9）定容至刻度。

4.2.2 仪器设备

4.2.2.1 一般实验室设备。

4.2.2.2 超声波清洗器。

4.2.2.3 液相色谱仪。

4.2.3 叶酸含量测定

4.2.3.1 内标法(仲裁法)

4.2.3.1.1 色谱条件与系统适应性试验

4.2.3.1.1.1 用十八烷基硅烷键合硅胶为填充剂柱,叶酸与内标物质峰的分离度应大于1.5。

4.2.3.1.1.2 取叶酸标准工作液A,连续进样5次,其峰面积测量值的相对偏差应不大于2.0%。

4.2.3.1.2 试样溶液的制备

取叶酸样品约200 mg(精确至0.000 2 g),置于100 mL容量瓶中,加入0.5%氨溶液溶解,定容;精确移取10.0 mL溶液,加入烟酰胺内标液(4.2.1.7)20.0 mL,用0.5%氨溶液稀释至刻度,摇匀。

4.2.3.1.3 测定

4.2.3.1.3.1 色谱条件

固定相:十八烷基硅烷键合硅胶填充柱,粒度5 μm,柱长250 mm,内径4 mm不锈钢柱。

移动相:磷酸盐缓冲液(4.2.1.7)。

流速:1.0 mL/min。

温度:室温。

进样量:10 μL～20 μL。

检测器:紫外检测器(或二极管矩阵检测器PDA),波长254 nm。

4.2.3.1.3.2 定量测定

取标准溶液及试样溶液,分别连续进样3次～5次按峰面积计算校正因子,并用其平均值计算试样中叶酸含量。

4.2.3.1.4 结果的计算与表述

叶酸含量 w_1 以质量分数计,数值以%表示,按式(1)、式(2)计算:

$$w_1 = f \times \frac{A_3 \times m_4}{A_4 \times m_3} \times 100 \quad \cdots\cdots(1)$$

$$f = \frac{A_1 \times m_2}{A_2 \times m_1} \quad \cdots\cdots(2)$$

式中:

f——叶酸质量校正因子;

A_3——试样溶液中叶酸的峰面积;

m_4——试样溶液中内标物的质量,单位为克(g);

A_4——试样溶液中内标物的峰面积;

m_3——试样溶液中叶酸的质量,单位为克(g);

A_1——标准溶液中内标物质峰面积;

m_2——标准溶液中叶酸的质量,单位为克(g);

A_2——标准物质中叶酸对照品峰面积;

m_1——标准溶液中内标物的质量,单位为克(g)。

4.2.3.1.5 重复性

本方法两次平行测定的允许绝对差≤2.0%。

4.2.3.2 外标法

4.2.3.2.1 色谱条件与系统适应性试验

取叶酸标准工作液A,连续进样5次,其峰面积测量值的相对偏差应不大于2.0%。

4.2.3.2.2 试样溶液的制备

取叶酸样品约200 mg(精确至0.000 2 g),置于100 mL容量瓶中,加入1.8 mL氢氧化钾溶液(4.2.1.4)和10.0 mL流动相B(4.2.1.9)溶解,然后用流动相B(4.2.1.9)定容至刻度。

精确移取10.0 mL溶液，用流动相B(4.2.1.9)稀释至刻度，摇匀。

4.2.3.2.3 测定

4.2.3.2.3.1 色谱条件

色谱柱：ODS C_{18}柱，粒度4 μm，150 mm×3.9 mm(内径)或性能类似的分析柱。

流动相：磷酸盐缓冲液(4.2.1.9)。

流速：0.6 mL/min。

温度：30℃。

进样量：10 μL。

检测器：紫外检测器(或二极管矩阵检测器PDA)，波长280 nm。

4.2.3.2.3.2 定量测定

取标准溶液及试样溶液，分别连续进样3次～5次按峰面积计算校正因子，并用其平均值计算试样中叶酸含量。

4.2.3.2.4 结果的计算与表述

叶酸含量 w_2 以质量分数计，数值以%表示，按式(3)计算：

$$w_2 = \frac{A_5 \times m_6}{A_6 \times m_5} \times 100 \quad \cdots\cdots(3)$$

式中：

A_5——试样溶液中叶酸的峰面积；

m_6——标准溶液中叶酸的质量，单位为克(g)；

A_6——标准物质中叶酸对照品峰面积；

m_5——试样溶液中叶酸的质量，单位为克(g)。

4.2.3.2.5 重复性

本方法两次平行测定的允许绝对差≤2.0%。

4.3 干燥失重的测定

4.3.1 仪器设备

真空恒温干燥箱。

4.3.2 测定方法

称取样品1 g(准确至0.000 2 g)，置于已在100℃～105℃真空干燥至恒重的称量瓶内，打开称量瓶瓶盖，置于100℃～105℃真空干燥箱中，压力不超过0.7 kPa(约相当于5 mmHg)，真空干燥3 h后取出，放入干燥器内冷却至室温，称取质量。

4.3.3 结果计算

干燥失重 w_3 以质量分数计，数值以%表示，按式(4)计算：

$$w_3 = \frac{m_7 - m_8}{m_9} \times 100 \quad \cdots\cdots(4)$$

式中：

m_7——干燥前的样品和称量瓶总质量，单位为克(g)；

m_8——干燥后的样品和称量瓶总质量，单位为克(g)；

m_9——样品质量，单位为克(g)。

4.4 炽灼残渣的测定

4.4.1 试剂及设备

4.4.1.1 硫酸。

4.4.1.2 马福炉。

4.4.2 测定方法

称取样品1 g(准确至0.01)，置于已在700℃～800℃灼烧至恒重的瓷坩埚中，用小火缓缓加热至完全炭化，放冷后，加硫酸0.5 mL～1 mL使湿润，低温加热至硫酸蒸气除尽后，移入马福炉中，在

700℃～800℃下灼烧至恒重。

4.4.3 结果计算

炽灼残渣 w_4 以质量分数计，数值以%表示，按式(5)计算：

$$w_4 = \frac{m_{10} - m_{11}}{m_{12}} \times 100 \quad \cdots\cdots(5)$$

式中：

m_{10}——坩埚和残渣质量，单位为克(g)；

m_{11}——坩埚质量，单位为克(g)；

m_{12}——样品质量，单位为克(g)。

5 检验规则

5.1 出厂检验

饲料添加剂叶酸应由生产企业的质量监督部门按本标准进行检验，本标准规定所有项目为出厂检验项目，生产企业应保证所有产品均符合本标准规定的要求。每批产品都应附有产品合格证。

5.2 进货验收

使用单位有权按照本标准的规定对所收到的叶酸产品进行验收，验收时间在货到一个月内进行。

5.3 取样方法

取样需备有清洁、干燥、具有密闭性和避光性的样品瓶。瓶上贴有标签，并注明生产厂名称、产品名称、批号及取样日期。

抽样时，应用清洁适用的取样工具插入料层深度四分之三处，将所取样品充分混匀，以四分法缩分，每批样品分2份，每份样量应为检验所需试样的3倍量，装入样品瓶中，一份供检验用，另一份应密封保存，以备仲裁分析用。

5.4 判定规则

如果检验结果有一项指标不符合本标准要求时，应加倍抽样进行复验，复验结果仍有一项指标不符合本标准要求时，则整批产品判为不合格品。

5.5 仲裁检验

如供需双方对产品质量发生异议时，可由双方协商选定仲裁单位，按本标准的检验方法进行仲裁检验。

6 标签、包装、运输、贮存

6.1 标签

标签按GB 10648的规定执行。

6.2 包装

本品装于适当的容器内封存，包装应符合运输和贮存的要求。每件包装的质量可根据客户的要求而定。

6.3 运输

应避免日晒雨淋、受热及撞击。搬运装卸小心轻放，不得与有毒有害或其他有污染的物品混装、混运。

6.4 贮存

本品应贮存在通风、阴凉、干燥、无污染的地方。

本品在规定的贮存条件下，原包装保质期24个月(开封后尽快使用，以免变质)。

ICS 65.120
B 46

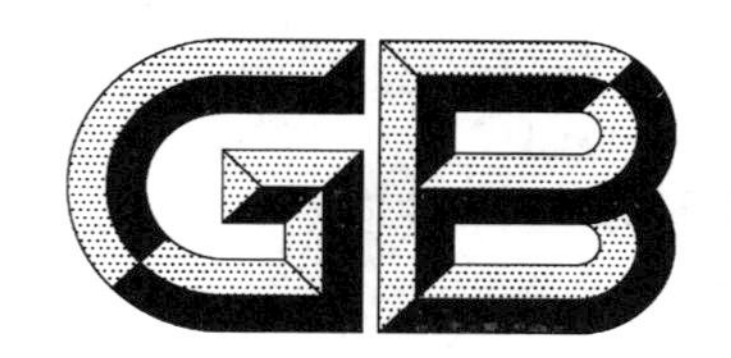

中华人民共和国国家标准

GB/T 7303—2006
代替 GB 7303—1987

饲料添加剂　维生素C(L-抗坏血酸)

Feed additive—Vitamin C(L-ascorbic acid)

2006-02-24 发布　　2006-07-01 实施

中华人民共和国国家质量监督检验检疫总局
中国国家标准化管理委员会　发布

前 言

本标准是 GB 7303—1987《饲料添加剂 维生素 C(抗坏血酸)》的修订版。

本标准与 GB 7303—1987 的主要技术差异是：

——标准属性由强制性改为推荐性；

——维生素 C 含量(%)由“≥99.0～101.0”改为“99.0～101.0”；

——“重金属(以铅计)”一项改为“铅”，并由“≤0.002(%)”修改为“≤10.0(mg/kg)”。

本标准自实施之日起代替 GB 7303—1987。

本标准由国家标准化管理委员会提出。

本标准由全国饲料工业标准化技术委员会归口。

本标准主要起草单位：国家饲料质量监督检验中心(武汉)。

本标准主要起草人：屈利文、杨先奎。

本标准所代替标准的历次版本发布情况为：

——GB 7303—1987。

饲料添加剂　维生素 C(L-抗坏血酸)

1　范围

本标准规定了饲料添加剂　维生素 C(L-抗坏血酸)产品的要求、试验方法、检验规则及标签、包装、运输、贮存。

本标准适用于合成法或发酵法制得的维生素 C 产品。

化学名称:L-3-氧代苏己糖醛酸内酯

分子式:$C_6H_8O_6$

相对分子质量:176.13(1999 年国际相对原子质量)

结构式:

CH_2OH
HOCH　O　O
HO　OH

2　规范性引用文件

下列文件中的条款通过本标准的引用而成为本标准的条款。凡是注日期的引用文件,其随后所有的修改单(不包括勘误的内容)或修订版均不适用本标准,然而,鼓励根据本标准达成协议的各方研究是否可使用这些文件的最新版本。凡是不注日期的引用文件,其最新版本适用于本标准。

GB/T 601　化学试剂　标准滴定溶液的制备

GB/T 602　化学试剂　杂质测定用标准溶液的制备

GB/T 603　化学试剂　试验方法中所用制剂及制品的制备

GB/T 6682　分析实验室用水规格和试验方法

GB 10648　饲料标签

GB/T 13080　饲料中铅的测定　原子吸收光谱法

中华人民共和国药典

3　要求

3.1　外观

本品为白色或类白色结晶性粉末,无臭、味酸、久置色渐变微黄,水溶液显酸性反应。本品在水中易溶,在乙醇中略溶,在三氯甲烷或乙醚中不溶。

3.2　技术指标

主要技术指标见表 1。

表 1　主要技术指标

指标名称		指　　标
含量(以 $C_6H_8O_6$ 计)/(%)		99.0～101.0
熔点(分解点)/℃		189～192
比旋度$[\alpha]_D^t$		+20.5°～+21.5°
铅/(mg/kg)	≤	10.0
炽灼残渣/(%)	≤	0.1

4 试验方法

本标准所用试剂和水，除特别注明外，均指分析纯试剂和符合 GB/T 6682 中规定的三级用水。标准溶液和杂质溶液的制备应符合 GB/T 602 和 GB/T 603 的要求。

4.1 鉴别试验

4.1.1 试剂和溶液

4.1.1.1 硝酸银：$c(AgNO_3)=0.1$ mol/L。称取硝酸银 1.7 g，用水溶解并稀释至 100 mL。

4.1.1.2 2,6-二氯靛酚钠：1 g/L 溶液。

4.1.2 鉴别方法

4.1.2.1 称取样品 0.2 g，加水 10 mL 溶解后，取溶液 5 mL，加硝酸银溶液(4.1.1.1)0.5 mL，即发生银的黑色沉淀。

4.1.2.2 称取样品 0.2 g，加水 10 mL 溶解后，取溶液 5 mL，加 2,6-二氯靛酚钠溶液(4.1.1.2)1 滴～3 滴，试液的颜色即消失。

4.2 维生素 C 含量测定

4.2.1 原理

在酸性介质中，维生素 C 与碘液发生定量氧化还原反应，利用淀粉指示溶液遇碘显蓝色来判断反应终点。

4.2.2 试剂和溶液

4.2.2.1 冰乙酸：6%(体积分数)溶液。

4.2.2.2 淀粉指示溶液(5 g/L)：称取 0.5 g 可溶性淀粉到 200 mL 烧杯中，加 5 mL 水润湿，加 95 mL 沸水搅拌，煮沸，冷却备用(现用现配)。

4.2.2.3 碘标准溶液 $c(\frac{1}{2}I_2)=(0.1$ mol/L)：按 GB/T 601 配制和标定；

4.2.3 测定方法

称取试样 0.2 g(精确至 0.000 2 g)，加新沸过的冷水 100 mL 与冰乙酸溶液(4.2.2.1)10 mL 使之溶解，加淀粉指示溶液(4.2.2.2)1 mL，立即用碘标准溶液(4.2.2.3)滴定，至溶液显蓝色 30 s 不退。

4.2.4 结果计算

维生素 C($C_6H_8O_6$)含量 X_1 以质量分数(%)表示，按式(1)计算：

$$X_1=\frac{c\times V\times 0.08806}{m}\times 100 \qquad (1)$$

式中：

c——碘标准溶液的浓度，单位为摩尔每升(mol/L)；

V——样品消耗碘标准溶液的体积，单位为毫升(mL)；

m——试样质量，单位为克(g)；

0.088 06——每毫升 1 mol/L 碘标准溶液相当于 0.088 06 g 的维生素 C($C_6H_8O_6$)。

4.2.5 允许差

两个平行测定结果绝对值之差，不大于 0.5%。

4.3 熔点(分解点)的测定

按中华人民共和国药典附录"熔点测定法"进行测定。

4.4 比旋度的测定

4.4.1 仪器设备

旋光仪。

4.4.2 测定方法

称取试样 2.5 g(准确至 0.000 2 g)，置于 25 mL 容量瓶中，加水溶解后，再用水稀释至刻度，摇匀，制成每1 mL含0.1 g样品的溶液。按中华人民共和国药典附录测定旋光度。配制溶液及测定时均应调节温度至20℃±0.5℃。

4.4.3 **计算和结果的表示**

试样的比旋度$[\alpha]_D^t$按式(2)计算：

$$[\alpha]_D^t = \frac{100\alpha}{L \times c} \qquad \cdots\cdots(2)$$

式中：

$[\alpha]$——比旋度；

D——钠光谱D线；

t——测定时的温度；

α——测得的旋光度；

L——旋光管的长度，单位为分米(dm)；

c——每100 mL溶液中含有试样的质量(按干燥品计算)，单位为克每百毫升(g/100 mL)。

4.4.4 **允许差**

两个平行测定结果绝对值之差，不大于0.3%。

4.5 **铅的测定**

称取试样5 g(精确至0.000 1 g)，按GB/T 13080测定。

4.6 **炽灼残渣的测定**

4.6.1 **试剂**

硫酸。

4.6.2 **测定方法**

称取试样1 g(准确至0.01 g)，置于已在700℃～800℃灼烧至恒量的瓷坩埚内，用小火缓缓加热至完全碳化，放冷后，加硫酸0.5 mL～1 mL使湿润，低温加热至硫酸蒸气除尽后，移入马福炉中，在700℃～800℃下灼烧至恒量。

4.6.3 **计算和结果的表示**

炽灼残渣X_2以质量分数(%)表示，按式(3)计算：

$$X_2 = \frac{(m_1 - m_2)}{m} \times 100 \qquad \cdots\cdots(3)$$

式中：

m_1——坩埚加残渣质量，单位为克(g)；

m_2——坩埚质量，单位为克(g)；

m——试样质量，单位为克(g)。

4.6.4 **允许差**

两个平行测定结果绝对值之差，不大于0.02%。

5 检验规则

5.1 饲料添加剂维生素C应由生产企业的质量监督部门按本标准进行检验，本标准规定所有项目为出厂检验项目，生产企业应保证所有产品均符合本标准规定的要求。每批产品都应检验合格后方可出厂。

5.2 使用单位有权按照本标准的检验规则和试验方法对所收到的维生素C产品进行质量验收，检验其指标是否符合本标准的要求。

5.3 取样方法：取样需备有清洁、干燥、具有密闭性和避光性的样品瓶。瓶上贴有标签，并注明：生产厂名称、产品名称、批号及取样日期。

抽样时，应用清洁适用的取样工具插入料层深度四分之三处，将所取样品充分混匀，以四分法缩分，每批样品分2份，每份样量应为检验所需试样的3倍量，装入样品瓶中，一份供检验用，另一份应密封保存，以备仲裁分析用。

5.4 判定规则：如果检验结果有一项指标不符合本标准要求时，应加倍抽样进行复验，复验结果仍有一项指标不符合本标准要求时，则整批产品判为不合格品。

5.5 仲裁检验：如供需双方对产品质量发生异议时，可由双方协商选定仲裁单位，按本标准的检验方法进行仲裁检验。

6 标签、包装、运输和贮存

6.1 标签

标签按GB 10648要求执行。

6.2 包装

本品装于适当的容器内，封存。包装应符合运输和贮藏的要求。每件包装的质量可根据客户的要求而定。

6.3 运输

过程应避免日晒雨淋、受热及撞击。搬运装卸小心轻放，不得与有毒有害或其他有污染的物品混装、混运。

6.4 贮存

本品应贮存在通风、阴凉、干燥、无污染、无有害物质的地方。

本品在规定的贮存条件下，原包装保质期一年以上(含一年)。

ICS 65.120
B 46

中华人民共和国国家标准

GB/T 9454—2008
代替 GB/T 9454—2000

饲料添加剂　维生素 E

Feed additive—Vitamin E

2008-12-31 发布　　2009-05-01 实施

中华人民共和国国家质量监督检验检疫总局
中国国家标准化管理委员会　发布

前　言

本标准代替 GB/T 9454—2000《饲料添加剂　维生素 E(原料)》。

本标准与 GB/T 9454—2000 相比主要变化如下：

——更正了维生素 E 的结构式，并增加了化学名和英文名；

——删去原标准含量测定试验中 4.4.1.2 及 4.4.2.2 中的方法，增加了毛细管气相色谱法；

——增加了维生素 E 标准品的红外吸收光谱图、气相色谱图及高效液相色谱图作为资料性附录；

——增加了用高效液相色谱法测定维生素 E 含量作为第二法，气相色谱法测定维生素 E 含量作为第一法(仲裁法)；

——增加了折光率测定步骤；

——增加了卫生指标(重金属)要求及相应的测定方法。

本标准的附录 A、附录 B 和附录 C 是资料性附录。

本标准由全国饲料工业标准化技术委员会(SAC/TC 76)提出并归口。

本标准起草单位：上海市兽药饲料检测所、中国饲料工业协会、帝斯曼维生素(上海)有限公司、浙江新和成股份有限公司、浙江医药股份有限公司新昌制药厂。

本标准主要起草人：王蓓、商军、华贤辉、潘娟、粟胜兰、陈晓莉、虞哲高、杨金枢、梅娜。

本标准所代替标准的历次版本发布情况为：

——GB/T 9454—1998、GB/T 9454—2000。

饲料添加剂　维生素 E

1　范围

本标准规定了饲料添加剂维生素 E 产品的要求、试验方法、检验规则以及标签、包装、运输和贮存。

本标准适用于由 2,3,5-三甲基氢醌与异植物醇为原料,经化学合成制得的 *dl*-α-生育酚醋酸酯。本产品在饲料工业中作为维生素类饲料添加剂,也可作为抗氧化剂。

化学名:*dl*-α-生育酚醋酸酯(又名 *dl*-α-生育酚乙酸酯)。

英文名:*dl*-α-Tocopherol Acetate。

分子式:$C_{31}H_{52}O_3$。

相对分子质量:472.75(按 2001 年国际相对原子质量表)。

结构式:

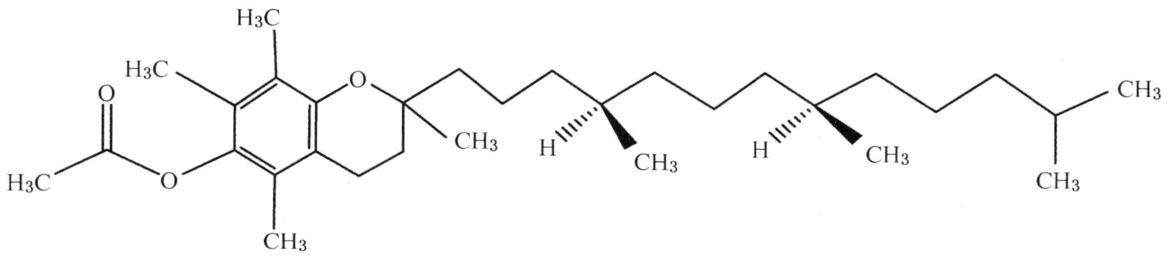

2　规范性引用文件

下列文件中的条款通过本标准的引用而成为本标准的条款。凡是注日期的引用文件,其随后所有的修改单(不包括勘误的内容)或修订版均不适用于本标准,然而,鼓励根据本标准达成协议的各方研究是否可使用这些文件的最新版本。凡是不注日期的引用文件,其最新版本适用于本标准。

GB/T 601　化学试剂　标准滴定溶液的制备

GB/T 6682　分析实验室用水规格和试验方法(GB/T 6682—2008,ISO 3696:1987,MOD)

GB 10648　饲料标签

3　要求

3.1　性状

微绿黄色或黄色的黏稠液体,几乎无臭,遇光色渐变深;在无水乙醇、丙酮、乙醚或石油醚中易溶,在水中不溶。

3.2　技术指标

主要技术指标见表 1。

表 1　技术指标

项　　目		指　　标
含量(以 $C_{31}H_{52}O_3$ 计)/%	≥	92.0
折光率(n_D^{20})		1.494～1.499

表 1（续）

项　　目		指　　标
吸收系数（$E_{1\,cm}^{1\%}$）		41.0～45.0
酸度（消耗 0.1 mol/L 氢氧化钠滴定液的体积）/mL	≤	2.0
生育酚（消耗 0.01 mol/L 硫酸铈滴定液的体积）/mL	≤	1.0
重金属（以 Pb 计）/%	≤	0.001

4　试验方法

本标准所用试剂和水，未注明其要求时，均指分析纯试剂和符合 GB/T 6682 中规定的三级水。色谱分析中所用水均为符合 GB/T 6682 中规定的一级水。

4.1　鉴别试验

4.1.1　试剂和溶液

4.1.1.1　无水乙醇。

4.1.1.2　乙醇。

4.1.1.3　硝酸。

4.1.1.4　乙醚。

4.1.1.5　2,2'-联吡啶的乙醇溶液：5 g/L。称取 2,2'-联吡啶 0.5 g，加乙醇（4.1.1.2）25 mL 使溶解。

4.1.1.6　三氯化铁的乙醇溶液：2 g/L。称取三氯化铁 0.1 g，加乙醇（4.1.1.2）50 mL 使溶解。

4.1.1.7　氢氧化钾的乙醇溶液：0.5 mol/L。取氢氧化钾 3.5 g，置锥形瓶中，加乙醇适量使溶解并稀释成 100 mL，用橡皮塞密塞，静置 24 h 后，迅速倾取上清液，置于具橡皮塞的棕色玻瓶中。

4.1.1.8　溴化钾（光谱纯）。

4.1.2　仪器和设备

4.1.2.1　红外分光光度仪：扫描范围为 4 000 cm^{-1}～400 cm^{-1}，扫描次数为 32，分辨率为 4.000。

4.1.2.2　分析天平：感量为 0.1 mg，0.01 mg。

4.1.3　鉴别步骤

4.1.3.1　称取试样约 30 mg，加无水乙醇（4.1.1.1）10 mL 溶解后，加硝酸（4.1.1.3）2 mL，摇匀，在 75 ℃水浴中加热约 15 min，溶液显橙红色。

4.1.3.2　称取试样约 10 mg，加氢氧化钾的乙醇溶液（4.1.1.7）2 mL，煮沸 5 min，放冷，加水 4 mL 与乙醚（4.1.1.4）10 mL，振摇，静置使分层；取乙醚层 2 mL，加 2,2'-联吡啶的乙醇溶液（4.1.1.5）数滴与三氯化铁的乙醇溶液（4.1.1.6）数滴，应显血红色。

4.1.3.3　红外鉴别：采用膜法制样，试样的红外吸收图谱应与对照品的图谱一致（图谱参见附录 A）。

4.2　维生素 E 含量的测定

4.2.1　试剂和溶液

4.2.1.1　甲醇（色谱纯）。

4.2.1.2　生育酚醋酸酯标准品（含量≥98.0%）。

4.2.1.3　正三十二烷。

4.2.1.4　正己烷（色谱纯）。

4.2.2　仪器和设备

4.2.2.1　气相色谱仪：配置氢火焰离子化检测器（FID）。

4.2.2.2　高效液相色谱仪：配置紫外检测器（UV）。

4.2.2.3　柱温箱。

4.2.2.4　微孔滤膜：孔径 0.45 μm。

4.2.2.5 超声波水浴发生器。

4.2.3 第一法 气相色谱法(仲裁法)

4.2.3.1 内标溶液制备

取正三十二烷(4.2.1.3)适量,加正己烷(4.2.1.4)溶解并稀释成每毫升中含有1.0 mg正三十二烷的溶液,摇匀。作为内标溶液。

4.2.3.2 标准溶液制备

取生育酚醋酸酯标准品(4.2.1.2)约20 mg(精确至0.000 02 g),置棕色具塞瓶中,精密加入内标溶液(4.2.3.1)10.00 mL,密塞,振摇使溶解。

4.2.3.3 试样溶液制备

取试样约20 mg(精确至0.000 02 g),置棕色具塞瓶中,精密加入内标溶液(4.2.3.1)10.00 mL,密塞,振摇使溶解。

4.2.3.4 色谱条件与系统适用性试验

4.2.3.4.1 色谱条件

色谱条件如表2所示。

表2 色谱条件

色谱柱	填充柱	毛细管柱
固定相	硅酮(OV-17),涂布浓度为2%	100%二甲基聚硅氧烷
规格	柱长:2 m～3 m,内径:3 mm～5 mm, 粒径:60目～100目	柱长:30 m,内径:0.25mm, 膜厚:0.25 μm～0.35 μm
柱箱温度	265 ℃	280 ℃～290 ℃
进样口温度	275 ℃～285 ℃	290 ℃～300 ℃
检测器温度	275 ℃～285 ℃	290 ℃～300 ℃
载气(N_2)流速	60 mL/min	1.2 mL/min
进样量	1 μL～3 μL	1 μL

4.2.3.4.2 系统适用性试验

取标准溶液(4.2.3.2),按色谱条件(4.2.3.4.1)连续注样3次～5次。填充柱、理论塔板数按生育酚醋酸酯峰计算应不低于500,生育酚醋酸酯峰与内标物质峰的分离度应大于2。毛细管色谱柱、理论塔板数按生育酚醋酸酯峰计算应不低于5 000,生育酚醋酸酯峰与内标物质峰的分离度应大于2。

4.2.3.5 测定步骤

取标准溶液(4.2.3.2)及试样溶液(4.2.3.3),分别连续注样3次～5次,按峰面积计算校正因子,并用其平均值计算试样中维生素E的含量(图谱参见附录B)。

4.2.3.6 计算和结果的表述

4.2.3.6.1 计算公式

维生素E含量X_1以质量分数(%)表示,按式(1)、式(2)计算。

$$X_1 = f \times \frac{A_3 \times m_4}{A_4 \times m_3} \qquad \cdots\cdots(1)$$

$$f = \frac{A_1 \times m_2 \times P_{st}}{A_2 \times m_1} \qquad \cdots\cdots(2)$$

式中:

X_1——试样中维生素E含量,%;

f——维生素E的质量校正因子;

A_1——标准溶液中内标物的峰面积;

A_2——标准溶液中生育酚醋酸酯标准品的峰面积；

A_3——试样溶液中生育酚醋酸酯的峰面积；

A_4——试样溶液中内标物的峰面积；

m_1——标准溶液中内标物的质量，单位为克(g)；

m_2——标准溶液中生育酚醋酸酯的质量，单位为克(g)；

P_{st}——维生素 E 标准品含量，%；

m_3——试样溶液中试样的质量，单位为克(g)；

m_4——试样溶液中内标物的质量，单位为克(g)。

测定结果用平行测定的算术平均值表示，保留 3 位有效数字。

4.2.3.6.2 允许差

同一分析者对同一试样同时两次平行测定所得结果相对偏差不大于 1.5%。

4.2.4 第二法 高效液相色谱法

4.2.4.1 标准溶液制备

取生育酚醋酸酯标准品(4.2.1.2)约 20 mg(精确至 0.000 02 g)，置 50 mL 棕色量瓶中，加甲醇(4.2.1.1)适量溶解，用甲醇(4.2.1.1)稀释至刻度，摇匀。

4.2.4.2 试样溶液制备

取试样约 20 mg(精确至 0.000 02 g)，置 50 mL 棕色量瓶中，加甲醇(4.2.1.1)适量，置超声波水浴发生器(4.2.2.5)中助溶 10 min，冷却至室温，用甲醇(4.2.1.1)稀释至刻度，充分摇匀；经 0.45 μm 滤膜(4.2.2.4)滤过，滤液作为试样溶液。

4.2.4.3 色谱条件与系统适用性试验

4.2.4.3.1 色谱条件

色谱柱：C_{18}柱(长：150 mm，内径：4.6 mm，粒径：4 μm～5 μm)；

流动相：甲醇＋水＝98＋2；

流速：1.2 mL/min；

柱温：30 ℃±2 ℃；

检测波长：285 nm；

进样量：20 μL。

4.2.4.3.2 系统适用性试验

取标准溶液(4.2.4.1)，按色谱条件(4.2.4.3.1)连续注样 3 次～5 次，在 0.1 mg/mL～0.8 mg/mL 浓度范围内，理论板数按生育酚醋酸酯峰计算应不低于 1 200，生育酚醋酸酯峰和游离生育酚峰的分离度应大于 1.5。

4.2.4.4 测定步骤

取标准溶液(4.2.4.1)及试样溶液(4.2.4.2)分别注入液相色谱仪，得到色谱峰面积(A_{st}、A_i)，用外标法计算(图谱参见附录 C)。

4.2.4.5 计算和结果的表述

4.2.4.5.1 计算公式

维生素 E 含量 X_2 以质量分数(%)表示，按式(3)计算。

$$X_2 = \frac{m_{st} \times P_{st} \times A_i}{m_i \times A_{st}} \times 100 \qquad (3)$$

式中：

X_2——试样中维生素 E 含量，%；

m_{st}——标准品质量，单位为克(g)；

m_i——试样质量，单位为克(g)；

P_{st}——生育酚醋酸酯标准品含量，%；

A_i——试样溶液中生育酚醋酸酯的峰面积；

A_{st}——标准溶液中生育酚醋酸酯的峰面积。

测定结果用平行测定的算术平均值表示，保留3位有效数字。

4.2.4.5.2 允许差

同一分析者对同一试样同时两次平行测定所得结果相对偏差不大于1.5%。

4.3 折光率的测定

4.3.1 仪器和设备

4.3.1.1 阿培折光计或与其相当的仪器：采用钠光谱的D线(589.3 nm)，读数能至0.000 1，测量范围1.300 0～1.700 0的折光计，取试样测定时应调节温度至20 ℃±0.5 ℃。

4.3.2 测定步骤

测定前，折光计读数应使用校正棱镜或水进行校正，水的折光率20 ℃时为1.333 0。取试样滴1滴～2滴于下棱镜镜面上，将上下棱镜关合，拉紧扳手，转动刻度调节钮，将读数置于试样折光率附近，旋转补偿旋钮，使视野内彩虹消失，并有清晰的明暗分界线，再转动刻度尺的调节钮，使视野的分界线恰位于视野内十字交叉处，读取并记录读数，反复测定3次，3次读数的平均值(必要时经校正)即为试样折光率的测定结果。

4.4 吸收系数的测定

4.4.1 试剂和溶液

4.4.1.1 无水乙醇。

4.4.2 仪器和设备

4.4.2.1 紫外分光光度计。

4.4.3 测定步骤

取试样约150 mg(精确至0.000 2 g)，置100 mL棕色量瓶中，加无水乙醇(4.4.1.1)溶解并稀释至刻度，充分摇匀；精密量取上述溶液10.00 mL，置100 mL棕色量瓶中，加无水乙醇稀释至刻度，充分摇匀。将此溶液置1 cm石英皿中，以无水乙醇作空白对照，在284 nm的波长处测定吸光度。

4.4.4 计算和结果的表述

试样的吸收系数以$E_{1\,cm}^{1\%}$表示，按式(4)计算。

$$E_{1\,cm}^{1\%}=\frac{A}{C\times L} \qquad \cdots\cdots(4)$$

式中：

$E_{1\,cm}^{1\%}$——试样的吸收系数，即溶液浓度1%(g/mL)，光路1 cm时的吸收系数；

A——试样的吸光度；

C——100 mL溶液中含有试样的质量，单位为克(g)；

L——光路的长度，单位为厘米(cm)。

4.5 酸度的测定

4.5.1 试剂和溶液

4.5.1.1 乙醇。

4.5.1.2 乙醚。

4.5.1.3 氢氧化钠标准滴定溶液：$c(NaOH)=0.1\ mol/L$，按GB/T 601的规定制备和标定。

4.5.1.4 酚酞指示液：取酚酞1 g，加乙醇100 mL使溶解，即得。

4.5.2 测定步骤

取乙醇(4.5.1.1)与乙醚(4.5.1.2)各15 mL，置锥形瓶中，加酚酞指示液(4.5.1.4)0.5 mL，滴加氢氧化钠标准滴定溶液(4.5.1.3)至微显粉红色，加试样1.0 g，溶解后，用氢氧化钠标准滴定溶液

(4.5.1.3)滴定至微显粉红色，记录加试样后消耗氢氧化钠标准滴定溶液的体积，应不大于2.0 mL。

4.6 生育酚的测定

4.6.1 试剂和溶液

4.6.1.1 无水乙醇。

4.6.1.2 二苯胺溶液：取二苯胺1 g，加硫酸100 mL使溶解，即得。

4.6.1.3 硫酸铈标准滴定溶液：$c[Ce(SO_4)_2 \cdot 4H_2O]=0.01$ mol / L，按GB/T 601的规定制备和标定。

4.6.2 测定步骤

取试样0.1 g(精确至0.001 g)，加无水乙醇(4.6.1.1)5 mL溶解后，加二苯胺溶液(4.6.1.2)1滴，用硫酸铈标准滴定溶液(4.6.1.3)滴定至显紫色，消耗的硫酸铈标准滴定溶液不大于1.0 mL。

4.7 重金属测定

4.7.1 试剂和溶液

4.7.1.1 硝酸铅。

4.7.1.2 硫酸。

4.7.1.3 盐酸。

4.7.1.4 硝酸。

4.7.1.5 氨溶液：取氨水400 mL，加水成1 000 mL。

4.7.1.6 酚酞指示液：取酚酞1 g，加乙醇100 mL溶解，即得。

4.7.1.7 醋酸盐缓冲液：pH=3.5，取醋酸铵25 g，加水25 mL溶解后，加7 mol/L盐酸溶液38 mL，用2 mol/L盐酸溶液或5 mol/L氨溶液准确调节pH值至3.5(电位计指示)，用水稀释至100 mL，即得。

4.7.1.8 硫代乙酰胺溶液：取硫代乙酰胺4 g，加水使溶解成100 mL，置冰箱中冷藏保存。临用前取混合液(由1 mol/L氢氧化钠15 mL、水5 mL及甘油20 mL组成)5.0 mL，加上述硫代乙酰胺溶液1.0 mL，置水浴上加热20 s，混匀，冷却，立即使用。

4.7.2 仪器和设备

4.7.2.1 纳氏比色管：应选玻璃质量好、无色(尤其管底)、配对、刻度标线高度一致的纳氏比色管。

4.7.3 标准铅溶液制备

取在105 ℃干燥至恒重的硝酸铅(4.7.1.1)0.159 8 g(精确至0.000 2 g)，置1 000 mL量瓶中，加硝酸(4.7.1.4)5 mL与水50 mL溶解后，加水稀释至刻度，摇匀，作为贮备液。临用前，精密量取贮备液10.00 mL，置100 mL量瓶中，加水稀释至刻度，摇匀，即得(1 mL相当于10 μg的Pb)。或采用等效的溯源性物质。

4.7.4 试样溶液制备

取试样约2 g(精确至0.01 g)于瓷坩埚中，缓缓炽灼至完全炭化，放冷，加硫酸(4.7.1.2)0.5 mL～1 mL，使恰湿润，用低温加热至硫酸除尽后，加硝酸(4.7.1.4)0.5 mL，至氧化氮蒸气除尽后，放冷，在550 ℃炽灼使完全灰化，放冷。加盐酸(4.7.1.3)2.0 mL，置水浴上蒸干后加入水15 mL，滴加氨溶液(4.7.1.5)至对酚酞指示液(4.7.1.6)显中性，再加醋酸盐缓冲液(4.7.1.7)2.0 mL，微热溶解(必要时过滤)。

4.7.5 空白溶液制备

取制备试样溶液的试剂，置瓷器皿中蒸干后，加醋酸盐缓冲液(4.7.1.7)2.0 mL与水15 mL，微热溶解。

4.7.6 测定步骤

取25 mL纳氏比色管两支，编号为甲、乙。取空白溶液(4.7.5)移入甲管中，精密加入标准铅溶液(4.7.3)2.00 mL，加水稀释成25 mL，取试样溶液(4.7.4)移入乙管中，加水稀释成25 mL。在甲、乙两管中分别加硫代乙酰胺溶液(4.7.1.8)各2.0 mL，放置2 min，同置白色衬板上，自上向下透视。

4.7.7 结果判定

甲管与乙管比较,乙管所显颜色浅于甲管,判为符合规定。

5 检验规则

5.1 饲料添加剂维生素 E 应由生产企业的质量检验部门按本标准进行检验,本标准规定所有指标为出厂检验项目,生产企业应保证所有维生素 E 产品均符合本标准规定的要求。每批产品检验合格后方可出厂。

5.2 使用单位有权按本标准规定的检验规则和试验方法对所收到的维生素 E 产品进行验收,检验其指标是否符合本标准的要求。

5.3 采样方法:抽样需有清洁、干燥、具有密闭性和避光性的样品瓶,瓶上贴有标签并注明:生产厂家、产品名称、批号、取样日期。

抽样时,用清洁适用的取样工具插入料层深度四分之三处,将所取样品充分混匀,以四分法缩分,每批样品分两份,每份样量应为检验所需试样的 3 倍量,装入样品瓶中,一瓶供检验用,一瓶密封保存备查。

5.4 判定规则:若检验结果有一项指标不符合本标准要求时,应加倍抽样进行复验,复验结果仍有一项指标不符合本标准要求时,则整批产品判为不合格品。

5.5 仲裁检验:如供需双方对产品质量发生异议时,可由双方协商选定仲裁单位,按本标准的仲裁法进行仲裁检验。

6 标签、包装、运输和贮存

6.1 标签

标签按 GB 10648 执行。

6.2 包装

采用避光密闭容器包装。包装应符合运输和贮存的要求。每件包装的质量可根据客户的要求而定。

6.3 运输

运输过程中应避光、防潮、防高温、防止包装破损,严禁与有毒有害的物质混运。

6.4 贮存

应贮存在避光、通风、干燥处;开启后尽快使用,以免变质。

在规定的贮存条件下,原包装自生产之日起保质期为 24 个月。

附 录 A
（资料性附录）
生育酚醋酸酯标准品红外图谱

结构式：

中文名：*dl*-α-生育酚醋酸酯。

英文名：*dl*-α-tocopherol acetate。

分子式：$C_{31}H_{52}O_{3}$。

试样制备：膜制样法。

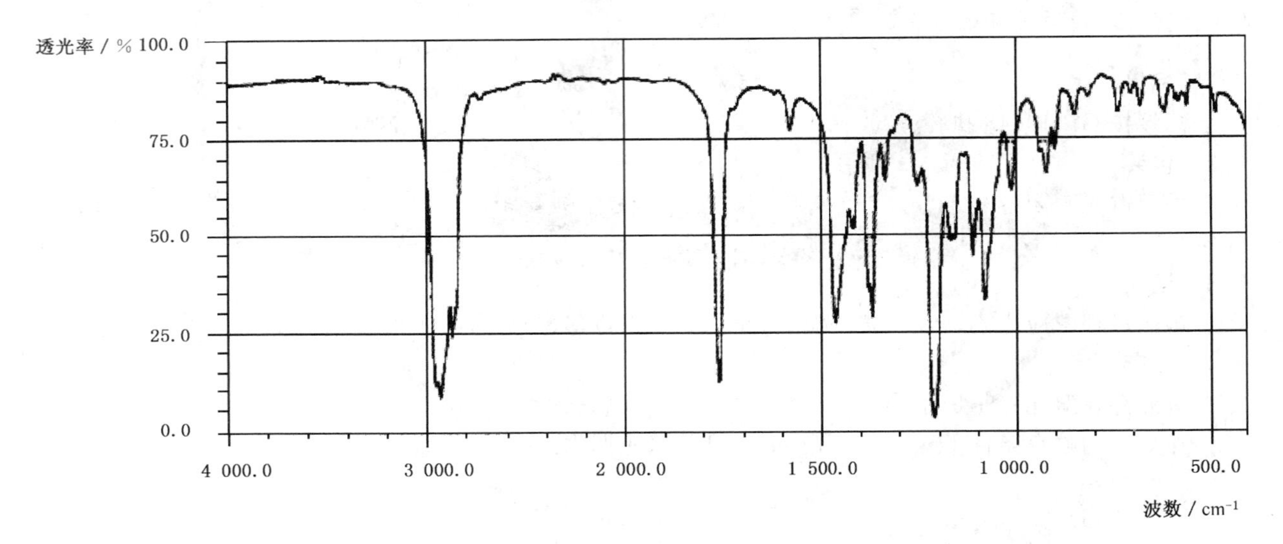

图 A.1 生育酚醋酸酯标准品红外图谱

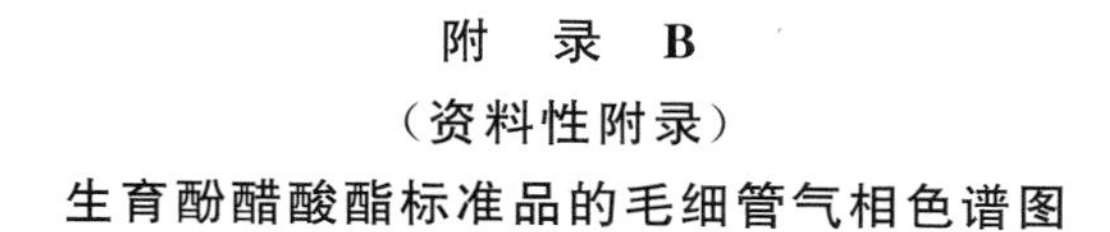

附　录　B
（资料性附录）
生育酚醋酸酯标准品的毛细管气相色谱图

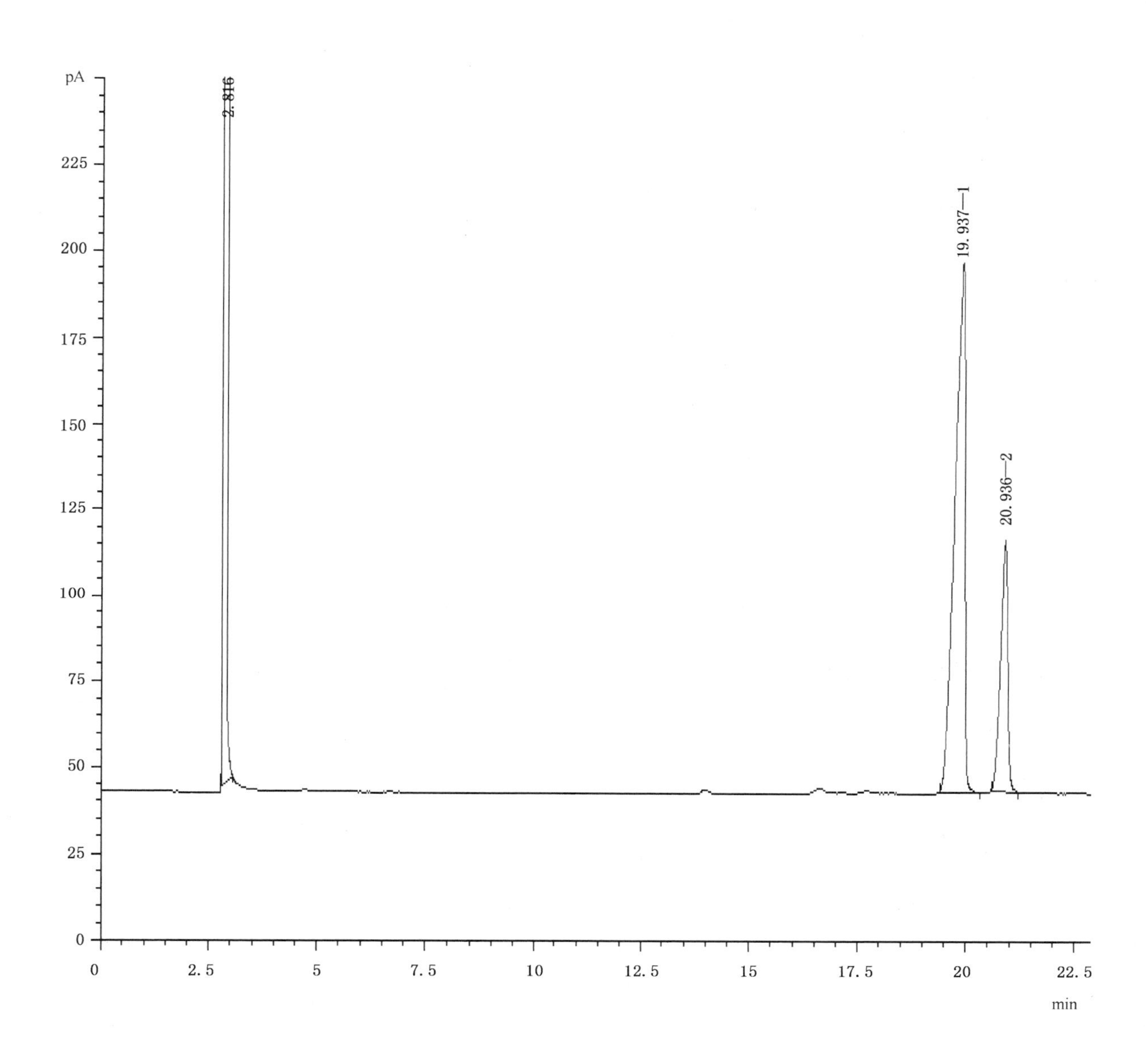

1——生育酚醋酸酯；
2——正三十二烷。

图 B.1　生育酚醋酸酯标准品的毛细管气相色谱图

附　录　C
（资料性附录）
生育酚醋酸酯标准品的高效液相色谱图

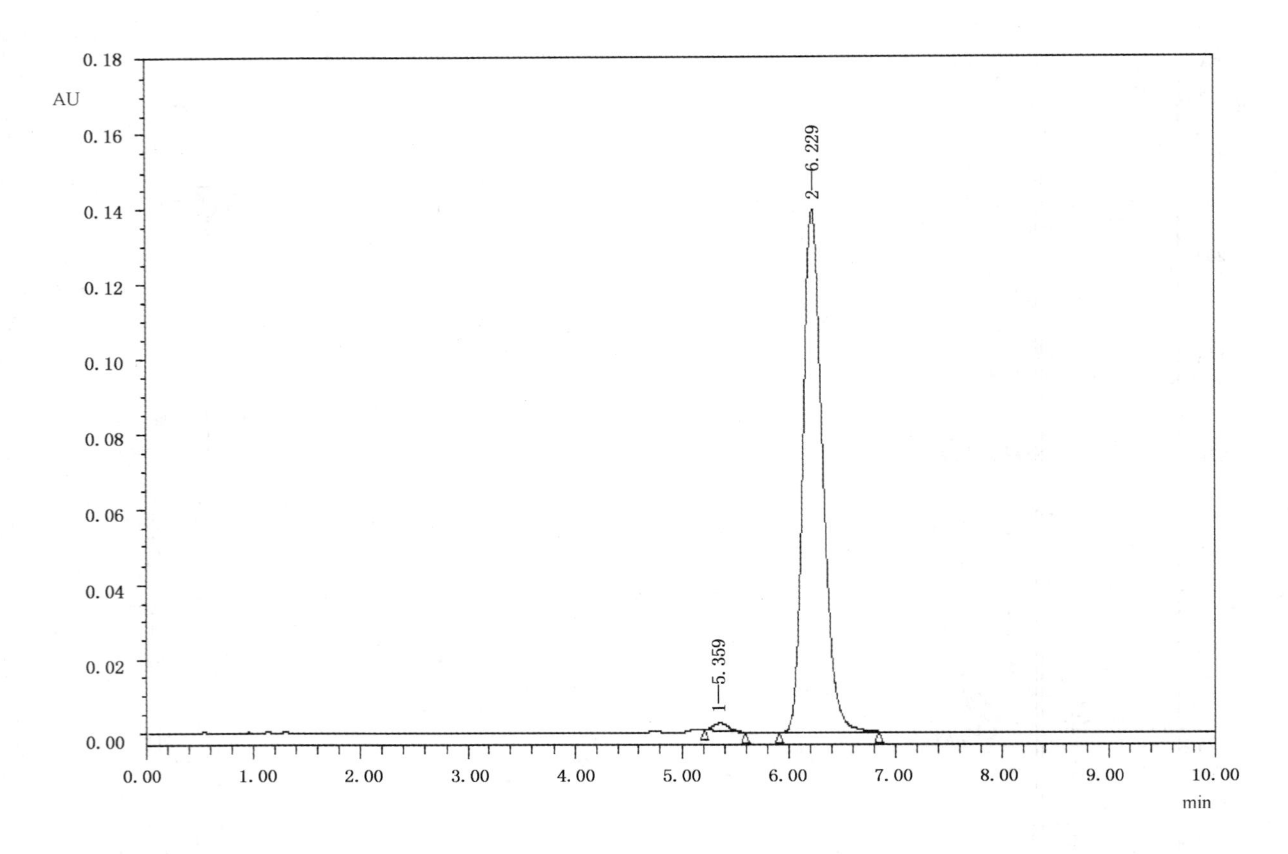

1——游离生育酚；
2——生育酚醋酸酯。

图 C.1　生育酚醋酸酯标准品的高效液相色谱图

ICS 65.120
B 46

中华人民共和国国家标准

GB/T 9455—2009
代替 GB/T 9455—1988

饲料添加剂 维生素 AD_3 微粒

Feed additive—Vitamin AD_3 beadlets

2009-05-26 发布 2009-10-01 实施

中华人民共和国国家质量监督检验检疫总局
中国国家标准化管理委员会 发布

前　言

本标准代替 GB/T 9455—1988《饲料添加剂　维生素 A/D_3 微粒》。

本标准与 GB/T 9455—1988 相比主要变化如下：

——原标准的名称“维生素 A/D_3 微粒”修改为“维生素 AD_3 微粒”；

——原标准的英文名称“Food additive”修改为“Feed additive”；

——原标准的适用范围修改为“适用于以饲料添加剂维生素 A 乙酸酯与维生素 D_3 油为原料，配以一定量的乙氧喹啉及(或)2,6-二叔丁基-4-甲基苯酚(BHT)等抗氧化剂，采用明胶和淀粉等辅料，经喷雾法制成的微粒”；

——增设维生素 A 乙酸酯与维生素 D_3 的化学名称、分子式、相对分子质量、结构式；

——本标准增加了规范性引用文件；

——原标准 5.3“鉴别试验”中增加了“5.3.3　在高效液相色谱法测定维生素 A 乙酸酯和维生素 D_3 含量时，样品溶液色谱峰的相对保留时间应与对照溶液色谱峰的相对保留时间一致”；

——原标准第 3 章“产品规格”中删除“VA40 万 IU/g　VD_3 8 万 IU/g”，增加“3.2　维生素 A 乙酸酯 1 000 000 IU/g 维生素 D_3 200 000 IU/g”以及“3.3　可按客户需求定制”；

——原标准 4.1“外观和性状”修改为“本品为黄色至棕色微粒。遇热，见光或吸潮后易分解、降解，使含量下降”；

——原标准 4.2“项目和指标”修改为本标准的 4.2“技术指标”；

——本标准 4.2“技术指标”中增加重金属和砷检测项目；

——原标准 5.6“含量测定”修改为本标准的 5.4“含量测定”；

——原标准第 6 章“检验规则”和第 7 章“标志、包装、运输和贮存”按规范修改为本标准的第 6 章“检验规则”和第 7 章“标签、包装、运输和贮存”；

——本标准中保质期作为单独一项：内容修订为“原包装在规定的储存条件下保质期为 12 个月(开封后应尽快使用，以免变质)”。

本标准由全国饲料工业标准化技术委员会(SAC/TC 76)提出并归口。

本标准由中国饲料工业协会、浙江医药股份有限公司负责起草。

本标准主要起草人：马文鑫、粟胜兰、姜红军、朱金林、施育超、梅娜、杨志刚、王春琴。

本标准所代替标准的历次版本发布情况为：

——GB/T 9455—1988。

饲料添加剂　维生素 AD_3 微粒

1　范围

本标准规定了饲料添加剂维生素 AD_3 微粒的产品规格、技术要求、试验方法、检验规则及其标签、包装、运输和贮存。

本标准适用于以饲料添加剂维生素 A 乙酸酯与维生素 D_3 油为原料，配以一定量的乙氧喹啉及(或)2,6-二叔丁基-4-甲基苯酚(BHT)等抗氧化剂，采用明胶和淀粉等辅料，经喷雾法制成的微粒。本品在饲料工业中作为维生素类饲料添加剂。

维生素 A 乙酸酯

化学名称：全反式-3,7-二甲基-9-(2,6,6-三甲基-1-环己烯基)-2,4,6,8-壬四烯-1-醇乙酸酯

分子式：$C_{22}H_{32}O_2$

相对分子质量：328.50(2007 年国际相对原子质量)

结构式：

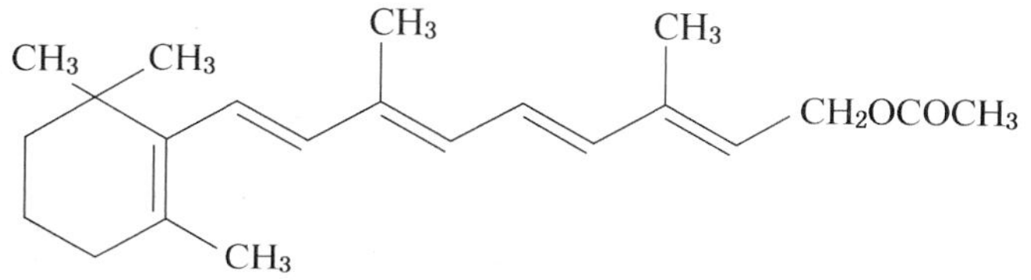

维生素 D_3

化学名称：9,10-开环胆甾-5,7,10(19)-三烯-3β-醇

分子式：$C_{27}H_{44}O$

相对分子质量：384.65(2007 年国际相对原子质量)

结构式：

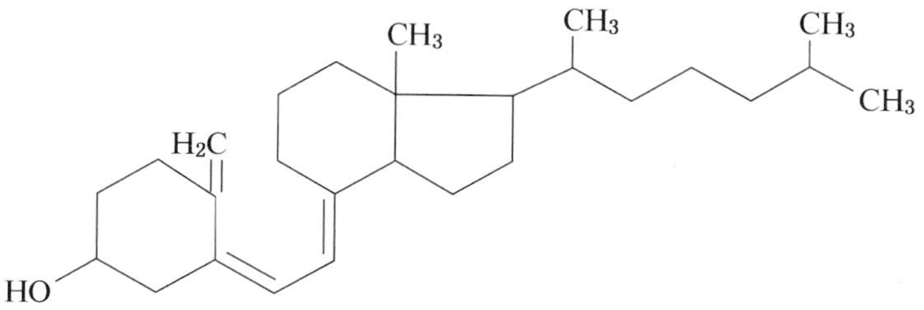

2　规范性引用文件

下列文件中的条款通过本标准的引用而成为本标准的条款。凡是注日期的引用文件，其随后所有的修改单(不包括勘误的内容)或修订版均不适用于本标准，然而，鼓励根据本标准达成协议的各方研究是否可使用这些文件的最新版本。凡是不注日期的引用文件，其最新版本适用于本标准。

GB/T 6682　分析实验室用水规格和试验方法

GB/T 7292　饲料添加剂　维生素 A 乙酸酯微粒

GB 9691　食品包装用聚乙烯树脂卫生标准

GB 10648　饲料标签

GB/T 17818　饲料中维生素 D_3 的测定　高效液相色谱法

《中华人民共和国药典》2005 年版

3 产品规格

3.1 维生素A乙酸酯500 000 IU/g,维生素D_3 100 000 IU/g。

3.2 维生素A乙酸酯1 000 000 IU/g,维生素D_3 200 000 IU/g。

3.3 可按客户需求定制。

4 要求

4.1 外观和性状

本品为黄色至棕色微粒。遇热,见光或吸潮后易分解、降解,使含量下降。

4.2 技术指标

技术指标应符合表1规定。

表1 技术指标

项目			指标
含量	维生素A乙酸酯(以$C_{22}H_{32}O_2$计)		标示量的90.0%～120.0%
	维生素D_3(以$C_{27}H_{44}O$计)		标示量的90.0%～120.0%
干燥失重/%		≤	5.0
重金属(以Pb计)/(mg/kg)		≤	10
砷/(mg/kg)		≤	2
粒度			97%以上通过孔径为0.6 mm分析筛

5 试验方法

本标准所用试剂和水,未注明其要求时,均指分析纯试剂和GB/T 6682中规定的三级水。色谱分析中所用试剂均为色谱纯和优级纯,试验用水均为GB/T 6682中规定的一级水。

5.1 试剂和溶液

5.1.1 无水乙醇。

5.1.2 三氯甲烷。

5.1.3 三氯化锑。

5.1.4 乙酸酐。

5.1.5 硫酸。

警告:硫酸是强腐蚀液,操作者需戴防护眼镜、手套,以防灼伤。

5.1.6 正己烷。

5.1.7 甲醇(色谱纯)。

5.1.8 2,6-二叔丁基-4-甲基苯酚(BHT)。

5.1.9 无水硫酸钠。

5.1.10 乙腈(色谱纯)。

5.1.11 异丙醇(色谱纯)。

5.1.12 无水乙醚:不含过氧化物。

过氧化物检查方法:用5 mL乙醚加1 mL 10%碘化钾溶液,振摇1 min,如有过氧化物则放出游离碘,水层呈黄色。若加0.5%淀粉指示液,水层呈蓝色。该乙醚需处理后使用。

去除过氧化物的方法:乙醚用5%硫代硫酸钠溶液振摇,静置,分取乙醚层,再用蒸馏水振摇洗涤两次,重蒸,弃去首尾5%部分,收集馏出的乙醚,再检查过氧化物,应符合规定。

5.1.13 三氯化锑-三氯甲烷溶液：取三氯化锑 1 g，加三氯甲烷 4 mL 溶解即成。

5.1.14 氢氧化钾溶液：500 g/L。

5.1.15 抗坏血酸乙醇溶液 5 g/L：称取 0.5 g 抗坏血酸结晶纯品溶解于 4 mL 温热的蒸馏水中，用乙醇稀释至 100 mL，临用前配制。

5.1.16 氯化钠溶液：100 g/L。

5.1.17 酚酞指示剂乙醇溶液：10 g/L。

5.1.18 0.1%氨水溶液(体积分数)。

5.1.19 碱性蛋白酶(酶活力每克大于 40 000 单位)。

5.1.20 全反式维生素 A 乙酸酯标准品。

5.1.21 维生素 D_3 标准品：含量≥99.0%。

5.1.22 维生素 D_3 标准贮备液：准确称取 50.0 mg 维生素 D_3 标准品(5.1.21)于 50 mL 棕色容量瓶中，用正己烷(5.1.6)溶解并稀释至刻度，4 ℃保存。该贮备液的浓度为每毫升含 1 mg 维生素 D_3。

5.1.23 维生素 D_3 标准工作液：准确吸取维生素 D_3 标准贮备液(5.1.22)，用正己烷(5.1.6)按 1∶100 比例稀释，该标准溶液浓度为每毫升含 10 μg(400 IU)维生素 D_3。

5.1.24 氮气：99.9%。

5.2 仪器和设备

实验室常用设备和仪器：

5.2.1 高效液相色谱仪，带紫外可调波长检测器。

5.2.2 超声波恒温水浴。

5.2.3 恒温水浴锅。

5.2.4 圆底烧瓶，带回流冷凝器。

5.2.5 粒度分析筛。

5.2.6 旋转蒸发器。

5.2.7 离心机。

5.2.8 φ200×50-0.6/0.5 的试验筛，筛网尺寸为 φ200 mm×50 mm，网孔基本尺寸为 0.6 mm，金属丝直径为 0.5 mm 的金属丝编织网试验筛。

5.3 鉴别试验

5.3.1 称取试样 100 mg 用无水乙醇湿润后，在研钵中研磨数分钟，加三氯甲烷 10 mL 搅拌、过滤。取滤液 2 mL 于试管中，加三氯化锑-三氯甲烷溶液 0.5 mL，即显蓝色，并迅即褪去蓝色(维生素 A)。

5.3.2 称取试样 100 mg，加三氯甲烷 10 mL，研磨数分钟，过滤，取滤液 5 mL，加乙酸酐 0.3 mL，硫酸 0.1 mL，振摇，初显黄色，渐变红色，迅即变为紫色，最后呈绿色(维生素 D_3)。

5.3.3 在高效液相色谱法测定维生素 A 乙酸酯和维生素 D_3 含量时，样品溶液色谱峰的相对保留时间应与对照溶液色谱峰的相对保留时间一致。

5.4 含量测定

5.4.1 维生素 A 乙酸酯的含量测定

按 GB/T 7292 中维生素 A 乙酸酯含量测定的方法执行。

5.4.2 维生素 D_3 的含量测定

称取试样约 1 g～2 g(精确至 0.000 1 g)，按 GB/T 17818 中维生素 D_3 含量测定的方法执行。

5.5 干燥失重

5.5.1 测试方法

称取试样约 1 g(精确至 0.000 2 g)，置于已干燥至恒量的称量瓶中，打开称量瓶瓶盖，置于 105 ℃烘箱中，干燥至恒量。

5.5.2 计算和结果的表示

按式(1)计算：

$$X_1 = \frac{m_1 - m_2}{m} \times 100\% \quad \cdots\cdots(1)$$

式中：

X_1——样品干燥失重率；

m_1——干燥前的样品加称量瓶质量，单位为克(g)；

m_2——干燥后的样品加称量瓶质量，单位为克(g)；

m——样品的质量，单位为克(g)。

计算结果表示至小数点后一位。

5.6 重金属

称取试样约 1.0 g(精确至 0.001 g)于 30.0 mL 瓷坩埚中，用低温加热至完全碳化，然后转入高温炉在 500 ℃～600 ℃炽灼至完全灰化，取出冷却；按《中华人民共和国药典》2005 年版附录重金属检查法第二法检查。

5.7 砷

称取试样约 1.0 g(精确至 0.001 g)于 30.0 mL 瓷坩埚中，用低温加热至完全碳化，然后转入高温炉在 500 ℃～600 ℃炽灼至完全灰化，取出冷却；按《中华人民共和国药典》2005 年版附录砷盐检查法第一法(古蔡氏法)检查。

5.8 粒度检查

5.8.1 测试方法

称取试样 50 g，倾入 0.6 mm 分析筛上，使用振动筛振摇 3 min～5 min，取筛下物称量。

5.8.2 计算和结果的表示

按式(2)计算：

$$X_2 = \frac{m_3}{m_4} \times 100\% \quad \cdots\cdots(2)$$

式中：

X_2——试样通过率；

m_3——筛下物的试样质量，单位为克(g)；

m_4——试样的质量，单位为克(g)。

计算结果表示至小数点后一位。

6 检验规则

6.1 组批

本产品以同一条生产线生产、按同样要求混合包装完好的产品为一个“货批”，按批编号。每批产品按标准检验合格后方可出厂。

6.2 抽样

产品以千分之一比例随机抽取，尾数不足一千的以一千计，一次采样不得少于 200 g。样品分二份，一份做感官和理化检验，一份留样备查。

6.3 检验分类

6.3.1 出厂检验：外观和性状、含量、干燥失重和粒度为每批必检。

6.3.2 型式检验：至少每半年进行一次。当生产期限相隔半年或原料、工艺发生重大变化或产品质量监督部门提出要求时，则所有指标必须测定一次。

6.4 判定规则

检测结果如有微生物指标不符合本标准要求时不得复检，判该批产品为不合格；其他指标不符合本标准要求时，可加倍取样复检，复检结果如仍有指标不符合本标准要求时，则该批产品判为不合格。

6.5 仲裁

当供需双方对产品质量发生异议时，可由双方协商解决或由法定监督检验部门检验后由仲裁部门进行仲裁。

7 标签、包装、运输和贮存

7.1 标签

标签按 GB 10648 执行。

7.2 包装

本产品装入铝箔、聚乙烯袋等适当材质的包装袋中，密封，盛于外包装容器内。

聚乙烯材料卫生指标应符合 GB 9691 标准要求。

7.3 运输

本产品在运输过程中应避免日晒雨淋、受热，搬运装卸小心轻放，严禁碰撞，防止包装破损，严禁与有毒有害或其他有污染的物品以及具有氧化性的物质混装、混运。

7.4 贮存

本产品应储存在避光、阴凉、通风、干燥处，严禁与有毒有害的物品混贮。

8 保质期

原包装在规定的储存条件下保质期为 12 个月（开封后应尽快使用，以免变质）。

ICS 65.120
B 46

中华人民共和国国家标准

GB/T 9840—2006
代替 GB/T 9840—1988

饲料添加剂　维生素 D_3 微粒

Feed additive—Vitamin D_3 beadlets

2006-06-09 发布　　2006-09-01 实施

中华人民共和国国家质量监督检验检疫总局
中国国家标准化管理委员会　发布

前　言

本标准对 GB/T 9840—1988《饲料添加剂　维生素 D_3 微粒》进行修订。

本标准与 GB/T 9840—1988 的主要差异如下：

——原标准中的适用范围“以含量 130 万 I·U/g 以上的维生素 D_3 原油为原料”，本标准改为“以饲料添加剂 维生素 D_3 油为原料”，同时补充了化学名称、分子式、相对分子质量、化学结构式；

——本标准增加了规范性引用文件；

——本标准产品规格改为“500 000 IU/g”，并补充一条“也可根据合同要求确定（含量不低于 300 000 IU/g）”；

——原标准中的外观与性状为“米黄色或黄棕色”，本标准改为“米黄色至黄棕色”，同时增加“具有流动性”，删去“在 40℃水中成乳化状”；

——原标准规定维生素 D_3 含量应为“标示量的 85.0～120.0”，本标准改为“标示量的 90.0～120.0”；

——原标准规定颗粒度应为“100.0％通过 2 号筛”，本标准改为“100％通过孔径为 0.85 mm 分析筛，85％以上通过孔径为 0.42 mm 分析筛。”；

——原标准中维生素 D_3 含量测定为内标法，本标准改为外标法，并设置了第一法（仲裁法）和第二法；

——原标准中“负责期一年”，本标准改为“保质期不低于 12 个月”。

本标准自实施之日起代替 GB/T 9840—1988。

本标准由全国饲料工业标准化技术委员会提出并归口。

本标准起草单位：浙江省饲料监察所、浙江花园生物高科股份有限公司、浙江新和成股份有限公司、浙江医药股份有限公司维生素厂。

本标准主要起草人：陈慧华、施杏芬、杨金枢、石锦福、金海丽、卢昆、盛翠凤、邵君芳、梅娜。

饲料添加剂　维生素 D_3 微粒

1　范围

本标准规定了饲料添加剂维生素 D_3 微粒产品的产品规格、要求、试验方法、检验规则、标签、包装、运输和贮存。

本标准适用于饲料添加剂维生素 D_3 油为原料，配以一定量 2,6-二叔丁基-4-甲基苯酚(BHT)及(或)乙氧喹啉作稳定剂，采用明胶和淀粉等辅料制成的微粒。本品在饲料工业中作为维生素类饲料添加剂。

化学名称：9,10-开环胆甾-5,7,10(19)-三烯-3β-醇

分子式：$C_{27}H_{44}O$

相对分子质量：384.65(1999 年国际相对原子质量)

化学结构式：

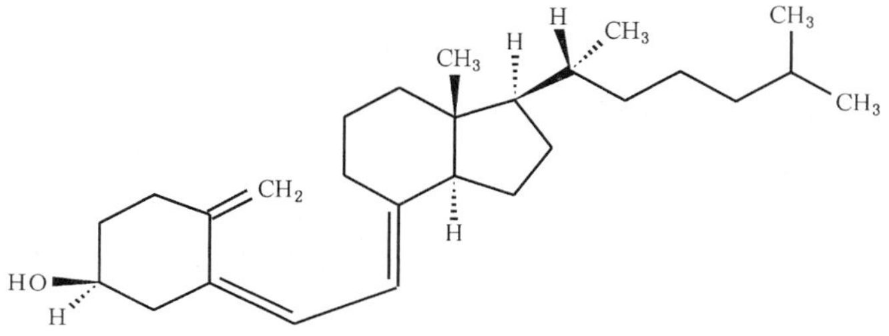

2　规范性引用文件

下列文件中的条款通过本标准的引用而成为本标准的条款。凡是注日期的引用文件，其随后所有的修改单(不包括勘误的内容)或修订版均不适用于本标准，然而，鼓励根据本标准达成协议的各方研究是否可使用这些文件的最新版本。凡是不注日期的引用文件，其最新版本适用于本标准。

GB/T 6682　分析实验室用水规格和试验方法(neq ISO 3696)

GB 9691　食品包装用聚乙烯树脂卫生标准

GB 10648　饲料标签

3　产品规格

3.1　500 000 IU/g。

3.2　产品规格也可根据合同要求确定(但不能低于 300 000 IU/g)。

4　要求

4.1　性状

本品为米黄色至黄棕色微粒，具有流动性。遇热、见光或吸潮后易分解降解，使含量下降。

4.2　技术指标

技术指标应符合表 1 的要求。

表 1 技术指标

项目		指标
维生素 D_3 的含量(为标示量的)/(%)		90.0～120.0
颗粒度	试验筛 φ200×50—0.85/0.5	100%通过孔径为 0.85 mm 的试验筛
	试验筛 φ200×50—0.425/0.28	85%以上通过孔径为 0.425 mm 的试验筛
干燥失重/(%)		≤5.0

5 试验方法

本标准所用试剂和水，未注明其要求时，均指分析纯试剂和 GB/T 6682 中规定的三级水。色谱分析中所用试剂均为色谱纯和优级纯，试验用水均为 GB/T 6682 中规定的一级水。

5.1 试剂和溶液

5.1.1 三氯甲烷(氯仿)。

5.1.2 乙酸酐。

5.1.3 硫酸。**注意：硫酸是强腐蚀液，操作者需戴防护眼镜、手套，以防灼伤。**

5.1.4 正己烷。

5.1.5 95%乙醇。

5.1.6 氢氧化钾溶液：500 g/L。**注意：氢氧化钾溶液是强腐蚀液，操作者需戴防护眼镜、手套，以防灼伤。**

5.1.7 氢氧化钠溶液 c(NaOH)=1 mol/L：取氢氧化钠适量，加水振摇使溶解成饱和溶液，冷却后，置聚乙烯塑料瓶中，静置数日，澄清后备用。取澄清的氢氧化钠饱和溶液 56 mL，加新沸过的冷水使成 1 000 mL，摇匀。

5.1.8 L-抗坏血酸溶液：称取 3.5 g L-抗坏血酸，溶解于 20 mL 氢氧化钠溶液(5.1.7)中。

5.1.9 酚酞指示液：称取酚酞 1 g，加乙醇(5.1.5)使成 100 mL。

5.1.10 甘油(丙三醇)淀粉润滑剂：称取 22 g 甘油，加入可溶性淀粉 9 g，加热至 140℃并保持 30 min，并不断搅拌，放冷。

5.1.11 氯化钠溶液：100 g/L。

5.1.12 脱脂棉。

5.1.13 无水硫酸钠。

5.1.14 BHT(2,6-二叔丁基-4-甲基苯酚)。

5.1.15 维生素 D_3 标准品：含量≥99.0%。

5.1.16 0.45 μm 有机滤膜。

5.1.17 正己烷(色谱纯)。

5.1.18 正戊醇(色谱纯)。

5.1.19 无水乙醇。

5.1.20 盐酸溶液 c(HCl)=1 mol/L：吸取 90 mL 盐酸于 1 000 mL 水中，摇匀。

5.1.21 盐酸溶液 c(HCl)=0.01 mol/L：吸取盐酸溶液(5.1.20) 1 mL 于 100 mL 容量瓶中，用水定容，摇匀。

5.2 仪器和设备

实验室常用仪器和设备。

5.2.1 高效液相色谱仪，带紫外检测器。

5.2.2 恒温水浴锅。

5.2.3 φ200×50—0.85/0.5 的试验筛：筛框尺寸为 φ200×50 mm，网孔基本尺寸为 850 μm，金属丝直

径为 500 μm 的金属丝编织网试验筛。

5.2.4 ϕ200×50—0.425/0.28 的试验筛：筛框尺寸为 ϕ200×50 mm，网孔基本尺寸为 425 μm，金属丝直径为 280 μm 的金属丝编织网试验筛。

5.3 鉴别

称取试样 100 mg(精确至 0.000 2 g)，加三氯甲烷(氯仿)(5.1.1)10 mL，研磨数分钟，过滤。取滤液 5 mL，加乙酸酐(5.1.2)0.3 mL，硫酸(5.1.3)0.1 mL，振摇，初显黄色，渐变红色，迅即变为紫色，最后呈绿色。

5.4 颗粒度

称取试样适量，倾入分析筛中，振摇数分钟，取筛下物称量。

颗粒度 X，以筛下物占试样的质量分数(%)表示，按式(1)计算：

$$X = \frac{m_1}{m_0} \times 100 \qquad \cdots\cdots (1)$$

式中：

m_1——筛下物的试料质量，单位为克(g)；

m_0——试料的质量，单位为克(g)。

计算结果表示至小数点后一位。

5.5 干燥失重

5.5.1 测试方法

称取试样 1 g(精确到 0.000 2 g)，置于已干燥至恒量的称量瓶中，打开称量瓶瓶盖，在 105℃ 烘箱中，干燥至恒量。

5.5.2 计算和结果的表示

干燥失重 X_1，以质量分数(%)表示，按式(2)计算：

$$X_1 = \frac{m_2 - m_3}{m} \times 100 \qquad \cdots\cdots (2)$$

式中：

m_2——干燥前的试料加称量瓶质量，单位为克(g)；

m_3——干燥后的试料加称量瓶质量，单位为克(g)；

m——试料质量，单位为克(g)。

计算结果表示至小数点后一位。

5.6 维生素 D_3 含量

5.6.1 测定方法

5.6.1.1 标准贮备液的制备

称取 50 mg 标准品(5.1.15)(精确至 0.000 02 g)于 100 mL 容量瓶中，用正己烷(5.1.4)溶解并定容，摇匀后放于冰箱中保存(不超过 7 d)。该溶液含维生素 D_3 为 500 μg/mL。

5.6.1.2 标准溶液的制备

精密吸取贮备液(5.6.1.1)1 mL 于 50 mL 容量瓶中，用正己烷(5.1.4)定容摇匀。该溶液含维生素 D_3 为 10 μg/mL(400 IU/mL)。

5.6.1.3 试样处理

试样处理分为第一法和第二法。第一法为皂化萃取法，第二法为水浴超声法，以第一法作仲裁法。

a) 第一法皂化萃取法(仲裁法)

精确称取维生素 D_3 微粒试样 0.2 g～0.5 g(相当于 1.0×10^5 IU，精确至 0.000 2 g)于 100 mL 皂化瓶中，加入乙醇(5.1.5)30 mL、L-抗坏血酸溶液(5.1.8)5 mL(临用新配)和氢氧化钾溶液(5.1.6)5 mL(临用新配)，置于 90℃ 水浴回流 30 min。自冷凝管顶端加水冲洗冷凝管内壁 2 次，每次用水

5 mL，取出用流水迅速冷却。将皂化液移至 500 mL 分液漏斗中(分液漏斗活塞涂以甘油淀粉润滑剂(5.1.10)，皂化瓶先用水洗 2 次，每次用 5 mL；再用正己烷洗涤 2 次，每次用正己烷 10 mL (5.1.4)，洗涤液并入 500 mL 的分液漏斗中，加入 60 mL 正己烷(5.1.4)萃取，萃取时剧烈振摇，静置分层，水层转移至 250 mL 分液漏斗中，再用正己烷(5.1.4)分 2 次萃取，每次 50 mL，弃去水层，收集萃取液于 500 mL分液漏斗中，油层先用氯化钠溶液(5.1.11)80 mL 洗一次，再用水洗涤数次，直至水层遇酚酞(5.1.9)不显红色为止(每次用水 50 mL～80 mL 洗涤，洗涤时应缓缓转动，避免乳化)。提取液用铺有脱脂棉(5.1.12)与无水硫酸钠(5.1.13)的漏斗过滤，滤液放入 250 mL 棕色容量瓶，漏斗用正己烷(5.1.4)洗涤 3 次～5 次，洗液并入容量瓶中，再用正己烷(5.1.4)稀释至刻度，摇匀即得试样溶液。

b) 第二法水浴超声法

精确称取维生素 D_3 微粒试样 0.2 g～0.5 g(相当于 1.0×10^5 IU，精确至 0.000 2 g)于 250 mL 棕色容量瓶中，加入 10 mL 盐酸溶液(5.1.21)，50℃水浴超声 5 min，冷却。加入无水乙醇(5.1.19)为容量瓶的 80%左右，常温超声 5 min，冷却，用无水乙醇(5.1.19)定容。

在 250 mL 分液漏斗中加入 17 mL 盐酸溶液(5.1.20)，同时精确加入 25 mL 正己烷(5.1.17)和 25 mL上述试样溶液，振摇 5 min，弃去水层，取正己烷层以 4 500 r/min 离心 5 min，即得试样上机溶液。

5.6.2 色谱条件

色谱柱：Alltima Silica 内径 4.6 mm ，柱长 150 mm，填料粒度 5 μm 的硅胶柱。

流动相：正己烷(5.1.17)和正戊醇(5.1.18)的混合液，V(正己烷)+V(正戊醇)=99.6+0.4。

流速：2.0 mL/min。

检测波长：265 nm。

进样量：100 μL。

5.6.3 预维生素 D_3 校正因子的测定

精确移取标准贮备液(5.6.1.1)1 mL 至 100 mL 皂化瓶中，加入 3 粒 BHT(5.1.14)和适量正己烷(5.1.4)，于 90℃水浴中避光回流 45 min，冷却。用适量正己烷(5.1.4)转移至 50 mL 棕色容量瓶中，用正己烷(5.1.4)定容并摇匀。过 0.45 μm 有机滤膜(5.1.16)，用高效液相色谱仪按上述色谱条件进样检测。得到维生素 D_3 峰面积 A' 和预维生素 D_3 峰面积 A'_{pre}。同样将标准溶液(5.6.1.2)过 0.45 μm 有机滤膜(5.1.16)，用高效液相色谱仪按上述色谱条件进样检测，得到维生素 D_3 峰面积 A 和预维生素 D_3 峰面积 A_{pre}。

预维生素 D_3 校正因子(F)按式(3)计算：

$$F=(A-A')/(A'_{pre}-A_{pre}) \qquad \cdots\cdots(3)$$

式中：

A——标准溶液中维生素 D_3 的峰面积；

A'——标准溶液 90℃水浴回流后维生素 D_3 的峰面积；

A'_{pre}——标准溶液 90℃水浴回流后预维生素 D_3 的峰面积；

A_{pre}——标准溶液中预维生素 D_3 的峰面积。

5.6.4 试样测定

将试样分析液(5.6.1.3) 过 0.45 μm 有机滤膜(5.1.16)，按上述色谱条件进行进样分析，得到试料中的维生素 D_3 峰面积 A_s 和预维生素 D_3 峰面积 $A_{s,pre}$。

5.6.5 计算和结果的表示

维生素 D_3 含量 X_2，以 IU/g 表示，按式(4)计算：

$$X_2=\frac{(F\times A_{s,pre}+A_s)\times c_r\times n}{(F\times A_{pre}+A)\times m_s} \qquad \cdots\cdots(4)$$

式中：

F——预维生素 D_3 校正因子；

$A_{s,pre}$——试料中预维生素 D_3 峰面积；
A_s——试料中维生素 D_3 的峰面积；
A——标准溶液中维生素 D_3 的峰面积；
A_{pre}——标准溶液中预维生素 D_3 的峰面积；
m_s——称取试料的质量，单位为克(g)；
c_r——标准溶液的浓度，单位为国际单位每毫升(IU/mL)；
n——试料的稀释倍数。

计算结果表示至小数点后一位。

5.6.6 允许差

取两次测定结果的算术平均值为测定结果，两次平行测定结果相对偏差应不大于5%。

6 检验规则

6.1 饲料添加剂维生素 D_3 应由生产企业的质量监督部门按本标准进行检验，本标准规定所有项目为出厂检验项目，生产企业应保证出厂产品均符合本标准规定的要求。每批产品检验合格后，方可出厂。

6.2 使用单位有权按照本标准规定的检验规则和试验方法对所收到的产品进行质量检验，检验其指标是否符合本标准的要求。

6.3 采样方法：抽样需备有清洁、干燥、具有密闭性和避光性的样品瓶(或样品袋)，瓶(袋)上贴有标签并注明：生产厂家、产品名称、批号、取样日期。

抽样时，应用清洁适用的取样工具。将所取样品充分混匀，以四分法缩分，每批样品分两份，每份样量应为检验所需试样的3倍量，装入样品瓶(袋)中，一瓶(袋)供检验用，一瓶(袋)密封保存备查。

6.4 判定规则：若检验结果有一项指标不符合本标准要求时，应加倍抽样进行复验，复验结果仍有一项指标不符合本标准要求时，则整批产品判为不合格品。

7 标签、包装、运输和贮存

7.1 标签

标签按 GB 10648 执行。

7.2 包装

内衬聚乙烯袋，密封、盛于外包装容器内。

聚乙烯材料卫生指标应符合 GB 9691 标准要求。

7.3 运输

本产品在运输过程中应避免日晒雨淋、受热，搬运装卸小心轻放，严禁碰撞，防止包装破损，严禁与有毒有害或其他有污染的物品以及具有氧化性的物质混装、混运。

7.4 贮存

本产品应贮存在清洁的地方，防止日晒、雨淋、受潮，严禁与有毒有害的物品混贮。

8 保质期

本产品在规定的贮存条件下，保质期不低于12个月。

ICS 65.120
B 46

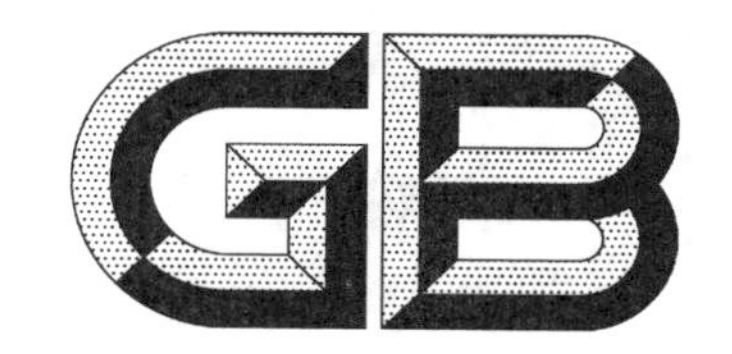

中华人民共和国国家标准

GB/T 9841—2006
代替 GB 9841—1988

饲料添加剂 维生素 B_{12}(氰钴胺)粉剂

Feed additive—Vitamin B_{12} powder(cyanocobalamin cobione)

2006-02-24 发布

2006-07-01 实施

中华人民共和国国家质量监督检验检疫总局
中国国家标准化管理委员会
发布

前　言

本标准是GB 9841—1988《饲料添加剂　维生素B_{12}(氰钴胺)粉剂》的修订版。

本标准与GB 9841—1988主要技术差异如下：

——删去原标准鉴别试验中4.3.2方法；

——本标准不再包括标示量为10%的产品，产品粉剂中维生素B_{12}的标示量为0.1%、0.5%、1%、……5%；

——主要成分含量的测定，参考GB/T 17819—1999《维生素预混料中维生素B_{12}的测定　高效液相色谱法》及国内外先进企业标准方法，由紫外分光光度法测定改为高效液相色谱法测定，改后的方法，可有效消除其他色素杂质干扰，使检测结果更准确可靠；

——规定维生素B_{12}标准品应符合中华人民共和国药典；

——补充规定砷、铅允许量及检测方法；

——干燥失重的测定按照GB/T 6435执行。

本标准自实施之日起代替GB 9841—1988。

本标准的附录A为规范性附录。

本标准由国家标准化管理委员会提出。

本标准由全国饲料工业标准化技术委员会归口。

本标准起草单位：国家饲料质量监督检验中心(北京)。

本标准主要起草人：赵小阳、索德成、虞哲高、田河山、闫惠文、李兰、刘庆生、李丽蓓、王彤。

本标准所代替标准的历次版本发布情况为：

——GB 9841—1988。

饲料添加剂
维生素 B_{12}（氰钴胺）粉剂

1 范围

本标准规定了饲料添加剂维生素 B_{12}（氰钴胺）粉剂产品的要求、试验方法、检验规则及标签、包装、运输、贮存。

本标准适用于以维生素 B_{12}（氰钴胺）为原料，加入碳酸钙、玉米淀粉等其他适宜的稀释剂制成的维生素 B_{12} 粉剂（其标示量为 0.1%、0.5%、1%、……5%）。

分子式：$C_{63}H_{88}CoN_{14}O_{14}P$

相对分子质量：1355.38（1999 年国际相对原子质量）

结构式：

2 规范性引用文件

下列文件中的条款通过本标准的引用而成为本标准的条款。凡是注日期的引用文件，其随后所有的修改单（不包括勘误的内容）或修订版均不适用于本标准，然而，鼓励根据本标准达成协议的各方研究是否可使用这些文件的最新版本。凡是不注日期的引用文件，其最新版本适用于本标准。

GB/T 602　化学试剂　杂质测定用标准溶液的制备

GB/T 603　化学试剂　试验方法中所用制剂及制品的制备

GB/T 6435　饲料水分的测定方法

GB/T 6682　分析实验室用水规格和试验方法

GB 10648　饲料标签

GB/T 13080—2004　饲料中铅的测定　原子吸收光谱法

GB/T 17819—1999　维生素预混料中维生素 B_{12} 的测定　高效液相色谱法

中华人民共和国药典

3 要求

3.1 外观

本品为浅红色至棕色细微粉末，具有吸湿性。

3.2 技术指标

技术指标应符合表1规定。

表1 技术指标

指标名称			指标
含量(以 $C_{63}H_{88}CoN_{14}O_{14}P$ 计)/[(是标示量的)%]			90～130
砷/(mg/kg)		≤	3.0
铅/(mg/kg)		≤	10.0
干燥失重/(%)	以玉米淀粉等为稀释剂	≤	12.0
	以碳酸钙为稀释剂	≤	5.0
粒度			全部通过0.25 mm孔径标准筛

4 试验方法

除特殊说明外，所用试剂均为优级纯，水为蒸馏水，色谱用水符合GB/T 6682中一级用水规定，标准溶液和杂质溶液的制备应符合GB/T 602和GB/T 603。

4.1 试剂和溶液

4.1.1 25%乙醇溶液(体积分数)。

4.1.2 甲醇：色谱纯。

4.1.3 冰乙酸。

4.1.4 1-己烷磺酸钠：色谱级。

4.1.5 维生素 B_{12} 标准品：符合中华人民共和国药典。

4.1.6 维生素 B_{12} 标准贮备溶液：称取约0.1 g(精确至0.000 2 g)维生素 B_{12} 标准品(4.1.5)，置于100 mL棕色容量瓶中，加适量25%乙醇溶液使其溶解，并稀释定容至刻度，摇匀。该标准储备液每毫升含维生素 B_{12} 1 mg。

4.1.7 维生素 B_{12} 标准工作液：准确吸取维生素 B_{12} 标准储备液(4.1.6)1.00 mL于100 mL棕色容量瓶中，用水稀释定容至刻度，摇匀。该标准工作液每毫升含维生素 B_{12} 10 μg。

维生素 B_{12} 标准工作液的浓度按下述方法测定和计算：

以水为空白溶液，用紫外分光光度计测定维生素 B_{12} 标准工作液在361 nm处的最大吸收度，维生素 B_{12} 标准工作液的浓度 X 以微克每毫升(μg/mL)表示，按式(1)计算：

$$X = \frac{A \times 10\,000}{207} \quad \cdots\cdots(1)$$

式中：

A——维生素 B_{12} 标准工作液在361 nm波长处测得的吸收度；

207——维生素 B_{12} 标准百分吸收系数($E_{1cm}^{1\%}=207$)；

10 000——维生素 B_{12} 标准工作液浓度单位换算系数。

4.2 仪器和设备

实验室常用设备以及以下仪器和设备。

4.2.1 超声波水浴。

4.2.2 超纯水装置。

4.2.3 紫外分光光度计。

4.2.4 石英比色皿(1 cm)。

4.2.5 高效液相色谱仪，带紫外可调波长检测器(或二极管矩阵检测器)。

4.2.6 原子吸收分光光度计。

4.3 鉴别试验

注意：以下操作过程，需在避光条件下进行。

取试样溶液(4.4.2.1)，用分光光度计测定，以 1 cm 石英比色皿在 300 nm～600 nm 波长范围内测定试样溶液的吸收光谱，应在 361 nm±1 nm、550 nm±2 nm 的波长处有最大吸收峰。

4.4 维生素 B_{12} 含量的测定

4.4.1 原理

试样中维生素 B_{12} 经水提取后，注入反相色谱柱上，与流动相中离子对试剂形成离子偶化合物，用流动相洗脱分离，外标法计算维生素 B_{12} 的含量。

4.4.2 分析步骤

4.4.2.1 试液的制备

根据产品含量(参考附录 A)，称取试样约 0.1 g～1 g(精确至 0.000 2 g)，置于 100 mL 棕色容量瓶中，加约 60 mL 水，在超声波水浴中超声提取 15 min，冷却至室温，用水定容至刻度，混匀，过滤，滤液过 0.45 μm 滤膜，供高效液相色谱仪分析。

4.4.2.2 色谱条件

固定相：C_{18} 柱：内径 4.6 mm，长 150 mm，粒度 5 μm。

流动相：每升水溶液中含 300 mL 的甲醇(4.1.2)、1 g 的己烷磺酸钠(4.1.4)和 10 mL 的冰乙酸(4.1.3)，过滤，超声脱气。

流速：0.5 mL/min。

检测器：紫外可调波长检测器(或二极管矩阵检测器)，检测波长 361 nm。

进样量：20 μL。

4.4.2.3 定量测定

按高效液相色谱仪说明书调整仪器操作参数，向色谱柱中注入维生素 B_{12} 标准工作液(4.1.7)及试样溶液(4.4.2.1)，得到色谱峰面积响应值，用外标法定量。

也可采用 GB/T 17819—1999 中 6.2 的方法测定维生素 B_{12} 的含量。

4.4.3 结果计算

4.4.3.1 试样中维生素 B_{12}($C_{63}H_{88}CoN_{14}O_{14}P$)含量 X_1 以质量分数(%)表示，按式(2)计算：

$$X_1 = \frac{P_i \times c \times 100}{P_{st} \times m} \times 10^{-4} \qquad (2)$$

式中：

P_i——试液(4.4.2.1)峰面积；

c——维生素 B_{12} 标准工作液(4.1.7)浓度，单位为微克每毫升(μg/mL)；

100——试液(4.4.2.1)稀释倍数；

P_{st}——维生素 B_{12} 标准工作液(4.1.7)峰面积；

m——试样质量，单位为克(g)。

4.4.3.2 试样中维生素 B_{12} 占标示量的质量分数(%)以 X_2 表示，按式(3)计算：

$$X_2 = \frac{X_1}{K} \times 100 \qquad (3)$$

式中：

K——产品中维生素 B_{12} 标示量。

平行测定结果用算术平均值表示，保留三位有效数字。

4.4.4 重复性

同一分析者对同一试样同时两次平行测定结果的相对偏差应不大于 5%。

4.5 砷的测定

按照中华人民共和国药典　砷的测定法　第一法(古蔡氏法)测定，准确称取试样 1 g(准确至

0.000 2 g)，使用砷标准溶液 3 mL。

4.6 铅的测定

按 GB/T 13080—2004 的方法测定。

4.7 干燥失重的测定

按 GB/T 6435 测定。

5 检验规则

5.1 饲料添加剂维生素 B_{12} 应由生产企业的质量监督部门按本标准进行检验，本标准规定所有指标为出厂检验项目，生产企业应保证所有维生素 B_{12} 产品均符合本标准规定的要求。每批产品检验合格后方可出厂。

5.2 使用单位有权按照本标准规定的检验规则和试验方法对所收到的维生素 B_{12} 产品进行验收，检验其指标是否符合本标准的要求。

5.3 采样方法：抽样需备有清洁、干燥、具有密闭性和避光性的样品瓶，瓶上贴有标签并注明：生产厂家、产品名称、批号、取样日期。

抽样时，用清洁适用的取样工具插入料层深度四分之三处，将所取样品充分混匀，以四分法缩分，每批样品分两份，每份样量应为检验所需试样的 3 倍量，装入样品瓶中，一瓶供检验用，一瓶密封保存备查。

5.4 判定规则：若检验结果有一项指标不符合本标准要求时，应加倍抽样进行复验，复验结果仍有一项指标不符合本标准要求时，则整批产品判为不合格品。

6 标签、包装、运输、贮存

6.1 标签

标签按 GB 10648 要求执行。

6.2 包装

本品采用铝薄膜袋或其他避光密闭容器包装。

6.3 运输

本品在运输过程中应防潮、防高温、防止包装破损，严禁与有毒有害物质混运。

6.4 贮存

本品应贮存在通风、干燥、无污染、无有害物质的地方。

本品在规定的贮存条件下，保质期为 24 个月。

附　录　A
（规范性附录）
产品中维生素 B_{12} 的标示量、称样量及提取液稀释体积示例

表 A.1　标示量、称样量及提取液稀释体积

标示量/（%）	称样量/g	提取液体积/mL	提取液中维生素 B_{12} 浓度/（μg/mL）
0.1	1.000 0	100.0	10
0.5	0.400 0	100.0	20
1.0	0.100 0	100.0	10
5.0	0.100 0	250.0	20

ICS 65.120
B 46

中华人民共和国国家标准

GB/T 17810—2009
代替 GB/T 17810—1999

饲料级 DL-蛋氨酸

Feed grade DL-methionine

2009-05-26 发布 2009-10-01 实施

中华人民共和国国家质量监督检验检疫总局
中国国家标准化管理委员会 发布

前　言

本标准代替 GB/T 17810—1999《饲料级 DL-蛋氨酸》。

本标准与 GB/T 17810—1999 的主要技术差异如下：

——将规范性引用文件中的 GB/T 6678 改为 GB/T 14699.1；

——将原标准中 3.1 改为“外观和性状　白色或浅灰色粉末或片状结晶。在水中略溶，在乙醇中极微溶解，溶解于稀酸与氢氧化钠(钾)溶液”；

——将原标准 4.1.5 中的允许差由两次平行测定结果的绝对差值不得大于 0.1％调整为不得大于 0.3％；

——增加了产品鉴别方法(离子交换色谱法)；

——修改了重金属测定方法；

——修改了砷测定方法；

——检验规则中增加了“出厂检验”和“型式检验”。

本标准由全国饲料工业标准化技术委员会提出并归口。

本标准由中国农业科学院饲料研究所起草。

本标准主要起草人：范志影、刘庆生、马书宇、田园、石冬冬。

本标准所代替标准的历次版本发布情况为：

——GB/T 17810—1999。

饲料级 DL-蛋氨酸

1 范围

本标准规定了饲料级 DL-蛋氨酸产品的要求、试验方法、检验规则、标志、包装、贮存及运输。

本标准适用于以甲硫基丙醛、氰化物、硫酸及氢氧化钠为主要原料生产的饲料级 DL-蛋氨酸。

化学名称:2-氨基-4-甲硫基丁酸

化学分子式：$CH_3S—CH_2—CH_2—CH(NH_2)—COOH$

相对分子质量:149.2(按 2007 年国际相对原子质量)

2 规范性引用文件

下列文件中的条款通过本标准的引用而成为本标准的条款。凡是注日期的引用文件,其随后所有的修改单(不包括勘误的内容)或修订版均不适用于本标准,然而,鼓励根据本标准达成协议的各方研究是否可使用这些文件的最新版本。凡是不注日期的引用文件,其最新版本适用于本标准。

GB/T 601 化学试剂 标准滴定溶液的制备

GB/T 1250 极限数值的表示方法和判定方法

GB/T 6682 分析实验室用水规格和试验方法

GB 10648 饲料标签

GB/T 14699.1 饲料 采样

《中华人民共和国药典》2005 年版二部

3 要求

3.1 外观和性状

白色或浅灰色粉末或片状结晶。在水中略溶,在乙醇中极微溶解,溶解于稀酸与氢氧化钠(钾)溶液。

3.2 技术指标

技术指标应符合表 1 规定。

表 1 技术指标

项目		指标
DL-蛋氨酸/%	≥	98.5
干燥失重/%	≤	0.5
氯化物(以 NaCl 计)/%	≤	0.2
重金属(以 Pb 计)/(mg/kg)	≤	20
砷(以 As 计)/(mg/kg)	≤	2

4 试验方法

本标准所用试剂和水,除特别注明外,均指分析纯试剂和符合 GB/T 6682 中规定的三级水。仪器、设备为一般实验室仪器设备。

警告：本标准试验操作中需使用一些强酸，使用时须小心谨慎，避免溅到皮肤上。在使用挥发性试剂时，需在通风橱中进行。

4.1 外观和性状

外观和性状评定应符合 3.1 的要求。

4.2 鉴别

4.2.1 试剂和溶液

4.2.1.1 饱和的无水硫酸铜硫酸溶液：取无水硫酸铜加入浓硫酸中搅拌直至出现沉淀。

4.2.1.2 氢氧化钠溶液：200 g/L。

4.2.1.3 亚硝基铁氰化钠溶液：100 g/L。

4.2.1.4 盐酸溶液：1+10(V+V)。

4.2.1.5 盐酸溶液：$c(HCl)=0.02$ mol/L。

4.2.1.6 不同 pH 和离子强度的洗脱用柠檬酸钠缓冲液：按氨基酸自动分析仪说明书制备。

4.2.1.7 茚三酮溶液：按氨基酸自动分析仪说明书制备。

4.2.1.8 蛋氨酸标准储备液 c(蛋氨酸)=2.50 μmol/mL：称取蛋氨酸 93.3 mg 于 100 mL 烧杯中，加水约 50 mL 和数滴浓盐酸溶解，定量地转移到 250 mL 容量瓶中，用水溶解并定容。

4.2.1.9 蛋氨酸标准溶液 c(蛋氨酸)=100 nmol/mL：吸取蛋氨酸标准储备液(4.2.1.8)1.00 mL 于 25 mL 容量瓶中，用水稀释至刻度。

4.2.2 仪器

氨基酸自动分析仪：茚三酮柱后衍生离子交换色谱仪，要求各氨基酸分辨率大于 90%。

4.2.3 鉴别步骤

4.2.3.1 称取试样 25 mg，加入饱和的无水硫酸铜硫酸溶液(4.2.1.1)1 mL，液体呈黄色。

4.2.3.2 称取试样 5 mg，加 2 mL 氢氧化钠溶液(4.2.1.2)，振荡混匀，加 0.3 mL 亚硝基铁氰化钠溶液(4.2.1.3)，充分摇匀，在 35 ℃～40 ℃下放置 10 min，冰浴冷却 2 min，加入 10 mL 盐酸溶液(4.2.1.4)，摇匀，溶液呈赤色。

4.2.3.3 称取试样约 0.15 g(精确至 0.000 1 g)，用盐酸溶液(4.2.1.5)溶解并稀释至蛋氨酸浓度约为 100 nmol/mL，用氨基酸自动分析仪(4.2.2)测定，色谱图上应唯有蛋氨酸峰，用保留时间法定性，并分别计算蛋氨酸标准溶液(4.2.1.9)及样品溶液中蛋氨酸的峰面积，用外标法计算样品中蛋氨酸含量。要求平行测定结果的算术平均值与样品标示量的绝对差不大于 2%。

4.3 DL-蛋氨酸含量的测定

4.3.1 原理

在中性介质中准确加入过量的碘溶液，将两个碘原子加到蛋氨酸的硫原子上，过量的碘溶液用硫代硫酸钠标准滴定溶液回滴。

4.3.2 试剂和溶液

4.3.2.1 磷酸氢二钾溶液：500 g/L。

4.3.2.2 磷酸二氢钾溶液：200 g/L。

4.3.2.3 碘化钾溶液：200 g/L，储存于棕色瓶中。

4.3.2.4 碘溶液 $c(1/2I_2)=0.1$ mol/L：称取 13 g 碘及 35 g 碘化钾溶于水中，稀释至 1 000 mL，摇匀，保存于棕色具塞瓶中。

4.3.2.5 硫代硫酸钠标准滴定溶液 $c(Na_2S_2O_3)=0.100\ 0$ mol/L：按 GB/T 601 制备并标定。

4.3.2.6 淀粉溶液：10 g/L。

4.3.3 仪器

4.3.3.1 分析天平：感量 0.1 mg。

4.3.3.2 磁力搅拌器。

4.3.4 分析步骤

称取试样 0.23 g～0.25 g(精确至 0.000 1 g)放入 500 mL 碘量瓶中,加入 70 mL 去离子水,然后分别加入下列试剂:10 mL 磷酸氢二钾溶液(4.3.2.1)、10 mL 磷酸二氢钾溶液(4.3.2.2)、10 mL 碘化钾溶液(4.3.2.3),待全部溶解后准确加入 50.00 mL 碘溶液(4.3.2.4),盖上瓶盖,水封,充分摇匀,于暗处放置 30 min,用硫代硫酸钠标准滴定溶液(4.3.2.5)滴定过量的碘,边滴定边用磁力搅拌器(4.3.3.2)搅拌,近终点时加入 1 mL 淀粉指示剂(4.3.2.6),滴定至无色并保持 30 s,为终点,同时做空白试验。

4.3.5 结果计算

蛋氨酸含量 X_1 按式(1)计算:

$$X_1 = \frac{c(V_0 - V) \times 0.074\,6}{m} \times 100\% \qquad (1)$$

式中:

c——硫代硫酸钠标准滴定溶液的实际浓度,单位为摩尔每升(mol/L);

V_0——空白消耗的硫代硫酸钠标准滴定溶液的体积,单位为毫升(mL);

V——滴定试样时消耗的硫代硫酸钠标准滴定溶液的体积,单位为毫升(mL);

m——试样的质量,单位为克(g);

0.074 6——与 1.00 mL 硫代硫酸钠标准滴定溶液[$c(Na_2S_2O_3)=1.000$ mol/L]相当的、以克表示的 DL-蛋氨酸的质量。

计算结果表示到小数点后一位。

4.3.6 允许差

取平行测定结果的算术平均值为测定结果,两次平行测定结果的绝对差值不得大于 0.3%。

4.4 干燥失重的测定

4.4.1 原理

试样在(105±2)℃烘箱内,在大气压下烘干至恒重。

4.4.2 分析步骤

用已恒重称样皿称取约 10 g 试样(精确至 0.000 2 g),置于 105 ℃烘箱中干燥 3 h,取出,放入干燥器中冷却 30 min,称重。再同样烘干 1 h,冷却,称重,直至两次称重之质量差小于 0.002 g。

4.4.3 结果计算

干燥失重 X_2 按式(2)计算:

$$X_2 = \frac{m_2 - m_3}{m_2 - m_1} \times 100\% \qquad (2)$$

式中:

m_1——称样皿质量,单位为克(g);

m_2——干燥前称样皿和试样质量,单位为克(g);

m_3——干燥后称样皿和试样质量,单位为克(g)。

4.4.4 允许差

取平行测定结果的算术平均值为测定结果,两次平行测定结果的绝对差值不大于 0.1%。

4.5 氯化物含量的测定

4.5.1 原理

试样溶解后,加硝酸及硝酸银与氯离子反应生成氯化银浑浊液,与标准色相比较。

4.5.2 试剂与溶液

4.5.2.1 硝酸银溶液:浓度约 0.1 mol/L。

4.5.2.2 硝酸溶液:1+8(V+V)。

4.5.2.3 氯化钠溶液:1 mg/mL。

4.5.3 分析步骤

4.5.3.1 标准比对溶液的制备：于 50 mL 比色管中，加 40 mL 水，加入 2.0 mL 氯化钠溶液（4.5.2.3），1 mL 硝酸溶液（4.5.2.2）和 1 mL 硝酸银溶液（4.5.2.1）混匀，稀释至 50 mL，摇匀。

4.5.3.2 试样溶液的制备：称取试样 1 g（精确至 0.01 g），放于 50 mL 比色管中，加约 40 mL 水，缓慢加热，溶解试样，冷却，加 1 mL 硝酸溶液（4.5.2.2）和 1 mL 硝酸银溶液（4.5.2.1），稀释至 50 mL，摇匀。

4.5.3.3 测定：将制备的试样与标准比对溶液进行比较，试样浊度不深于标准比对液浊度为合格。

注：若试样溶液带有颜色，影响比浊，可采用下述方法操作：准确称取 3 个 1 g 试样（精确至 0.01 g），编号为 A、B、C，分别用 25 mL 水溶解，然后加 10 mL 硝酸溶液，于 A 中加 1 mL 硝酸银溶液，摇匀，放置 5 min 作为比对液，将 A、B、C 均过滤至滤液澄清，分别移入 3 个 50 mL 比色管中，于 A 中加 2.0 mL 氯化钠溶液，B、C 中分别加入 1 mL 硝酸银溶液，稀释至刻度，摇匀，进行浊度比较。

4.6 重金属的测定

4.6.1 原理

试样溶解后，在试验条件下重金属与硫化钠作用生成棕色硫化物，与同等条件下的参比液比色。

4.6.2 试剂和溶液

4.6.2.1 氢氧化钠溶液：43 g/L。

4.6.2.2 硫化钠溶液：100 g/L。

4.6.2.3 铅标准贮备液（100 μg/mL）：称取硝酸铅 0.160 g，置 1 000 mL 容量瓶中，加浓硝酸 5 mL 与水 50 mL 溶解后，用水稀释至刻度。

4.6.2.4 铅标准溶液（10 μg/mL）：移取铅标准贮备液（4.6.2.3）10 mL 于 100 mL 容量瓶中，加水稀释至刻度。

4.6.3 分析步骤

取 25 mL 纳氏比色管两支，编号为甲管和乙管，甲管中加入铅标准溶液（4.6.2.4）2 mL 和 5 mL 氢氧化钠溶液（4.6.2.1），加水稀释成 25 mL，称取试样 1 g（精确至 0.01 g）于乙管中，加入 5 mL 氢氧化钠溶液（4.6.2.1）和少量水使试样溶解后，用水稀释至 25 mL；再在甲乙两管中分别滴加硫化钠溶液（4.6.2.2）5 滴，摇匀，放置 2 min，同置白纸上，自上向下透视，乙管中显示的棕色与甲管比较，不得更深。

注：若试样溶液有颜色，影响比色，可采用下述方法操作：称取试样 2 g（精确至 0.01 g），加 10 mL 氢氧化钠溶液，加水溶解后使成 40 mL，将溶液分成甲乙两等份，乙液经滤膜（孔径 3 μm）滤过，置于比色管乙中，加硫化钠溶液 5 滴，加水稀释成 25 mL；甲液中滴加硫化钠溶液 5 滴，摇匀，放置 2 min 后，经滤膜（孔径 3 μm）滤过，收滤液于比色管甲中，加入铅标准溶液 2 mL，加水至 25 mL；照上述方法比较甲乙两管。

4.7 砷的测定

称取试样 1 g（精确至 0.01 g），加水 23 mL 和浓盐酸 5 mL，溶解后，依法检查（《中华人民共和国药典》2005 年版二部 附录Ⅷ J 第一法）。

5 检验规则

5.1 产品应由生产厂的质量检验部门进行检验，生产厂应保证所有出厂的产品都符合本标准第 3 章的要求，并附有一定格式的质量证明书。

5.2 以同一批原料同一班次生产且包装的，具有同样工艺条件、同一批号、规格和同样质量证明证书的产品为一个批次。

5.3 取样袋数按 GB/T 14699.1 的规定执行。取样时，将取样器插入料层深度的四分之三处，将取得的样品混匀，用四分法缩分约 500 g 样品，分装于两个干燥、清洁、带磨口塞的瓶中，瓶上粘贴标签，注明生产厂名称、产品名称、生产日期、批次，一瓶用于检验，一瓶保存备用。

5.4 出厂检验：每批产品出厂时进行出厂检验。检验项目为感官指标、干燥失重、DL-蛋氨酸含量。

5.5 型式检验：每半年进行一次型式检验。型式检验项目包括本标准第3章规定的全部要求。有下列情况之一时，应对产品的质量进行型式检验：

a) 生产工艺、主要原料有变化时；

b) 停产3个月以上，恢复生产时；

c) 法定质检部门提出要求时；

d) 合同规定。

5.6 判定规则：检验结果全部符合本标准第3章的要求判为合格品。有一项指标不符合本标准要求时，应重新取样进行复验，复验结果中有一项不符合标准即判定为不合格。

5.7 本标准数据处理按GB/T 1250，采用修约值比较法。

6 标签、包装、运输、贮存

6.1 标签的内容应符合GB 10648的规定。

6.2 产品采用袋装，包装袋分三层，外层为聚乙烯复合布，中层为牛皮纸，内层为低密度聚乙烯薄膜或无毒聚氯乙烯薄膜，亦可采用能够保证产品质量的其他包装。

6.3 产品在运输过程中防止雨淋、受潮和日晒，严禁与有毒品混运。

6.4 产品应贮存在干燥、清洁的室内仓库里，避免雨淋和受潮，不得与有毒物品混存。

6.5 原包装在规定的贮存条件下保质期为36个月。

ICS 65.120
B 46

中华人民共和国国家标准

GB/T 18632—2010
代替 GB/T 18632—2002

饲料添加剂 80%核黄素(维生素 B_2)微粒

Feed additive—80% Riboflavin (vitamin B_2) particle

2011-01-10 发布　　2011-06-01 实施

中华人民共和国国家质量监督检验检疫总局
中国国家标准化管理委员会　发布

前言

本标准按照 GB/T 1.1—2009 给出的规则起草。

本标准代替 GB/T 18632—2002《饲料添加剂　维生素 B_2(核黄素)流动性微粒》。

本标准与 GB/T 18632—2002 相比,主要技术变化如下:

——3.1 性状描述删去对核黄素溶液化学性质的描述;

——4.2.2.4 样品前处理由电炉加热改为水浴加热;

——增加 4.8、4.9 有毒有害指标砷、铅允许量及检测方法;

——删除 4.6 有机挥发杂质限量及检测方法;

——增加 4.10 微生物沙门氏菌的允许量及检测方法。

本标准由全国饲料工业标准化技术委员会(SAC/TC 76)提出并归口。

本标准起草单位:中国农业科学院农业质量标准与检测技术研究所[国家饲料质量监督检验中心(北京)]、湖北广济药业有限公司。

本标准主要起草人:李兰、何谧、田静、王彤、李丽蓓、郭韶智、陈志远、宋荣、马冬霞、赵小阳。

饲料添加剂
80%核黄素(维生素 B_2)微粒

1 范围

本标准规定了饲料添加剂80%核黄素(维生素 B_2)微粒产品的要求、试验方法、检验规则及标签、包装、运输和贮存。

本标准适用于生物发酵法制得的80%核黄素(维生素 B_2)微粒,在饲料工业中作为维生素类饲料添加剂。

2 规范性引用文件

下列文件对于本文件的应用是必不可少的。凡是注日期的引用文件,仅注日期的版本适用于本文件。凡是不注日期的引用文件,其最新版本(包括所有的修改单)适用于本文件。

GB/T 5917.1—2008 饲料粉碎粒度测定 两层筛筛分法

GB/T 6435 饲料中水分和其他挥发性物质含量的测定

GB/T 6682 分析实验室用水规格和试验方法

GB 10648 饲料标签

GB/T 13079—2006 饲料中总砷的测定

GB/T 13080 饲料中铅的测定 原子吸收光谱法

GB/T 13091 饲料中沙门氏菌的检测方法

GB/T 14699.1 饲料 采样

《中华人民共和国药典》(2005年版)

3 要求

3.1 性状

黄色至棕黄色微粒,微臭。味微苦,易吸潮。

3.2 技术指标

技术指标应符合表1的规定。

表1 技术指标

项目	指标
含量(以 $C_{17}H_{20}N_4O_6$ 计)(干基)/%	≥80.0
干燥失重/%	≤3.0
炽灼残渣/%	≤5.0
粒度	最少90%通过0.28 mm标准筛

表 1(续)

项目	指标
铅/(mg/kg)	≤5.0
砷/(mg/kg)	≤3.0
沙门氏菌(25 g 样品中)	不得检出

4 试验方法

除非另有规定,在分析中仅使用确认为分析纯的试剂和符合 GB/T 6682 中三级用水的规定。

4.1 试剂和溶液

4.1.1 冰乙酸。

4.1.2 硫酸。

4.1.3 氢氧化钠溶液:$c(NaOH)=2.0$ moL/L。

4.1.4 连二亚硫酸钠。

4.1.5 甲醇:色谱纯。

4.1.6 冰乙酸溶液:0.25%(体积分数)。

4.1.7 维生素 B_2 标准溶液的制备:**以下操作需避光进行!**

称取经 105 ℃干燥 2 h 的维生素 B_2 标准品(纯度大于 98.0%)0.065 g(精确至 0.000 1 g)于 250 mL锥形瓶中,加入 5 mL 冰乙酸(4.1.1),于超声波水浴中超声约 5 min,另加入约 150 mL 水,于沸水浴中煮至标准品颗粒全部溶解,冷却后转移至 500 mL 棕色容量瓶中,用流动相(4.4.2.2)定容至刻度,摇匀,该溶液中约含维生素 $B_2$120 μg/mL。保存在 2 ℃~8 ℃冰箱中,使用 3 个月。

4.2 仪器和设备

4.2.1 实验室常用设备。

4.2.2 超声波水浴。

4.2.3 液相色谱仪,配紫外检测器。

4.2.4 微孔滤膜,孔径 0.45 μm。

4.2.5 原子吸收分光光度计。

4.3 鉴别试验

称取样品约 0.001 g,加水 100 mL 溶解后,溶液在透射光下应显黄绿色并有强烈的黄绿色荧光;分成 2 份,1 份中加 2 滴~3 滴硫酸(4.1.2)或氢氧化钠溶液(4.1.3),荧光即消失;另一份中加连二亚硫酸钠(4.1.4)结晶少许,摇匀后,黄色即消褪,荧光即消失。

4.4 含量测定

4.4.1 原理

试样中维生素 B_2 在酸的水溶液中加热溶解后,注入高效液相色谱仪中进行分离,紫外检测器检测,外标法计算试样中维生素 B_2 含量。

4.4.2 分析步骤(4.4.2.1及4.4.2.3操作需避光进行!)

4.4.2.1 试样溶液的制备

称取经105 ℃干燥2 h的维生素B_2样品约0.050 g(精确至0.000 1 g)于250 mL锥形瓶中,加入5 mL冰乙酸(4.1.1),于超声波水浴中超声约5 min,另加入约100 mL水,于沸水浴中煮至样品固体颗粒全部溶解,冷却后转移至500 mL棕色容量瓶中,用流动相(4.4.2.2)定容至刻度,摇匀,备用。

4.4.2.2 高效液相色谱条件

色谱柱:内径4.6 mm,柱长250 mm,填料为C_{18},粒度5 μm。

检测器:紫外检测器,波长269 nm。

流动相:甲醇(4.1.5)+冰乙酸溶液(4.1.6)=28+72。

流速:1.0 mL/min。

进样量:10 μL。

4.4.2.3 分析

取标准溶液(4.1.7)、试样溶液(4.4.2.1),经微孔滤膜过滤后,注入液相色谱仪中,用峰面积计算含量。

4.4.2.4 结果计算

维生素B_2含量w_1(以质量分数表示),按式(1)计算:

$$w_1 = \frac{P_i \times V \times c_i \times V_{st}}{P_{st} \times m} \times 10^{-4} \quad \cdots\cdots (1)$$

式中:

w_1——试样中维生素B_2的含量,%;

P_i——试样溶液峰面积值;

V——样品的总稀释体积,单位为毫升(mL);

c_i——标准溶液浓度,单位为微克每毫升(μg/mL);

V_{st}——标准溶液进样体积,单位为微升(μL);

P_{st}——标准溶液峰面积平均值;

m——干燥样品质量,单位为克(g)。

4.4.3 结果表示

平行测定结果用算术平均值表示,保留三位有效数字。

4.4.4 精密度

在重复性条件下,两次平行测定结果的相对偏差应不大于5.0%。

4.5 干燥失重的测定

按GB/T 6435测定。

4.6 炽灼残渣的测定

4.6.1 测定方法

称取样品1 g~2 g(准确至0.01 g),置于已在700 ℃~800 ℃灼烧至恒重的瓷坩埚中,用小火缓缓加热至完全炭化，放冷后，加硫酸(4.1.2)0.5 mL～1 mL 使湿润，低温加热至硫酸蒸气除尽后，移入马福炉中，在 700 ℃～800 ℃下灼烧至恒重。

4.6.2 计算和结果表示

炽灼残渣含量 w_2(以质量分数表示)，按式(2)计算：

$$w_2 = \frac{m_1 - m_2}{m} \times 100 \qquad \cdots\cdots(2)$$

式中：

w_2——炽灼残渣含量，%；

m_1——坩埚加残渣质量，单位为克(g)；

m_2——坩埚质量，单位为克(g)；

m ——样品质量，单位为克(g)。

4.6.3 结果表示

结果保留两位有效数字。

4.6.4 精密度

在重复性条件下，两次平行测定结果的相对偏差应不大于 5%。

4.7 粒度的测定

按 GB/T 5917.1—2008 测定。

4.8 铅的测定

按 GB/T 13080 测定。

4.9 砷的测定

准确称取试样 1.5 g(准确至 0.000 1 g)，按 GB/T 13079—2006 中 5.4.1.3 干灰化法进行样品前处理；按照《中华人民共和国药典》(2005 年版)砷的测定法第一法(古蔡氏法)进行测定。

4.10 沙门氏菌的测定

按 GB/T 13091 测定。

5 检验规则

5.1 采样方法

按 GB/T 14699.1 的规定进行。

5.2 出厂检验

5.2.1 批

以同班、同原料产品为一批，每批产品进行出厂检验。

5.2.2 出厂检验项目

外观、维生素 B_2 含量、干燥失重、炽灼残渣、粒度。

5.2.3 判定方法

以本标准的有关试验方法和要求为依据，对抽取样品按出厂检验项目进行检验。检验结果如有一项指标不符合本标准要求时，应重新自两倍量的包装单元中取样进行复检，复检结果如仍有任何一项不符合本标准要求，则判定该批产品为不合格产品，不能出厂。

5.3 型式检验

5.3.1 有下列情况之一，应进行型式检验：

a) 改变配方或生产工艺；

b) 正常生产每半年或停产半年后恢复生产；

c) 国家技术监督部门提出要求时。

5.3.2 型式检验项目：第3章规定的全部项目。

5.3.3 判定方法：以本标准的有关试验方法和要求为依据。检验结果（沙门氏菌除外）如有一项不符合本标准时，应加倍抽样复检，复检结果如仍有一项不符合本标准要求时，则判定型式检验不合格。

6 标签、包装、运输和贮存

6.1 标签

按 GB 10648 执行。

6.2 包装

采用避光、密封、防潮（或根据用户要求）包装。

6.3 运输

在运输过程中应避光、防潮、防高温、防止包装破损，严禁与有毒有害物质混运。

6.4 贮存

应贮存在避光、阴凉、通风、干燥处；开封后尽快使用，以免变质。

在规定的包装、贮存条件下，保质期应不少于24个月。

ICS 65.120
B 46

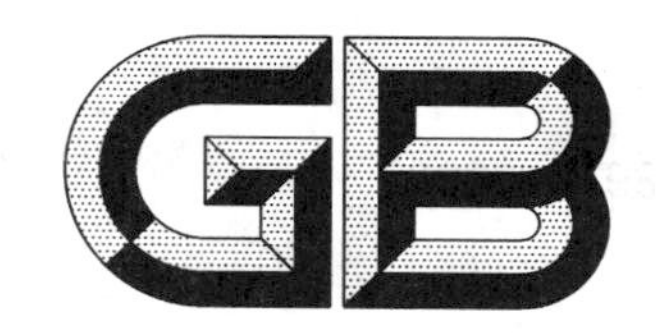

中华人民共和国国家标准

GB/T 18970—2003

饲料添加剂 10%β,β-胡萝卜-4,4-二酮（10%斑蝥黄）

Feed additive—10% 4,4′-diketo-β-carotene (10% canthaxanthin)

2002-02-21 发布　　　　2003-09-01 实施

中华人民共和国国家质量监督检验检疫总局　发布

前　言

本标准由全国饲料工业标准化技术委员会提出并归口。

本标准起草单位:农业部饲料质量监督检验中心(济南)、罗氏泰山(上海)维生素制品有限公司。

本标准主要起草人:王云全、李祥明、虞哲高、区毅平、姚冰、刘华阳。

饲　料　添　加　剂
10%β,β-胡萝卜-4,4-二酮
（10%斑蝥黄）

1　范围

本标准规定了以合成β,β-胡萝卜-4,4-二酮(斑蝥黄)为主要原料而制成的饲料添加剂10%β,β-胡萝卜-4,4-二酮技术要求、试验方法、验收规则、标签及包装运输和储存。

本标准适用于以喷雾法工艺制造的饲料添加剂10%β,β-胡萝卜-4,4-二酮。

分子式:$C_{40}H_{52}O_{2}$

相对分子量:564.84

结构式:

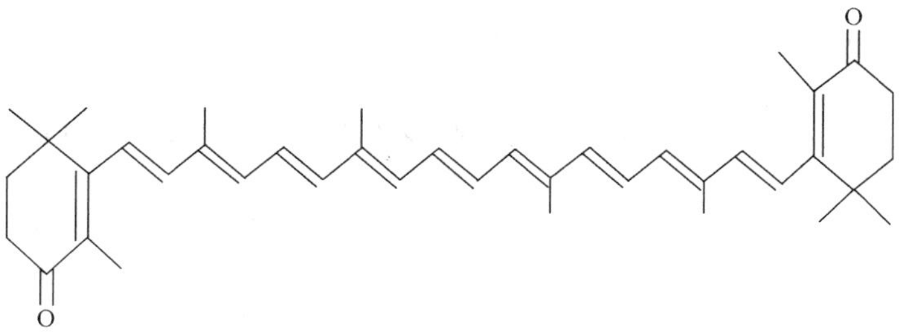

2　规范性引用文件

下列文件中的条款通过本标准中引用而成为本标准的条款。凡是注日期的引用文件,其随后所有的修改单(不包括勘误的内容)或修订版均不适用于本标准,然而,鼓励根据本标准达成协议的各方研究是否可使用这些文件的最新版本。凡是不注日期的引用文件,其最新版本适用于本标准。

GB/T 6682—1992　分析实验室用水规格和试验方法

GB 10648　饲料标签

GB/T 13080　饲料中铅的测定方法

3　技术要求

3.1　性状:紫红色到红紫色的流动性粉末。

3.2　饲料添加剂10%β,β-胡萝卜-4,4-二酮(斑蝥黄)应符合表1的要求。

表 1

项　　目		指　　标
粒　度		本品应100%通过0.84 mm孔径的筛网(20目)
干燥失重/(%)	≤	8
含量(以$C_{40}H_{52}O_{2}$计)/(%)	≥	10
铅/(mg/kg)	≤	10

4 试验方法

本标准所用试剂和水，在没有注明其他要求时，均指分析纯试剂和 GB/T 6682—1992 规定的三级水。

4.1 粒度

称取试样 50.0 g，使用振动筛，5 min 内应全部通过 0.84 mm 孔径(USP 20 目)的分析筛。

4.2 干燥失重的测定

4.2.1 称取试样约 1 g(精确到 0.000 1 g)，置于已在 105℃烘箱中干燥至恒重的称量瓶内，打开称量瓶瓶盖，置于 105℃烘箱中，干燥至恒重。

4.2.2 计算和结果的表示

干燥失重 X_1(以质量百分数表示)按式(1)计算：

$$X_1 = \frac{m_1 - m_2}{m} \times 100 \qquad \cdots\cdots(1)$$

式中：

m_1——干燥前的试样加称量瓶质量，单位为克(g)；

m_2——干燥后的试样加称量瓶质量，单位为克(g)；

m——试样质量，单位为克(g)。

4.3 鉴别

测量在 4.4.3 中的环己烷溶液的吸收值，其吸收极大值应处于波长 468 nm 和 472 nm 之间。

4.4 含量测定

原理：β，β-胡萝卜-4，4-二酮在波长 468 nm 和 472 nm 之间有吸收峰存在，根据比耳定律，其吸收强度和试料浓度成正比。

4.4.1 试剂

4.4.1.1 无水乙醇。

4.4.1.2 三氯甲烷。

4.4.1.3 环己烷：光学纯。

4.4.2 仪器和设备

4.4.2.1 离心机(4 000 r/min)。

4.4.2.2 旋转蒸发器。

4.4.2.3 分光光度计。

4.4.3 测定

称取试样约 100 mg(精确到 0.000 1 g)，置于 250 mL 的容量瓶中，加 10 mL 预热至 60℃的蒸馏水，并在 60℃的水浴中保持 5 min。冷却后，加 100 mL 无水乙醇(4.4.1.1)和 100 mL 三氯甲烷(4.4.1.2)，用超声波水浴处理 5 min，用三氯甲烷定容。摇匀后，取出部分内容物置于具塞离心管内离心 5 min，移取离心管内上层清液 5.0 mL 置于旋转蒸发器的圆底烧瓶中，在 45℃真空蒸发至干。残渣用 0.5 mL 的无水乙醇和 0.5 mL 的三氯甲烷润湿后，加入环己烷(4.4.1.3)少量多次进行溶解，并转移到 100 mL 的容量瓶中，用环己烷定容。

在分光光度计上测定波长 468 nm～472 nm 之间的吸收极大值，使用 1 cm 的吸收池，以空白环己烷作参比。

4.4.4 计算

试样中 β，β-胡萝卜-4，4-二酮的含量 X_2(以质量百分数表示)按式(2)进行计算：

$$X_2 = \frac{A_{max} \times 5\,000}{2\,100 \times m_3} \qquad \cdots\cdots(2)$$

式中：

A_{max}——试样溶液测得的吸收最大值；

2 100——试样中β,β-胡萝卜-4,4-二酮的标准百分消光值($E_{1cm}^{1\%}$)；

5 000——稀释倍数；

m_3——试样的质量，单位为毫克(mg)。

4.4.5 允许误差

同一操作者对同一试样同时两次平行测定所得结果相对平均偏差不得大于2%。

4.5 铅的测定

按GB/T 13080进行。

5 检验规则

5.1 本产品应由生产厂的质量检验部门按规定进行质量检查合格后方可出厂，每批出厂的产品都应带有质量证明书。

5.2 使用单位有权按照本标准规定的检验规则和试验方法对所收到的产品进行质量检验，检验其是否符合本标准的要求。

5.3 取样方法：取样需备有清洁、干燥、具有密闭性和避光性的样品瓶。瓶上贴有标签，注明生产厂名称、产品名称、批号及取样日期。

取样时，应用清洁适用的抽样器。每批产品抽取两份，每份抽样量应有足够的代表性。充分混匀后分装两个标明品名、批号和生产日期的样品袋。一件送化验室检验，另一件密封后送留样室保存。

5.4 如果在检验中有一项不符合标准要求时，应重新取样进行复检，重新检验结果即使有一项指标不符合标准要求时，则整批产品不能验收。

5.5 如供需双方对产品质量发生争议时，可由双方商请仲裁单位按照本标准的检验规则和方法进行仲裁。

6 标签

本产品采用符合GB 10648规定的标签。

7 包装、运输和储存

7.1 本产品准确称量后装入密闭、避光的适当材质的包装袋中，封口，盛放于外包装容器内，密闭储存。

7.2 运输过程应有遮盖物，避免日晒雨淋、受热及撞击。搬运装卸小心轻放，不得与有毒有害或其他有污染的物品混装、混运。

ICS 65.120
B 46

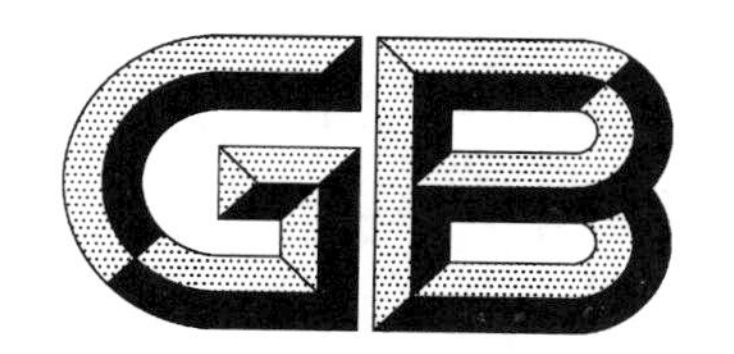

中华人民共和国国家标准

GB/T 19370—2003

饲料添加剂 1%β-胡萝卜素

Feed additive—1% β-Carotene

2003-11-10 发布 2004-05-01 实施

中华人民共和国
国家质量监督检验检疫总局 发布

前　　言

本标准由国家质量监督检验检疫总局提出。

本标准由全国饲料工业标准化技术委员会归口。

本标准起草单位：国家饲料质量监督检验中心(北京)。

本标准主要起草人：赵小阳、王彤、闫惠文、马东霞、孟妤、张丽英、杨文军。

饲料添加剂 1%β-胡萝卜素

1 范围

本标准规定了饲料添加剂 1%β-胡萝卜素产品的技术要求、试验方法、检验规则及标签、包装、贮存、运输。

本标准适用于以淀粉、黄豆饼粉为主要原料经微生物发酵、培养、干燥、粉碎得到的含有 1%β-胡萝卜素的产品。

化学名称:(all-E)-1,1'-(3,7,12,16-四甲基)-(1,3,5,7,9,11,13,15,17-十八碳壬烯-1,18-二基)双(2,6,6-三甲基环己烯)

分子式:$C_{40}H_{56}$

相对分子质量:536.88(1999 年国际相对原子质量)

结构式:

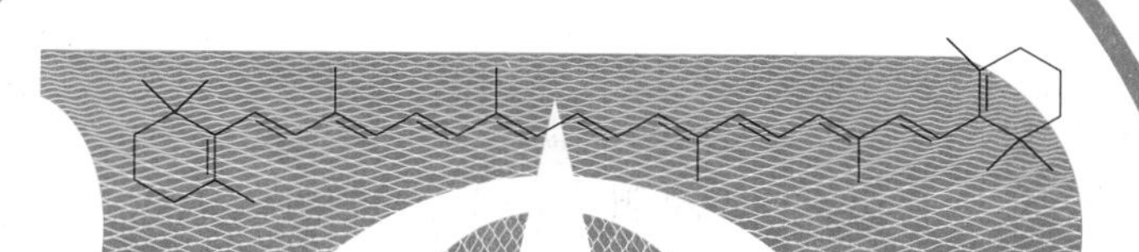

2 规范性引用文件

下列文件中的条款通过本标准的引用而成为本标准的条款。凡是注日期的引用文件,其随后所有的修改单(不包括勘误的内容)或修订版均不适用于本标准,然而,鼓励根据本标准达成协议的各方研究是否可使用这些文件的最新版本。凡是不注日期的引用文件,其最新版本适用于本标准。

GB/T 602 化学试剂 杂质测定用标准溶液的制备

GB/T 603 化学试剂 试验方法中所用制剂及制品的制备

GB/T 5917 配合饲料粉碎粒度测定

GB/T 6435 饲料水分的测定方法

GB/T 6438 饲料中粗灰分的测定方法

GB/T 6682 分析实验室用水规格和试验方法

GB/T 8450—1987 食品添加剂中砷的测定方法

GB 10648 饲料标签

3 要求

3.1 外观

本品为桔红色均匀细微粉末,略有香味。其有效成分溶于三氯甲烷,石油醚,微溶于环己烷,几乎不溶于水。

3.2 技术指标

技术指标应符合表 1 规定。

表 1 技术指标

指标名称	指标
β-胡萝卜素含量(以 $C_{40}H_{56}$ 计)/(%)	≥1.0
铅/(mg/kg)	≤10.0

表 1(续)

指 标 名 称	指 标
砷/(mg/kg)	≤3.0
灼烧残渣/(%)	≤8.0
干燥失重/(%)	≤10.0
粒度	全部通过 0.85 mm 孔径标准筛

4 实验方法

本标准所用试剂和水,除特别注明外,均指分析纯试剂和符合 GB/T 6682 中规定的三级用水。标准溶液和杂质溶液的制备应符合 GB/T 602 和 GB/T 603。

4.1 试剂和溶液

4.1.1 石油醚(沸程 60℃～90℃)。

4.1.2 环己烷。

4.1.3 硝酸。

4.1.4 高氯酸。

4.1.5 盐酸溶液 c(HCl=1 mol/L):量取 83.3 mL 盐酸,加水至 1 L。

4.1.6 铅标准工作液:按 GB/T 602 铅的配制方法配制,同时稀释成 0.00 mg/L,1.00 mg/L,2.00 mg/L,3.00 mg/L,4.00 mg/L,5.00 mg/L 的标准系列。

4.2 仪器和设备

4.2.1 紫外分光光度计。

4.2.2 石英池(1 cm)。

4.3 鉴别试验

4.3.1 原理

β-胡萝卜素是共轭双键化合物,在紫外光谱中有三个吸收峰(455 nm、483 nm、340 nm),用 A_{455}/A_{340} 及 A_{455}/A_{483} 的比值来控制 β-胡萝卜素中的顺式异构体及类胡萝卜素。

4.3.2 鉴别方法

4.3.2.1 试液的制备

注意:以下操作过程,需在避光条件下进行。

4.3.2.1.1 试液 A:称取试样约 0.05 g(精确至 0.000 2 g)于研钵中,加石油醚(4.1.1)约 5 mL 研磨,沉淀片刻,移取上清液于 25 mL 棕色容量瓶中,剩下残渣再加入约 5 mL 石油醚(4.1.1)研磨,如此反复多次提取,直至研钵中的试料无色,最后稀释至刻度,摇匀,避光放置。

4.3.2.1.2 试液 B:准确移取试液 A 2 mL,置于 25 mL 棕色容量瓶中,用环己烷(4.1.2)稀释至刻度,摇匀即得。

4.3.2.2 测定

取试液 B(4.3.2.1.2)分别在波长 455 nm±1 nm、483 nm±1 nm 和 340 nm±1 nm 处测定吸收度 A_{455}、A_{483}、A_{340},A_{455}/A_{483} 的比值应在 1.14～1.35,A_{455}/A_{340} 的比值应不低于 1.5。

4.4 β-胡萝卜素含量的测定

4.4.1 原理

β-胡萝卜素是共轭双键化合物,在波长 455 nm±1 nm 处有最大吸收,试液于该波长处测定吸收度,以标准百分吸收系数($E_{1\,cm}^{1\%}$)计算其含量。

4.4.2 分析步骤

4.4.2.1 试液的制备

同4.3.2.1。

4.4.2.2 测定

取试液B(4.3.2.1.2)置于1 cm石英池中,用紫外分光光度计,在波长455 nm±1 nm处测定吸收度A,以环己烷(4.1.2)为空白对照。

4.4.2.3 结果计算

β-胡萝卜素($C_{40}H_{56}$)含量X_1以质量分数表示,按式(1)计算:

$$X_1 = \frac{A \times V_2}{m_1 \times V_1 \times E_{1\,\mathrm{cm}}^{1\%}} \qquad (1)$$

式中:

A——试液B(4.3.2.1.2)吸收度读数;

m_1——试样质量,单位为克(g);

V_1——吸取试液A(4.3.2.1.1)体积,单位为毫升(mL);

V_2——试料溶液稀释的总体积,单位为毫升(mL);

$E_{1\,\mathrm{cm}}^{1\%}$——β-胡萝卜素标准品的标准百分吸收系数($E_{1\,\mathrm{cm}}^{1\%}=2\,500$)。

4.4.2.4 允许差

两个平行测定结果绝对值之差,不大于0.15%。

4.5 铅的测定

4.5.1 分析步骤

4.5.1.1 试样的处理

称取约1 g试样,精确至0.000 2 g,置于瓷坩埚中缓慢加热至炭化,在550℃高温下加热4 h,直至试料呈灰白色,用少量水将炭化物湿润,加5 mL硝酸(4.1.3),5 mL高氯酸(4.1.4),电炉上加热至近干涸,冷却,加10 mL盐酸溶液(4.1.5),加热至微沸,待溶液稍冷后,转移至50 mL容量瓶中,用水多次冲洗坩埚,定容至刻度。过滤,滤液备用。同时做空白试验。

4.5.1.2 工作曲线绘制

将铅标准系列导入原子吸收分光光度计,在波长283.3 nm处测定其吸光度。以吸光度为纵坐标,浓度为横坐标,绘制标准曲线。

4.5.1.3 测定

将4.5.1.1中得到的溶液导入原子吸收分光光度计,按4.5.1.2条件测定试料吸光度,同时测定空白溶液的吸光度。由工作曲线求出测定液中铅的浓度。

4.5.1.4 结果计算

试样中铅的含量X_2以mg/kg表示,按式(2)计算:

$$X_2 = \frac{c \times V_3}{m_2} \qquad (2)$$

式中:

c——由工作曲线求得的试样测定液中铅的浓度,单位为毫克每升(mg/L);

m_2——试样质量,单位为克(g);

V_3——试样测定液(4.5.1.1)的体积,单位为毫升(mL)。

4.5.1.5 允许差

同一分析者对同一试样同时或快速连续地进行两次测定结果的差值不得超过其平均值的15%。

4.6 砷的测定

准确称取试样1 g(准确至0.000 2 g),准确移取3 mL标准溶液,按照GB/T 8450—1987测定。

4.7 灼烧残渣的测定

按GB/T 6438测定。

4.8 干燥失重的测定

按 GB/T 6435 测定。

4.9 粒度的测定

按 GB/T 5917 测定。

5 检验规则

5.1 饲料添加剂β-胡萝卜素应由生产企业的质量监督部门按本标准进行检验，本标准规定所有项目为出厂检验项目，生产企业应保证所有产品均符合本标准规定的要求。每批产品都应附有产品合格证。

5.2 使用单位有权按照本标准的规定对所收到的β-胡萝卜素产品进行验收，验收时间在货到1个月内进行。

5.3 采样方法：抽样需备有清洁、干燥、具有密闭性和避光性的样品瓶，瓶上贴有标签并注明：生产厂家、产品名称、批号、取样日期。

抽样时，用清洁适用的取样工具插入料层深度四分之三处，将所取样品充分混匀，以四分法缩分，每批样品分两份，每份样量应为检验所需试样的3倍量，装入样品瓶中，一瓶供检验用，一瓶密封保存备查。

5.4 判定规则：若检验结果有一项指标不符合本标准要求时，应加倍抽样进行复验，复验结果仍有一项指标不符合本标准要求时，则整批产品判为不合格品。

6 标签、包装、运输、贮存

6.1 标签

标签按 GB 10648 饲料标签执行。

6.2 包装

本品采用铝薄膜袋或避光密闭容器包装。

6.3 运输

本品在运输过程中应防潮、防高温、防止包装破损，严禁与有毒有害物质混运。

6.4 贮存

本品应贮存在通风、干燥、无污染、无有害物质的地方。

本品在规定的贮存条件下，保质期为12个月。

ICS 65.120
B 46

中华人民共和国国家标准

GB/T 19371.1—2003

饲料添加剂 液态蛋氨酸羟基类似物

Feed additive—Liquid methionine hydroxy analogue

2003-11-10 发布　　2004-05-01 实施

中华人民共和国
国家质量监督检验检疫总局　发布

前 言

本标准由国家质量监督检验检疫总局提出。

本标准由全国饲料工业标准化技术委员会归口。

本标准由国家饲料质量监督检验中心(北京)负责起草,诺伟思国际营养有限公司参加起草。

本标准主要起草人:闫惠文、王彤、赵小阳、张秉范。

饲料添加剂　液态蛋氨酸羟基类似物

1　范围

本标准规定了饲料添加剂液态蛋氨酸羟基类似物的要求、试验方法、检验规则及标签、包装、贮存、运输。

本标准适用于以丙烯醛、甲硫醇、氰化氢为主要原料生产的饲料添加剂液态蛋氨酸羟基类似物。

化学名称:2-羟基-4-甲硫基丁酸

分子式:$C_5H_{10}O_3S$

相对分子质量:150.2(1999年国际相对原子质量)

化学结构式:

```
      CH3
      |
      S
      |
      CH2
      |
      CH2
      |
  H—C—OH
      |
      COOH
```

2　规范性引用文件

下列文件中的条款通过本标准的引用而成为本标准的条款。凡是注日期的引用文件,其随后所有的修改单(不包括勘误的内容)或修订版均不适用于本标准,然而,鼓励根据本标准达成协议的各方研究是否可使用这些文件的最新版本。凡是不注日期的引用文件,其最新版本适用于本标准。

GB/T 601　化学试剂　滴定分析(溶液分析)用标准溶液的制备

GB/T 602　化学试剂　杂质测定用标准溶液的制备

GB 6680—1986　液体化工产品采样通则

GB/T 6682　分析实验室用水规格和试验方法

GB/T 8450—1987　食品添加剂中砷的测定方法

GB 10648　饲料标签

中华人民共和国药典　2000版第二部

3　要求

3.1　外观

本产品为褐色或棕色粘稠液体,有硫基的特殊气味,溶于水。

3.2　技术指标

技术指标应符合表1规定。

表 1 技术指标

指标名称	指标
液态蛋氨酸羟基类似物含量/(%)	≥88
铅/(mg/kg)	≤5
砷/(mg/kg)	≤2
铵盐/(%)	≤1.5
氰化物	不得检出
pH	≤1

4 试验方法

注意:本产品pH值较低,在操作过程中要避免与皮肤接触,如不慎接触到皮肤,应立即用清水冲洗。

本标准所用试剂和水,在未注明其要求时,均指分析纯试剂和GB/T 6682中规定的三级用水。

试验中所用标准滴定溶液,按GB/T 601的规定制备。

4.1 溶液和试剂

4.1.1 无水硫酸铜饱和硫酸溶液:取无水硫酸铜加入硫酸搅拌直至出现沉淀。

4.1.2 2,7-二羟基萘硫酸溶液0.01%,用时现配。

4.1.3 酸溶液:冰乙酸∶水∶浓盐酸=50∶10∶3。

4.1.4 盐酸溶液:1+1($V+V$)。

4.1.5 硫代硫酸钠标准滴定液 $c(Na_2S_2O_3)=0.100\ 0$ mol/L。

4.1.6 淀粉指示剂:10 g/L。

4.1.7 溴酸钾-溴化钾标准滴定溶液,约0.600 0 mol/L。称取17.5 g溴酸钾,精确至0.001 g,112.5 g溴化钾,精确至0.1 g,用水溶解后定容至1 L。

标定方法:精确移取5 mL溴酸钾-溴化钾标准溶液于150 mL三角瓶中,加5 g碘化钾,3 mL盐酸溶液(4.1.4),用硫代硫酸钠标准溶液(4.1.5)滴定,当溶液显黄色时,加1 mL淀粉指示剂(4.1.6),继续滴定至溶液蓝色消失。同时做空白试验。

溴酸钾-溴化钾的浓度 c_1(mol/L)按式(1)计算:

$$c_1\left(\frac{1}{6}KBrO_3\right)=\frac{c_s(V_1-V_0)}{V_2} \quad \cdots\cdots(1)$$

式中:

c_s——硫代硫酸钠滴定液浓度,单位为摩尔每升(mol/L);

V_1——硫代硫酸钠滴定液体积,单位为毫升(mL);

V_0——空白试验消耗硫代硫酸钠滴定液体积,单位为毫升(mL);

V_2——溴酸钾-溴化钾溶液体积,单位为毫升(mL)。

此溶液贮存于棕色瓶中,有效期为一个月。

4.1.8 硝酸。

4.1.9 高氯酸。

4.1.10 盐酸溶液 $c(HCl)=1$ mol/L:量取83.3 mL盐酸,加水至1 L。

4.1.11 铅标准工作液:按GB/T 602之规定,同时稀释成0.00 mg/L,1.00 mg/L,2.00 mg/L,3.00 mg/L,4.00 mg/L,5.00 mg/L的标准系列。

4.1.12 氧化镁。

4.1.13 盐酸溶液:1+3($V+V$)。

4.1.14　氢氧化钠溶液：10％。

4.1.15　碘化钾。

4.1.16　氯化汞饱和水溶液。

4.1.17　氢氧化钾。

4.1.18　钠氏试剂：将碘化钾（4.1.15）10 g 溶于 10 mL 水中，边搅拌边加入氯化汞饱和水溶液（4.1.16），直至生成的红色沉淀不再溶解为止，加入氢氧化钾（4.1.17）并溶解，再加入氯化汞饱和溶液 1 mL，加水至 200 mL。静置，取上层清液贮存于棕色瓶中。

4.1.19　铵标准溶液：0.01 mg/mL（按 GB/T 602 的规定）。

4.1.20　酒石酸溶液：10 g 酒石酸加水溶解，定容至 100 mL。

4.1.21　硫酸亚铁溶液：取硫酸亚铁（7 水）8 g，加新沸过的冷水 100 mL。

4.1.22　氢氧化钠溶液：取氢氧化钠 4.3 g 加水溶解，定容至 100 mL。

4.1.23　碱性硫酸亚铁试纸：临用前，取滤纸片，加硫酸亚铁试液（4.1.21）和氢氧化钠试液（4.1.22）各 1 滴。

4.1.24　三氯化铁溶液：取三氯化铁 9 g，加水溶解，定容至 100 mL。

4.1.25　盐酸。

4.1.26　标准缓冲液：pH＝4。

4.1.27　标准缓冲液：pH＝7。

4.2　仪器和设备

实验室常用仪器设备，其中包括酸度计。

4.3　鉴别试验

4.3.1　取本品 25 mg 于干燥试管中，加无水硫酸铜饱和硫酸溶液（4.1.1）1 mL，溶液立即显黄色，继而转成黄绿色。

4.3.2　取本产品 1 滴于干燥的试管中，加入新配制的 2,7-二羟基萘硫酸溶液（4.1.2），置沸水浴中煮沸 10 min～15 min，颜色由黄色转为红棕色。

4.4　液态蛋氨酸羟基类似物含量的测定

4.4.1　原理

在酸性介质中，蛋氨酸羟基类似物发生以下氧化还原反应：

$3RSR' + BrO_3^- \longrightarrow 3RSOR' + Br^-$

利用溴的颜色变化判断反应终点。

4.4.2　分析步骤

称取约 0.7 g（精确到 0.000 2 g）试样于 250 mL 三角瓶中，加 50 mL 酸溶液（4.1.3），充分混匀后，用溴酸钾-溴化钾标准滴定溶液（4.1.7）滴定至溶液显淡黄色为终点。同时做空白试验。

4.4.3　结果计算

液态蛋氨酸羟基类似物（$C_5H_{10}O_3S$）含量 X_1 以质量分数表示，按式（2）计算：

$$X_1 = \frac{c_1 \cdot (V_3 - V_4) \times 0.075\ 1}{m_1} \times 100 \qquad \cdots\cdots(2)$$

式中：

c_1——溴酸钾-溴化钾标准溶液浓度，单位为摩尔每升（mol/L）；

V_3——滴定试样消耗溴酸钾-溴化钾标准溶液体积，单位为毫升（mL）；

V_4——空白试验消耗溴酸钾-溴化钾标准溶液体积，单位为毫升（mL）；

m_1——试样质量，单位为克（g）；

0.075 1——与 1.00 mL 溴酸钾-溴化钾标准溶液［$c\left(\frac{1}{6}KBrO_3\right) = 1.000$ mol/L］相当的、以克表示的液态

蛋氨酸羟基类似物的质量。

4.4.4 允许差

两个平行测定结果绝对值之差，小于等于 0.2%。

4.5 铅的测定

4.5.1 试样的处理

称取约 5 g 试样，精确至 0.000 2 g，置于瓷坩埚中缓慢加热至炭化，在 550℃高温下加热 4 h，直至试样呈灰白色，用少量水将炭化物湿润，加 5 mL 硝酸(4.1.8)，5 mL 高氯酸(4.1.9)，电炉上加热至近干涸，冷却，加 10 mL 盐酸溶液(4.1.10)，加热至微沸，待溶液稍冷后，转移至 50 mL 容量瓶中，用水多次冲洗坩埚，定容至刻度。过滤，滤液备用。同时做空白试验。

4.5.2 工作曲线绘制

将铅标准系列导入原子吸收分光光度计，在波长 283.3 nm 处测定其吸光度。以吸光度为纵坐标，浓度为横坐标，绘制标准曲线。

4.5.3 试样测定

将试样溶液(4.5.1)导入原子吸收分光光度计，按 4.5.2 条件测定试样吸光度，同时测定空白溶液的吸光度。由工作曲线求出测定液中铅的浓度。

4.5.4 结果计算

试样中铅的含量 X_2(mg/kg)，按式(3)计算：

$$X_2 = \frac{c_2 \times V_5}{m_2} \qquad \cdots\cdots(3)$$

式中

c_2——由工作曲线求得的试样测定液中铅的浓度，单位为毫克每升(mg/L)；

m_2——试样质量，单位为克(g)；

V_5——试样溶液的体积，单位为毫升(mL)。

4.5.5 允许差

同一分析者对同一试样同时或快速连续地进行两次测定结果的差值不得超过其平均值的 20%。

4.6 砷的测定

准确称取 1 g 试样(精确至 0.000 2 g)，准确吸取 2.00 mL 砷标准工作液(1.00 mg/L)，按 GB/T 8450—1987 测定。

4.7 铵盐的测定

准确称取试料 0.20 g，置于蒸馏瓶中，加水 70 mL，加 1 g 氧化镁(4.1.12)，进行蒸馏，用 5 mL 盐酸溶液(4.1.13)做吸收液，冷凝管下端应浸于吸收液中，收集馏出液约 70 mL，停止蒸馏，将馏出液用水定容至 100 mL，准确量取馏出液 1 mL 于纳氏比色管中，加 2 mL 氢氧化钠溶液(4.1.14)，20 mL 水，1 mL 纳氏试剂(4.1.18)，用水稀释至 50 mL，摇匀。

准确移取 3 mL 铵标准溶液(4.1.19)于另一支纳氏比色管中，与试样同时同样显色，试样液颜色不得深于标准溶液。

4.8 氰化物的测定

按中华人民共和国药典　2000 年版第二部中氰化物检查方法测定，具体方法如下：

准确称取试样 1.00 g，加水 10 mL，酒石酸溶液(4.1.20)3 mL，迅速将装有碱性硫酸亚铁试纸(4.1.23)的导气管密塞于 A 瓶上，摇匀，小火加热，微沸 1 min。取下碱性硫酸亚铁试纸，加三氯化铁试液(4.1.24)和盐酸(4.1.25)各 1 滴，15 min 内不得显绿色或蓝色。仪器装置同砷斑法仪器装置。

4.9 pH 值的测定

用标准缓冲液校准酸度计，测定液态蛋氨酸羟基类似物的 pH 值。

5 检验规则

5.1 饲料添加剂液态蛋氨酸羟基类似物应由生产企业的质量监督部门按本标准进行检验，本标准规定所有项目为出厂检验项目，生产企业应保证所有产品均符合本标准规定的要求。每批产品都应附有产品合格证。

5.2 使用单位有权按照本标准的规定对所收到的液态蛋氨酸羟基类似物产品进行验收，验收时间在货到1个月内进行。

5.3 采样方法按照GB 6680—1986执行。具体采样方法如下：

5.3.1 在制造厂的最终容器中采样：用适宜的采样器从容器的各个部位采样。

5.3.2 在制造厂的产品装桶时采样：在产品分装到交货容器的过程中，以有规律的时间间隔从放料口采得相同数量的样品混合成平均样品。

5.3.3 在交货容器中采样：采样前先检查所有容器的状况，根据供货数量确定并随机选取适当数量的容器供采样用。打开每个选定的容器，从容器内不同部位采样，混合成平均样品。

5.4 判定规则：若检验结果有一项指标不符合本标准要求时，应加倍抽样进行复验，复验结果仍有一项指标不符合本标准要求时，则整批产品判为不合格品。

6 标签、包装、运输、贮存

6.1 标签

标签按GB 10648执行。标有“有腐蚀性”字样。

6.2 包装

本产品采用250 kg(或按用户要求)塑料桶包装，密封。

6.3 运输

本产品在运输过程中应严禁碰撞，防止包装破损，严禁与有毒有害物质混运。

6.4 贮存

本产品应贮存在清洁的地方，防止日晒、雨淋、受潮，严禁与有毒有害的物品混贮。

本产品在规定的贮存条件下，保质期24个月。

ICS 65.120
B 46

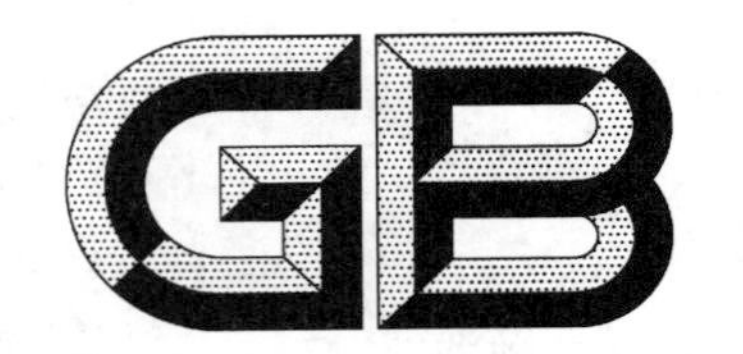

中华人民共和国国家标准

GB/T 19422—2003

饲料添加剂　L-抗坏血酸-2-磷酸酯

Feed additive—L-Ascorbic acid-2-phosphate

2003-12-11 发布　　2004-06-01 实施

中华人民共和国
国家质量监督检验检疫总局　发布

前　言

本标准在参考了国内外企业标准的基础上，经实验室验证试验而制定。

本标准由国家质量监督检验检疫总局提出。

本标准由中国饲料工业标准化技术委员会归口。

本标准起草单位：国家饲料质量监督检验中心(北京)、北京桑普生物化学技术有限公司。

本标准主要起草人：索德成、施文娟、刘万涵、杨曙明。

引 言

L-抗坏血酸-2-磷酸酯是将L-抗坏血酸中的不稳定基团(在烯醇上的羟基)与磷酸盐进行酯化反应，生成稳定的抗坏血酸衍生物。该产品作为饲料添加剂在饲料加工和储存过程中具有良好的稳定性，同时又具有很高的生物利用率，为饲料行业广泛接受应用。为了对L-抗坏血酸-2-磷酸酯的质量实施有效控制，规范饲料市场，特制定本标准。

饲料添加剂　L-抗坏血酸-2-磷酸酯

1　范围

本标准规定了饲料添加剂L-抗坏血酸-2-磷酸酯的技术要求、试验方法(仲裁法和快速检测法)、检验规则及标签、包装、运输、贮存。

本标准适用于以L-抗坏血酸与磷酸盐反应所制得的L-抗坏血酸-2-磷酸酯。本产品可添加于饲料中作为补充L-抗坏血酸的营养剂。

2　规范性引用文件

下列文件中的条款通过本标准的引用而成为本标准的条款。凡是注日期的引用文件，其随后所有的修改单(不包括勘误的内容)或修订版均不适用于本标准，然而，鼓励根据本标准达成协议的各方研究是否可使用这些文件的最新版本。凡是不注日期的引用文件，其最新版本适用于本标准。

GB/T 601　化学试剂　滴定分析(容量分析)用标准溶液的制备

GB/T 602　化学试剂　杂质测定用标准溶液的制备

GB/T 603　化学试剂　试验方法中所用制剂及制品的制备

GB/T 5009.76—2003　食品添加剂中砷的测定

GB/T 6435　饲料水分的测定方法

GB/T 6682　分析实验室用水规格和试验方法

GB 10648　饲料标签

GB/T 13080　饲料中铅的测定方法

GB/T 18634—2002　饲用植酸酶活性的测定　分光光度法

3　要求

3.1　性状

本品为类白色或淡黄色的粉末，在光、热和空气中较稳定，易溶于酸中。

3.2　技术指标

表1　技术指标

%

项　　目	指　　标
L-抗坏血酸-2-磷酸酯含量(以L-抗坏血酸计)	≥35.0
干燥失重	≤10.0
砷	≤0.000 5
铅	≤0.003

4　试验方法

除非另有说明，在本分析中仅使用确认为分析纯的试剂；蒸馏水或去离子水或符合GB/T 6682三级水相当纯度的水；按GB/T 601～603的要求制备标准溶液；仪器、设备为一般实验室仪器和设备。

4.1　试剂和溶液

4.1.1　硝酸溶液：体积分数为10%。

4.1.2　氢氧化钠溶液：$c(NaOH)=1$ mol/L。

4.1.3　硝酸银溶液：$c(AgNO_3)=0.1\ mol/L$。

4.1.4　氨水溶液：体积分数为40%。

4.1.5　盐酸溶液：$c(HCl)=0.1\ mol/L$。

4.1.6　碳酸钠溶液：$c(Na_2CO_3)=0.01\ mol/L$。

4.1.7　冰乙酸。

4.1.8　乙酸溶液：体积分数为5%。

4.1.9　2,6-二氯靛酚钠溶液：称取295 mg 2,6-二氯靛酚钠溶于1 000 mL水中，此溶液可保存1周。

4.1.10　酸性植酸酶：活性单位1 000 U以上，当酶活单位有疑问或长时间存放后需要测定时，按GB/T 18634—2002测定。

4.1.11　酸性植酸酶溶液：称取1 g酸性植酸酶溶于100 mL乙酸溶液中。

4.1.12　偏磷酸溶液：称取1 g偏磷酸溶于100 mL水中。

4.1.13　L-抗坏血酸标准溶液：称取0.1 g(精确至0.000 2 g)L-抗坏血酸标准品溶于100 mL乙酸溶液中，临用前配制。

4.2　仪器

4.2.1　恒温水浴：可控制温度在37℃±2℃。

4.2.2　紫外分光光度计。

4.3　鉴别试验

4.3.1　称取试样2 g于100 mL烧杯中，加水30 mL溶解，过滤。取滤液10 mL，加硝酸溶液(4.1.1)20 mL，加热20 min。取试液5 mL，滴加氢氧化钠溶液(4.1.2)至中性，加硝酸银溶液(4.1.3)1 mL，即生成浅黄色沉淀；分离，沉淀在氨水溶液(4.1.4)或硝酸溶液中均易溶解。

4.3.2　称取试样0.3 g(精确至0.000 2 g)于250 mL的容量瓶中，加入50 mL盐酸溶液(4.1.5)溶解，用碳酸钠溶液(4.1.6)定容。吸取1.0 mL试液于50 mL容量瓶中，用碳酸钠溶液定容至刻度。用紫外分光光度计扫描(200 nm～400 nm)，L-抗坏血酸-2-磷酸酯在261 nm～265 nm处有最大吸收。

4.3.3　称取试样0.3 g～0.5 g(精确至0.000 2 g)于100 mL的容量瓶中，加入约60 mL的乙酸溶液(4.1.8)，在超声水浴中超声10 min，用乙酸溶液定容。精密吸取2.0 mL试液于50 mL小烧杯中，加入2,6-二氯靛酚钠溶液(4.1.9)至溶液为粉红色后，加入2 mL酸性植酸酶溶液(4.1.11)，于37℃水浴上保持30 min，红色褪去。

4.4　L-抗坏血酸-2-磷酸酯含量测定　酶解法(仲裁法)

4.4.1　原理

在酸性条件下，酸性植酸酶可将L-抗坏血酸-2-磷酸酯水解为L-抗坏血酸，用2,6-二氯靛酚钠溶液滴定L-抗坏血酸含量。

4.4.2　分析步骤

4.4.2.1　称取试样0.3 g～0.5 g(精确至0.000 2 g)于100 mL的容量瓶中，加入5 mL冰乙酸(4.1.7)，加入约60 mL的水，在超声水浴中保持10 min，用水定容。

4.4.2.2　吸取10.0 mL的试液(4.4.2.1)于100 mL具塞三角瓶中，加入5 mL偏磷酸溶液(4.1.12)，用2,6-二氯靛酚钠溶液(4.1.9)滴定至粉红色并保持30 s即为终点。

4.4.2.3　分别吸取2.0 mL的试液(4.4.2.1)和L-抗坏血酸标准溶液(4.1.13)于50 mL具塞三角瓶中，分别加入2.0 mL的酸性植酸酶溶液(4.1.11)，于37℃水浴上水解1 h后，加入5 mL偏磷酸溶液，用2,6-二氯靛酚钠溶液滴定至粉红色并保持30 s即为终点。同时做空白实验。

4.4.3　结果计算

试样中L-抗坏血酸-2-磷酸酯含量(以L-抗坏血酸计)X_1以质量分数(%)表示，可按式(1)计算：

$$X_1=\frac{(V_1-\frac{V_2}{5})\times m_{st}}{(V_{st}-V_0)\times m_1}\times 100 \qquad \cdots\cdots(1)$$

式中：

V_1——滴定酶解后的试液所消耗的 2,6-二氯靛酚钠溶液的体积，单位为毫升(mL)；

V_2——滴定未酶解的试液所消耗的 2,6-二氯靛酚钠溶液的体积，单位为毫升(mL)；

V_0——滴定空白所消耗的 2,6-二氯靛酚钠溶液的体积，单位为毫升(mL)；

m_{st}——L-抗坏血酸标准品的质量，单位为克(g)；

V_{st}——滴定 L-抗坏血酸标准溶液所消耗的 2,6-二氯靛酚钠溶液的体积，单位为毫升(mL)；

m_1——试样的质量，单位为克(g)。

计算结果保留两位小数。

4.4.4 允许差

取两次平行测定结果的算术平均值为测定结果。两次平行测定结果之差不得大于 0.5%。

4.5 L-抗坏血酸-2-磷酸酯含量测定 紫外分光光度法(快速检测法)

4.5.1 原理

在 pH=10 的条件下，L-抗坏血酸-2-磷酸酯在 263 nm 处有最大吸收，且符合朗伯比尔定律。据此可测出试样溶液的吸光值，以摩尔吸收系数(ε)计算百分含量。

4.5.2 分析步骤

4.5.2.1 称取试样约 0.3 g(准确至 0.000 2 g)，置于 250 mL 棕色容量瓶中，加 50 mL 盐酸溶液(4.1.5)，在超声水浴中超声 10 min，用碳酸钠溶液(4.1.6)定容。

4.5.2.2 精密吸取 1.0 mL 试液(4.5.2.1)置于 50 mL 棕色容量瓶中，用碳酸钠溶液稀释至刻度，摇匀。

4.5.2.3 放置 20 min 后，将试液(4.5.2.2)置于 1 cm 石英比色皿中，用紫外分光光度计于 263 nm±1 nm 处测定吸收值。以碳酸钠溶液为空白。

4.5.3 结果计算

试样中 L-抗坏血酸-2-磷酸酯含量(以 L-抗坏血酸计)X_2 以质量分数(%)表示，可按式(2)计算：

$$X_2 = \frac{A_1 \times 12.5 \times M}{16\,000 \times m_2} \times 100 \quad \cdots\cdots (2)$$

式中：

A_1——试样溶液(4.5.2.2)的吸收度；

m_2——试样的质量，单位为克(g)；

12.5——试样的稀释倍数；

M——L-抗坏血酸的摩尔质量，M(L-抗坏血酸)=176.13 g/mol；

16 000——L-抗坏血酸-2-磷酸酯的摩尔吸收系数(ε)。

计算结果保留两位小数。

4.5.4 允许差

取两次平行测定结果的算术平均值为测定结果。两次平行测定结果之差不得大于 0.5%。

4.6 干燥失重的测定

称取试样约 1 g(准确至 0.000 2 g)，按照 GB/T 6435 测定。

4.7 砷的测定

称取试样约 1 g(准确至 0.000 2 g)，按照 GB/T 5009.76—2003 中砷斑法测定。

4.8 铅的测定

称取试样约 1 g(准确至 0.000 2 g)，按照 GB/T 13080 测定。

5 检验规则

5.1 本产品应由生产厂的质量检验部门进行检验，生产厂应保证所有出厂的产品均符合本标准的要求,并附有一定格式的质量证明书。

5.2 在规定限度内具有同一性质和质量,并在同一连续生产周期中生产出来的一定数量的产品为一批。

5.3 使用单位或饲料质检法定机构可按照本标准规定的检验规则和试验方法对所收到的产品进行质量检验,检验其是否符合本标准的要求。

5.4 取样方法:抽样需备有清洁、干燥、具有密闭性和避光性的样品瓶,瓶上贴有标签并注明生产厂家、产品名称、批号、取样日期。

抽样时,用清洁适用的取样工具插入料层深度3/4处,将所取样品充分混匀,以四分法缩分,每批样品分两份,每份样量应为检验所需试样的3倍量,装入样品瓶中,一瓶供检验用,一瓶密封保存备查。

5.5 如果在检验中有一项指标不符合标准要求时,应重新抽样检验。产品重新检验仍有一项不符合标准时,即为整批不能验收。

5.6 如果供需双方对产品质量发生异议时,由仲裁单位按本标准的验收规定和检验方法进行仲裁。

6 标签、包装、运输、贮存

6.1 本产品包装上标签应符合GB 10648规定。

6.2 本产品应装于防潮的硬纸板桶(箱)中,内衬食品用聚乙烯塑料袋。也可根据用户要求进行包装。

6.3 本产品不得与有毒、有害或其他有污染的物品及具有氧化性的物质混装、合运。

6.4 本产品应贮存在阴凉、干燥、清洁的室内仓库中,不得与有毒物品混存。

6.5 按规定包装,原包装在规定的贮存条件下保质期为24个月(开封后尽快使用,以免受潮)。

ICS 65.120
B 46

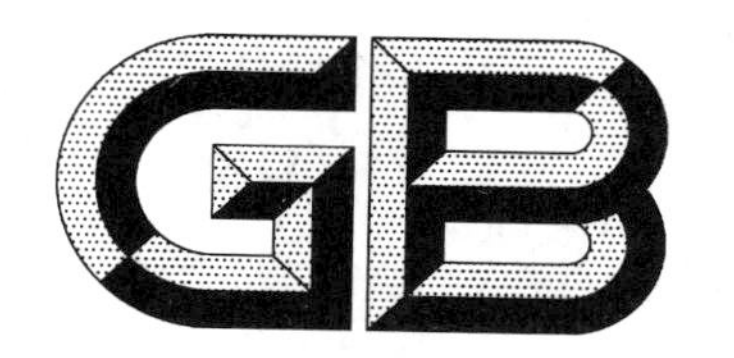

中华人民共和国国家标准

GB/T 19424—2003

天然植物饲料添加剂通则

General rules of natural plant additives for feed

2003-12-11 发布

2004-06-01 实施

中华人民共和国国家质量监督检验检疫总局 发布

前　言

本标准是根据天然植物特性和天然植物饲料添加剂的生产应用情况，在相关试验和广泛的调研资料基础上，结合目前国内外的生产现状而制定。

本标准的附录A和附录B为规范性附录。

本标准由全国饲料工业标准化技术委员会提出并归口。

本标准负责起草单位：北京市饲料工业协会天然物添加剂委员会。

本标准参加起草单位：中国农业科学院饲料所、国家饲料质量监督检验测试中心（北京）、农业部饲料工业中心、中国农业大学动物医学院。

本标准主要起草人：谢仲权、牛树琦、王清兰、汪鲲、董焕程、谯仕彦。

引　言

化学合成物添加剂(包括药物)的超量使用和违禁药物的非法使用造成的畜禽死亡事故,以及畜产品的毒副残留所造成的重大中毒事件不断发生,已引起全世界对畜禽产品安全问题的担心,也是我国饲料行业能否健康发展的关键所在。天然植物饲料添加剂也因此被国内外企业所关注。我国市场上已大量出现相关产品,但由于产品生产无标准可依,所以产品良莠并存,真伪难辨,市场处于无序状态,急需制定天然植物饲料添加剂标准。

本标准给出了天然植物饲料添加剂的定义、各种具体技术要求和规定通则。它对指导当前我国各种天然植物饲料添加剂产品标准的制定和生产,以及产品市场的规范和有序发展等具有深远的意义。

天然植物饲料添加剂通则

1 范围

本标准给出了天然植物饲料添加剂的定义，规定了天然植物饲料添加剂产品的组方原则、分类、技术要求、试验方法、验收规则及标志、包装、标签、运输和储存的通用规则。

本标准适用于天然植物(或天然植物有效成分提取物)饲料添加剂及其预混合饲料。该标准可作为天然植物饲料添加剂及其预混合饲料产品标准制定的依据。

2 规范性引用文件

下列文件中的条款通过本标准的引用而成为本标准的条款。凡是注日期的引用文件，其随后所有的修改单(不包括勘误的内容)或修订版均不适用于本标准。然而，鼓励根据本标准达成协议的各方研究是否可使用这些文件的最新版本。凡是不注日期的引用文件，其最新版本适用于本标准。

GB/T 5917 配合饲料粉碎粒度测定方法

GB/T 6435 饲料水分的测定方法

GB/T 8381 饲料黄曲霉素 B_1 的测定方法

GB/T 10647 饲料工业通用术语

GB 10648 饲料标签

GB/T 13079 饲料中总砷的测定

GB/T 13080 饲料中铅的测定方法

GB/T 13081 饲料中汞的测定方法

GB/T 13082 饲料中镉的测定方法

GB/T 13090 饲料中六六六、滴滴涕的测定

GB/T 13093 饲料中细菌总数的测定方法

GB/T 14699.1 饲料采样方法

GB/T 16764 配合饲料企业卫生规范

GB/T 17480 饲料中黄曲霉毒素 B_1 的测定 酶联免疫吸附法

定量包装商品计量监督规定(国家质量技术监督局令〔1995〕第45号)

3 术语和定义

GB/T 10647 确立的以及下列术语和定义适用于本标准。

3.1

天然植物

自然生成或栽培的植物。

3.2

天然植物饲料添加剂

以一种或多种天然植物全株或其部分为原料，经物理提取或生物发酵法加工，具有营养、促生长、提高饲料利用率和改善动物产品品质等功效的饲料添加剂。

3.3

天然植物饲料添加剂组方

按照天然植物的功效特性(见附录A)，根据应用对象、目的而组成的具有天然植物饲料添加剂功效

整体的组方。

3.4

天然有毒植物

含有毒性成分,取用其少量未经炮制品即可引起动物体不良反应或发生中毒的天然植物。

4 天然植物饲料添加剂的剂型

4.1 固体剂型

将天然植物饲料组方中原料或其提取物干燥体,用机械粉碎成一定粒度的粉状物。

4.2 液体剂型

将天然植物或组方原料,经提取所得的含有功效成分的液体。

5 天然植物饲料添加剂的分类

5.1 营养强化剂

能提供动物生长生产必需的,而在饲料加工储存中易于损失或在动物生长及生产中需要强化补充的营养物质的天然植物饲料添加剂。

5.2 调味剂

用于改善饲料适口性,增进饲养动物食欲的添加剂。在天然植物饲料添加剂中包括增味剂和增香剂两类。

5.2.1 增味剂

能赋予饲料甜、酸、咸、清凉等特殊味感的天然植物饲料添加剂。

5.2.2 增香剂

能赋予饲料香味以改善饲料气味的天然植物饲料添加剂。

5.3 免疫增强剂

具有增强动物免疫功能或适应性的天然植物饲料添加剂。

5.4 促生长剂

能促进和改善动物生长或性能的天然植物饲料添加剂。

5.5 防腐剂

能防止饲料变质腐败,延长保鲜时间的天然植物饲料添加剂。

5.6 抗氧化剂

能延缓和防止饲料中营养成分被氧化变质的天然植物饲料添加剂。

5.7 动物产品品质改良剂

能改善动物性产品色泽、风味,或提高胴体品质、延长产品货架寿命的天然植物饲料添加剂。

6 要求

6.1 安全性

6.1.1 禁止使用天然有毒植物作为天然植物饲料添加剂原料。

6.1.2 天然植物饲料添加剂产品中,不得添加抗生素类和化学合成类药物。

6.1.3 天然植物饲料添加剂的生产企业应符合和遵守 GB/T 16764 的规定。

6.2 感官理化指标

6.2.1 固体剂型

6.2.1.1 粒度和混合均匀,色泽一致,无结块,不粘潮,无发酵、发霉、变质,无异味异臭,无虫体、杂质,无热度感。

6.2.1.2 粉碎粒度:一般粉剂全部通过孔径为 2.5 mm 的圆孔筛,孔径为 1.5 mm 的圆孔筛,筛上物不大于15%;微粉剂碎粉粒度≤100 μm。

6.2.1.3 水分:≤12%。

6.2.2 液体剂型

色泽均匀和具特定气味,无腐败异味。

6.2.3 pH值、成分含量与产品标准、标签标示值相符。

6.3 生理活性成分指标

应给出在产品中发挥主要生理活性功效的天然植物成分及其成分的含量。

6.4 卫生指标

天然植物饲料添加剂卫生指标应符合表1的要求。

表1 卫生指标

序号	项目		指标	试验方法
1	砷(以总砷计)的允许量/(mg/kg)	≤	10.0	GB/T 13079
2	铅(以Pb计)的允许量/(mg/kg)	≤	40.0	GB/T 13080
3	霉菌的允许量/(霉菌总数×10^6个/kg)	<	40	GB/T 13092
4	黄曲霉毒素B_1允许量/(μg/kg)	≤	50	GB/T 17480 GB/T 8381
5	汞(以Hg计)的允许量/(mg/kg)	≤	0.1	GB/T 13081
6	镉(以Cd计)的允许量/(mg/kg)	≤	1.0	GB/T 13082
7	六六六的允许量/(mg/kg)	≤	0.05	GB/T 13090
8	滴滴涕的允许量/(mg/kg)	≤	0.02	GB/T 13090
9	细菌总数允许量/(细菌总数×10^9个/kg)	<	2	GB/T 13093

注1:根据具体产品和供求双方需要,可增加卫生指标检测项目。

注2:固体剂型所列允许量以干物质含量为88%计算。

注3:液体添加剂以每升产品中含量计。

7 试验方法

7.1 感官指标

通过观察、嗅、闻和触摸的方法。

7.2 粒度测定

按GB/T 5917执行。

7.3 水分测定

按GB/T 6435执行。

7.4 pH值测定

用石蕊试纸或酸度计测定。

7.5 卫生指标的测定

按表1中规定的试验方法执行。

7.6 天然植物生理活性成分测定

按产品标准中规定的方法进行检测。

8 检验规则

8.1 组批

生产厂以同一批原料用一班次生产且包装的，具有同样工艺条件、同一产品名称、批号、规格和同样质量证明证书的产品为一个批次。

8.2 取样

从每批产品的包装中随机抽取。取样后，贴好标签，注明生产厂名称、产品名称、批号、取样日期和取样人签名等。每批产品抽样两份，一份送化验室用于检验，另一份密封避光保存，作留样观察或备仲裁分析之用。

8.3 出厂检验

8.3.1 出厂检验项目

固体剂型：感官指标、水分、粒度和生理活性成分指标；

液体剂型：感官指标、pH、沉淀物和生理活性成分指标。

8.3.2 判定规则

样品检验结果有任何一项不合格时，应重新取样进行复检，取样范围或样品数量是第一次的两倍。复检结果仍有指标不合格，则整批产品判为不合格。

8.3.3 每批产品应由生产厂质量检验部门进行出厂检验，只有检验合格后，方可签发合格证出厂。

8.4 型式检验

8.4.1 型式检验项目

本标准规定之各项指标为型式检验项目。

8.4.2 有下列情况之一时，应进行型式检验：

a) 审发生产许可证、产品批准文号时；
b) 法定质检部门提出要求时；
c) 原辅材料、工艺过程及主要设备有较大变化时；
d) 停产三个月以上，恢复生产时。

9 包装、标志、标签、运输和贮存

9.1 产品的外包装，除注明品名、生产厂家、规格外，应注有“天然植物饲料添加剂”字样。

9.2 产品应附有说明书。说明书的内容见附录B。

9.3 标签按GB 10648执行。

9.4 产品包装需具备：密封、防水、避光、一定强度要求，并属环保型材料，以及一定的包装规格等，允许误差按《定量包装商品计量监督规定》。

9.5 产品需于阴凉、干燥、避光处贮存。贮存仓库应保持清洁、干燥、通风，防受潮，不得露天堆放，不得与有毒有害物混贮存放，并要防虫蛀、鼠害、霉变和污染。

9.6 包装产品保质期在规定的贮存条件下：

固体剂型：至少10个月；

液体剂型：至少5个月。

附 录 A
(规范性附录)
天然植物饲料添加剂功效特性和组方原则

A.1 天然植物饲料添加剂功效特性

中国传统物性理论将天然物分为温热和寒凉性两大类,且具有五味之分。凡具有温热感和促进机体功能作用的物质,称温热性物;凡具有寒凉感和改善或影响或降低机体功能作用的物质,称寒凉性物。根据这个理论和人类的经验,天然植物饲料添加剂就有温热性和寒凉性之分。

A.1.1 温热性类

如蒜、杜仲叶、紫苏、辣椒、肉桂、小茴香、山楂、胡椒、高良姜等。

A.1.2 寒凉性类

如野菊花、海藻、车前草、马齿苋、生地黄、紫花地丁、薄荷等。

A.1.3 物质的五味及功效

物质的五味(物味)——天然物的味分为辛、甘、酸、苦、咸。

a) 辛味:即辛辣味。其功效在适量时具有增进食欲健胃作用,发散、抗菌和增重增产等作用。如辣椒、花椒、胡椒、大蒜、姜、葱、艾叶、陈皮、松针、紫苏、荆芥、香薷等。
b) 甘味:即甜味。其功效在适量时具有营养作用、增进食欲作用,以及解毒作用等。如甘草、甜茶(土常山)、甜味菊、罗汉果、大枣、蜜橘皮等。
c) 酸味:应用适量具有提高食物适口性、增进食欲和防腐作用等。如山楂、乌梅、酸枣等。
d) 苦味:其功效在适量时具有泻燥作用和抗菌作用等。如苦菜、苦参、苦胆草、苦瓜、苦丁香、苦地丁、苦楝子、苦杏仁、苦豆根等。
e) 咸味:其功效在适量时具有泻下肠胃秘结作用、软坚散结作用等。如海藻类等。

A.2 天然植物饲料添加剂的组方原则

根据中国传统物性理论,物间有相生(滋生和协同)、相克(制约和颉颃)关系,即两物相配之后,其间会发生配合后的相互作用。其作用概而言之,有两种类型:一类是两种物性相同物味相似物相配,则产生性味和作用增强效果,如辣椒和蒜相配,其味辛、温热感等均比单用有所增强。另一类是两种物性相反物味不同物相配,则产生性味和作用降低或抵消,甚至产生副作用。

A.2.1 组方的整体性原则

应按中国创立的物性理论(寒、凉、温、热)和物间生克配伍关系理论,并根据应用对象和目的,选配成一个天然植物功效整体。而不能行机械组合或提取成分的简单相加,而应做到组方有"合群之妙"或增效特点。

天然植物饲料添加剂的完整组方应包含主要作用物和次要作用物及辅助作用物(包括辅料、赋型物),并在组方功效说明中加以明确说明。

A.2.2 增效原则

增效组方,是指选用物性相同或相似,又具有相似功效或某些协同功效的天然植物及其提取物组方,以增强组方的功效作用。如莱菔子(性温)与山楂(性微温)均为助消化物,两者相配组方可增食欲,帮助消化和吸收。

A.2.3 组方禁忌

是指禁用有毒植物和两物相配组方后将产生毒性物或不良反应的组方,以及原为有效者而失去功效的组方。如莱菔子(萝卜子)可降减人参、党参的补益和增强免疫的功效;生姜能减黄岑的作用;有毒植物相配可增毒性；甘草和甘遂植物均无毒性，各均为常用物，但它们相配组方，则可产生毒副作用和反应。

A.2.4　天然植物提取物组方

目前，对某一天然植物中的某一成分（如黄连碱）或某些同类（如总生物碱）成分（天然植物复方中的大类化合物），进行提取后，以该成分做“功效成分”和“功效成分的配方”添加于饲料中，作为天然植物饲料添加剂（固体或液体剂型剂）。这种“单行”（单一成分是天然物间相配关系之一）和按中国物性、物间理论指导的天然植物提取物（成分）配方的饲料添加剂，原则上可作一类方剂使用。但本标准要求必须用天然植物作原料，其成分结构明确，功效实验数据可靠，并有适合的提取方法工艺流程，产品应纯洁无污染、残留，有定性和定量的产品说明书（见附录B），检测方法和标准、毒理试验资料齐全等。

附 录 B
（规范性附录）
天然植物饲料添加剂产品说明书

B.1 天然植物饲料添加剂的组方产品说明书应按中国植物特性和植物间相配并保持其活性的原则进行组方，并列出：

a) 中文方名：按在方中作用功效主次顺序列出全方组方各植物或提取物名称，并在各植物右下角标明加工法和用量或比例；

b) 天然植物提取物组方：均以浸提的混合物为准（尽量不作除杂精制），列出功效成分或大类化合物（总成分）的量或比例；

c) 剂型及工艺要求：固体和液体剂型，用粉碎和浸提或萃取工艺；

d) 功效及用途：准确而不夸张，禁用预防治疗动物疾病的词语；

e) 主要成分：功效成分或大类化合物成分；

f) 添加用量及用法：准确写明；

g) 组方解释，组方各物的标准（含检测指标及方法）资料作存档备用，应完善齐全；

h) 保密处方和专利处方，应向国家有关部门申报取得证书后，可列出主要组成物及用量等；

i) 处方中不列辅料及附加剂，但要在制剂制法中说明。

B.2 天然单一植物饲料添加剂产品用单一种天然植物原料及其提取物作饲料添加剂说明书，还应列出相关成分含量。余者同B.1。

B.3 天然植物饲料添加剂产品的说明书应列出：

a) 组方名称、组成的天然植物名称[用括号注明原料初加工方法（生、熟）]；

b) 成分及功效说明；

c) 质量标准（含卫生标准，单体或总同类成分及含量，检测标准）；

d) 用量及用法；

e) 出厂日期及保质期。

B.4 天然植物原料产品说明书应列出：

a) 中文名称和别名；

b) 产地（省、市、地区）；

c) 采收季节时间；

d) 应用部位（根、茎、叶、花、果皮、全草）及产地粗加工（去杂、干燥、贮存法）；

e) 应用前加工；

f) 所含成分及功效资料；

g) 鉴别要点（外观鉴别、显微鉴别、理化指标、有效成分指标）。

ICS 65.120
B 46

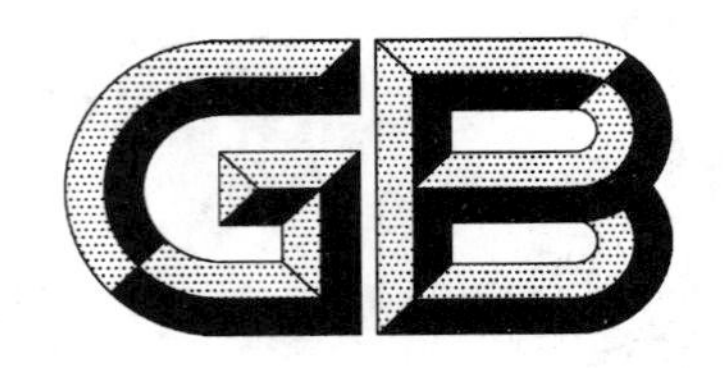

中华人民共和国国家标准

GB/T 20802—2006

饲料添加剂　蛋氨酸铜

Feed additive—Cupric methionine

2006-12-20 发布　　　　2007-03-01 实施

中华人民共和国国家质量监督检验检疫总局
中国国家标准化管理委员会　发布

前　　言

本标准由全国饲料工业标准化技术委员会提出并归口。

本标准负责起草单位：上海市饲料行业协会、国家饲料质量监督检验中心（武汉）、上海绿清精细化工厂、复旦大学分析测试中心、上海市饲料质量监督检验站。

本标准参加起草单位：广州天科科技有限公司。

本标准主要起草人：凤懋熙、杨海鹏、沈祖达、滕冰、陈晓枫、赵志辉、杨林、汪学才、杨海华、张仕宏。

引　　言

蛋氨酸铜是由可溶性铜盐和蛋氨酸络合生成的产品，市场主要有摩尔比例为1∶1型和2∶1型两类产品。1∶1型蛋氨酸铜易溶于水，在工业生产常采用加入硅酸盐类载体的方法协助干燥。2∶1型蛋氨酸铜不易溶于水。蛋氨酸铜作为饲料添加剂在饲料加工和储存过程中具有良好的稳定性，同时又具有很高的生物利用率，为饲料行业广泛接受应用。为了对蛋氨酸铜的质量实施有效的控制，规范市场，特制定本标准。

饲料添加剂　蛋氨酸铜

1　范围

本标准规定了饲料添加剂蛋氨酸铜的技术要求、试验方法、检验规则及标签、包装、运输、贮存和保质期。

本标准适用于由可溶性铜盐和蛋氨酸络合而成的蛋氨酸铜产品。

2　规范性引用文件

下列文件中的条款通过本标准的引用而成为本标准的条款。凡是注日期的引用文件，其随后所有的修改单(不包括勘误的内容)或修订版均不适用于本标准，然而，鼓励根据本标准达成协议的各方研究是否可使用这些文件的最新版本。凡是不注日期的引用文件，其最新版本适用于本标准。

GB/T 5917　配合饲料粉碎粒度测定法

GB/T 6435　饲料水分的测定方法

GB/T 6682　分析实验室用水规格和试验方法

GB 10648　饲料标签

GB 13078　饲料卫生标准

GB/T 13079　饲料中总砷的测定

GB/T 13080　饲料中铅的测定

GB/T 14699.1　饲料　采样

GB/T 18823　饲料　检测结果判定的允许误差

3　技术要求

3.1　感官性状

2∶1 型蛋氨酸铜为蓝紫色粉末，1∶1 型蛋氨酸铜为蓝灰粉末。无结块、发霉、变质现象，具有蛋氨酸铜特有气味。

3.2　粉碎粒度

100%通过 0.42 mm(40 目)分析筛。0.20 mm(80 目)分析筛筛上物小于等于 20%。

3.3　干燥失重

干燥失重小于等于 5%。

3.4　卫生指标

总砷小于等于 10 mg/kg；铅小于等于 30 mg/kg。其他指标符合 GB 13078 的要求。

3.5　有效成分

有效成分符合表 1 的要求。

表 1

项　　目	指　　标
铜(Ⅱ)含量	不得低于标示量的 95%
蛋氨酸含量	不得低于标示量的 95%

4　试验方法

除非另有说明，在本分析中仅使用确认为分析纯的试剂；蒸馏水或去离子水或符合 GB/T 6682 三级水相当纯度的水。

4.1 感官性状的检验

采用目测及嗅觉检验。

4.2 鉴别

称取1.0 g试样,用25 mL甲醇提取,过滤,取滤液0.1 mL,按顺序加入双硫腙(10 μg/ mL三氯甲烷溶液)3 mL,试液不得出现混浊沉淀现象;再加入吡啶0.5 mL,试液不得出现蓝色现象。

4.3 干燥失重

按GB/T 6435中规定的方法测定。

4.4 粉碎粒度

按GB/T 5917中规定的方法测定。

4.5 总砷的测定

按GB/T 13079中规定的方法测定。

4.6 铅的测定

按GB/T 13080中规定的方法测定。

4.7 铜(Ⅱ)含量的测定

4.7.1 原理

试样消化后,在pH为5的条件下,EDTA可与铜离子络合,用1-(2-吡啶偶氮)-2-萘酚(PAN)指示剂指示滴定终点计算铜含量。

4.7.2 试剂和材料

4.7.2.1 硝酸。

4.7.2.2 盐酸。

4.7.2.3 乙二胺四乙酸二钠标准溶液(EDTA-2Na):c(EDTA-2Na)=0.02 mol/L。

4.7.2.4 1-(2-吡啶偶氮)-2-萘酚(PAN)指示剂:0.2 g溶于100 mL95%乙醇。

4.7.2.5 氨水:10%溶液。

4.7.2.6 乙酸-乙酸钠缓冲溶液(pH=5):82 g乙酸钠加25 mL乙酸,加水稀释至200 mL。

4.7.3 分析步骤

称取0.25 g试样,称准0.000 2 g,置于250 mL三角瓶中,加入3 mL硝酸(4.7.2.1),加3 mL盐酸(4.7.2.2),温热消化近干,冷却,加入20 mL水加热至近干,冷却后加水80 mL,用氨水(4.7.2.5)调溶液pH约为5左右,此时溶液呈深蓝色,加入乙酸-乙酸钠缓冲溶液(4.7.2.6)10 mL。加入PAN指示剂(4.7.2.4)3滴,然后加热煮沸,趁热用乙二胺四乙酸二钠标准溶液(4.7.2.3)滴定至变黄绿色为终点,同时做空白试验。

4.7.4 结果计算

样品中铜含量X_1以质量分数(%)表示,可按式(1)计算:

$$X_1 = \frac{(V_1 - V_0) \times c_1 \times 0.063\ 55}{m_1} \times 100 \qquad (1)$$

式中:

V_0——滴定空白消耗的乙二胺四乙酸二钠标准溶液的体积,单位为毫升(mL);

V_1——乙二胺四乙酸二钠标准滴定溶液体积,单位为毫升(mL);

c_1——乙二胺四乙酸二钠标准溶液的浓度,单位为摩尔每升(mol/L);

m_1——样品的质量,单位为克(g);

0.063 55——每毫摩尔铜的质量克数。

计算结果保留两位小数。

4.7.5 允许差

取两次平行测定结果的算术平均值为测定结果。两次平行测定结果之差不得大于1%。

4.8 蛋氨酸含量的测定

4.8.1 原理

在中性介质中准确加入过量的碘溶液，将两个碘原子加到蛋氨酸的硫原子上，过量的碘溶液用硫代硫酸钠标准滴定溶液回滴，从而求出试样中蛋氨酸含量。

4.8.2 试剂和材料

4.8.2.1 盐酸溶液：6 mol/L。

4.8.2.2 氢氧化钠溶液：20%。

4.8.2.3 硫酸溶液：20%。

4.8.2.4 磷酸二氢钾溶液：200 g/L。

4.8.2.5 磷酸氢二钾溶液：200 g/L。

4.8.2.6 碘化钾。

4.8.2.7 碘溶液：[$c(1/2I_2)=0.1$ mol/L]。

4.8.2.8 硫代硫酸钠标准滴定溶液：[$c(Na_2S_2O_3)=0.1$ mol/L]。

4.8.2.9 淀粉指示液：10 g/L。

4.8.3 分析步骤

称取1.5 g样品，称准至0.000 1 g，置于100 mL烧杯中，加50 mL水，3 mL盐酸溶液(4.8.2.1)，加热溶解，用氢氧化钠溶液(4.8.2.2)调节pH大于等于13，煮沸3 min，冷却后移入250 mL容量瓶中，稀释至刻度，取上层清液过滤，准确移取50 mL滤液于碘量瓶中，加50 mL水，用硫酸溶液(4.8.2.3)调节pH7，加入10 mL磷酸二氢钾溶液(4.8.2.4)，10 mL磷酸氢二钾溶液(4.8.2.5)，2 g碘化钾(4.8.2.6)，摇匀，准确加入50 mL碘溶液(4.8.2.7)，均匀，于暗处放置30 min，用硫代硫酸钠标准滴定溶液(4.8.2.8)滴定至近终点时，加入3 mL淀粉指示液(4.8.2.9)，继续滴定至溶液蓝色消失，同时做空白试验。

4.8.4 结果计算

样品中蛋氨酸含量 X_2 以质量分数(%)表示，可按式(1)计算：

$$X_2=\frac{(V_2-V_3)\times c_2\times 0.074\ 6\times 5}{m_2}\times 100 \quad \cdots\cdots(2)$$

式中：

V_2——滴定空白消耗的硫代硫酸钠标准溶液的体积，单位为毫升(mL)；

V_3——滴定样品消耗的硫代硫酸钠标准溶液的体积，单位为毫升(mL)；

c_2——硫代硫酸钠标准溶液的实际浓度，单位为摩尔每升(mol/L)；

0.074 6——与1.00 mL硫代硫酸钠标准滴定溶液[$c(Na_2S_2O_3)=1.000$ mol/L]相当的，以克表示的蛋氨酸的质量；

m_2——样品的质量，单位为克(g)。

计算结果保留2位小数。

4.8.5 允许差

取两次平行测定结果的算术平均值为测定结果。两次平行测定结果之差不得大于1%。

5 检验规则

5.1 本产品应由生产企业的质量检验部门按本标准进行检验，生产企业应保证所有产品均符合本标准规定的要求，并附有一定格式的质量证明书。

5.2 在规定限度内具有同一性质和质量，并在同一连续生产周期中生产出来的一定数量的产品为一批。

5.3 使用单位或饲料法定质检机构可按照本标准规定的检验规则和试验方法对所收到的产品进行质

量检验,检验其是否符合本标准的要求。

5.4 采样方法:按照 GB/T 14699.1 执行。

5.5 判定规则:若检验结果有一项指标不符合本标准要求时,应加倍抽样进行复验,复验结果仍有一项指标不符合本标准要求时,则整批产品判为不合格品。检验结果判定允许误差按 GB/T 18823 执行。

6 标签、包装、运输、贮存

6.1 标签

标签按 GB 10648 执行。

6.2 包装

本品采用铝薄膜袋或避光密闭容器包装。

6.3 运输

本品在运输过程中应防潮、防高温、防止包装破损,严禁与有毒有害物质混运。

6.4 贮存

本品应贮存在通风、干燥、无污染、无有害物质的地方。

7 保质期

本品在规定的贮存条件下,保质期为 24 个月。

ICS 65.120
B 46

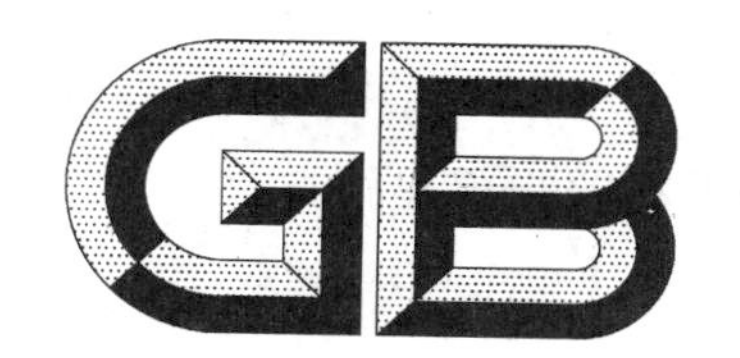

中华人民共和国国家标准

GB/T 21034—2007

饲料添加剂 羟基蛋氨酸钙

Feed additive—Methionine hydroxy calcium

2007-06-21 发布

2007-09-01 实施

中华人民共和国国家质量监督检验检疫总局
中国国家标准化管理委员会 发布

前　言

本标准是参考国外先进企业有关羟基蛋氨酸钙产品标准，在调研国内市场并经反复试验基础上制定的。

本标准由全国饲料工业标准化技术委员会提出并归口。

本标准起草单位：国家饲料质量监督检验中心（北京）。

本标准参加起草单位：中国农业科学院饲料研究所。

本标准主要起草人：闫惠文、王彤、赵小阳、范志影、怀明燕。

饲料添加剂　羟基蛋氨酸钙

1　范围

本标准规定了饲料添加剂羟基蛋氨酸钙的要求、试验方法、检验规则及标签、包装、贮存、运输。

本标准适用于以液态蛋氨酸羟基类似物和氢氧化钙为主要原料生产的饲料添加剂羟基蛋氨酸钙。

化学名称：2-羟基-4-甲硫基丁酸钙

分子式：$(CH_3SCH_2CH_2CHOHCOO)_2Ca$

相对分子质量：338.44（1999年国际相对原子质量）

2　规范性引用文件

下列文件中的条款通过本标准的引用而成为本标准的条款。凡是注日期的引用文件，其随后所有的修改单（不包括勘误的内容）或修订版均不适用于本标准，然而，鼓励根据本标准达成协议的各方研究是否可使用这些文件的最新版本。凡是不注日期的引用文件，其最新版本适用于本标准。

GB/T 601　化学试剂　标准滴定溶液的制备

GB/T 602　化学试剂　杂质测定用标准溶液的制备

GB/T 5009.76—2003　食品添加剂中砷的测定

GB/T 5917　配合饲料粉碎粒度测定法

GB/T 6435　饲料中水分和其他挥发性物质含量的测定

GB/T 6436　饲料中钙的测定

GB/T 6678　化工产品采样总则

GB/T 6682　分析实验室用水规格和试验方法

GB 10648　饲料标签

GB/T 13080　饲料中铅的测定　原子吸收光谱法

3　要求

3.1　外观

本产品为浅灰色粉末颗粒，有硫基的特殊气味。

3.2　技术指标

技术指标应符合表1规定。

表1　技术指标

项目		指标
羟基蛋氨酸钙含量（以干基计）/%		≥95.0
羟基蛋氨酸含量（以干基计）/%		≥84.0
钙/%		11.0～15.0
干燥失重/%		≤1.0
铅/(mg/kg)		≤20
砷/(mg/kg)		≤2
粒度	1.168 mm孔径（14目）分析筛上物/%	≤1
	0.105 mm孔径（140目）分析筛上物/%	≥75

4 试验方法

本标准所用试剂和水，在未注明其要求时，均指分析纯试剂和 GB/T 6682 中规定的三级用水。

试验中所用试剂和溶液，按 GB/T 601 和 GB/T 602 之规定制备。

4.1 溶液和试剂

4.1.1 无水硫酸铜饱和硫酸溶液：取无水硫酸铜加入浓硫酸搅拌直至出现沉淀。

4.1.2 酸溶液：冰乙酸＋水＋浓盐酸＝50＋10＋3（体积比）。

4.1.3 溴酸钾-溴化钾标准滴定溶液，$c\left(\frac{1}{6}KBrO_3\right)$约为 0.6 mol/L。

称取 17.5 g 溴酸钾（精确至 0.001 g）和 112.5 g 溴化钾（精确至 0.1 g），用水溶解后定容至 1 L。按 GB/T 601 规定的方法标定。

此溶液贮存于棕色瓶中，有效期为一个月。

4.2 仪器和设备

4.2.1 自动电位测定仪或酸度计。

4.2.2 铂的饱和甘汞复合电极。

4.3 鉴别试验

取试样 25 mg 于干燥试管中，加无水硫酸铜饱和硫酸溶液（4.1.1）1 mL，溶液立即显黄色，继而转成黄绿色。

4.4 羟基蛋氨酸钙和羟基蛋氨酸含量的测定

4.4.1 原理

在酸性介质中，蛋氨酸羟基类似物发生以下氧化还原反应：

$$3RSR'+BrO_3^- \rightarrow 3RSOR'+Br^-$$

在待测溶液中放入一根铂和饱和甘汞电极组成的复合电极（或铂的饱和甘汞复合电极），随着滴定液的加入，待测离子浓度不断变化，电极电位也发生相应的变化，在等当点发生电位突越，以此确定滴定终点。

4.4.2 分析步骤

称取 0.5 g（精确至 1 mg）干燥后的试样于 150 mL 烧杯中，加 50 mL 酸溶液（4.1.2），超声溶解后将烧杯置磁力搅拌器上，将电极插入溶液中，调节搅拌速度至溶液充分涡旋，用溴酸钾-溴化钾标准滴定溶液（4.1.3）滴定，当电位出现变化时，减慢滴定速度，当电位值发生突变时，为滴定终点，记录滴定体积。

4.4.3 结果计算

羟基蛋氨酸钙[$(CH_3SCH_2CH_2CHOHCOO)_2Ca$]含量 X_1 以质量分数计，数值以%表示，按式(1)计算：

$$X_1=\frac{c\cdot V\times 0.0846}{m}\times 100 \qquad \cdots\cdots(1)$$

羟基蛋氨酸（$CH_3SCH_2CH_2CHOHCOOH$）含量 X_2 以质量分数计，数值以%表示，按式(2)计算：

$$X_2=\frac{c\cdot V\times 0.0751}{m}\times 100 \qquad \cdots\cdots(2)$$

式中：

c——溴酸钾-溴化钾标准滴定溶液浓度，单位为摩尔每升（mol/L）；

V——滴定试样消耗溴酸钾-溴化钾标准滴定溶液体积，单位为毫升（mL）；

0.084 6——与 1.00 mL 溴酸钾-溴化钾标准滴定溶液[$c\left(\frac{1}{6}KBrO_3\right)=1.000$ mol/L]相当的、以克表示的羟基蛋氨酸钙的质量；

0.075 1——与 1.00 mL 溴酸钾-溴化钾标准滴定溶液[$c\left(\frac{1}{6}KBrO_3\right)=1.000$ mol/L]相当的、以克表示的羟基蛋氨酸的质量；

m——试样质量，单位为克(g)。

结果表示至小数点后两位。

4.4.4 重复性

两次平行测定结果绝对值之差，小于等于 0.3%。

4.5 钙的测定

按 GB/T 6436 测定。

4.6 干燥失重的测定

按 GB/T 6435 测定。

4.7 铅的测定

按 GB/T 13080 测定。

4.8 砷的测定

称取 1 g 试样(精确至 1 mg)，按 GB/T 5009.76—2003 测定。

4.9 粒度的测定

取 1.168 mm 孔径(14 目)和 0.105 mm 孔径(140 目)标准筛，按 GB/T 5917 测定。

5 检验规则

5.1 饲料添加剂羟基蛋氨酸钙应由生产企业的质量监督部门按本标准进行检验，本标准规定所有项目为出厂检验项目，生产企业应保证所有产品均符合本标准规定的要求。每批产品都应附有产品合格证。

5.2 采样方法按照 GB/T 6678 执行。

5.3 判定规则：若检验结果有一项指标不符合本标准要求时，应加倍抽样进行复验，复验结果仍有一项指标不符合本标准要求时，则整批产品判为不合格品。

6 标签、包装、运输、贮存

6.1 标签

标签按 GB 10648 执行。

6.2 包装

本产品采用纸塑复合袋包装。

6.3 运输

本产品在运输过程中应防止包装破损，严禁与有毒有害物质混运。

6.4 贮存

本产品应贮存在干燥、避光处，严禁与有毒有害物品混贮。

本产品在规定的贮存条件下，保质期 24 个月。

ICS 65.120
B 46

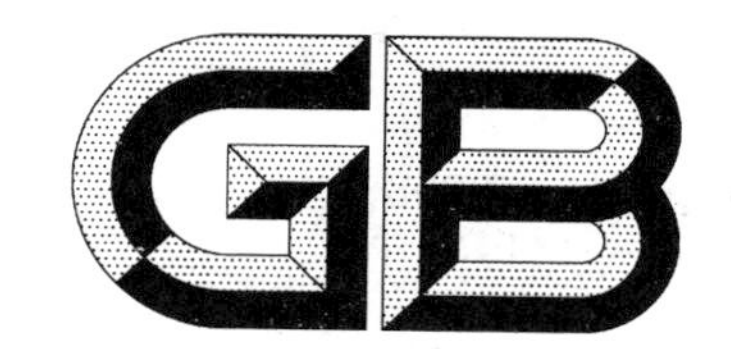

中华人民共和国国家标准

GB/T 21515—2008

饲料添加剂 天然甜菜碱

Feed additive—Natural betaine

2008-03-03 发布

2008-05-01 实施

中华人民共和国国家质量监督检验检疫总局
中国国家标准化管理委员会 发布

前　　言

本标准由全国饲料工业标准化技术委员会提出并归口。

本标准起草单位：农业部饲料质量监督检验测试中心（济南）。

本标准主要起草人：李俊玲、张兴会、刘华阳、宫玲玲、战余铭、李会荣。

本标准首次发布。

饲料添加剂　天然甜菜碱

1　范围

本标准规定了由甜菜糖蜜经色谱方法分离并加工而成的饲料添加剂天然甜菜碱的要求、试验方法、检验规则及标志、标签、包装、运输、贮存等。

本标准适用于饲料添加剂天然甜菜碱。

分子式：$C_5H_{11}NO_2$

结构式：$(CH_3)_3N^+-CH_2-COO^-$

相对分子质量：117.15(2001年国际相对原子质量)

2　规范性引用文件

下列文件中的条款通过本标准的引用而成为本标准的条款。凡是注日期的引用文件，其随后所有的修改单(不包括勘误的内容)或修订版均不适用于本标准，然而，鼓励根据本标准达成协议的各方研究是否可使用这些文件的最新版本。凡是不注日期的引用文件，其最新版本适用于本标准。

GB/T 601　化学试剂　标准滴定溶液的制备

GB/T 602　化学试剂　杂质测定用标准溶液的制备(GB/T 602—2002,ISO 6353-1:1982,NEQ)

GB/T 603　化学试剂　试验方法中所用制剂及制品的制备(GB/T 603—2002,ISO 6353-1:1982,NEQ)

GB/T 6682　分析实验室用水规格和试验方法(GB/T 6682—1992,neq ISO 3696:1987)

GB 10648　饲料标签

GB/T 13079　饲料中总砷的测定

GB/T 13080　饲料中铅的测定　原子吸收光谱法

GB/T 14699.1　饲料　采样(GB/T 14699.1—2005,ISO 6497:2002,IDT)

3　要求

3.1　感官性状

本品为白色或淡褐色结晶性粉末，可自由流动，味微甜。

3.2　技术指标

技术指标应符合表1的要求。

表1　技术指标

项　　目		指　　标
甜菜碱(以干基计)的质量分数/%	≥	96.0
干燥失重的质量分数/%	≤	1.5
抗结块剂(硬脂酸钙)的质量分数/%	≤	1.5
炽灼残渣的质量分数/%	≤	0.5
重金属(以Pb计)的质量分数/%	≤	0.001
砷(以As计)的质量分数/%	≤	0.000 2
硫酸盐(以SO_4^{2-}计)的质量分数/%	≤	0.1
氯(以Cl^-计)的质量分数/%	≤	0.01

4 试验方法

除非另有说明，在分析中仅使用确认为分析纯的试剂和 GB/T 6682 中规定的三级水，色谱用水符合 GB/T 6682 一级水的规定。

分析中所用标准滴定溶液、杂质测定用标准溶液、制剂及制品，在没有注明其他要求时，均按 GB/T 601、GB/T 602、GB/T 603 的规定制备。

4.1 感官性状的测定

采用目测及品尝检验。

4.2 鉴别试验

4.2.1 试剂

4.2.1.1 乙酸。

4.2.1.2 碘化钾。

4.2.1.3 盐酸。

4.2.1.4 盐酸溶液(1+4)。

4.2.1.5 碘化铋钾溶液：取 0.85 g 碱式硝酸铋溶于 10 mL 乙酸和 40 mL 的水中。取 40 g 碘化钾，用水溶解并定容至 100 mL。将上述两种溶液等体积混合(棕色玻璃容器贮存)。

4.2.1.6 改良碘化铋钾溶液：取碘化铋钾溶液(4.2.1.5)1 mL，加盐酸溶液(4.2.1.4)2 mL，加水至 10 mL(现用现配)。

4.2.1.7 硝酸银溶液(17 g/L)：取 17 g 硝酸银，用水溶解并定容至 1 000 mL。

4.2.1.8 硝酸溶液(1+9)。

4.2.2 鉴别方法

4.2.2.1 称取试样 0.5 g，加 1 mL 水溶解，加入 2 mL 改良碘化铋钾溶液(4.2.1.6)。振摇，产生橙红色沉淀。

4.2.2.2 本品的水溶液不显示氯化物的鉴别反应：称取适量试样，加水溶解，过滤。取适量滤液，加硝酸溶液(4.2.1.8)使成酸性后，加硝酸银溶液(4.2.1.7)，不能生成白色凝乳沉淀。

4.2.2.3 取 4.3.1.4.1 项试样溶液，按 4.3.1.4.3.3 上机测定，保留时间与标准溶液一致。

4.3 甜菜碱含量的测定

4.3.1 离子色谱法(仲裁法)

4.3.1.1 方法原理

用水溶解试样，将溶液稀释至合适的浓度，用阳离子交换柱和非抑制型电导检测器分离测定。将样品的色谱峰与甜菜碱标准样品的色谱峰相比较，根据保留时间定性，峰面积定量。

4.3.1.2 试剂

4.3.1.2.1 一水甜菜碱标准样品：甜菜碱的质量分数≥99%。

4.3.1.2.2 甲烷磺酸。

4.3.1.2.3 乙腈：色谱纯。

4.3.1.2.4 甲烷磺酸储备液：取 2.0 mL 甲烷磺酸(4.3.1.2.2)于 100 mL 容量瓶中，用超纯水定容。浓度为 300 mmol/L。

4.3.1.2.5 甲烷磺酸工作液：取 10.0 mL 甲烷磺酸储备液(4.3.1.2.4)于 1 000 mL 容量中，用超纯水定容。浓度为 3.0 mmol/L。

4.3.1.2.6 流动相：甲烷磺酸工作液(4.3.1.2.5)+乙腈(4.3.1.2.3)=90+10，混匀，超声脱气 5 min～10 min。现用现配。

4.3.1.2.7 甜菜碱标准贮备溶液：称取 140℃±2℃烘干 18 h 的一水甜菜碱标准样品 0.10 g，精确至 0.000 2 g，于 100 mL 容量瓶中，用超纯水定容，摇匀。该溶液的浓度为 1 000 μg/mL。

4.3.1.3 仪器

4.3.1.3.1 离子色谱仪：具阳离子交换分离柱或性能相当的其他分析柱和电导检测器。

4.3.1.3.2 淋洗液贮存罐。

4.3.1.3.3 分析天平：感量 0.1 mg。

4.3.1.3.4 电热干燥箱：温度可控制为 105℃±2℃和 140℃±2℃。

4.3.1.4 分析步骤

4.3.1.4.1 提取

称取预先在 105℃烘箱干燥至恒重的试样约 0.1 g，精确至 0.000 2 g，置于 100 mL 容量瓶中，加入约 70 mL 的超纯水，待试样溶解后定容。10 倍稀释后过 0.45 μm 膜，待测。

4.3.1.4.2 系列标准溶液的制备

准确吸取标准贮备溶液(4.3.1.2.7)1.00 mL、2.00 mL、5.00 mL、10.00 mL、20.00 mL 置 100 mL 容量瓶中，用超纯水定容后摇匀，此标准系列的浓度为 10.0 μg/mL、20.0 μg/mL、50.0 μg/mL、100.0 μg/mL、200.0 μg/mL。现用现配。

4.3.1.4.3 测定

4.3.1.4.3.1 离子色谱参考条件

流速：1.0 mL/min；

柱温：40℃；

检测器：电导检测器；

进样量：25 μL；

流动相：甲烷磺酸工作液(4.3.1.2.5)。

4.3.1.4.3.2 标准曲线的绘制

将上述系列标准溶液(4.3.1.4.2)从低浓度到高浓度分别注入离子色谱仪，以甜菜碱的浓度为横坐标，峰面积为纵坐标，绘制工作曲线，并计算回归方程。

4.3.1.4.3.3 试样测定

取试样溶液(4.3.1.4.1)注入离子色谱仪，以峰面积定量。

4.3.1.5 结果计算

甜菜碱的质量分数 w_1，数值以%表示，按式(1)计算：

$$w_1 = \frac{c_1 V_1 \times 10}{m_1} \times 100 \quad \cdots\cdots(1)$$

式中：

c_1——试样色谱峰面积对应的甜菜碱的浓度，单位为微克每毫升(μg/mL)；

V_1——定容体积，单位为毫升(mL)；

m_1——试料的质量，单位为克(g)。

计算结果保留三位有效数字。

4.3.1.6 允许差

以算术平均值为测定结果，两次平行测定结果的绝对差值不大于这两个测定值的算术平均值的 3%。

4.3.2 高氯酸滴定法

4.3.2.1 方法原理

干燥至恒重的试样用冰乙酸溶解，以高氯酸为标准滴定溶液，结晶紫为指示剂进行滴定，由紫色变为蓝绿色为滴定终点。

4.3.2.2 试剂

4.3.2.2.1 冰乙酸。

4.3.2.2.2 乙酸酐。

4.3.2.2.3 结晶紫指示液:5 g/L。

4.3.2.2.4 高氯酸标准滴定溶液:$c(HClO_4)=0.1$ mol/L。

4.3.2.3 仪器设备

4.3.2.3.1 酸式滴定管:25 mL。

4.3.2.3.2 分析天平:感量 0.1 mg。

4.3.2.4 测定步骤

称取预先在 105℃ 烘箱干燥至恒重的试样约 0.2 g,精确至 0.000 2 g,加 20 mL 冰乙酸(4.3.2.2.1)溶解,加 10 mL 乙酸酐(4.3.2.2.2)和 2 滴结晶紫指示液(4.3.2.2.3),用高氯酸标准滴定溶液(4.3.2.2.4)滴定至溶液呈蓝绿色,同时做空白试验。

4.3.2.5 结果计算

甜菜碱的质量分数 w_2,数值以%表示,按式(2)计算:

$$w_2=\frac{c_2(V_2-V_0)M}{m_2\times 1\,000}\times 100 \qquad \cdots\cdots(2)$$

式中:

c_2——高氯酸标准滴定溶液的浓度,单位为摩尔每升(mol/L);

V_2——滴定试样时消耗高氯酸标准滴定溶液的体积,单位为毫升(mL);

V_0——空白试验消耗高氯酸标准滴定溶液的体积,单位为毫升(mL);

M——甜菜碱的摩尔质量,单位为克每摩尔(g/mol)(M=117.15);

m_2——试料的质量,单位为克(g)。

计算结果保留三位有效数字。

4.3.2.6 允许差

以算术平均值为测定结果,两次平行测定结果绝对差值不大于 0.2%。

4.4 干燥失重含量的测定

4.4.1 仪器设备

4.4.1.1 电热干燥箱:温度可控制为 105℃±2℃。

4.4.1.2 干燥器:用氯化钙或变色硅胶作干燥剂。

4.4.2 测定步骤

称取试样约 1 g,精确至 0.000 2 g,于已恒重的称样皿中,放入 105℃±2℃ 电热干燥箱中,打开称样皿盖,干燥 3 h。取出后盖好,放入干燥器中,冷却至室温,称重。再重复干燥 1 h,称量至恒重。

4.4.3 结果计算

干燥失重的质量分数 w_3,数值以%表示,按式(3)计算:

$$w_3=\frac{m_3-m_4}{m_3}\times 100 \qquad \cdots\cdots(3)$$

式中:

m_3——干燥前试料的质量,单位为克(g);

m_4——干燥后试料的质量,单位为克(g)。

4.4.4 允许差

取平行测定结果的算术平均值为测定结果,两次平行测定结果的绝对差值不大于 0.2%。

4.5 炽灼残渣含量的测定

4.5.1 仪器设备

4.5.1.1 高温炉:可控温度 550℃±20℃。

4.5.1.2 干燥器:用氯化钙或变色硅胶作干燥剂。

4.5.1.3 坩埚：瓷质，容积 50 mL。

4.5.2 **测定步骤**

在炽灼至恒重的坩埚中，称取试样约 1 g，精确至 0.000 2 g，在电炉上小心炭化至无黑烟，再移入高温炉于 550℃±20℃灼烧 3 h～4 h，取出后冷却 1 min 再放入干燥器内，冷却至室温，称量残渣及坩埚的重量。再重复炽灼 1 h，并称量至恒重。

4.5.3 **结果计算**

炽灼残渣的质量分数 w_4，数值以%表示，按式(4)计算：

$$w_4 = \frac{m_7 - m_6}{m_5} \times 100 \qquad \cdots\cdots(4)$$

式中：

m_7——炽灼后坩埚和炽灼残渣的质量，单位为克(g)；

m_6——空坩埚炽灼后的质量，单位为克(g)；

m_5——试料的质量，单位为克(g)。

4.5.4 **允许差**

取平行测定结果的算术平均值为测定结果，两次平行测定结果的绝对差值不大于 0.1%。

4.6 **重金属(以 Pb 计)含量的测定**

按 GB/T 13080 规定执行。

4.7 **砷含量的测定**

按 GB/T 13079 规定执行。

4.8 **抗结块剂(硬脂酸钙)含量的测定**

4.8.1 **仪器设备**

4.8.1.1 烘箱：可控温度 105℃±2℃。

4.8.1.2 干燥器：用氯化钙或变色硅胶作干燥剂。

4.8.1.3 玻璃砂坩埚：孔径≤8 μm。

4.8.2 **测定步骤**

称取试样约 10 g，精确至 0.000 2 g，溶于 100 mL 水中，搅拌使试样充分溶解。用预先在 105℃±2℃烘至恒重的玻璃砂坩埚抽滤，再用水充分洗涤干净，将玻璃砂坩埚放入烘箱于 105℃±2℃烘干 1 h，取出后放入干燥器内，冷却至室温，称量残渣及坩埚的质量。

4.8.3 **结果计算**

抗结块剂(硬脂酸钙)的质量分数 w_5，数值以%表示，按式(5)计算：

$$w_5 = \frac{m_{10} - m_9}{m_8} \times 100 \qquad \cdots\cdots(5)$$

式中：

m_{10}——玻璃砂坩埚和抗结块剂(硬脂酸钙)干燥后的质量，单位为克(g)；

m_9——空玻璃砂坩埚干燥后的质量，单位为克(g)；

m_8——试料的质量，单位为克(g)。

4.8.4 **允许差**

取平行测定结果的算术平均值为测定结果，两次平行测定结果的绝对差值不大于 0.1%。

4.9 **硫酸盐(以 SO_4^{2-} 计)的测定**

4.9.1 **方法原理**

根据钡离子与硫酸根离子生成硫酸钡沉淀的原理，通过比较试样溶液与标准溶液的混浊程度，来判断硫酸盐的含量。

4.9.2 **仪器设备**

电子天平：感量 0.01 g。

4.9.3 试剂

4.9.3.1 氯化钡溶液(120 g/L)。

4.9.3.2 硫酸根标准溶液：SO_4^{2-} 浓度为 1 000 mg/L,可直接购买。

4.9.3.3 盐酸溶液(10%)。

4.9.4 操作步骤

称取试样约 10 g，精确至 0.01 g，于 200 mL 容量瓶中，用水溶解并定容，摇匀。过 0.45 μm 滤膜。准确移取 20 mL 滤液于 50 mL 烧杯中。

另移取 20 mL 的水于另一 50 mL 烧杯中，加入 100 μL 硫酸根标准溶液(4.9.3.2)。可根据试样含硫酸盐(以 SO_4^{2-} 计)量的高低，加入不同体积的硫酸根标准溶液。

在上述两个 50 mL 烧杯中分别加入 1 mL 盐酸溶液(4.9.3.3)和 3 mL 氯化钡溶液(4.9.3.1)，混匀后，静置 10 min，比较试样溶液和标准溶液的混浊度。

试样溶液所呈浊度不得大于标准溶液。

4.10 氯(以 Cl^- 计)的测定

4.10.1 仪器设备

分析天平：感量 0.1 mg。

4.10.2 试剂

4.10.2.1 氯化物(1 mL 溶液含有 0.1 mg Cl^-)：称取 0.165 g 于 500℃～600℃灼烧至恒重的氯化钠，溶于超纯水，并定容至 1 000 mL。

4.10.2.2 氯化物(1 mL 溶液含有 10 μg Cl^-)：准确移取氯化物标准溶液(4.10.2.1)10 mL 于 100 mL 容量瓶中，用超纯水稀释并定容。

4.10.2.3 硝酸银溶液(17 g/L)：称取 1.7 g 硝酸银，用超纯水溶解并定容至 100 mL。

4.10.2.4 硝酸溶液(25%)：量取 308 mL 硝酸，用超纯水稀释至 1 000 mL。

4.10.3 测定步骤

称取试样 5 g(精确至 0.01 g)于烧杯中，用超纯水溶解并定容至 100 mL。过滤，取滤液 10 mL 于 25 mL 钠氏比色管中。

准确移取 5 mL 氯化物标准溶液(4.10.2.2)于另一支 25 mL 钠氏比色管中。

在上述两支钠氏比色管中，分别加入 1 mL 硝酸(4.10.2.4)和 1 mL 硝酸银溶液(4.10.2.3)，加超纯水定容至 25 mL。摇匀，静置 10 min。

试样溶液所呈浊度不得大于标准溶液。

5 检验规则

5.1 组批规则

以每釜一次投料生产的产品量为一批次。

5.2 抽样方法

按 GB/T 14699.1 的规定执行。

5.3 出厂检验

每批产品应进行出厂检验。检验项目为感官性状、干燥失重、甜菜碱含量、硬脂酸钙。检验合格的，签发检验合格证后，方可入库或出厂。

5.4 型式检验

正常情况下，每年至少进行一次型式检验，检验项目为本标准第 3 章规定的所有项目。有下列情况之一时，也应进行型式检验：

a) 更新关键生产工艺；

b) 主要原料有变化；

c) 停产3个月，恢复生产时；

d) 出厂检验与上次型式检验有较大差异时；

e) 合同规定。

5.5 判定规则

检验结果全部符合本标准规定要求的判为合格品。有一项指标不符合标准要求时，应重新取样进行复验，复验结果中有一项不符合标准要求即判定为整批不合格。

6 标志、标签、包装、运输、贮存

6.1 标志、标签

产品标志、标签按GB 10648的规定执行。

6.2 包装

包装材料应采用内衬塑料薄膜的包装袋，缝口牢固无产品漏出。

6.3 运输

应保证运输工具的洁净，防止有毒有害物质的污染；防日晒雨淋、防霉防潮；轻装轻卸。

6.4 贮存

贮存仓库应清洁、干燥、阴凉通风，堆放时应离开墙壁20 cm以上，底面应有垫板与地面隔开。防止受潮、霉变、虫害、鼠害及有毒有害物质的污染。

在上述运输、贮存条件下，自生产之日起常温下保质期为12个月。启封后应尽快使用。

ICS 65.120
B 46

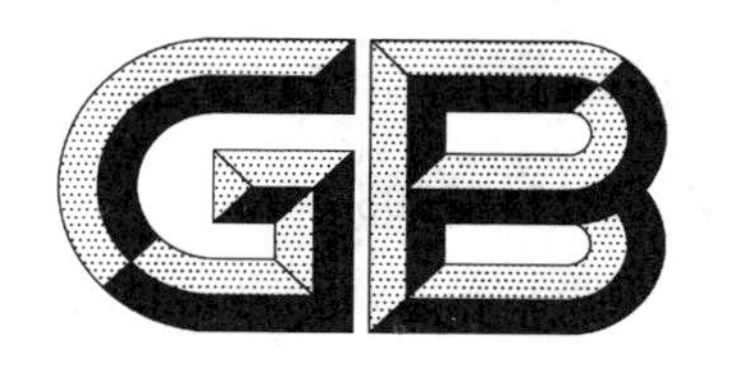

中华人民共和国国家标准

GB/T 21516—2008

饲料添加剂 10%β-阿朴-8′-胡萝卜素酸乙酯(粉剂)

Feed additive—10%β-Apo-8′-carotenoic ethyl ester(powder)

2008-03-03 发布 2008-05-01 实施

中华人民共和国国家质量监督检验检疫总局
中国国家标准化管理委员会 发布

前　言

本标准由全国饲料工业标准化技术委员会提出并归口。

本标准起草单位:农业部饲料质量监督检验测试中心(济南)。

本标准主要起草人:李俊玲、虞哲高、姚冰、宫玲玲、李桂华、李会荣。

本标准首次发布。

饲料添加剂　10%β-阿朴-8′-胡萝卜素酸乙酯(粉剂)

1　范围

本标准规定了饲料添加剂10%β-阿朴-8′-胡萝卜素酸乙酯(粉剂)产品的要求、试验方法、检验规则及标签、包装、运输、贮存。

本标准适用于饲料添加剂10%β-阿朴-8′-胡萝卜素酸乙酯(粉剂)产品。

化学分子式:$C_{32}H_{44}O_2$

相对分子质量:460.70(以$C_{32}H_{44}O_2$计,按2001年国际相对原子质量表计算)

结构式:

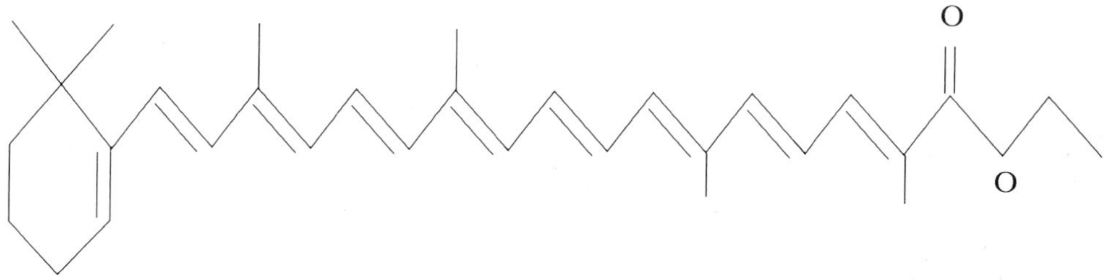

2　规范性引用文件

下列文件中的条款通过本标准的引用而成为本标准的条款。凡是注日期的引用文件,其随后所有的修改单(不包括勘误的内容)或修订版均不适用于本标准,然而,鼓励根据本标准达成协议的各方研究是否可使用这些文件的最新版本。凡是不注日期的引用文件,其最新版本适用于本标准。

GB/T 602　化学试剂　杂质测定用标准溶液的制备(GB/T 602—2002,ISO 6353-1:1982,NEQ)

GB/T 603　化学试剂　试验方法中所用制剂及制品的制备(GB/T 603—2002,ISO 6353-1:1982,NEQ)

GB/T 6435　饲料中水分和其他挥发性物质含量的测定(GB/T 6435—2006,ISO 6496:1999,IDT)

GB/T 6682　分析实验室用水规格和试验方法(GB/T 6682—1992,neq ISO 3696:1987)

GB 10648　饲料标签

GB/T 13079　饲料中总砷的测定

GB/T 13080　饲料中铅的测定　原子吸收光谱法

GB/T 14699.1　饲料　采样(GB/T 14699.1—2005,ISO 6497:2002,IDT)

3　要求

3.1　感官性状

棕红色流动性颗粒。

3.2　技术指标

技术指标按表1规定执行。

表 1 技术指标

项目			指标
β-阿朴-8′-胡萝卜素酸乙酯(以 $C_{32}H_{44}O_2$ 计)的质量分数/%		≥	10
干燥失重的质量分数/%		≤	8
粒度	通过孔径为 0.84 mm 的筛网/%		100
	通过孔径为 0.15 mm 的筛网/%	≤	20
砷(以 As 计)的质量分数/%		≤	0.000 3
重金属(以 Pb 计)的质量分数/%		≤	0.001

4 试验方法

除非另有说明,在分析中仅使用确认为分析纯的试剂和 GB/T 6682 中规定的三级水。

分析中所用杂质测定用标准溶液、制剂及制品,在没有注明其他要求时,均按 GB/T 602 和 GB/T 603的规定制备。

4.1 试剂

4.1.1 无水乙醇。

4.1.2 三氯甲烷。

4.1.3 环己烷。

4.2 仪器和设备

4.2.1 超声波振荡提取器。

4.2.2 离心机:4 000 r/min。

4.2.3 旋转蒸发仪。

4.2.4 可见-紫外分光光度计。

4.3 感官性状检验

采用目测检验。

4.4 鉴别

4.4.1 试液的制备

称取试样约 100 mg,精确至 0.000 2 g,置于 250 mL 棕色容量瓶中,加入 10 mL60℃蒸馏水,在超声波振荡提取器中提取 20 min,使溶液完全变成悬浊液。冷却至室温,加 100 mL 无水乙醇(4.1.1),混匀。再加入 100 mL 三氯甲烷(4.1.2)并超声 5 min,冷却,用三氯甲烷(4.1.2)定容。摇匀后,取出部分内容物置于具塞离心管内 4 000 r/min 离心 5 min,精确移取上层清液 5 mL 置于旋转蒸发仪的圆底烧瓶中,在 45℃真空蒸发至干。残渣用 0.5 mL 无水乙醇(4.1.1)和 0.5 mL 的三氯甲烷(4.1.2)润湿后,加入环己烷(4.1.3)少量多次进行溶解,并转移到 100 mL 的棕色容量瓶中,用环己烷(4.1.3)定容。待测。

4.4.2 测定

在可见-紫外分光光度计上,以环己烷为空白,进行扫描,在 214 nm±1 nm 和 448 nm±1 nm 波长处有吸收峰。

4.5 β-阿朴-8′-胡萝卜素酸乙酯含量的测定

4.5.1 原理

β-阿朴-8′-胡萝卜素酸乙酯为共轭双键化合物,在波长 448 nm±1 nm 处有吸收峰,在该波长测定溶液的吸收值,以百分吸收系数计算样品的含量。

4.5.2 试液的制备

同 4.4.1。

4.5.3 测定

在可见-紫外分光光度计上，用 1 cm 吸收池，以环己烷为空白，在波长 448 nm±1 nm 处，立即测定样品的吸收值。

注：由于 β-阿朴-8′-胡萝卜素酸乙酯对光十分敏感，所有操作应在避光条件下进行。

4.5.4 结果计算

β-阿朴-8′-胡萝卜素酸乙酯（以 $C_{32}H_{44}O_2$ 计）的质量分数 w_1，数值以%表示，按式(1)计算：

$$w_1 = \frac{A_{max}V}{2\,500mV_1} \qquad (1)$$

式中：

A_{max}——试料溶液测得的吸收值；

V——定容体积，单位为毫升(mL)；

2 500——β-阿朴-8′-胡萝卜素酸乙酯的标准百分吸收系数($E_{1\,cm}^{1\%}$)；

m——试料的质量，单位为克(g)；

V_1——分取体积，单位为毫升(mL)。

计算结果保留三位有效数字。

4.5.5 允许误差

取平行测定结果的算术平均值为测定结果。两次平行测定结果的绝对差值不大于 0.2%。

4.6 砷含量的测定

按 GB/T 13079 规定执行。

4.7 重金属（以 Pb 计）含量的测定

按 GB/T 13080 规定执行。

4.8 粒度的测定

称取试样 50.0 g，5 min 内全部通过 0.84 mm 孔径的分析筛，0.15 mm 孔径的分析筛的筛下物不大于 20%。

4.9 干燥失重含量的测定

按 GB/T 6435 规定执行。

5 检验规则

5.1 组批规则

相同原料、相同工艺、同一天生产的同一个批号的产品为一个批次。

5.2 抽样方法

按 GB/T 14699.1 的规定执行。

5.3 检验分类

5.3.1 出厂检验

每批产品出厂时进行出厂检验。检验项目为感官、干燥失重、β-阿朴-8′-胡萝卜素酸乙酯（以 $C_{32}H_{44}O_2$ 计）含量。检验合格的，签发检验合格证后，方可入库或出厂。每批出厂的产品都应带有质量证明书。

5.3.2 型式检验

正常情况下，每年至少进行一次型式检验，检验项目为本标准第 3 章规定的所有项目。有下列情况之一时，也应进行型式检验：

a) 更新关键生产工艺；

b) 主要原料有变化；

c) 停产 3 个月，恢复生产时；

d） 出厂检验与上次型式检验有较大差异时；

e） 合同规定。

5.4 判定规则

检验结果全部符合本标准规定要求的判为合格品。有一项指标不符合本标准要求时，应重新取样进行复验，复验结果中有一项不符合本标准要求即判定为整批不合格。

6 标签、包装、运输、贮存

6.1 标签

本产品标签应符合 GB 10648 的有关规定。

6.2 包装

复合铝箔袋或其他相同材质的包装袋。

6.3 运输

产品运输应保证运输工具的洁净，防止有毒物质的污染；防止日晒雨淋、防霉防潮；轻装轻卸，避免重压。

6.4 贮存

贮存仓库应清洁、干燥、阴凉通风，堆放时应离开墙壁 20 cm 以上，底面应有垫板与地面隔开。防止雨淋、受潮、霉变、虫鼠害及有害物质的污染。注意避光保存。

在上述运输、贮存条件下，自生产之日起常温下保质期为 36 个月。启封后应尽快使用。

ICS 65.120
B 46

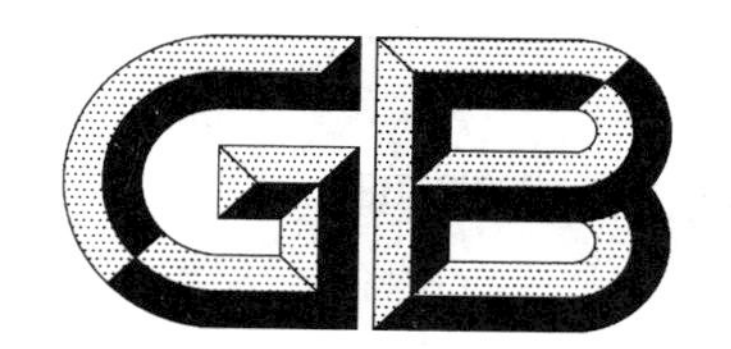

中华人民共和国国家标准

GB/T 21517—2008

饲料添加剂 叶黄素

Feed additive—Lutein

2008-03-03 发布 2008-05-01 实施

中华人民共和国国家质量监督检验检疫总局
中国国家标准化管理委员会 发布

前言

本标准的附录B为规范性附录,附录A为资料性附录。

本标准由全国饲料工业标准化技术委员会提出并归口。

本标准起草单位:中国农业科学院农业质量标准与检测技术研究所、国家饲料质量监督检验中心(北京)、成都枫澜科技有限公司、武汉新华扬生物有限责任公司。

本标准主要起草人:赵小阳、田河山、孙鸣、李巍、詹志春、陶正国、马东霞、王彤、杨文军。

本标准首次发布。

饲料添加剂　叶黄素

1　范围

本标准规定了饲料添加剂叶黄素产品的分类、要求、试验方法、检验规则及标签、包装、贮存、运输。

本标准适用于以植物万寿菊中脂溶性提取物为原料，经皂化后，制成水剂或采用淀粉、玉米芯粉、白炭黑等辅料，有效成分主要是叶黄素和它的同分异构体玉米黄质，也有少量的其他类胡萝卜素和蜡质，在饲料工业中作为着色剂类饲料添加剂。

分子式：$C_{40}H_{56}O_2$

相对分子质量：568.88(2001年国际相对原子质量)

结构式：

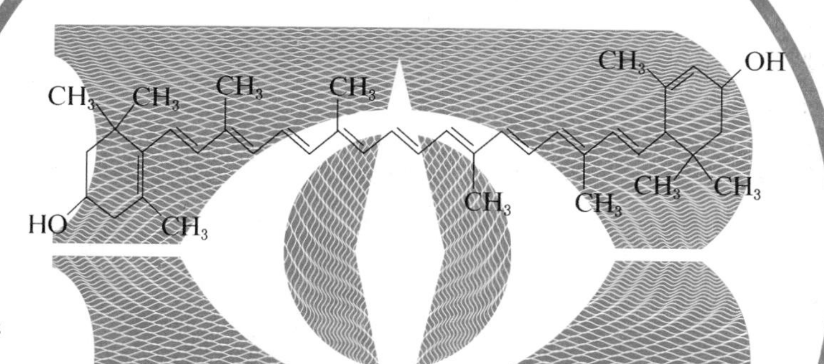

2　规范性引用文件

下列文件中的条款通过本标准的引用而成为本标准的条款。凡是注日期的引用文件，其随后所有的修改单(不包括勘误的内容)或修订版均不适用于本标准，然而，鼓励根据本标准达成协议的各方研究是否可使用这些文件的最新版本。凡是不注日期的引用文件，其最新版本适用于本标准。

GB/T 603　化学试剂　试验方法中所用制剂及制品的制备(GB/T 603—2002,ISO 6353-1:1982,NEQ)

GB/T 606　化学试剂　水分测定通用方法　卡尔·费休法

GB/T 6682　分析实验室用水规格和试验方法(GB/T 6682—1992,neq ISO 3696:1987)

GB 10648　饲料标签

GB/T 13079　饲料中总砷的测定

GB/T 13080　饲料中铅的测定　原子吸收光谱法

3　分类

3.1　产品按标示量的不同可分为：1.5%、1.6%、2.0%三种。

3.2　根据合同要求确定。

4　要求

4.1　性状

本品为自由流动的橘黄色细微粉末或橘黄色液体，易氧化，不溶于水，溶于乙醇。

4.2　技术指标

技术指标应符合表1规定。

表 1 技术指标

项目	指标	
	粉状	液体
含量(以 $C_{40}H_{56}O_2$ 计)(占标示量的百分比)/%	≥90	≥90
砷/(mg/kg)	≤3.0	≤3.0
铅/(mg/kg)	≤10.0	≤10.0
水分/%	≤8.0	—
粒度(0.84 mm 孔径标准筛)	100%通过	—
pH 值	—	5.0~8.0

5 试验方法

除特殊说明外,所用试剂均为分析纯,水为蒸馏水,色谱用水符合 GB/T 6682 中一级用水规定,标准溶液的制备应符合 GB/T 603。

5.1 试剂和溶液

5.1.1 正己烷:色谱纯。

5.1.2 乙酸乙酯:色谱纯。

5.1.3 正己烷。

5.1.4 无水乙醇。

5.1.5 丙酮。

5.1.6 甲苯。

5.1.7 亚硝酸钠。

5.1.8 硫酸。

5.1.9 亚硝酸钠溶液(50 g/L)。

5.1.10 硫酸溶液(0.5 mol/L):吸取硫酸(5.1.8)1.5 mL 缓缓注入 100 mL 水中,冷却,摇匀。

5.1.11 提取剂:正己烷+乙醇+丙酮+甲苯=10+6+7+7(体积比)。

5.2 仪器和设备

实验室常用设备及以下设备。

5.2.1 超声波水浴。

5.2.2 超纯水装置。

5.2.3 紫外分光光度计。

5.2.4 石英比色皿(1 cm)。

5.2.5 高效液相色谱仪:带紫外可调波长检测器(或二极管矩阵检测器)。

5.2.6 原子吸收分光光度计。

5.3 鉴别试验

5.3.1 方法一

样品的丙酮溶液在连续加入亚硝酸钠溶液(5.1.9)和硫酸溶液(5.1.10)后颜色消失。

5.3.2 方法二

取试样溶液(5.4.2.1),用分光光度计测定,以 1 cm 石英比色皿在 420 nm~480 nm 波长范围内测定试样溶液的吸收光谱,应在 445 nm±1 nm、473 nm±1 nm 的波长处有最大吸收峰。

5.3.3 方法三(仲裁法)

5.3.3.1 原理

叶黄素含量以总类胡萝卜素含量表示,试样中总类胡萝卜素经混合溶剂提取后,注入正相色谱柱上，用流动相洗脱，分离出叶黄素和玉米黄质，其色谱峰的分离度为3.06～3.09，叶黄素含量应在70%以上，玉米黄质含量在10%以上，并通过峰面积比例测知其相对含量。

5.3.3.2 试液的制备

根据产品含量(参见附录A)，称取试样约0.15 g～0.2 g(精确至0.000 2 g)，置于100 mL棕色容量瓶中，加提取剂(5.1.11)约80 mL，在超声波水浴中加热超声提取20 min，冷却至室温，用提取剂(5.1.11)定容至刻度，混匀，过滤，用移液管准确移取1 mL滤液到10 mL容量瓶中，用氮气吹干，用流动相稀释至刻度，混匀，溶液过0.45 μm滤膜，供高效液相色谱仪分析。

5.3.3.3 色谱条件

固定相：硅胶柱，内径4.6 mm，长250 mm，粒度3 μm。

流动相：正己烷+乙酸乙脂=70+30(体积比)，超声脱气。

流速：1.5 mL/min。

检测器：紫外可调波长检测器(或二极管矩阵检测器)，检测波长445 nm或473 nm。

进样量：20 μL。

5.3.3.4 试样测定

将试样分析液(5.3.3.2)，按上述色谱条件进行进样分析，得到叶黄素和玉米黄质，色谱峰见图B.1。

5.3.3.5 结果计算

$$叶黄素(\%) = 总类胡萝卜素量 \times 叶黄素的峰面积(\%) \quad \cdots\cdots(1)$$

$$玉米黄质(\%) = 总类胡萝卜素量 \times 玉米黄质的峰面积(\%) \quad \cdots\cdots(2)$$

5.4 叶黄素(以总类胡萝卜素计)含量的测定

5.4.1 原理

总类胡萝卜素在波长445 nm±1 nm处有最大吸收，可根据该波长处测定吸收度和标准百分吸光系数($E_{1\,cm}^{1\%}$)计算其含量。

5.4.2 分析步骤

5.4.2.1 试液的制备

根据产品含量(参见附录A)，称取试样约0.15 g～0.2 g(精确至0.000 2 g)，置于100 mL棕色容量瓶中，加约80 mL无水乙醇(5.1.4)，在超声波水浴中加热超声提取20 min，冷却至室温，用无水乙醇(5.1.4)定容至刻度，混匀，过滤，用移液管准确移取1 mL滤液到10 mL容量瓶中，用无水乙醇(5.1.4)稀释至刻度，混匀。

5.4.2.2 试样测定

将试样分析液(5.4.2.1)置于1 cm石英池中，用紫外分光光度计，在波长445 nm±1 nm处测定吸收度A，以无水乙醇(5.1.4)为空白对照。

5.4.2.3 计算和结果的表示

试样中叶黄素($C_{40}H_{56}O_2$)(以总类胡萝卜素计)含量X以质量分数(%)表示，按式(3)计算：

$$X = \frac{A \times 1\,000}{m \times 2\,550} \quad \cdots\cdots(3)$$

式中：

A——试料(5.4.2.1)吸收度；

1 000——试料(5.4.2.1)稀释倍数；

m——试料质量，单位为克(g)；

2 550——总类胡萝卜素百分吸光系数($E_{1\,cm}^{1\%}=2\,550$)。

平行测定结果用算术平均值表示，保留三位有效数字。

5.4.3 允许差

同一分析者对同一试样同时两次平行测定结果绝对值之差应不大于0.3%。

5.5 砷的测定

按 GB/T 13079 测定。

5.6 铅的测定

按 GB/T 13080 测定。

5.7 水分的测定

按 GB/T 606 测定。

6 检验规则

6.1 出厂检验

饲料添加剂叶黄素应由生产企业的质量监督部门按本标准进行检验，本标准规定的所有指标为出厂检验项目，生产企业应保证所有叶黄素产品均符合本标准规定的要求。每批产品检验合格后方可出厂。

6.2 验收检验

使用单位有权按照本标准对所收到的叶黄素产品进行验收，检验其指标是否符合本标准的要求。

6.3 采样方法

抽样需备有清洁、干燥、具有密闭性和避光性的样品瓶，瓶上贴有标签并注明生产厂家、产品名称、批号、取样日期。

抽样时，用清洁适用的取样工具插入料层深度四分之三处，将所取样品充分混匀，以四分法缩分，每批样品分两份，每份样量应为 20 g～30 g，装入样品瓶中，一瓶供检验用，一瓶密封保存备查。

6.4 判定规则

若检验结果有一项指标不符合本标准要求时，应加倍抽样进行复验，复验结果仍有一项指标不符合本标准要求时，则整批产品判为不合格品。

7 标签、包装、运输、贮存

7.1 标签

标签按 GB 10648 的规定执行。

7.2 包装

本品采用铝薄膜袋或其他避光密闭容器包装。

7.3 运输

本品在运输过程中应防潮、防高温、防止包装破损，严禁与有毒有害物质混运。

7.4 贮存

本品应贮存在通风、干燥、无污染、无有害物质的地方。

本品在规定的贮存条件下，保质期为 24 个月。

附 录 A
（资料性附录）
产品中叶黄素的标示量、称样量及提取液稀释体积示例

表 A.1 标示量、称样量及提取液稀释体积

标示量/%	称样量/g	提取液稀释倍数
1.5	0.200 0	1 000
1.6	0.200 0	1 000
2.0	0.150 0	1 000

附　录　B
（规范性附录）
叶黄素色谱图

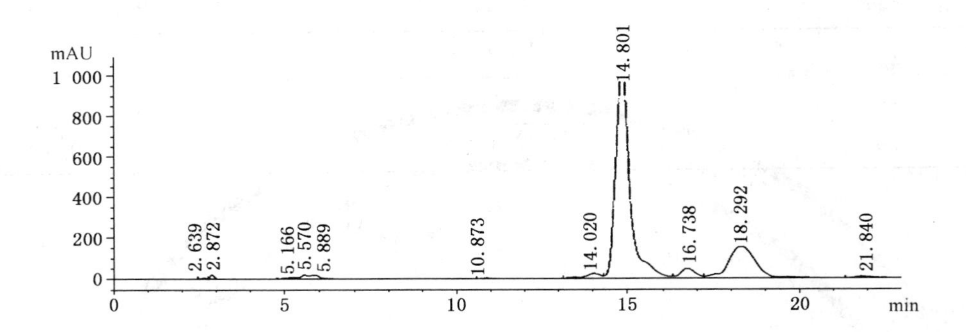

注： 叶黄素保留时间为14.801 min,玉米黄质保留时间为18.292 min。

图 B.1　叶黄素色谱图

ICS 65.120
B 46

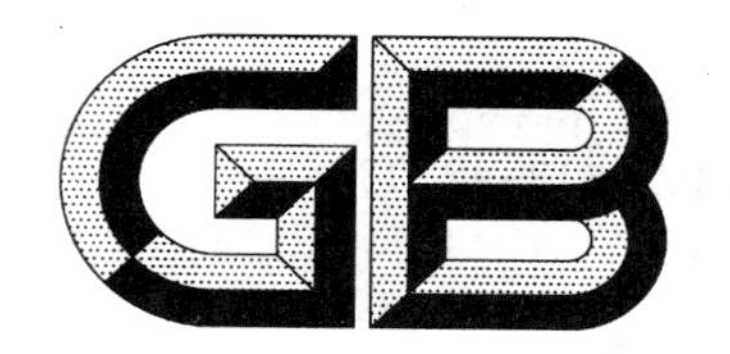

中华人民共和国国家标准

GB/T 21543—2008

饲料添加剂　调味剂　通用要求

Feed additives—Flavorings—General principles

2008-04-09 发布　　2008-07-01 实施

中华人民共和国国家质量监督检验检疫总局
中国国家标准化管理委员会　发布

前　言

本标准由中华人民共和国农业部提出。

本标准由全国饲料工业标准化技术委员会归口。

本标准起草单位：中国农业科学院北京畜牧兽医研究所、成都大地饲料有限公司。

本标准主要起草人：佟建明、喻麟、董晓芳、包清彬、单之玮、吴莹莹、萨仁娜、张琪。

饲料添加剂　调味剂　通用要求

1　范围

本标准规定了饲料添加剂调味剂及相关的术语和定义、分类、要求、检验方法、检验规则、标签、包装、运输和贮存。

本标准适用于饲料添加剂调味剂。

2　规范性引用文件

下列文件中的条款通过本标准的引用而成为本标准的条款。凡是注日期的引用文件，其随后所有的修改单（不包括勘误的内容）或修订版均不适用于本标准，然而，鼓励根据本标准达成协议的各方研究是否可使用这些文件的最新版本。凡是不注日期的引用文件，其最新版本适用于本标准。

GB/T 5009.3　食品中水分的测定

GB 10648　饲料标签

GB/T 13079　饲料中总砷的测定

GB/T 13080　饲料中铅的测定　原子吸收光谱法

GB/T 13081　饲料中汞的测定

GB/T 13082　饲料中镉的测定方法

GB/T 13091　饲料中沙门氏菌的检测方法

GB/T 13092　饲料中霉菌总数的测定

GB/T 13093　饲料中细菌总数的测定

GB/T 14699.1　饲料　采样

3　术语和定义

下列术语和定义适用于本标准。

3.1

饲料调味剂　feed flavorings

用于改善饲料的风味和适口性，增强动物食欲的饲料添加剂。

3.2

天然饲料调味剂　natural feed flavorings

天然动物、植物（不包括转基因动物、植物）和（或）通过物理技术从上述动物、植物中提取生产的饲料调味剂。

3.3

非天然饲料调味剂　artificial feed flavorings

以非动植物原料生产的和天然动物、植物原料经化学或微生物发酵手段制得的饲料调味剂。

3.4

复合饲料调味剂　complex feed flavorings

产品中含有两种或两种以上调味剂成分的饲料调味剂。

3.5

甜味剂 sweetener

用以增强或改善饲料甜度的饲料调味剂。

3.6

香味剂 fragrance enhancer

用以增强或改善饲料香味的饲料调味剂。

3.7

酸味剂 acidity enhancer

用以增强或改善饲料酸度的饲料调味剂。

4 分类

饲料调味剂按其原料来源分为天然饲料调味剂、非天然饲料调味剂和复合饲料调味剂;按其功能分为甜味剂、香味剂和酸味剂。

5 要求

5.1 安全性

5.1.1 饲料调味剂如果来源于天然动物、植物,则该动物、植物应是可食用的。

5.1.2 饲料调味剂如果来源于微生物发酵途径,则微生物菌株应是安全菌株。符合食品添加剂安全标准的菌株或同时符合下列三个条件的菌株为安全菌株:

——该菌株对动物和植物均是非致病性的;

——该菌株不产生毒素和有害生理活性物质;

——该菌株的遗传性稳定,易保存。

5.1.3 饲料调味剂的加工过程应是安全的工艺过程。符合食品级相应产品的生产工艺可判定为安全工艺。

5.1.4 食品用调味剂原料可用于饲料调味剂。

5.1.5 饲料调味剂在加工过程中,所有原料、辅料均应为食品级或饲料级。

5.1.6 生产全过程不得有致病菌污染,不得接触有害物质。

5.1.7 产品中不应添加抗生素、激素等违禁药物。

5.1.8 如果饲料调味剂来源于转基因动物或植物,应在产品包装上注明,并获得相应的安全性评定报告。

5.2 感官指标

5.2.1 固体剂型

呈粉末状或颗粒状,形态均一,无结块、无霉变。

5.2.2 液体剂型

液体均匀,无沉淀。

5.3 理化指标

5.3.1 固体剂型

固体剂型应标示主要有效成分及其含量、水分。

5.3.2 液体剂型

液体剂型应标示主要有效成分及其含量。

5.4 卫生指标

应符合表1的规定。

表 1 饲料调味剂卫生指标

项 目	指 标
砷(以总砷计)/(mg/kg)	≤3.0
铅(以 Pb 计)/(mg/kg)	≤10.0
汞(以 Hg 计)/(mg/kg)	≤0.1
镉(以 Cd 计)/(mg/kg)	≤0.5
沙门氏菌	不得检出
霉菌总数/(个/kg)	$<2\times10^{7}$
细菌总数/(个/kg)	$<2\times10^{9}$
注 1:固体剂型所列允许量以干物质含量为 88%计算。 注 2:液体剂型产品,以每升产品中含量计。	

6 检验方法

6.1 感官指标

采用感官评定。

6.2 水分

按 GB/T 5009.3 执行。

6.3 有效成分含量

按相关标准执行。

6.4 砷含量测定

按 GB/T 13079 执行。

6.5 铅含量测定

按 GB/T 13080 执行。

6.6 汞含量测定

按 GB/T 13081 执行。

6.7 镉含量测定

按 GB/T 13082 执行。

6.8 沙门氏菌检验

按 GB/T 13091 执行。

6.9 霉菌检验

按 GB/T 13092 执行。

6.10 细菌总数检验

按 GB/T 13093 执行。

7 检验规则

7.1 批次

生产厂以每一班次生产且经包装的、具有同样工艺条件、同一产品名称、批号、规格的产品为一个批次。

7.2 取样方法

按照 GB/T 14699.1 执行。

7.3 出厂检验

7.3.1 固体剂型

感官指标、有效成分含量、水分。

7.3.2 液体剂型

感官指标、有效成分含量。

7.3.3 判定规则

对抽取的样品按出厂检验项目进行检测，所检项目全部合格，则判该批产品为合格品；如出现不合格项目，允许重新自同批产品中两倍量抽样进行复验；如复验结果中仍有不合格项，则判该批产品为不合格品。

7.4 型式检验

7.4.1 有下列情况之一时，应进行型式检验：

——审发生产许可证、产品批准文号时；

——法定质检部门提出要求时；

——原、辅材料和工艺过程及主要设备有重大变化时；

——停产三个月以上，恢复生产时。

7.4.2 判定规则

对抽取的样品按型式检验项目进行检验，所检项目全部合格，则判定合格；如出现不合格项目，允许重新两倍量抽样进行复验，如复验结果中仍有不合格项，则判定为不合格。

8 标签、包装、运输、贮存和保质期

8.1 标签

按 GB 10648 执行。

8.2 包装

产品包装应密封、防水、避光、牢固。

8.3 运输

产品在运输过程中应有遮盖物，避免曝晒、雨淋和受热，不得与有毒有害物品混装混运。

8.4 贮存

产品应贮存于阴凉通风干燥处，防止日晒雨淋，勿靠近火源。

8.5 保质期

产品的保质期依据相应产品的标准而确定。

ICS 65.120
B 46

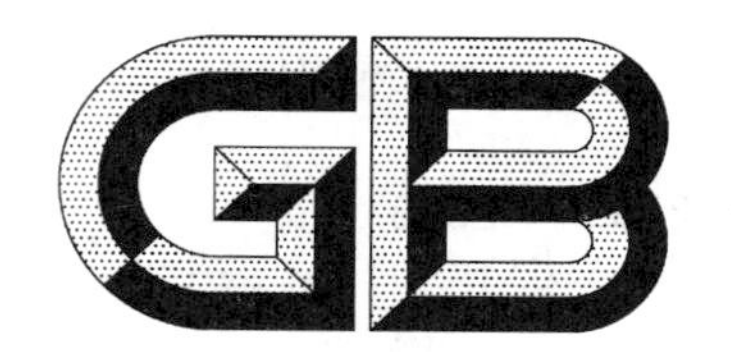

中华人民共和国国家标准

GB/T 21694—2008

饲料添加剂 蛋氨酸锌

Feed additive—Zinc methionine

2008-04-09 发布　　2008-07-01 实施

中华人民共和国国家质量监督检验检疫总局
中国国家标准化管理委员会　发布

前　　言

本标准由全国饲料工业标准化技术委员会提出并归口。

本标准主要起草单位：国家饲料质量监督检验中心（武汉）、广州天科科技有限公司、广州康瑞德生物技术有限公司。

本标准主要起草人：杨林、滕冰、杨海鹏、刘贤荣、黄婷、何凤琴。

本标准首次发布。

饲料添加剂　蛋氨酸锌

1　范围

本标准规定了饲料添加剂蛋氨酸锌的要求、试验方法、检验规则及标签、包装、运输、贮存等。

本标准适用于由可溶性锌盐及蛋氨酸(2-氨基-4-甲硫基-丁酸)合成的蛋氨酸-锌摩尔比为2∶1或1∶1的蛋氨酸锌产品。

蛋氨酸-锌摩尔比为2∶1的蛋氨酸锌产品:分子式为$C_{10}H_{20}N_2O_4S_2Zn$,相对分子质量为361.8。

蛋氨酸-锌摩尔比为1∶1的蛋氨酸锌产品:分子式为$(C_5H_{10}NO_2SZn)HSO_4$,相对分子质量为311.6。

2　规范性引用文件

下列文件中的条款通过本标准的引用而成为本标准的条款。凡是注日期的引用文件,其随后所有的修改单(不包括勘误的内容)或修订版均不适用于本标准,然而,鼓励根据本标准达成协议的各方研究是否可使用这些文件的最新版本。凡是不注日期的引用文件,其最新版本适用于本标准。

GB/T 5917　配合饲料粉碎粒度测定法

GB/T 6435　饲料中水分和其他挥发性物质含量的测定(GB/T 6435—2006,ISO 6496:1999,IDT)

GB 10648　饲料标签

GB/T 13079　饲料中总砷的测定

GB/T 13080　饲料中铅的测定　原子吸收光谱法

GB/T 13080.2　饲料添加剂　蛋氨酸铁(铜、锰、锌)螯合率的测定　凝胶过滤色谱法

GB/T 13082　饲料中镉的测定方法

GB/T 14699.1　饲料　采样(GB/T 14699.1—2005,ISO 6497:2002,IDT)

GB/T 17810　饲料级 DL-蛋氨酸

HG 2934　饲料级　硫酸锌

3　要求

3.1　感官性状

蛋氨酸锌(2∶1)为白色或类白色粉末,极微溶于水,质轻、略有蛋氨酸特有气味。无结块、发霉现象。

蛋氨酸锌(1∶1)为白色或类白色粉末,易溶于水,略有蛋氨酸特有气味。无结块、发霉现象。

3.2　鉴别

甲醇提取物与相应试剂反应符合要求。

3.3　粉碎粒度

过0.25 mm孔径分析筛,筛上物不得大于2%。

3.4　技术指标

技术指标应符合表1要求。

表 1 技术指标

项目		指标	
		摩尔比为 2∶1 的产品	摩尔比为 1∶1 的产品
锌/%	≥	17.2	19.0
蛋氨酸/%	≥	78.0	42.0
螯合率/%	≥	95	—
水分/%	≤	5	
总砷/(mg/kg)	≤	8	
铅/(mg/kg)	≤	10	
镉/(mg/kg)	≤	10	

4 试验方法

4.1 感官性状的检验

采用目测及嗅觉检验。

4.2 鉴别

4.2.1 试剂及溶液

除非另有规定,所用试剂均为分析纯。

4.2.1.1 甲醇。

4.2.1.2 三氯甲烷。

4.2.1.3 邻菲罗啉三氯甲烷溶液(0.1 g/L)。

4.2.1.4 曙红甲醇溶液(0.1%)。

4.2.1.5 氢氧化钾甲醇溶液(0.5 mol/L)。

4.2.2 鉴别

称取 1.0 g 试样,用 25 mL 甲醇(4.2.1.1)提取,过滤,取滤液 0.1 mL,按顺序分别加入邻菲罗啉三氯甲烷溶液(4.2.1.3)2 mL,曙红试剂(4.2.1.4)3 滴,氢氧化钾甲醇溶液(4.2.1.5)1 mL,不得出现浑浊。

4.3 水分

按 GB/T 6435 中规定的方法测定。

4.4 粉碎粒度

按 GB/T 5917 中规定的方法测定。

4.5 总砷的测定

按 GB/T 13079 中规定的方法测定。

4.6 铅的测定

按 GB/T 13080 中规定的方法测定。

4.7 镉的测定

按 GB/T 13082 中规定的方法测定。

4.8 螯合率的测定

按 GB/T 13080.2 中规定的方法测定。

4.9 锌含量的测定

按 HG 2934 中规定的方法测定。

4.10 蛋氨酸含量的测定

按 GB/T 17810 中规定的方法测定。

5 检验规则

5.1 采样方法

按 GB/T 14699.1 进行。

5.2 出厂检验

5.2.1 批

以同班、同原料、同配方的产品为一批，每批产品进行出厂检验。

5.2.2 出厂检验项目

感官性状、水分、粒度、锌含量。

5.2.3 判定方法

以本标准的有关试验方法和要求为依据，对抽取样品按出厂检验项目进行检验。检验结果如有一项指标不符合本标准要求时，应重新加倍抽样进行复检，复检结果如仍有任何一项不符合标准要求，则判定该批产品为不合格产品，不能出厂。

5.3 型式检验

5.3.1 有下列情况之一时，应进行型式检验：

a) 改变配方或生产工艺；

b) 正常生产每半年或停产半年后恢复生产；

c) 国家技术监督部门提出要求时。

5.3.2 型式检验项目

为本标准第 3 章的全部项目。

5.3.3 判定方法

以本标准的有关试验方法和要求为依据，对抽取样品按型式检验项目进行检验。检验结果如有一项指标不符合本标准要求时，应重新加倍抽样进行复检，复检结果如仍有任何一项不符合本标准要求，则判型式检验不合格。

6 标签、包装、运输、贮存

6.1 标签

应符合 GB 10648 中的规定。

6.2 包装

本产品内包装采用食品级聚乙烯薄膜，外包装采用纸箱、纸桶或聚丙烯塑料桶包装。

6.3 运输

运输过程中，不得与有毒、有害、有污染和有放射性的物质混放混载，防止日晒雨淋。

6.4 贮存

本品应贮存在清洁、干燥、阴凉、通风、无污染的仓库中。

在符合上述运输、贮存条件下，本产品自生产之日起保质期为 24 个月。

ICS 65.120
B 46

中华人民共和国国家标准

GB/T 21695—2008

饲料级　沸石粉

Feed grade—Zeolite meal

2008-04-09 发布　　2008-07-01 实施

中华人民共和国国家质量监督检验检疫总局
中国国家标准化管理委员会
发布

前　言

本标准由全国饲料工业标准化技术委员会提出并归口。

本标准主要起草单位:国家饲料质量监督检验中心(武汉)、华中科技大学。

本标准主要起草人:何一帆、徐锦萍、刘小敏、杨林、杨先奎。

本标准为首次发布。

引　　言

鉴于天然沸石含量变化大，用化学方法无法准确测定。但其吸氨量与沸石的含量呈线性关系，所以本标准在鉴别确定沸石的基础上，用测定吸氨量来判定产品中沸石含量的多少。

饲料级 沸石粉

1 范围

本标准规定了饲料级沸石粉的质量要求、试验方法、检验规则及标签、包装、运输、贮存。

本标准适用于饲料级沸石粉。

2 规范性引用文件

下列文件中的条款通过本标准的引用而成为本标准的条款。凡是注日期的引用文件，其随后所有的修改单(不包括勘误的内容)或修订版均不适用于本标准，然而，鼓励根据本标准达成协议的各方研究是否可使用这些文件的最新版本。凡是不注日期的引用文件，其最新版本适用于本标准。

GB/T 601 化学试剂 标准滴定溶液的制备

GB/T 6003.1 金属丝编织网试验筛 (GB/T 6003.1—1997,eqv ISO 3310-1:1990)

GB/T 6435 饲料中水分和其他挥发性物质含量的测定(GB/T 6435—2006,ISO 6496:1999,IDT)

GB/T 6682 分析实验室用水规格和试验方法(GB/T 6682—1992,neq ISO 3696:1987)

GB 10648 饲料标签

GB/T 13079—2006 饲料中总砷的测定

GB/T 13080 饲料中铅的测定 原子吸收光谱法

GB/T 13081 饲料中汞的测定

GB/T 13082 饲料中镉的测定方法

GB/T 14699.1 饲料 采样(GB/T 14699.1—2005,ISO 6497:2002,IDT)

3 要求

3.1 感官性状

本品为无臭无味，具有矿物本身自然色泽的粉末或颗粒。

3.2 理化指标

饲料级沸石粉的理化指标应符合表1要求。

表1 理化指标

项目		指标	
		一级	二级
吸氨量/(mmol/100 g)	≥	100.0	90.0
干燥失重(质量分数)/%	≤	6.0	10.0
砷(As)(质量分数)/%	≤	0.002	
汞(Hg)(质量分数)/%	≤	0.000 1	
铅(Pb)(质量分数)/%	≤	0.002	
镉(Cd)(质量分数)/%	≤	0.001	
细度(通过孔径为0.9 mm试验筛)/%	≥	95.0	

4 试验方法

4.1 试剂

以下试剂除特别注明外，均为分析纯，水应符合GB/T 6682中规定的二级水。

4.1.1　硝酸银。

4.1.2　乙酸溶液:1+9。

4.1.3　硝酸代十六烷基吡啶($C_{21}H_{38}NO_2N \cdot H_2O$)溶液:称取5.24 g溴代十六烷基吡啶($C_{21}H_{38}BrN \cdot H_2O$),用50 mL乙醇溶解。另取2.35 g硝酸银(4.1.1),用少量水溶解,将硝酸银溶液倒入溴代十六烷基吡啶溶液中,边倒边搅拌,静止10 min,过滤于100 mL容量瓶中,用乙醇洗涤,并稀释至刻度,摇匀。

4.1.4　硫化钠溶液:称取1 g硫化钠和2 g氢氧化钠加水溶解后,稀释至100 mL。

4.1.5　苦味酸溶液:称取1 g苦味酸用热水溶解,稀释至100 mL。

4.1.6　混合交换剂:称取1 g硝酸银(4.1.1)加入10 mL乙酸溶液(4.1.2),加入10 mL硝酸代十六烷基吡啶(4.1.3)溶液混合后,加水稀释至100 mL(用时摇匀)。

4.1.7　氯化铵溶液(1.0 mol/L):称取53.49 g氯化铵溶液于400 mL水中,用水稀释至1 L。

4.1.8　氯化钾溶液(1.0 mol/L):称取74.55 g氯化钾溶液于400 mL水中,用水稀释至1 L。

4.1.9　甲醛溶液(2+1)(体积比):使用前用0.1 mol/L氢氧化钠溶液中和至酚酞指示剂呈粉红色。

4.1.10　氨-氯化铵缓冲溶液(pH=10):称取20.0 g氯化铵溶液于200 mL水中,加80 mL氨水,用水稀释至1 L。

4.1.11　硝酸银溶液(1 g/L):称取0.1 g硝酸银(4.1.1)加水溶解并稀释至100 mL。

4.1.12　氢氧化钠标准溶液:$c(NaOH)=0.1$ mol/L,按GB/T 601配制。

4.2　仪器

4.2.1　分光光度计。

4.2.2　原子吸收分光光度计。

4.3　鉴别试验

取试样约1 g,用水洗净表面杂质,放入10 mL小烧杯中,加入2 mL～3 mL混合交换剂(4.1.6),在酒精灯上加热煮沸1 min～2 min。取出样品用水洗2次～3次,再加1 mL～2 mL硫化钠溶液(4.1.4)和1滴～2滴苦味酸溶液(4.1.5),煮沸生成表面变黑者即为沸石。

4.4　感官性状的检验

采用目测及嗅觉检验。

4.5　吸氨量的测定

4.5.1　原理

试样用氯化铵煮沸改型,经水洗涤后,再加氯化钾溶液作用,将交换的铵离子置换出来,然后加入甲醛,被置换出的铵离子和甲醛作用生成盐酸,用标准氢氧化钠溶液滴定,计算其吸氨量。

4.5.2　分析步骤

称取1.000 g(准确至0.001 g)试样置于250 mL烧杯中,加入1.0 mol/L氯化铵溶液(4.1.7)50 mL和少许纸浆,在电热板上煮沸并保温30 min。取下,用慢速滤纸过滤,用煮沸的1.0 mol/L氯化铵溶液(4.1.7)洗涤,直至流出的溶液中无钙、镁离子为止(检查方法:在小烧杯中加几毫升氨-氯化铵缓冲溶液(4.1.10)和1滴酸性铬蓝K指示剂,承接一些滤液,如溶液不变红色,说明已洗净)。再改用温水洗涤至无氯离子(硝酸银溶液(4.1.11)检查),用水将漏斗尾部冲洗一下,防止少量氯化铵沾污。

漏斗改用清洁的250 mL烧杯承接,分三次加入煮沸的1.0 mol/L氯化钾溶液(4.1.8)80 mL。待漏斗中溶液流完后,在烧杯中加入甲醛溶液(4.1.9)15 mL,以酚酞为指示剂,用0.1 mol/L氢氧化钠标准溶液(4.1.12)滴定至红色。再在烧杯中接取一次1.0 mol/L氯化钾溶液(4.1.8),如溶液红色30 s不褪色,表示终点已到,如红色褪去,则应重复滴定至稳定的红色为止。以三次滴定所消耗的氢氧化钠标准溶液的总体积计算结果。

4.5.3　分析结果的表述

吸氨量X(以质量分数计,数值以mmol/100 g表示)按式(1)计算:

$$X = \frac{c \times V}{m} \times 100 \quad \cdots\cdots(1)$$

式中：

c——氢氧化钠标准溶液浓度，单位为毫摩尔每升(mmol/L)；

V——消耗氢氧化钠标准溶液的体积，单位为毫升(mL)；

m——试样质量，单位为克(g)。

计算结果表示至小数点后两位。

4.5.4 允许差

取平行测定结果的算术平均值为测定结果，平行测定结果的绝对差值不大于 15 mmol/100 g。

4.6 砷含量

称取试样约 2.000 g(准确至 0.001 g)，以下按 GB/T 13079—2006 银盐法执行。

4.7 汞含量

称取试样约 1.000 g(准确至 0.001 g)，以下按 GB/T 13081 执行。

4.8 铅含量

称取试样约 2.000 g(准确至 0.001 g)，以下按 GB/T 13080 执行。

4.9 镉含量

称取试样约 2.000 g(准确至 0.001 g)，以下按 GB/T 13082 执行。

4.10 干燥失重

称取试样约 1.000 g(准确至 0.000 2 g)，以下按 GB/T 6435 执行。

4.11 细度

4.11.1 方法提要

用筛分法测定筛下物含量。

4.11.2 仪器、设备

试验筛：符合 GB/T 6003.1 中 R40/3 系列的要求，ϕ200 mm×500 mm/900 μm。

4.11.3 分析步骤

称取 50 g 试样(准确至 0.1 g)。置于试验筛中进行筛分，将筛下物称量(称准至 0.1 g)。

4.11.4 分析结果的表述

细度 w（以质量分数计，数值以%表示）按式(2)计算：

$$w = \frac{m_1}{m} \times 100 \quad \cdots\cdots(2)$$

式中：

m_1——筛下物的质量，单位为克(g)；

m——试样质量，单位为克(g)。

计算结果表示至小数点后一位。

4.11.5 允许差

取平行测定结果的算术平均值为测定结果，平行测定结果的绝对差值不大于 0.5%。

5 检验规则

5.1 采样方法

按 GB/T 14699.1 进行。

5.2 出厂检验

5.2.1 批

以同班、同原料的产品为一批，每批产品进行出厂检验。

5.2.2 **出厂检验项目**

感官性状、水分、细度、吸氨量。

5.2.3 **判定方法**

以本标准的有关试验方法和要求为依据，对抽取样品按出厂检验项目进行检验。检验结果如有一项指标不符合本标准要求时，应重新加倍抽样进行复检，复检结果如仍有任何一项不符合标准要求，则判定该批产品为不合格产品，不能出厂。

5.3 **型式检验**

5.3.1 有下列情况之一时，应进行型式检验：

a) 改变配方或生产工艺；

b) 正常生产每半年或停产半年后恢复生产；

c) 国家技术监督部门提出要求时。

5.3.2 型式检验项目

为本标准第3章规定的全部项目。

5.3.3 判定方法

以本标准的有关试验方法和要求为依据。检验结果如有一项不符合本标准要求时，应加倍抽样复检，复检结果如仍有一项不符合本标准要求时，则判型式检验不合格。

6 标签、包装、运输、贮存

6.1 **标签**

饲料级沸石粉包装袋上应有牢固清晰的标志，内容按 GB 10648 的规定执行。

6.2 **包装**

饲料级沸石粉采用双层包装。内包装采用两层食品级聚乙烯塑料薄膜袋，厚度不小于 0.06 mm。外包装采用聚丙烯塑料编织袋。

6.3 **运输**

饲料级沸石粉在运输过程中应有遮盖物，防止雨淋、受潮，不得与有毒有害物品混运。

6.4 **贮存**

饲料级沸石粉应贮存在阴凉、干燥处，防止雨淋、受潮。不得与有毒有害物品混存。

饲料级沸石粉在符合本标准包装、运输和贮存的条件下，该产品从生产之日起保质期为24个月。

ICS 65.120
B 46

中华人民共和国国家标准

GB/T 21696—2008

饲料添加剂　碱式氯化铜

Feed additive—Copper chloride hydroxide

2008-04-09 发布　　2008-07-01 实施

中华人民共和国国家质量监督检验检疫总局
中国国家标准化管理委员会　发布

前　言

本标准由全国饲料工业标准化技术委员会提出并归口。

本标准主要起草单位:国家饲料质量监督检验中心(武汉)、长沙兴嘉生物工程有限公司。

本标准主要起草人:何一帆、黄逸强、徐锦萍、周长虹、周泽辉、杨林。

本标准首次发布。

饲料添加剂　碱式氯化铜

1　范围

本标准规定了饲料添加剂碱式氯化铜的质量要求、试验方法、检验规则、标签、包装、运输、贮存、保质期。

本标准适用于饲料添加剂碱式氯化铜。

分子式：$Cu_2(OH)_3Cl$

相对分子质量：213.57(按2001年国际相对原子质量)

2　规范性引用文件

下列文件中的条款通过本标准的引用而成为本标准的条款。凡是注日期的引用文件，其随后所有的修改单(不包括勘误的内容)或修订版均不适用于本标准，然而，鼓励根据本标准达成协议的各方研究是否可使用这些文件的最新版本。凡是不注日期的引用文件，其最新版本适用于本标准。

GB/T 601　化学试剂　标准滴定溶液的制备

GB/T 602　化学试剂　杂质测定用标准溶液的制备(GB/T 602—2002,ISO 6353-1:1982,NEQ)

GB/T 6682　分析实验室用水规格和试验方法(GB/T 6682—1992,neq ISO 3696:1987)

GB 10648　饲料标签

GB/T 13080　饲料中铅的测定　原子吸收光谱法

GB/T 13082　饲料中镉的测定方法

GB/T 14699.1　饲料　采样(GB/T 14699.1—2005,ISO 6497:2002,IDT)

3　要求

3.1　感官性状

墨绿色和浅绿色粉末或颗粒，不溶于水，溶于酸和氨水，空气中稳定。

3.2　理化指标

饲料添加剂碱式氯化铜的理化指标应符合表1要求。

表1　理化指标

项　目		指　标
碱式氯化铜[$Cu_2(OH)_3Cl$](质量分数)/%	≥	98.0
铜(以Cu计)(质量分数)/%	≥	58.12
砷(As)(质量分数)/%	≤	0.002
铅(Pb)(质量分数)/%	≤	0.001
镉(Cd)(质量分数)/%	≤	0.000 3
酸不溶物(质量分数)/%	≤	0.2
细度(通过孔径为250 μm试验筛)/%	≥	95.0

4　试验方法

4.1　试剂和溶液

以下试剂除特别注明外，均为分析纯，水应符合GB/T 6682中规定的二级水。

4.1.1 乙二胺四乙酸二钠溶液:150 g/L。

4.1.2 氢氧化钠溶液:0.1 mol/L 溶液。称取 1.0 g 氢氧化钠,溶于水中,定容至 250 mL。

4.1.3 硫酸钠溶液:0.2 g/L。

4.1.4 乙酸乙酯溶液。

4.1.5 硝酸银溶液:10 g/L。

4.1.6 碘化钾。

4.1.7 冰乙酸。

4.1.8 盐酸。

4.1.9 盐酸溶液:$c(HCl)=3$ mol/L。量取 250.0 mL 盐酸(4.1.8),溶于水中,定容至 1 L。

4.1.10 盐酸溶液:$c(HCl)=6$ mol/L。量取 500.0 mL 盐酸(4.1.8),溶于水中,定容至 1 L。

4.1.11 硫代硫酸钠标准溶液:$c(Na_2S_2O_3)=0.1$ mol/L,按 GB/T 601 配制。

4.1.12 淀粉指示液:5 g/L。

4.1.13 乙酸铅棉花。

4.1.14 L-抗坏血酸。

4.1.15 无砷锌粒。

4.1.16 碘化钾溶液:150 g/L。称取 75 g 碘化钾(4.1.6)溶于水中,定容至 500 mL,贮存于棕色瓶中。

4.1.17 酸性氯化亚锡溶液:400 g/L。称取 40 g($SnCl_2 \cdot 2H_2O$) 溶于 50 mL 盐酸(4.1.8)中,定容至 100 mL。

4.1.18 二乙氨基二硫代甲酸银(Ag-DDTC)吸收溶液:2.5 g/L。称取 2.5 g(精确到 0.002 g) Ag-DDTC 于干燥的烧杯中,加入 20 mL 三乙胺,加适量的三氯甲烷待完全溶解后,转入 1 L 容量瓶中,用三氯甲烷定容,于棕色瓶中存放在冷暗处。若有沉淀应过滤后使用。

4.1.19 砷标准工作溶液:1 mL 溶液含有 1.00 μg 砷,按 GB/T 602 配制。

4.1.20 硝酸溶液:1+1(体积比)。

4.1.21 氨水:1+1(体积比)。

4.2 仪器和设备

4.2.1 分光光度计。

4.2.2 砷化氢发生吸收装置。

4.2.3 玻璃砂坩埚:孔径 5 μm~15 μm。

4.2.4 电烘箱:温度能控制在 105℃~110℃。

4.3 鉴别试验

4.3.1 铜离子的鉴别

称取 0.5 g 试样,加 20 mL 盐酸(4.1.9)溶解。取 1.0 mL 此溶液,加 0.5 mL 乙二胺四乙酸二钠溶液(4.1.1),加 0.5 mL 氢氧化钠溶液(4.1.2),加 1.0 mL 硫酸钠溶液(4.1.3),再加入 1.0 mL 乙酸乙酯溶液(4.1.4),振摇,有机相生成黄棕色。

4.3.2 氯离子的鉴别

取上述 5 mL 试验溶液,置于白色瓷板上,加硝酸银溶液(4.1.5),即有白色沉淀生成,在硝酸中不溶。

4.4 感官性状的检验

采用目测及嗅觉检验。

4.5 碱式氯化铜含量的测定

4.5.1 原理

试样用酸溶解,在微酸性条件下,加入适量的碘化钾与二价铜作用,析出等摩尔碘,以淀粉为指示剂,用硫代硫酸钠标准滴定溶液滴定析出的碘。从消耗硫代硫酸钠标准滴定溶液的体积,计算出试样中碱式氯化铜含量。

4.5.2 分析步骤

称取约0.2 g试样(准确至0.000 1 g),置于250 mL碘量瓶中,加入5.0 mL盐酸(4.1.9)溶解,加入4 mL冰乙酸(4.1.7),加2 g碘化钾(4.1.6),摇匀后,于暗处放置10 min。用硫代硫酸钠标准溶液(4.1.11)滴定,直至溶液呈现淡黄色,加3 mL淀粉指示液(4.1.12)后呈蓝色,继续滴定至蓝色消失,即为终点。

4.5.3 分析结果的计算和表述

碱式氯化铜[$Cu_2(OH)_3Cl$]含量ω_1(以质量分数计,数值以%表示)按式(1)计算:

$$\omega_1=\frac{c\times V\times 0.106\ 8}{m}\times 100=\frac{10.68\times V\times c}{m} \qquad (1)$$

式中:

c——硫代硫酸钠标准滴定溶液的浓度,单位为摩尔每升(mol/L);

V——滴定时消耗硫代硫酸钠标准溶液的体积,单位为毫升(mL);

m——试样的质量,单位为克(g)。

碱式氯化铜(以Cu计)含量ω_2(以质量分数计,数值以%表示)按式(2)计算:

$$\omega_2=\frac{c\times V\times 0.063\ 55}{m}\times 100=\frac{6.355\times V\times c}{m} \qquad (2)$$

计算结果表示至小数点后两位。

4.5.4 允许差

取平行测定结果的算术平均值为测定结果,平行测定结果的绝对差值不大于0.20%。

4.6 砷含量的测定

4.6.1 原理

样品经酸消解,使砷以离子状态存在,经氯化亚锡将高价砷还原为三价砷,然后被锌粒和酸产生的新生态氢还原为砷化氢。在密闭装置中,被二乙氨基二硫代甲酸银(Ag DDTC)的三氯甲烷溶液吸收,形成黄色或棕红色银溶胶,其颜色深浅与砷含量成正比,用分光光度计比色测定。形成胶体银的反应如下:

$$AsH_3+6Ag(DDTC)=6Ag+3H(DDTC)+As(DDTC)_3$$

4.6.2 分析步骤

称取0.500 g(准确至0.001 g)试样,置于100 mL烧杯中,加5 mL盐酸(4.1.9)溶解,加水20 mL,1.5 g碘化钾(4.1.6),盖上表面皿;放置5 min后,加0.2 g L-抗坏血酸(4.1.14)使之溶解,移入50 mL容量瓶中作为检测液,摇匀。分取25 mL检测液,置于砷化氢发生装置(4.2.2)中,加水10 mL,加10 mL盐酸(4.1.10),摇匀。加入1 mL碘化钾溶液(4.1.16),放置10 min,加入1 mL氯化亚锡溶液(4.1.17)至溶液无色,摇匀,放置15 min。准确吸取5.00 mL Ag-DDTC吸收液(4.1.18)于吸收瓶中,连接好砷化氢发生吸收装置[勿漏气,导管塞有膨松的乙酸铅(4.1.13)棉花]。从发生装置(4.2.2)侧管迅速加入2.5 g无砷锌粒(4.1.15),反应30 min,当室温低于15℃时,反应延长至45 min。反应中轻摇发生瓶2次,反应结束后,取下吸收瓶,用吸收溶液(4.1.18)定容至5 mL,摇匀(避光时溶液颜色稳定2 h)。以吸收溶液(4.1.18)为参比,在520 nm处,用1 cm比色池测定。同时于相同条件下,做试剂空白试验。

注:Ag-DDTC吸收液系有机溶液,凡与之接触器皿务必干燥。

4.6.3 标准曲线绘制

准确吸收砷标准工作溶液(1.0 μg/mL)0.00,1.00,2.00,5.00,10.00 mL于发生瓶中,加10 mL盐酸(4.1.10),加水稀释至45 mL,加入1 mL碘化钾溶液(4.1.16),以下按4.6.2规定步骤操作,测其吸光度,求出回归方程各参数或绘制出标准曲线。

4.6.4 分析结果的计算和表述

砷(As)含量 ω_3(以质量分数计,数值以%表示)按式(3)计算:

$$\omega_3 = \frac{m_1 \times V_1}{m \times V_2 \times 1\ 000} \times 100 \qquad (3)$$

式中:

m_1——测试液中含砷量,单位为毫克(mg);

V_1——试剂消解液总体积,单位为毫升(mL);

m——试样质量,单位为克(g);

V_2——分取试液体积,单位为毫升(mL)。

计算结果表示至小数点后四位。

4.6.5 允许差

取平行测定结果的算术平均值为测定结果,平行测定结果的相对偏差值≤15%。

4.7 铅含量的测定(原子吸收分光光度法)

称取约 10 g 试样(准确至 0.01 g),加入 10 mL 水和 25 mL 硝酸溶液(4.1.20),使试样溶解。移入 100 mL 容量瓶中,用水稀释至刻度,摇匀。以下按 GB/T 13080 执行。

4.8 镉含量的测定(原子吸收分光光度法)

称取约 10 g 试样(准确至 0.01 g),加入 10 mL 水和 25 mL 硝酸溶液(4.1.20),使试样溶解。移入 100 mL 容量瓶中,用水稀释至刻度,摇匀。以下按 GB/T 13082 执行。

4.9 酸不溶物含量的测定

4.9.1 方法提要

将试样溶于酸后,经过滤、洗涤、干燥、称量。

4.9.2 测定步骤

称取约 10 g 试样(准确至 0.000 2 g),置于 400 mL 烧杯中,加 200 mL 盐酸(4.1.10)至试样溶解,用预先在 105℃～110℃下烘干至质量恒定的玻璃砂坩埚抽滤,用热水洗涤滤渣至洗液无色,并以氨水(4.1.21)检查无铜离子反应时为止。将玻璃砂坩埚置于烘箱内在 105℃～110℃下烘干至质量恒定,取出置于干燥器中冷却后称量。

4.9.3 分析结果的计算和表述

酸不溶物含量 ω_4(以质量分数计,数值以%表示)按式(4)计算:

$$\omega_4 = \frac{m_1}{m} \times 100 \qquad (4)$$

式中:

m_1——干燥后残渣的质量,单位为克(g);

m——试样的质量,单位为克(g)。

计算结果表示至小数点后一位。

4.9.4 允许差

取平行测定结果的算术平均值为测定结果,平行测定结果的绝对差值不大于 0.05%。

4.10 细度的测定

4.10.1 方法提要

用筛分法测定筛下物含量。

4.10.2 分析步骤

称取 50 g 试样(准确至 0.1 g)。置于试验筛中进行筛分,将筛下物称量(称准至 0.1 g)。

4.10.3 分析结果的计算和表述

细度 ω_5(以质量分数计,数值以%表示)按式(5)计算:

$$\omega_5 = \frac{m_1}{m} \times 100 \qquad \cdots\cdots\cdots\cdots (5)$$

式中：

m_1——筛下物的质量，单位为克(g)；

m——试样的质量，单位为克(g)。

计算结果表示至小数点后一位。

4.10.4 允许差

取平行测定结果的算术平均值为测定结果，平行测定结果的绝对差值不大于0.1%。

5 检验规则

5.1 采样方法

按GB/T 14699.1进行。

5.2 出厂检验

5.2.1 批

以同班、同原料产品为一批，每批产品进行出厂检验。

5.2.2 出厂检验项目

感官性状、细度、铜含量。

5.2.3 判定方法

以本标准的有关试验方法和要求为依据，对抽取样品按出厂检验项目进行检验。检验结果如有一项指标不符合本标准要求时，应重新加倍抽样进行复检，复检结果如仍有任何一项不符合标准要求，则判定该批产品为不合格产品，不能出厂。

5.3 型式检验

5.3.1 有下列情况之一时，应进行型式检验：

a) 改变配方或生产工艺；

b) 正常生产每半年或停产半年后恢复生产；

c) 国家技术监督部门提出要求时。

5.3.2 型式检验项目

为本标准第3章规定的全部项目。

5.3.3 判定方法

以本标准的有关试验方法和要求为依据。检验结果如有一项不符合本标准要求时，应加倍抽样复检，复检结果如仍有一项不符合本标准要求时，则判型式检验不合格。

6 标签、包装、运输、贮存

6.1 标签

饲料添加剂碱式氯化铜包装袋上应有牢固清晰的标志，内容按GB 10648的规定执行。

6.2 包装

饲料添加剂碱式氯化铜采用多层复合纸袋包装。

6.3 运输

饲料添加剂碱式氯化铜在运输过程中应有遮盖物，防止雨淋、受潮，不得与有毒有害物品混运。

6.4 贮存

饲料添加剂碱式氯化铜应贮存在阴凉、干燥处，防止雨淋、受潮。不得与有毒有害物品混存。

饲料添加剂碱式氯化铜在符合本标准包装、运输和贮存的条件下，该产品从生产之日起保质期为24个月。

ICS 65.120
B 46

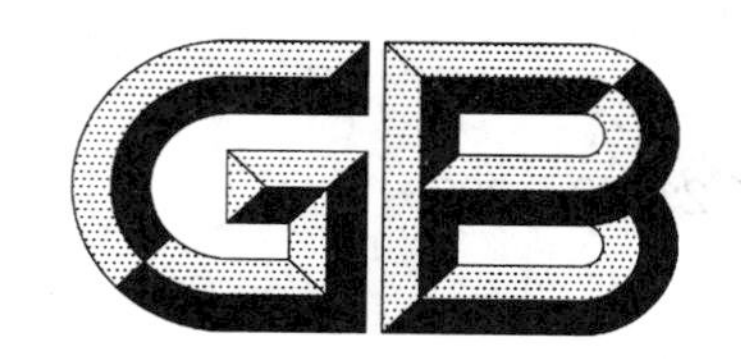

中华人民共和国国家标准

GB/T 21979—2008

饲料级 L-苏氨酸

Feed grade—L-Threonine

2008-06-17 发布　　　　2008-10-01 实施

中华人民共和国国家质量监督检验检疫总局
中国国家标准化管理委员会　发布

前　　言

本标准由全国饲料工业标准化技术委员会提出并归口。

本标准起草单位:农业部饲料质量监督检验测试中心(西安)、长春大成实业集团。

本标准主要起草人:赵彩会、陈莉、贾青、李会玲、姚天玲、梁红锐、杨汉卿、冯西辉、李明涛。

饲料级 L-苏氨酸

1 范围

本标准规定了饲料级L-苏氨酸产品的技术要求、试验方法、检验规则、标签、包装、运输、贮存和保质期。

本标准适用于以淀粉、糖质为主要原料，经发酵、提取制成的饲料级L-苏氨酸。

化学名称：L-2-氨基-3-羟基丁酸

分子式：$C_4H_9NO_3$

相对分子质量：119.12（按2006年国际相对原子质量）

结构式：

$$\begin{array}{c} \quad\quad\;\; OH \\ \quad\quad\;\; | \\ CH_3—CH—CH—COOH \\ \quad\quad\quad\quad\quad\;\; | \\ \quad\quad\quad\quad\quad\;\; NH_2 \end{array}$$

2 规范性引用文件

下列文件中的条款通过本标准的引用而成为本标准的条款。凡是注日期的引用文件，其随后所有的修改单（不包括勘误的内容）或修改版均不适用于本标准，然而，鼓励根据本标准达成协议的各方研究是否可使用这些文件的最新版本。凡是不注日期的引用文件，其最新版本适用于本标准。

GB/T 601 化学试剂 标准滴定溶液的制备

GB/T 602 化学试剂 杂质测定用标准溶液的制备

GB/T 603 化学试剂 试验方法中所用制剂及制品的制备

GB/T 6435 饲料中水分和其他挥发性物质含量的测定

GB/T 6438 饲料中粗灰分的测定

GB/T 6682 分析实验室用水规格和试验方法（GB/T 6682—1992，neq ISO 3696:1987）

GB 10648 饲料标签

GB 13078 饲料卫生标准

GB/T 13079 饲料中总砷的测定

GB/T 13080 饲料中铅的测定 原子吸收光谱法

GB/T 14699.1 饲料 采样

中华人民共和国药典 2005年版二部

3 技术要求

3.1 外观和性状

本品应为白色至浅褐色的结晶或结晶性粉末，味微甜。能溶于水，难溶于甲醇、乙醚和三氯甲烷。有旋光性。

3.2 技术指标

应符合表1规定。

表 1 技术指标

项目	指标	
	一级	二级
含量(以干基计)/%	≥98.5	≥97.5
比旋光度$[\alpha]_D^{20}$	−26.0°～−29.0°	
干燥失重/%	≤1.0	
灼烧残渣/%	≤0.5	
重金属(以 Pb 计)/(mg/kg)	≤20	
砷(以 As 计)/(mg/kg)	≤2	

3.3 其他卫生指标

应符合 GB 13078 的规定。

4 试验方法

除非另有规定,在分析中仅使用分析纯试剂。水应符合 GB/T 6682 三级水规定。试验中所用标准滴定溶液、制剂及制品,在没有注明其他规定时,均按 GB/T 601、GB/T 602 和 GB/T 603 的规定制备。

4.1 鉴别试验

4.1.1 试剂

茚三酮。

4.1.2 仪器

红外分光光度仪。

4.1.3 鉴别方法

4.1.3.1 取本品 0.05 g,加水 50 mL 使溶解,加茚三酮 0.05 g,加热,溶液显蓝紫色,随温度升高颜色加重。

4.1.3.2 红外鉴别:本品的红外光吸收图谱与《中华人民共和国药典》2005 年版的对照图谱(光谱集 957 图)一致。

4.2 L-苏氨酸含量的测定

4.2.1 试剂和溶液

4.2.1.1 甲酸。

4.2.1.2 冰乙酸。

4.2.1.3 高氯酸标准滴定溶液:$c(HClO_4)=0.1$ mol/L。

4.2.1.4 α-萘酚苯基甲醇指示液:2 g/L 冰乙酸溶液。

4.2.2 仪器

自动电位滴定仪或酸度计:以玻璃电极为指示电极,饱和甘汞电极为参比电极(或采用复合电极),并备有磁力搅拌器和滴定装置。

4.2.3 分析步骤

称取预先在 105 ℃干燥至恒重的试样 0.2 g,精确到 0.2 mg,加甲酸(4.2.1.1)3 mL 和冰乙酸(4.2.1.2) 50 mL 使溶解,用高氯酸标准滴定溶液(4.2.1.3)滴定,用电位滴定仪滴定至终点。或选用指示剂,加 α-萘酚苯基甲醇指示液(4.2.1.4)10 滴,溶液由橙黄色变为黄绿色。用时做空白试验。

4.2.4 结果计算

L-苏氨酸含量 X 以质量分数(%)表示,按式(1)计算:

$$X=\frac{(V-V_0)\times 119.12\times c}{m\times 1\,000}\times 100 \qquad \cdots\cdots(1)$$

式中：

V——试样溶液消耗高氯酸标准滴定溶液的体积，单位为毫升(mL)；

V_0——空白溶液消耗高氯酸标准滴定溶液的体积，单位为毫升(mL)；

119.12——L-苏氨酸的摩尔质量，单位为克每摩尔(g/mol)；

c——高氯酸标准滴定溶液的浓度，单位为摩尔每升(mol/L)；

m——试样的质量，单位为克(g)；

1 000——将体积 V 和 V_0 由毫升换算为升。

若试样滴定的温度与高氯酸标准滴定溶液标定时的温度差别超过 10 ℃，则应重新标定；若未超过 10 ℃，则应根据式(2)将高氯酸标准滴定溶液的浓度 c_0 校正为 c。

$$c = \frac{c_0}{1 + 0.001\,1(t - t_0)} \qquad \cdots\cdots (2)$$

式中：

c_0——高氯酸标准滴定溶液在温度为 t_0 时的标定浓度，单位为摩尔每升(mol/L)；

0.001 1——冰乙酸的膨胀系数；

t——试样滴定时的实际温度，单位为摄氏度(℃)；

t_0——高氯酸标准滴定溶液标定时的温度，单位为摄氏度(℃)。

计算结果表示至小数点后一位。

4.2.5 允许误差

取平行测定结果的算术平均值为测定结果，平行测定结果之差不大于 0.3%。

4.3 比旋光度测定

4.3.1 仪器

旋光仪：用钠光灯(钠光谱 D 线 589.3 nm)作光源。

4.3.2 测定方法

试样在 105 ℃干燥至恒重，称取干燥试样约 3 g，精确到 0.2 mg，加水温热溶解(若样品溶液颜色较深，溶解后加少量活性炭，过滤，用水洗涤数次)，并全部转入 50 mL 容量瓶中，调节溶液温度至 20 ℃，并稀释至刻度，中速定性滤纸过滤，滤液用旋光仪测定旋光度。

4.3.3 结果计算

L-苏氨酸在 20 ℃下，对钠光谱 D 线的旋光度$[\alpha]_D^{20}$ 按式(3)计算：

$$[\alpha]_D^{20} = \frac{100\alpha}{L \times c} \qquad \cdots\cdots (3)$$

式中：

α——测得的旋光度；

L——旋光管的长度，单位为分米(dm)；

c——每 100 mL 溶液中所含试样的质量，单位为克(g)。

4.4 干燥失重的测定

按 GB/T 6435 执行。

4.5 灼烧残渣的测定

按 GB/T 6438 执行。

4.6 重金属(以 Pb 计)的测定

按 GB/T 13080 执行。

4.7 砷的测定

按 GB/T 13079 执行。

5 检验规则

5.1 抽样方法

按 GB/T 14699.1 执行。

5.2 出厂检验

每批产品应进行出厂检验。检验项目为外观性状、含量和干燥失重。检验合格并附合格证入库或出厂。

5.3 型式检验

本标准中规定的所有项目为型式检验项目。

有下列情况之一时，应进行型式检验：

a) 长期停产，恢复生产时；

b) 原料变化或改变主要生产工艺时；

c) 国家质量监督机构或行业主管部门提出进行型式检验的要求时；

d) 出厂检验与上次型式检验有较大差异时；

e) 每年至少进行一次型式检验。

5.4 判定规则

若检验结果有一项不符合本标准要求时，应自两倍的包装中抽样进行复检。复检结果即使只有一项指标不符合本标准要求，则判整批产品为不合格。

6 标签、包装、运输、贮存和保质期

6.1 标签

按 GB 10648 执行。

6.2 包装

本产品装入适当的包装容器内。包装应符合运输和贮存的规定。

6.3 运输

本产品在运输过程中应避免日晒雨淋、受潮。不得与有毒有害或其他有污染的物品混装、混运。

6.4 贮存

本产品应于干燥、通风处贮存，防止日晒、雨淋、受潮。不得与有毒有害物品混贮。

6.5 保质期

在本标准规定的条件下，本产品保质期为 36 个月，开封后应尽快使用。

ICS 65.120
B 46

中华人民共和国国家标准

GB/T 21996—2008

饲料添加剂　甘氨酸铁络合物

Feed additive—Ferric glycine complex

2008-06-17 发布　　2008-10-01 实施

中华人民共和国国家质量监督检验检疫总局
中国国家标准化管理委员会　发布

前　言

本标准由中华人民共和国农业部提出。

本标准由全国饲料工业标准化技术委员会归口。

本标准起草单位：浙江维丰生物科技有限公司、中国农业科学院饲料研究所、国家饲料质量监督检验中心(武汉)。

本标准主要起草人：洪作鹏、于会民、杨林、占秀安、冯杰、王敏奇、汪以真、郑长峰、张玉红、张广民、李奎、裴华、乔云芳、孔随飞、孙爱玉。

饲料添加剂　甘氨酸铁络合物

1　范围

本标准规定了饲料添加剂甘氨酸铁络合物产品的技术要求、试验方法、检验规则以及标志、标签、包装、运输、贮存、保质期等要求。

本标准适用于以甘氨酸、硫酸亚铁为主要原料，经化学合成制得的、分子结构为链状的甘氨酸铁络合物。该产品在饲料中作为矿物质类添加剂。

分子式：$C_4H_{30}N_2O_{22}S_2Fe_2$

相对分子质量：634.10（按2005年国际相对原子质量）

结构式：

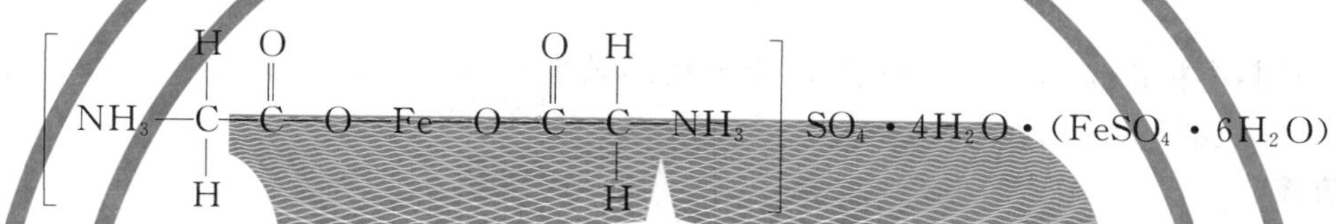

2　规范性引用文件

下列文件中的条款通过本标准的引用而成为本标准的条款。凡是注日期的引用文件，其随后所有的修改单（不包括勘误的内容）或修订版均不适用于本标准，然而，鼓励根据本标准达成协议的各方研究是否可使用这些文件的最新版本。凡是不注日期的引用文件，其最新版本适用于本标准。

GB/T 191　包装储运图示标志

GB/T 601　化学试剂　标准滴定溶液的制备

GB/T 603　化学试剂　试验方法中所用制剂及制品的制备

GB/T 5917　配合饲料粉碎粒度测定法

GB/T 6432　饲料中粗蛋白测定方法

GB/T 6682　分析实验室用水规格和试验方法（GB/T 6682—1992，neq ISO 3696:1987）

GB 10648　饲料标签

GB 13078　饲料卫生标准

GB/T 13079　饲料中总砷的测定

GB/T 13080　饲料中铅的测定　原子吸收光谱法

GB/T 14699.1　饲料　采样

3　要求

3.1　外观和性状

本品为淡黄色至棕黄色晶体或结晶性粉末，易溶于水。

3.2　技术指标

甘氨酸铁络合物产品技术指标应符合表1的要求。

表 1　技术指标

项　　目	指　　标
甘氨酸铁络合物($C_4H_{30}N_2O_{22}S_2Fe_2$)/%	≥90.0
铁(以 Fe^{2+} 计)/%	≥17.0
三价铁(以 Fe^{3+} 计)/%	≤0.50
总甘氨酸 /%	≥21.0
游离甘氨酸 /%	≤1.50
干燥失重 / %	≤10.0
铅含量 /%	≤0.002
总砷 /%	≤0.000 5
粒度(孔径 0.84 mm 试验筛通过率)/%	≥95.0

4　试验方法

除非另有说明,本标准所用的试剂和水,均指分析纯试剂和 GB/T 6682 中规定的三级用水;仪器、设备为一般实验室仪器和设备。

4.1　试剂和溶液

4.1.1　碘化钾。

4.1.2　硫酸溶液:5%,按 GB/T 603 配制。

4.1.3　磷酸溶液:10%,量取 72 mL 磷酸,缓缓注入 700 mL 水中,冷却,稀释至 1 000 mL。

4.1.4　二苯胺磺酸钠指示液:5 g/L,按 GB/T 603 配制。

4.1.5　硫酸铈标准滴定溶液:浓度 $c[Ce(SO_4)_2]$=0.1 mol/L,按 GB/T 601 配制与标定。

4.1.6　硫酸溶液:20%,按 GB/T 603 配制。

4.1.7　淀粉溶液:10 g/L,按 GB/T 603 配制。

4.1.8　硫代硫酸钠标准滴定溶液:浓度 $c(Na_2S_2O_3)$=0.01 mol/L,按 GB/T 601 配制与标定成 0.1 mol/L 的标准滴定溶液,然后稀释为 0.01 mol/L。

4.1.9　冰乙酸溶液:浓度 $c(CH_2COOH)$=2 mol/L,量取冰乙酸 11.3 mL,加水定容至 100 mL。

4.1.10　结晶紫指示剂溶液:5 g/L,按 GB/T 603 配制。

4.1.11　高氯酸标准滴定溶液:浓度 $c(HClO_4)$=0.01 mol/L,按 GB/T 601 配制与标定成 0.1 mol/L 的标准滴定溶液,然后稀释为 0.01 mol/L。

4.2　仪器和设备

4.2.1　分析天平:感量为 0.000 1 g。

4.2.2　定氮装置。

4.2.3　恒温干燥箱。

4.2.4　微量滴定管。

4.2.5　实验室常规仪器。

4.3　外观和性状的测定

4.3.1　外观

感官检测。

4.3.2　水溶解性

在 20 ℃±5 ℃下试样加入 10 mL 水中,每隔 5 min 搅拌一次,每次 30 s,共搅 6 次,完全溶解为棕黄色液体(棕黄色为试样中少量三价铁水解所致)。

4.4 二价铁(Fe^{2+})含量的测定

4.4.1 测定原理

试样用酸溶解后，其中的二价铁(Fe^{2+})用硫酸铈标准溶液滴定，二价铁被氧化成三价铁(Fe^{3+})，四价铈(Ce^{4+})被还原成三价铈(Ce^{3+})，用二苯胺磺酸钠作指示剂，由消耗硫酸铈标准滴定溶液的体积计算出二价铁的含量。

$$Fe^{2+} + [Ce(SO_4)_3]^{2-} = Ce^{3+} + Fe^{3+} + 3SO_4{}^{2-}$$

4.4.2 测定步骤

称取试样约 2 g(精确至 0.000 1 g)，置于 100 mL 烧杯中，加入 5%硫酸溶液(4.1.2)60 mL，再加入 10% 磷酸溶液(4.1.3)20 mL，搅拌均匀，然后注入 100 mL 的棕色容量瓶中，用蒸馏水将烧杯冲洗并入容量瓶中，再用蒸馏水加至刻度，摇匀，用移液管吸取 25.00 mL 试样溶液于锥形瓶中，加 25 mL 蒸馏水及 4 滴二苯胺磺酸钠指示液(4.1.4)，用硫酸铈标准滴定溶液(4.1.5)滴定至溶液由绿色变为紫红色为终点。记下消耗的硫酸铈的体积(V)。

4.4.3 计算和结果的表示

亚铁含量(X_1)以质量分数计，数值以%表示，按式(1)计算：

$$X_1 = \frac{c \times V \times 0.055\,85}{m_1 \times 25.00/100} \times 100 \qquad \cdots\cdots(1)$$

式中：

c——硫酸铈标准溶液的浓度，单位为摩尔每升(mol/L)；

V——试样溶液消耗硫酸铈溶液的体积，单位为毫升(mL)；

0.055 85——与 1.00 mL 硫酸铈标准溶液{$c[Ce(SO_4)_2] = 1.000$ mol/L}相当的铁的质量，单位为克(g)；

m_1——试样质量，单位为克(g)。

4.4.4 允许偏差

每个试样取两个平行样进行测定，以其算术平均值为结果，允许相对偏差不大于 2%。

4.5 三价铁(Fe^{3+})含量的测定(碘量法)

4.5.1 测定原理

在酸性溶液中加入碘化钾，利用碘(I^-)的还原作用，2 mol 碘(I^-)可以等量将 2 mol 三价铁还原为 2 mol 二价铁，同时析出 1 mol 碘，然后用硫代硫酸钠标准滴定溶液滴定析出的碘，从而间接地测定出试样中三价铁(Fe^{3+})的含量。

$$2Fe^{3+} + 2I^- = 2Fe^{2+} + I_2$$

$$I_2 + 2S_2O_3{}^{2-} = 2I^- + S_4O_6{}^{2-}$$

4.5.2 测定步骤

称取 0.5 g 试样(精确至 0.000 2 g)，置于 250 mL 碘量瓶中，加 50 mL 水溶解，加 2 mL 20%硫酸溶液(4.1.6)、1 g 碘化钾(4.1.1)，摇匀后，于暗处放置 30 min，用硫代硫酸钠标准滴定溶液(4.1.8)滴定至淡黄色，加 2 mL 淀粉溶液(4.1.7)，继续滴定至蓝色刚刚消失即为终点。平行测定两次。

4.5.3 计算和结果的表示

三价铁(Fe^{3+})含量 X_2 以质量分数计，数值以%表示，按式(2)计算：

$$X_2 = \frac{c \times V \times 0.055\,85}{m_2} \times 100 \qquad \cdots\cdots(2)$$

式中：

c——硫代硫酸钠标准溶液的浓度，单位为摩尔每升(mol/L)；

V——硫代硫酸钠标准溶液所消耗的体积，单位为毫升(mL)；

0.055 85——与 1.00 mL 硫代硫酸钠标准溶液[$c(Na_2S_2O_3) = 1.000$ mol/L]相当的铁的质量，单位为克(g)；

m_2——试样的质量，单位为克(g)。

计算结果保留两位小数。

4.5.4 允许偏差

每个试样取两个平行样进行测定，以其算术平均值为结果，允许相对偏差不大于10%。

4.6 总甘氨酸(氨基乙酸)的测定

4.6.1 测定方法

按GB/T 6432规定测定试样中氮(D)的质量分数。

总甘氨酸含量 X_3 以质量分数计，数值以%表示，按式(3)计算：

$$X_3 = 5.3583D \quad \cdots\cdots(3)$$

式中：

5.358 3——甘氨酸相对分子质量与氮的相对原子质量比值；

D——试样中氮的质量分数，%。

计算结果保留两位小数。

4.6.2 允许偏差

每个试样取两个平行样进行测定，以其算术平均值为结果，允许相对偏差不大于2%。

4.7 游离甘氨酸(氨基乙酸)的测定

4.7.1 测定原理

以冰乙酸为溶剂，结晶紫为指示剂，高氯酸标准溶液为滴定剂，反应生成氨基乙酸的高氯酸盐。

4.7.2 测定步骤

称取约0.1 g试样(精准至0.000 2 g)，置于250 mL干燥的锥形瓶中，加入30 mL冰乙酸(4.1.9)溶解，加入2滴结晶紫指示剂(4.1.10)，用高氯酸标准滴定溶液(4.1.11)滴定至溶液由紫色变为蓝绿色为终点，同时做空白试验。

4.7.3 计算和结果的表示

游离甘氨酸含量 X_4 以质量分数计，数值以%表示，按式(4)计算：

$$X_4 = \frac{c \times (V_1 - V_0) \times 0.07507}{m_3} \times 100 \quad \cdots\cdots(4)$$

式中：

c——高氯酸标准溶液的浓度，单位为摩尔每升(mol/L)；

V_1——试样消耗高氯酸标准滴定溶液的体积，单位为毫升(mL)；

V_0——空白试验消耗高氯酸标准滴定溶液的体积，单位为毫升(mL)；

0.075 07——与1.00 mL高氯酸标准滴定溶液[$c(HClO_4)=1.000$ mol/L]相当的氨基乙酸的质量，单位为克(g)；

m_3——试样的质量，单位为克(g)。

计算结果保留两位小数。

4.7.4 允许偏差

每个试样取两个平行样进行测定，以其算术平均值为结果，允许相对偏差不大于10%。

4.8 甘氨酸铁络合物($C_4H_{30}N_2O_{22}S_2Fe_2$)含量的测定

根据络合甘氨酸含量以及其在甘氨酸铁络合物分子式结构中所占的比例可以折算出甘氨酸铁络合物($C_4H_{30}N_2O_{22}S_2Fe_2$)的含量。络合甘氨酸含量由上述总甘氨酸($X_3$)和游离甘氨酸($X_4$)之差求得。

甘氨酸铁络合物($C_4H_{30}N_2O_{22}S_2Fe_2$)含量 X_5 以质量分数计，数值以%表示，按式(5)计算：

$$X_5 = 4.2273(X_3 - X_4) \quad \cdots\cdots(5)$$

式中：

4.227 3——甘氨酸络合物的摩尔质量 m(1/2甘氨酸铁)与氨基乙酸的摩尔质量 m(氨基乙酸)的比值。

计算结果保留两位小数。

4.9 干燥失重的测定

4.9.1 测定步骤

洁净称样皿，在 80 ℃±2 ℃烘箱中烘 1 h，取出。在干燥器中冷却 30 min，称重准确至 0.000 2 g，重复烘干 30 min，冷却、称重直至两次质量之差小于 0.000 5 g 为恒重。

用已恒重称样皿称取 2 份平行试样，每份 2 g，准确至 0.000 2 g，称样皿盖敞开在 80 ℃±2 ℃烘箱中烘 2 h～4 h（以温度达到 80 ℃开始计时），取出后在干燥器中冷却 30 min，称重。

重复烘干 1 h，冷却、称重，直至两次称重的质量差小于 0.002 g。

4.9.2 计算和结果的表示

干燥失重 X_6 以质量分数计，数值以%表示，按式(6)计算：

$$X_6 = \frac{m_4 - m_5}{m_4 - m_0} \times 100 \qquad (6)$$

式中：

m_4——80 ℃烘干前试样及称样皿的质量，单位为克(g)；

m_5——80 ℃烘干后试样及称样皿的质量，单位为克(g)；

m_0——已恒重的称样皿的质量，单位为克(g)。

4.9.3 允许偏差

每个试样取两个平行样进行测定，以其算术平均值为结果，允许相对偏差不大于 5%。

4.10 铅含量的测定

按 GB/T 13080 执行。

4.11 总砷的测定

按 GB/T 13079 执行。

4.12 粒度检验

粒度 X_7 按式(7)计算：

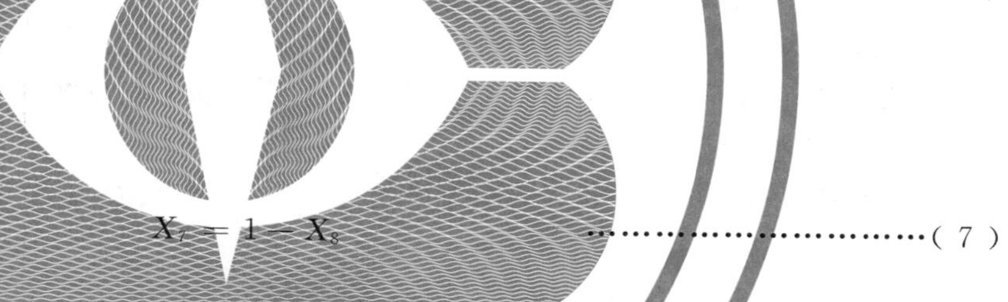

$$X_7 = 1 - X_8 \qquad (7)$$

式中：

X_7——孔径 0.84 mm 试验筛通过率，%；

X_8——孔径 0.84 mm 试验筛留存率（按 GB/T 5917 执行），%。

5 检验规则

5.1 组批

在规定限度内具有同一性质和质量，并在同一连续生产周期中生产出来的一定数量的产品为一批。

5.2 取样方法

按 GB/T 14699.1 的规定进行取样。

5.3 出厂检验

饲料级甘氨酸铁络合物按本标准的规定对产品性状、甘氨酸铁络合物($C_4H_{30}N_2O_{22}S_2Fe_2$)、二价铁（以 Fe^{2+} 计）、三价铁（以 Fe^{3+} 计）、总甘氨酸、游离甘氨酸、干燥失重、铅含量、总砷、粒度等进行检验。

5.4 型式检验

检验项目为本标准要求的全部项目及 GB 13078 的规定，有下列情况之一时应进行型式检验：

a） 新产品投产时；

b） 正常生产，每半年进行一次；

c） 停产或转产半年又继续生产时；

d） 更换主要设备、原料或生产工艺时；

e) 质量监督部门提出质量检验要求时。

5.5 判定规则

5.5.1 检验结果全部合格,判定该批产品合格。如果在检验中有一项指标不符合本标准要求时,应加倍抽样检验。复检仍不符合本标准要求时,则判定整批不合格。

5.5.2 使用单位或经销单位可按照本标准规定的检验规则和试验方法对所收到的产品进行质量检验,检查其是否符合本标准的要求。如果供需双方对产品质量发生异议时,由仲裁单位按本标准规定的试验方法和检验规则进行仲裁。

6 标志、标签

6.1 标志

包装标志应有厂址、厂名、净含量、产品名称、生产许可证号、批准文号、商标、防潮标识、防晒标识等,并符合 GB/T 191 的规定。

6.2 标签

按 GB 10648 执行。

7 包装、运输、贮存和保质期

7.1 包装

包装应符合运输和贮存的要求,包装完整,标签等资料齐全。

7.2 运输

本品在运输过程中应有遮盖物,防止日晒、雨淋、受潮,不得与有毒有害物品混运,防止污染。

7.3 贮存

本品应贮存在通风、干燥、避光、阴凉处,地面有防潮设施,堆放时应离墙 40 cm。不得与有毒有害物品混贮,防止污染。

7.4 保质期

在本标准规定的条件下,自生产之日起本产品保质期为 24 个月。

ICS 65.120
B 46

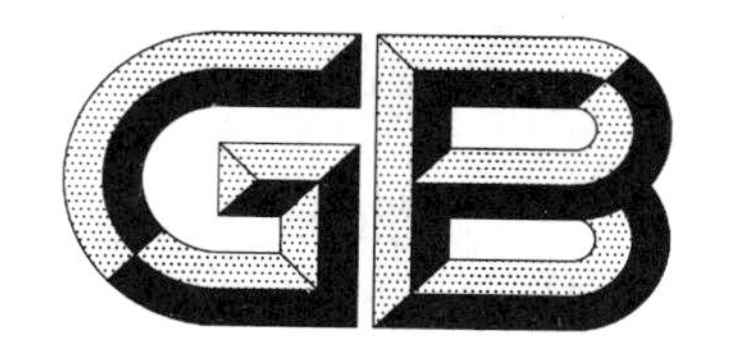

中华人民共和国国家标准

GB/T 22141—2008

饲料添加剂 复合酸化剂通用要求

Feed additive—General rules for compound acidifier

2008-06-27 发布

2008-10-01 实施

中华人民共和国国家质量监督检验检疫总局
中国国家标准化管理委员会 发布

前言

本标准由全国饲料工业标准化技术委员会提出并归口。

本标准起草单位:中国农业科学院北京畜牧兽医研究所。

本标准主要起草人:侯水生、黄苇、张春雷、谢明。

饲料添加剂　复合酸化剂通用要求

1　范围

本标准规定了饲料复合酸化剂的技术指标、检测方法、检验规则、标签、包装、运输和贮存要求。

本标准适用于利用磷酸与有机酸(乳酸、柠檬酸、富马酸、苹果酸、酒石酸等),或几种单一有机酸调节剂复合而成的,能够提高配合饲料酸度(pH 值降低),或者改善青贮饲料品质的均匀混合物。

2　规范性引用文件

下列文件中的条款通过本标准的引用而成为本标准的条款。凡是注日期的引用文件,其随后所有的修改单(不包括勘误的内容)或修订版均不适用于本标准,然而,鼓励根据本标准达成协议的各方研究是否可使用这些文件的最新版本。凡是不注日期的引用文件,其最新版本适用于本标准。

GB/T 606　化学试剂　水分测定通用方法　卡尔·费休法

GB 3149　食品添加剂　磷酸

GB/T 5009.157　食品中有机酸的测定

GB/T 6439　饲料中水溶性氯化物的测定

GB/T 9728　化学试剂　硫酸盐测定通用方法

GB/T 10467　水果和蔬菜产品中挥发性酸度的测定方法

GB 10648　饲料标签

GB/T 12456　食品中总酸的测定方法

GB 13078　饲料卫生标准

GB/T 13079　饲料中总砷的测定

GB/T 13080　饲料中铅的测定　原子吸收光谱法

GB/T 13083　饲料中氟的测定　离子选择性电极法

SN/T 2007　进出口果汁中乳酸、柠檬酸、富马酸含量检测方法　高效液相色谱法

3　技术指标要求

3.1　感官指标

固体粉末或液体,产品色泽一致,固体粉末类产品应流散性好。

3.2　产品质量指标

产品质量应符合表 1 要求。

表 1　产品质量指标

产品剂型	固体	液体
水分	≤10%	≤14%
细度(粉末状通过 1 000 μm 分析筛)	≥90%	—
混合均匀度	变异系数(CV)≤5%	均匀一致

3.3　有毒有害物质和杂质的指标

3.3.1　产品中有机酸和无机酸种类应符合国家有关法律法规的规定。

3.3.2　产品应符合 GB 13078 的要求。产品的重金属和游离化合物含量指标应达到表 2 中的指标要求。

表 2　饲料级复合酸化剂重金属和游离化合物含量指标要求

项　　目	允许指标/%
砷(以总 As 计)	≤0.000 8
铅(以 Pb 计)	≤0.001 1
氟(以 F 计)	≤0.060 0
氯化物(以 Cl^- 计)	≤0.018 0
硫酸盐(以 SO_4^{2-} 计)	≤0.040 0

4　检测方法

4.1　有机酸化剂产品混合均匀度的测定

每批有机酸化剂至少抽取 10 个样品，分别测定各样品中一种主要酸制剂的含量，计算平均数和变异系数。测定方法见 4.4。

4.2　水分含量的测定

采用 GB/T 606 提供的卡尔·费休法。

4.3　细度的测定

称取约 10 g 试样(精确至 0.01 g)，置于 1 000 μm 的分析筛中筛分，将筛下物称重(精确至0.01 g)。计算筛下物质量占总样品质量的百分数。两次平行样品测定的结果之差不大于 1%。

4.4　复合酸化剂产品中各种酸含量的测定

4.4.1　总酸含量按 GB/T 12456 提供的方法测定。

4.4.2　挥发性酸含量按 GB/T 10467 提供的方法测定。

4.4.3　磷酸按 GB 3149 提供的方法测定。

4.4.4　苹果酸按 GB/T 5009.157 提供的方法测定。

4.4.5　酒石酸按 GB/T 5009.157 提供的方法测定。

4.4.6　柠檬酸按 GB/T 5009.157 提供的方法测定。

4.4.7　乳酸按 SN/T 2007 提供的方法测定。

4.4.8　富马酸按 SN/T 2007 提供的方法测定。

4.5　杂质和有毒有害物质的测定

4.5.1　砷按 GB/T 13079 执行。

4.5.2　铅按 GB/T 13080 执行。

4.5.3　氟按 GB/T 13083 执行。

4.5.4　氯化物按 GB/T 6439 执行。

4.5.5　硫酸盐按 GB/T 9728 提供的方法进行测定。

5　检验规则

5.1　检验

感官指标、细度、水分、混合均匀度为出厂检验项目(交收检验项目)，由生产厂的质检部门进行检验，其余为型式检验项目(例行检验项目)。

型式检验项目包括技术指标要求规定的所有指标、总酸含量、挥发性酸含量以及产品中所添加的各种单一酸制剂含量。

5.2　抽样比例和方法

以同期生产的同一规格产品为一个批次，每批抽样按包装总件数的 10% 取样，每包取样不少于

100 g。在保证产品质量的前提下，生产厂可根据工艺、设备、配方、原料等的变化情况，自行确定出厂检验的批量。

5.3 复检

在检测的技术指标中，如果有一项指标不符合标准，应重新取样进行复检，复检中该项仍不合格即判定为不合格。

6 标签、包装、贮存和运输

6.1 标签

6.1.1 酸化剂产品应在包装物上附有标签，标签应符合 GB 10648 中的有关规定。

6.1.2 在标签上应标明复合酸化剂总酸含量、挥发性酸含量和所采用的各种单一酸制剂的名称、含量、使用的载体或稀释剂的名称、产品出厂日期、有效保质期。添加含有钙、磷的单一酸制剂及其盐类的产品，应注明钙、总磷的含量。

6.2 包装

6.2.1 包装材料应防潮、耐腐蚀、不易破碎、不易撕裂。固体应采用内衬食品级聚乙烯袋及双层牛皮纸袋、外套编织袋包装。液体用清洁的聚乙烯桶(容量不大于 25 kg)包装。

6.2.2 包装上应附牢固的标签。

6.2.3 包装应完整，无漏洞，无污染和异味。

6.3 贮存

6.3.1 产品应贮存在阴凉、干燥、通风处，不宜露天堆放，不得与有毒有害物质及碱类混放，以免污染。

6.3.2 不合格和变质产品应做无害化处理，不应放在合格产品贮存场所内。

6.4 运输

运输作业应防止污染，防雨防潮，保持包装的完整无损。

ICS 65.120
B 46

中华人民共和国国家标准

GB/T 22142—2008

饲料添加剂　有机酸通用要求

Feed additive—General rules for organic acidifier

2008-06-27 发布　　2008-10-01 实施

中华人民共和国国家质量监督检验检疫总局
中国国家标准化管理委员会　发布

前　言

本标准由全国饲料工业标准化技术委员会提出并归口。

本标准起草单位：中国农业科学院北京畜牧兽医研究所。

本标准主要起草人：侯水生、黄苇、张春雷、谢明。

饲料添加剂　有机酸通用要求

1　范围

本标准规定了饲料有机酸乳酸、柠檬酸、富马酸、苹果酸、酒石酸、山梨酸、甲酸、乙酸、丙酸、丁酸等的技术指标、检测方法、检验规则、标签、包装、运输和贮存要求。

本标准适用于利用单一有机酸调节剂制成的能够提高配合饲料酸度(pH值降低),或者改善青贮饲料品质的均匀混合物。

2　规范性引用文件

下列文件中的条款通过本标准的引用而成为本标准的条款。凡是注日期的引用文件,其随后所有的修改单(不包括勘误的内容)或修订版均不适用于本标准,然而,鼓励根据本标准达成协议的各方研究是否可使用这些文件的最新版本。凡是不注日期的引用文件,其最新版本适用于本标准。

GB/T 606　化学试剂　水分测定通用方法　卡尔·费休法

GB 1903　食品添加剂　冰乙酸(冰醋酸)

GB 1905　食品添加剂　山梨酸

GB 1987　食品添加剂　柠檬酸

GB 2023　食品添加剂　乳酸

GB/T 6437　饲料中总磷的测定　分光光度法

GB/T 6439　饲料中水溶性氯化物的测定

GB/T 9728　化学试剂　硫酸盐测定通用方法

GB 10648　饲料标签

GB 13078　饲料卫生标准

GB/T 13079　饲料中总砷的测定

GB/T 13080　饲料中铅的测定　原子吸收光谱法

GB/T 13083　饲料中氟的测定　离子选择性电极法

GB 13737　食品添加剂　L-苹果酸

GB 15358　食品添加剂　DL-酒石酸

GB/T 15896　化学试剂　甲酸

HG 2925　食品添加剂　丙酸

NY/T 920　饲料级　富马酸

QB/T 2796　食品添加剂　丁酸

3　技术指标要求

3.1　感官指标

产品为固体粉末或液体,色泽一致,固体粉末类产品应流散性好。

3.2　产品质量指标

应达到表1的要求。

表 1　产品质量指标

产品剂型	固体	液体
水分	≤10%	≤14%
细度(粉末状通过 1 000 μm 分析筛)	≥90%	—
混合均匀度	变异系数(CV)≤5%	均匀一致
有机酸含量	≥80%	≥80%
	有机酸含量不应低于标示量	

3.3　有毒有害物质和杂质的指标

3.3.1　有机酸化剂使用的有机酸种类应符合国家有关法律法规的规定。

3.3.2　产品应符合 GB 13078 的要求。重金属和游离化合物含量应达到表 2 中的指标要求。

表 2　饲料级有机酸化剂重金属和游离化合物含量指标要求

项　　目	允许指标/%
砷(以 As 计)	≤0.000 2
铅(以 Pb 计)	≤0.000 5
氟(以 F 计)	≤0.010 0
磷酸盐(以 P 计)	≤0.50
氯化物(以 Cl^- 计)	≤0.018 0
硫酸盐(以 SO_4^{2-} 计)	≤0.040 0

4　检测方法

4.1　有机酸化剂产品混合均匀度的测定

每批有机酸化剂至少抽取 10 个样品，分别测定各样品中有机酸的含量，计算平均数和变异系数。各种有机酸化剂含量的测定方法见 4.4。

4.2　水分含量的测定

采用 GB/T 606 提供的卡尔·费休法。

4.3　细度的测定

称取约 10 g 试样(精确至 0.01 g)，置于 1 000 μm 的分析筛中筛分，将筛下物称重(精确至 0.01 g)。计算筛下物质量占总样品质量的百分数。两次平行样品测定的结果之差不大于 1%。

4.4　有机酸化剂产品中单一酸制剂含量的测定

4.4.1　富马酸按 NY/T 920 提供的方法进行测定。

4.4.2　乳酸按 GB 2023 中提供的方法测定。

4.4.3　柠檬酸按 GB 1987 中提供的方法测定。

4.4.4　苹果酸按照 GB 13737 中提供的方法测定。

4.4.5　酒石酸按照 GB 15358 中提供的方法测定。

4.4.6　山梨酸按照 GB 1905 中提供的方法测定。

4.4.7　甲酸按 GB/T 15896 提供的方法测定。

4.4.8　乙酸按照 GB 1903 中提供的方法测定。

4.4.9　丙酸按 HG 2925 提供的方法测定。

4.4.10　丁酸按 QB/T 2796 提供的方法测定。

4.5　杂质和有毒有害物质的测定

4.5.1　砷按 GB/T 13079 执行。

4.5.2 铅按 GB/T 13080 执行。

4.5.3 氟按 GB/T 13083 执行。

4.5.4 磷酸盐按 GB/T 6437 执行。

4.5.5 氯化物按 GB/T 6439 执行。

4.5.6 硫酸盐按 GB/T 9728 执行。

5 检验规则

5.1 检验

感官指标、细度、水分、混合均匀度为出厂检验项目(交收检验项目),由生产厂的质检部门进行检验,其余为型式检验项目(例行检验项目)。

型式检验项目包括技术指标要求规定的所有指标、总酸含量以及产品中所添加的各种单一酸制剂含量。

5.2 抽样比例和方法

以同期生产的同一规格产品为一个批次,每批抽样按包装总件数的 10%取样,每包取样不少于 100 g。在保证产品质量的前提下,生产厂可根据工艺、设备、配方、原料等的变化情况,自行确定出厂检验的批量。

5.3 复检

在检测的技术指标中,如果有一项指标不符合标准,应重新取样进行复检,复检中该项仍不合格即判定为不合格。

6 标签、包装、贮存和运输

6.1 标签

6.1.1 酸化剂产品应在包装物上附有标签,标签应符合 GB 10648 中的有关规定。

6.1.2 在标签上应标明有机酸化剂所采用的单一酸制剂的名称、含量、使用的载体或稀释剂的名称、出厂日期、有效保质期。

6.2 包装

6.2.1 包装材料应防潮、耐腐蚀、不易破碎、不易撕裂。固体应采用内衬食品级聚乙烯袋及双层牛皮纸袋、外套编织袋包装。液体用清洁的聚乙烯桶(容量不大于 25 kg)包装。

6.2.2 包装上应附牢固的标签。

6.2.3 包装应完整,无漏洞,无污染和异味。

6.3 贮存

6.3.1 产品应贮存在阴凉、干燥、通风处,不宜露天堆放,不应与有毒有害物质及碱类混放,以免污染。

6.3.2 不合格和变质产品应做无害化处理,不应放在合格产品贮存场所内。

6.4 运输

运输作业应防止污染,防雨防潮,保持包装的完整无损。

ICS 65.120
B 46

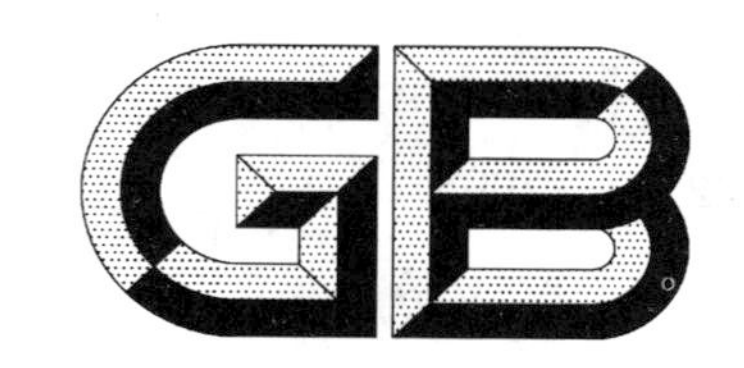

中华人民共和国国家标准

GB/T 22143—2008

饲料添加剂　无机酸通用要求

Feed additive—General rules for inorganic acidifier

2008-06-27 发布　　2008-10-01 实施

中华人民共和国国家质量监督检验检疫总局
中国国家标准化管理委员会　发布

前　言

本标准由全国饲料工业标准化技术委员会提出并归口。

本标准起草单位：中国农业科学院北京畜牧兽医研究所。

本标准主要起草人：侯水生、黄苇、张春雷、谢明、郑旭阳。

饲料添加剂　无机酸通用要求

1　范围

本标准规定了饲料无机酸化剂的技术指标、安全卫生指标、检测方法、检验规则、标签、包装、运输和贮存要求。

本标准适用于利用一种或几种无机酸调节剂复合而成的，能够提高配合饲料酸度（pH 值降低），或者改善青贮饲料品质的添加剂。

2　规范性引用文件

下列文件中的条款通过本标准的引用而成为本标准的条款。凡是注日期的引用文件，其随后所有的修改单（不包括勘误的内容）或修订版均不适用于本标准，然而，鼓励根据本标准达成协议的各方研究是否可使用这些文件的最新版本。凡是不注日期的引用文件，其最新版本适用于本标准。

GB/T 606　化学试剂　水分测定通用方法　卡尔·费休法

GB 3149　食品添加剂　磷酸

GB/T 6439　饲料中水溶性氯化物的测定

GB/T 9728　化学试剂　硫酸盐测定通用方法

GB 10648　饲料标签

GB/T 12456　食品中总酸的测定方法

GB 13078　饲料卫生标准

GB/T 13079　饲料中总砷的测定

GB/T 13080　饲料中铅的测定　原子吸收光谱法

GB/T 13083　饲料中氟的测定　离子选择性电极法

3　技术要求

3.1　感官指标

产品为固体粉末或液体，色泽一致，流散性好。

3.2　产品质量指标

应达到表 1 的要求。

表 1　产品质量指标

项　　目	指　　标
水分	≤10%
细度（粉末状通过 1 000 μm 分析筛）	≥90%
混合均匀度	变异系数（*CV*）≤5%
磷酸含量	≥30%
注：单一液体磷酸制剂应符合 GB 3149 的技术要求。	

3.3　有毒有害物质和杂质指标

产品应符合 GB 13078 的要求。产品的重金属和游离化合物含量指标应达到表 2 中的指标要求。

表 2 饲料级无机酸化剂重金属和游离化合物含量指标要求

项目	允许指标/%
砷(以 As 计)	≤0.001 0
铅(以 Pb 计)	≤0.001 5
氟(以 F 计)	≤0.090 0
氯化物(以 Cl^- 计)	≤0.018 0
硫酸盐(以 SO_4^{2-} 计)	≤0.040 0

4 检测方法

4.1 无机酸化剂产品混合均匀度的测定

每批无机酸化剂至少抽取 10 个样品，分别测定各样品中无机酸的含量，计算平均数和变异系数。无机酸化剂含量的测定方法见 4.4。

4.2 水分含量的测定

按 GB/T 606 执行。

4.3 细度的测定

称取约 10 g 试样(精确至 0.01 g)，置于 1 000 μm 的分析筛中筛分，将筛下物称重(精确至0.01 g)。计算筛下物质量占总样品质量的百分数。两次平行样品测定的结果之差不大于 1%。

4.4 无机酸含量的测定

4.4.1 总酸含量

按 GB/T 12456 执行。

4.4.2 磷酸含量

按 GB 3149 执行。

4.5 杂质和有毒有害物质的测定

4.5.1 砷按 GB/T 13079 执行。

4.5.2 铅按 GB/T 13080 执行。

4.5.3 氟按 GB/T 13083 执行。

4.5.4 氯化物按 GB/T 6439 执行。

4.5.5 硫酸盐按 GB/T 9728 执行。

5 检验规则

5.1 检验

感官指标、细度、水分、混合均匀度为出厂检验项目(交收检验项目)，由生产厂的质检部门进行检验，其余为型式检验项目(例行检验项目)。

型式检验项目包括技术指标要求规定的所有指标、总酸含量以及产品中所添加的各种单一酸制剂含量。

5.2 抽样比例和方法

以同期生产的同一规格产品为一个批次，每批抽样按包装总件数的 10%取样，每包取样不少于 100 g。在保证产品质量的前提下，生产厂可根据工艺、设备、配方、原料等的变化情况，自行确定出厂检验的批量。

5.3 复检

在检测的技术指标中，如果有一项指标不符合标准，应重新取样进行复检，复检中该项仍不合格即判定为不合格。

6 标签、包装、贮存和运输

产品包装、运输和贮存，应符合保质、保量、运输安全和分类、分级贮存的要求，严防污染。

6.1 标签

6.1.1 商品应在包装物上附有标签，标签应符合 GB 10648 中的有关规定。

6.1.2 产品应标明无机酸化剂所采用的单一酸制剂的名称、含量、使用的载体或稀释剂的名称、出厂日期、保质期。若产品中添加含有钙、磷的单一酸制剂及其盐类，应同时注明钙、总磷的含量。

6.2 包装

6.2.1 包装材料应防潮、耐腐蚀、不易破碎、不易撕裂，应采用内衬食品级聚乙烯袋及双层牛皮纸袋、外套编织袋包装。

6.2.2 包装上应附牢固的标签。

6.2.3 包装应完整，防腐蚀，无污染和异味。

6.3 贮存

6.3.1 产品应贮存在阴凉、干燥、通风处，不宜露天堆放，不得与有毒有害物质及碱类混放。

6.3.2 不合格和变质产品应做无害化处理，不应放在合格产品贮存场所内。

6.4 运输

运输作业应防止污染，防雨防潮，保持包装完整无损。

ICS 65.120
B 46

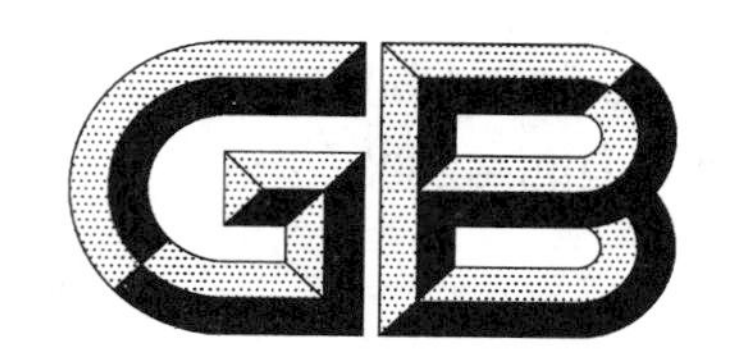

中华人民共和国国家标准

GB/T 22145—2008

饲料添加剂　丙酸

Feed additive—Propionic acid

2008-06-27 发布　　2008-10-01 实施

中华人民共和国国家质量监督检验检疫总局
中国国家标准化管理委员会　发布

前　言

本标准由全国饲料工业标准化技术委员会提出并归口。

本标准起草单位:中国农业科学院农业质量标准与检测技术研究所、国家饲料质量监督检验中心(北京)、北京桑普生物化学技术有限公司。

本标准参加起草单位:南京恩特精细化工厂。

本标准主要起草人:范理、施文娟、田静、李玉芳、高升、马东霞、艾学银。

饲料添加剂　丙酸

1　范围

本标准规定了饲料添加剂丙酸的技术指标、试验方法、检验规则及标签、包装、运输、贮存、保质期等要求。

本标准适用于由工业合成精制而成的丙酸产品，或以丙酸为主要成分，以蛭石、玉米芯粉或珍珠岩为载体制成的粉剂产品。

化学分子式：$C_3H_6O_2$

相对分子质量：74.08(以 $C_3H_6O_2$ 计，按 2005 年国际相对原子质量表计算)

2　规范性引用文件

下列文件中的条款通过本标准的引用而成为本标准的条款。凡是注日期的引用文件，其随后所有的修改单(不包括勘误的内容)或修订版均不适用于本标准，然而，鼓励根据本标准达成协议的各方研究是否可使用这些文件的最新版本。凡是不注日期的引用文件，其最新版本适用于本标准。

GB/T 602　化学试剂　杂质测定用标准溶液的制备

GB/T 603　化学试剂　试验方法中所用制剂及制品的制备

GB/T 606　化学试剂　水分测定通用方法　卡尔·费休法

GB/T 615　化学试剂　沸程测定通用方法

GB/T 4472　化工产品密度、相对密度测定通则

GB 10648　饲料标签

GB/T 13079　饲料中总砷的测定

GB/T 13080　饲料中铅的测定　原子吸收光谱法

3　丙酸

3.1　要求

3.1.1　性状

本品为无色或微黄色液体，有刺激性气味。无杂质，无沉淀。

3.1.2　技术指标

技术指标见表 1。

表 1　技术指标

项　　目	指　　标
丙酸含量/%	≥99.5
相对密度(20 ℃)	0.993～0.997
沸程范围(≥95%)/℃	138.5～142.5
水分/%	≤0.3
铅/%	≤0.001
砷/%	≤0.000 3

3.2　试验方法

除非另有说明，在本分析中仅使用确认为分析纯的试剂和蒸馏水或去离子水或相当纯度的水；试

剂、溶液配制按 GB/T 602、GB/T 603 执行;仪器、设备为一般实验室仪器、设备。

3.2.1 丙酸含量的测定

3.2.1.1 原理

样品中的丙酸经乙酸乙酯溶解,使用带有氢火焰离子化检测器(FID)的气相色谱仪进行测定,用外标对比法定量。

3.2.1.2 试剂和溶液

3.2.1.2.1 乙酸乙酯。

3.2.1.2.2 丙酸标准品(色谱纯):含量≥99.5%。

3.2.1.2.3 丙酸标准溶液:准确称取丙酸标准品约 0.5 g,精确到 0.000 1 g。置于 100 mL 容量瓶中,用乙酸乙酯稀释至刻度,此溶液每毫升约含 5 mg 丙酸。

3.2.1.3 仪器

3.2.1.3.1 气相色谱仪:配有 FID 检测器。

3.2.1.3.2 分析天平:感量为 0.000 1 g。

3.2.1.4 测定方法

3.2.1.4.1 试样提取

准确称取试样约 0.5 g(精确到 0.000 1 g),立即用乙酸乙酯 50 mL 溶解于 100 mL 容量瓶中,用乙酸乙酯稀释至刻度(V_1)。

3.2.1.4.2 色谱条件

3.2.1.4.2.1 色谱柱

毛细管柱,Carbowax 20M,长 25 m,内径 0.25 mm,液膜厚 0.25 μm。

3.2.1.4.2.2 气体流速

氮气:1.0 mL/min～2.0 mL/min,补充气 40 mL/min;

氢气:40 mL/min;

空气:400 mL/min。

3.2.1.4.2.3 温度

气化室:170 ℃;

检测器:200 ℃;

柱温:130 ℃。

3.2.1.4.3 进样量

1 μL。

3.2.1.4.4 测定

待仪器稳定后,分别进丙酸标准溶液 1 μL(W,约相当于 5 μg)及样液 1 μL(V_2),求得标准及样品的峰面积(或峰高)A_1 和 A_2。

3.2.1.5 计算

试样中丙酸含量 X_1 以质量分数计,数值以%表示,按式(1)计算:

$$X_1 = \frac{A_2 \times W \times V_1}{A_1 \times V_2 \times m_1 \times 1\ 000} \times 100 \qquad \cdots\cdots(1)$$

式中:

A_2——与 V_2 相对应的峰面积;

W——从标准溶液中分取的进样量,单位为微克(μg);

V_1——试样提取定容体积,单位为毫升(mL);

A_1——与 W 相对应的峰面积;

V_2——从 V_1 中分取的样液进样体积,单位为微升(μL);

m_1——试样的质量，单位为克(g)。

平行测定结果用算术平均值表示，保留三位有效数字。

3.2.1.6 重复性

同一分析者对同一试样同时两次平行测定结果的相对偏差应不大于15.0%。

3.2.2 相对密度的测定

按照GB/T 4472规定方法测定。

3.2.3 沸程范围的测定

按照GB/T 615规定方法测定。

3.2.4 水分的测定

按照GB/T 606规定方法测定。

3.2.5 砷的测定

按照GB/T 13079规定方法测定。

3.2.6 铅的测定

按照GB/T 13080规定方法测定。

4 丙酸粉剂

4.1 要求

4.1.1 性状

按不同载体要求如下：

a) 蛭石类：本品为棕色颗粒，具有闪光、可自由流动，有强烈的丙酸气味，不溶于水。

b) 珍珠岩类：本品为白色粉末，可流动，有强烈的丙酸气味，不溶于水。

c) 玉米芯类：本品为淡黄色粉末，可流动，有强烈的丙酸气味，不溶于水。

4.1.2 技术指标

技术指标见表2。

表2 技术指标

项目	指标
丙酸含量(占标示量的)/%	90.0～110.0
铅/%	≤0.003
砷/%	≤0.000 5

4.2 试验方法

同3.2。

4.2.1 丙酸含量的测定

4.2.1.1 原理

同3.2.1.1。

4.2.1.2 试剂和溶液

同3.2.1.2。

4.2.1.3 仪器

同3.2.1.3。

4.2.1.4 测定方法

4.2.1.4.1 试样提取

准确称取试样约1.0 g，精确到0.001 g，立即用乙酸乙酯50 mL溶解于具塞的100 mL三角瓶中，用超声波提取10 min，用中速滤纸过滤，取滤液25 mL于50 mL容量瓶中，用乙酸乙酯稀释至刻度

(V_3)，准备上机检测。

4.2.1.4.2 色谱条件

同3.2.1.4.2。

4.2.1.4.3 进样量

1 μL。

4.2.1.4.4 测定

待仪器稳定后，分别进丙酸标准溶液1 μL(W，约相当于5 μg)及样液1 μL(V_4)，求得标准及样品的峰面积(或峰高)A_3和A_4。

4.2.1.5 计算

试样中丙酸含量X_2以质量分数计，数值以%表示，按式(2)计算：

$$X_2 = \frac{A_4 \times W \times V_3}{A_3 \times V_4 \times m_2 \times 1\,000} \times 100 \quad \cdots\cdots(2)$$

式中：

A_4——与V_4相对应的峰面积；

W——从标准液中分取的进样量，单位为微克(μg)；

V_3——试样提取定容体积，单位为毫升(mL)；

A_3——与W相对应的峰面积；

V_4——从V_3中分取的样液进样体积，单位为微升(μL)；

m_2——试样的质量，单位为克(g)。

平行测定结果用算术平均值表示，保留三位有效数字。

4.2.1.6 重复性

同一分析者对同一试样同时两次平行测定结果的相对偏差应不大于15.0%。

4.2.2 砷的测定

按照GB/T 13079规定方法测定，试样的处理参照湿消化法中的混合酸消解法。

4.2.3 铅的测定

按照GB/T 13080规定方法测定，试样溶解参照湿消化法中的高氯酸消化法。

5 检验规则

5.1 检验分类

产品检验分为出厂检验和型式检验两类。

5.2 抽样方法

抽样时，用清洁适用的抽样工具。将所取样品充分混合，每批样品分成两份，样品量为检验所需试样的三倍。一份供检验，另一份为备份样品。抽样应备有清洁、干燥、具有密闭性和避光的样品瓶，瓶上贴有标签并注明生产厂名称、生产日期、品名、批号及取样日期，送交化验室及时分析。

5.3 出厂检验

产品在出厂前，应逐批进行出厂检验，检验合格后，方可允许出厂。丙酸液体出厂检验项目为含量、相对密度、沸程范围、水分；丙酸粉剂出厂检验项目为含量、铅、砷。

出厂检验项目有一项不合格时允许加倍抽样进行复检。若复检仍不合格，则判该批产品为不合格。

5.4 型式检验

有下列情况之一时，应进行型式检验：

a) 新产品的试制定型鉴定；

b) 正式生产后如材料及工艺有较大改变，有可能影响产品质量时；

c) 正常生产时，每年应进行一次周期性检验；

d） 产品停产半年以上恢复生产时；

e） 国家质量监督机构提出型式检验要求时。

对标准中规定的全部要求进行检验，即为型式检验。

对产品先按出厂检验进行合格判定，对判定合格的产品再进行其他项目检验，其他项目有一项不合格，则判定该批产品为不合格。

5.5 判定规则

如果在检验中有一项指标不符合标准要求时，应重新抽样检验。产品重新检验仍有一项指标不符合标准要求时，则整批产品不能验收。

6 标签、包装、运输、贮存、保质期

6.1 标签

标签应符合 GB 10648 规定。

6.2 包装

应选择适合的包装材料进行包装。丙酸液体产品采用密封良好的容器；丙酸粉剂产品采用聚乙烯塑编复合膜袋包装，内衬聚丙烯薄膜袋。也可根据用户要求进行包装。

6.3 运输

不得与有毒、有害或其他有污染的物品及具有氧化性的物质混装、合运。

6.4 贮存

应贮存于避光、阴凉、干燥处，密闭保存。

6.5 保质期

按规定包装，原包装保质期为 12 个月（开封后尽快使用）。

ICS 65.120
B 46

中华人民共和国国家标准

GB/T 22489—2008

饲料添加剂 蛋氨酸锰

Feed additive—Manganese methionine

2008-11-04 发布

2009-02-01 实施

中华人民共和国国家质量监督检验检疫总局
中国国家标准化管理委员会 发布

前　言

本标准由全国饲料工业标准化技术委员会提出并归口。

本标准起草单位：国家饲料质量监督检验中心（武汉）、广州天科科技有限公司、广州康瑞德生物技术股份有限公司、广西壮族自治区饲料监测所、成都蜀星饲料有限公司。

本标准主要起草人：杨林、滕冰、刘贤荣、李军、武纯青、周建群、杨海鹏。

饲料添加剂　蛋氨酸锰

1　范围

本标准规定了饲料添加剂蛋氨酸锰的要求、试验方法、检验规则及标签、包装、运输和贮存等。

本标准适用于由可溶性锰盐及蛋氨酸(2-氨基-4-甲硫基-丁酸)合成的摩尔比为 2∶1 或 1∶1 的蛋氨酸锰产品。

蛋氨酸-锰摩尔比为 2∶1 的蛋氨酸锰产品:分子式为 $C_{10}H_{22}N_2O_8S_3Mn$;相对分子质量:449.49。

蛋氨酸-锰摩尔比为 1∶1 的蛋氨酸锰产品:分子式为 $C_5H_{11}NO_6S_2Mn$;相对分子质量:300.17(按 2005 年国际相对原子质量计)。

2　规范性引用文件

下列文件中的条款通过本标准的引用而成为本标准的条款。凡是注日期的引用文件,其随后所有的修改单(不包括勘误的内容)或修订版均不适用于本标准,然而,鼓励根据本标准达成协议的各方研究是否可使用这些文件的最新版本。凡是不注日期的引用文件,其最新版本适用于本标准。

GB/T 5917.1　饲料粉碎粒度测定　两层筛筛分法

GB/T 6435　饲料中水分和其他挥发性物质含量的测定(GB/T 6435—2006,ISO 6496:1999,IDT)

GB 10648　饲料标签

GB/T 13079　饲料中总砷的测定

GB/T 13080　饲料中铅的测定　原子吸收光谱法

GB/T 13080.2　饲料添加剂　蛋氨酸铁(铜、锰、锌)螯合率的测定　凝胶过滤色谱法

GB/T 13082　饲料中镉的测定方法

GB/T 14699.1　饲料　采样(GB/T 14699.1—2005,ISO 6497:2002,IDT)

GB/T 17810　饲料级 DL-蛋氨酸

HG 2936　饲料级硫酸锰

3　要求

3.1　感官性状

蛋氨酸锰(2∶1)为白色或类白色粉末,微溶于水,略有蛋氨酸特有气味。无结块、无发霉现象。

蛋氨酸锰(1∶1)为白色或类白色粉末,易溶于水,略有蛋氨酸特有气味。无结块、无发霉现象。

3.2　鉴别

甲醇提取物与相应试剂反应得到紫色溶液。

3.3　粉碎粒度

过 0.25 mm 孔径分析筛,筛上物不得大于 2%。

3.4　技术指标

技术指标应符合表 1 要求。

表 1

项目		指标	
		摩尔比为2∶1的产品	摩尔比为1∶1的产品
锰/%	≥	8.0	15.0
蛋氨酸/%	≥	42.0	40.0
螯合率/%	≥	93.0	83.0
水分/%	≤	5	
总砷/%	≤	5	
铅/(mg/kg)	≤	10	
镉/(mg/kg)	≤	5	

4 试验方法

4.1 感官性状的检验

采用目测及嗅觉检验。

4.2 鉴别

4.2.1 试剂及溶液

除非另有规定，所用试剂均为分析纯。

4.2.1.1 甲醇。

4.2.1.2 三氯甲烷。

4.2.1.3 吡啶偶氮萘酚(PAN)三氯甲烷溶液0.1 mg/mL(质量浓度)：称取0.01 g PAN溶解于100 mL三氯甲烷中。

4.2.1.4 氢氧化钾甲醇溶液0.01 g/mL(质量浓度)：称取1 g氢氧化钾溶解于100 mL甲醇中。

4.2.2 鉴别方法

称取1.0 g试样，用25 mL甲醇(4.2.1.1)提取，过滤，取滤液1.0 mL，加入PAN三氯甲烷溶液(4.2.1.3)1.0 mL，再加入氢氧化钾甲醇溶液(4.2.1.4)0.5 mL，得到紫色溶液。此鉴别反应检出限为0.1 g。

4.3 水分的测定

按GB/T 6435中规定的方法测定。

4.4 粉碎粒度的测定

按GB/T 5917.1中规定的方法测定。

4.5 总砷的测定

按GB/T 13079中规定的方法测定。

4.6 铅的测定

按GB/T 13080中规定的方法测定。

4.7 镉的测定

按GB/T 13082中规定的方法测定。

4.8 锰含量的测定

按HG 2936中的规定方法测定。

4.9 蛋氨酸含量的测定

按GB/T 17810中的规定方法测定。

4.10 螯合率的测定

按GB/T 13080.2中的规定方法测定。

5 检验规则

5.1 采样方法

按 GB/T14699.1 进行。

5.2 出厂检验

5.2.1 批

以同班、同原料、同配方的产品为一批，每批产品进行出厂检验。

5.2.2 出厂检验项目

感官性状、水分、鉴别、粒度、蛋氨酸含量、锰含量。

5.2.3 判定方法

以本标准的有关试验方法和要求为依据，对抽取样品按出厂检验项目进行检验。检验结果如有一项指标不符合本标准要求时，应重新自两倍的包装单元中取样进行复检，复检结果如仍有任何一项不符合标准要求，则判定该批产品为不合格产品，不能出厂。

5.3 型式检验

5.3.1 有下列情况之一，应进行型式检验：

a) 改变配方或生产工艺；

b) 正常生产每半年或停产半年后恢复生产；

c) 国家技术监督部门提出要求时。

5.3.2 型式检验项目：为第 3 章的全部项目。

5.3.3 判定方法：以本标准的有关试验方法和要求为依据，对抽取样品按型式检验项目进行检验。检验结果如有一项指标不符合本标准要求时，应重新自两倍的包装单元中取样进行复检，复检结果如仍有任何一项不符合本标准要求，则判型式检验不合格。

6 标签、包装、运输和贮存

6.1 标签

应符合 GB 10648 中的规定。

6.2 包装

内包装采用食品级聚乙烯薄膜，外包装采用纸箱、纸桶或聚丙烯塑料桶包装。

6.3 运输

运输过程中，不得与有毒、有害、有污染和有放射性的物质混放混载，防止日晒雨淋。

6.4 贮存

应贮存在清洁、干燥、阴凉、通风、无污染的仓库中。

在符合上述运输、贮存条件下，保质期为自生产之日起 24 个月。

ICS 65.120
B 46

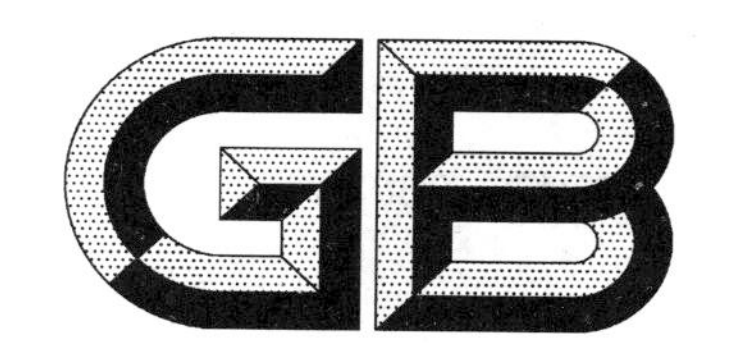

中华人民共和国国家标准

GB/T 22546—2008

饲料添加剂 碱式氯化锌

Feed additive—Basic zinc chloride

2008-11-21 发布 2009-02-01 实施

中华人民共和国国家质量监督检验检疫总局
中国国家标准化管理委员会 发布

前　言

本标准的附录A和附录B是资料性附录。

本标准由全国饲料工业标准化技术委员会提出并归口。

本标准起草单位：国家饲料质量监督检验中心(武汉)、长沙兴嘉生物工程有限公司、华中科技大学同济医学院。

本标准主要起草人：何一帆、徐锦萍、周长虹、姚亚军、廖阳华、黄逸强、朱年华。

饲料添加剂　碱式氯化锌

1　范围

本标准规定了饲料添加剂碱式氯化锌的质量要求、试验方法、检验规则及标签、包装、运输和贮存。

本标准适用于饲料添加剂碱式氯化锌。

2　规范性引用文件

下列文件中的条款通过本标准的引用而成为本标准的条款。凡是注日期的引用文件，其随后所有的修改单(不包括勘误的内容)或修订版均不适用于本标准，然而，鼓励根据本标准达成协议的各方研究是否可使用这些文件的最新版本。凡是不注日期的引用文件，其最新版本适用于本标准。

GB/T 601　化学试剂　标准滴定溶液的制备

GB/T 6682　分析实验室用水规格和试验方法(GB/T 6682—2008，ISO 3696:1987，MOD)

GB　10648　饲料标签

GB/T 13079　饲料中总砷的测定

GB/T 13080　饲料中铅的测定　原子吸收光谱法

GB/T 13082　饲料中镉的测定方法

GB/T 14699.1　饲料　采样(GB/T 14699.1—2005，ISO 6497:2002，IDT)

《中华人民共和国药典》2005年版二部

3　分子式、分子质量

3.1　分子式：$Zn_5Cl_2(OH)_8 \cdot H_2O$。

3.2　分子质量：551.89(按2007年国际相对原子质量)。

4　要求

4.1　外观

白色细小晶状粉末，无成团结块现象。

4.2　理化指标

饲料添加剂碱式氯化锌的理化指标应符合表1。

表1　理化指标

项　　目		指　　标
碱式氯化锌[$Zn_5Cl_2(OH)_8 \cdot H_2O$](质量分数)/%	≥	98.0
锌(Zn)(质量分数)/%	≥	58.06
氯(Cl)(质量分数)/%		12.00～12.86
水溶性氯化物(以Cl计)(质量分数)/%	≤	0.65
砷(As)(质量分数)/%	≤	0.000 5
铅(Pb)(质量分数)/%	≤	0.000 8
镉(Cd)(质量分数)/%	≤	0.000 5
细度(通过孔径为0.1 mm试验筛)/%	≥	99.0

5 试验方法

5.1 试剂和溶液

以下试剂除特别注明外，均为分析纯，水应符合 GB/T 6682 中规定的二级水。

5.1.1 盐酸。

5.1.2 三氯甲烷。

5.1.3 碘化钾。

5.1.4 无水碳酸钙。

5.1.5 硝酸：1+1。

5.1.6 盐酸溶液：$c(HCl)=2$ mol/L。量取 160.0 mL 盐酸(5.1.1)，溶于水中，定容至 1 L。

5.1.7 盐酸溶液：$c(HCl)=6$ mol/L。量取 500.0 mL 盐酸(5.1.1)，溶于水中，定容至 1 L。

5.1.8 双硫腙四氯化碳溶液：1 g/L。

5.1.9 硝酸银溶液：10 g/L。

5.1.10 氟化钾溶液：200 g/L。

5.1.11 硫脲饱和溶液。

5.1.12 硫酸钠溶液：250 g/L。

5.1.13 氨水：1+1。

5.1.14 乙酸-乙酸钠缓冲溶液：pH≈6。称取乙酸钠 100.0 g，加冰乙酸 5.7 mL 溶于水中，定容至 1 L。

5.1.15 硝酸银标准滴定溶液：$c(AgNO_3)\approx 0.02$ mol/L，按 GB/T 601 配制。

5.1.16 乙二胺四乙酸二钠标准滴定溶液：$c(EDTA)\approx 0.05$ mol/L，按 GB/T 601 配制。

5.1.17 二甲酚橙指示液：2 g/L。

5.1.18 铬酸钾指示液：100 g/L。

5.2 鉴别试验

5.2.1 红外光谱鉴别和判定

按照《中华人民共和国药典》2005 年版二部附录Ⅳ“红外分光光度法”，用溴化钾压片法。试样的红外光吸收图谱参见附录 A。

样品经红外光谱分析，其光谱图上 3 400 cm^{-1}～3 500 cm^{-1} 处出现宽大的氢键伸缩振动吸收峰，1 611 cm^{-1} 处左右有 Zn—Cl 键振动吸收峰，466 cm^{-1} 处左右有 Zn—O 键的特征强吸收峰，700 cm^{-1}～1 000 cm^{-1} 范围有结晶水的晶格振动引起的吸收峰，依此可判定被测物的化学成分为碱式氯化锌。

5.2.2 X 衍射光谱鉴别

碱式氯化锌的 X 衍射图谱中有 13 个衍射峰，对应的 2θ 值分别为：11.2°、16.6°、22.1°、22.5°、24.9°、28.1°、30.4°、31.0°、32.8°、33.5°、34.5°、36.3°、37.9°。这些衍射峰的相对强度以及对应的 2θ 值与 $Zn_5(OH)_8Cl_2 \cdot H_2O$ 晶体的标准 X 衍射图谱相吻合，分别对应 $Zn_5(OH)_8Cl_2 \cdot H_2O$ 晶体的(003)、(101)、(104)、(006)、(015)、(110)、(113)、(107)、(021)、(202)、(018)、(116)和(205)晶面。X 衍射光谱图谱参见附录 B。

5.2.3 锌离子的鉴别

称取试样 0.2 g，加 10 mL 盐酸溶液(5.1.6)溶解。加 5 mL 水，用氨水(5.1.13)调节试验溶液的 pH 值至 4～5，加 2 滴硫酸钠溶液(5.1.12)，再加数滴双硫腙四氯化碳溶液(5.1.8)和 1 mL 三氯甲烷(5.1.2)，振摇后，有机相呈紫红色。

5.2.4 氯离子的鉴别

称取试样 0.1 g，置于白色瓷板上，加少许硝酸(5.1.5)溶解，加硝酸银溶液(5.1.9)，即有白色沉淀生成，在硝酸中不溶。

5.3 外观的检验

采用目测及嗅觉检验。

5.4 碱式氯化锌含量的测定

5.4.1 方法提要

试样用少量盐酸溶解，以二甲酚橙为指示剂，用 EDTA 标准溶液滴定锌离子，根据消耗乙二胺四乙酸二钠标准滴定溶液的体积，计算出试样中碱式氯化锌含量。

5.4.2 分析步骤

称取试样 0.1 g（精确至 0.000 1 g），置于 150 mL 锥形瓶中，加入 5.0 mL 盐酸溶液(5.1.7)溶解，加入 5 mL 氟化钾溶液(5.1.10)，加 3 滴二甲酚橙指示液(5.1.17)并摇匀。用氨水溶液(5.1.13)调节试验溶液恰呈浅棕红色，加 5 mL 硫脲饱和溶液(5.1.11)和 20 mL 乙酸-乙酸钠缓冲溶液(5.1.14)及 1 g 碘化钾(5.1.3)摇匀后，用乙二胺四乙酸二钠标准滴定溶液(5.1.16)滴定至溶液呈亮黄色即为终点。

5.4.3 分析结果的计算和表述

碱式氯化锌[$Zn_5Cl_2(OH)_8 \cdot H_2O$]含量 w_1 以质量分数表示，数值以%计，按式(1)计算：

$$w_1 = \frac{0.110\ 38 \times V \times c}{m} \times 100 \qquad \cdots\cdots(1)$$

碱式氯化锌（以 Zn 计）含量 w_2 以质量分数表示，数值以%计，按式(2)计算：

$$w_2 = \frac{0.065\ 39 \times V \times c}{m} \times 100 \qquad \cdots\cdots(2)$$

式中：

c——乙二胺四乙酸二钠标准滴定溶液的浓度，单位为摩尔每升(mol/L)；

V——滴定试液时消耗乙二胺四乙酸二钠标准滴定溶液的体积，单位为毫升(mL)；

m——试样的质量，单位为克(g)；

0.110 38——与 1.00 mL 乙二胺四乙酸二钠标准滴定溶液[c(EDTA)=1.000 mol/L]相当的以克表示的碱式氯化锌的质量；

0.065 39——与 1.00 mL 乙二胺四乙酸二钠标准滴定溶液[c(EDTA)=1.000 mol/L]相当的以克表示的锌的质量。

计算结果表示至小数点后 2 位。

5.4.4 重复性

取平行测定结果的算术平均值为测定结果。平行测定结果的绝对差值：锌(Zn)不大于 0.30%。

5.5 氯含量的测定

5.5.1 分析步骤

称取在 105 ℃下干燥后的试样 0.20 g（精确至 0.000 1 g），置于 50 mL 烧杯中，加入 5 mL 硝酸(5.1.5)，置于电炉上加热溶解，冷却后，移入 50 mL 容量瓶，用水洗至刻度，摇匀。准确量取 15 mL 移入 150 mL 三角烧杯中，加水 15 mL，用 1 mol/L 氢氧化钠调节溶液 pH 至 7～8，滴定前加入 0.1 g 无水碳酸钙(5.1.4)，加 1 mL 铬酸钾指示液(5.1.18)，用硝酸银标准滴定溶液(5.1.15)滴定，溶液呈砖红色，且 1 min 内不褪色为终点。同时做空白试验。

5.5.2 分析结果的计算和表述

氯含量 w_3 以质量分数表示，数值以%计，按式(3)计算：

$$w_3 = \frac{(V - V_0) \times c \times 50 \times 0.035\ 5}{m \times 15} \times 100 \qquad \cdots\cdots(3)$$

式中：

c——硝酸银标准溶液的浓度，单位为摩尔每升(mol/L)；

V——滴定试液时消耗硝酸银标准滴定溶液的体积，单位为毫升(mL)；

V_0——滴定空白时消耗硝酸银标准滴定溶液的体积，单位为毫升(mL)；

m——试样的质量,单位为克(g);

0.035 5——与 1.00 mL 硝酸银标准滴定溶液[$c(AgNO_3)$=1.000 mol/L]相当的以克表示的氯的质量。

计算结果表示至小数点后 2 位。

5.5.3 重复性

取平行测定结果的算术平均值为测定结果。平行测定结果的绝对差值:氯(Cl)不大于 0.20%。

5.6 水溶性氯化物含量的测定

5.6.1 分析步骤

称取在 105 ℃下干燥后的试样 2.0 g(精确至 0.001 g),置于 100 mL 高型烧杯中,准确量取水 50 mL,加入并搅拌 15 min,放置 20 min,量取上清液 10 mL,移入 100 mL 三角烧杯中,加水 15 mL,加 1 mL 铬酸钾指示液(5.1.18),用硝酸银标准滴定溶液(5.1.15)滴定,溶液呈砖红色,且 1 min 内不褪色为终点。同时做空白试验。

5.6.2 分析结果的计算和表述

水溶性氯化物含量(以 Cl 计)w_4 以质量分数表示,数值以%计,按式(4)计算:

$$w_4 = \frac{(V - V_0) \times c \times 50 \times 0.0355}{m \times 10} \times 100 \qquad (4)$$

式中:

c——硝酸银标准滴定溶液的浓度,单位为摩尔每升(mol/L);

V——滴定试液时消耗硝酸银标准滴定溶液的体积,单位为毫升(mL);

V_0——滴定空白时消耗硝酸银标准滴定溶液的体积,单位为毫升(mL);

m——试样的质量,单位为克(g);

0.035 5——与 1.00 mL 硝酸银标准滴定溶液[$c(AgNO_3)$=1.000 mol/L]相当的以克表示的氯的质量。

计算结果表示至小数点后 2 位。

5.6.3 重复性

取平行测定结果的算术平均值为测定结果。平行测定结果的绝对差值:氯(Cl)不大于 0.05%。

5.7 砷含量的测定

分析步骤:称取试样 1.0 g (精确至 0.001 g),加入 10 mL 水和 15 mL 盐酸溶液(5.1.7),使试样溶解。以下按 GB/T 13079 执行。

5.8 铅含量的测定

分析步骤:称取试样 10.0 g (精确至 0.001 g),加入 10 mL 水和 15 mL 硝酸溶液(5.1.5),使试样溶解。移入 50 mL 容量瓶中,用水稀释至刻度,摇匀。以下按 GB/T 13080 执行。

5.9 镉含量的测定

分析步骤:称取试样 10.0 g (精确至 0.001 g),加入 10 mL 水和 15 mL 硝酸溶液(5.1.5),使试样溶解。移入 50 mL 容量瓶中,用水稀释至刻度,摇匀。以下按 GB/T 13082 执行。

5.10 细度的测定

5.10.1 分析步骤

称取试样 50 g (精确至 0.1 g),置于试验筛中进行筛分,称量筛下物(精确至 0.1 g)。

5.10.2 分析结果的计算和表述

细度 w_5 以质量分数表示,数值以%计,按式(5)计算:

$$w_5 = \frac{m_1}{m} \times 100 \qquad (5)$$

式中：

m_1——筛下物的质量，单位为克(g)；

m——试样的质量，单位为克(g)。

计算结果表示至小数点后一位。

5.10.3 重复性

取平行测定结果的算术平均值为测定结果。平行测定结果的绝对差值不大于0.1%。

6 检验规则

6.1 采样方法

按GB/T 14699.1进行。

6.2 出厂检验

6.2.1 批

以同班、同原料产品为一批，每批产品进行出厂检验。

6.2.2 出厂检验项目

外观、细度、水溶性氯化物、锌含量。

6.2.3 判定方法

以本标准的有关试验方法和要求为依据，对抽取样品按出厂检验项目进行检验。检验结果如有一项指标不符合本标准要求时，应重新自两倍量的包装单元中取样进行复检，复检结果如仍有任何一项不符合本标准要求，则判定该批产品为不合格产品，不能出厂。

6.3 型式检验

6.3.1 有下列情况之一，应进行型式检验：

a) 改变配方或生产工艺；

b) 正常生产每半年或停产半年后恢复生产；

c) 国家技术监督部门提出要求时。

6.3.2 型式检验项目：第4章规定的全部项目。

6.3.3 判定方法：以本标准的有关试验方法和要求为依据。检验结果如有一项不符合本标准时，应加倍抽样复检，复检结果如仍有一项不符合本标准要求时，则判型式检验不合格。

7 标签、包装、运输和贮存

7.1 标签

饲料添加剂碱式氯化锌包装袋上应有牢固清晰的标志，内容按GB 10648的规定执行。

7.2 包装

饲料添加剂碱式氯化锌采用多层PVC材料复合纸袋包装。

7.3 运输

饲料添加剂碱式氯化锌在运输过程中应有遮盖物，防止雨淋、受潮，不得与有毒有害物品混运。

7.4 贮存

饲料添加剂碱式氯化锌应贮存在阴凉、干燥处，防止雨淋、受潮。不得与有毒有害物品混存。

饲料添加剂碱式氯化锌在符合本标准包装、运输和贮存的条件下，从生产之日起保质期为12个月。

附　录　A
（资料性附录）
碱式氯化锌的红外光谱图

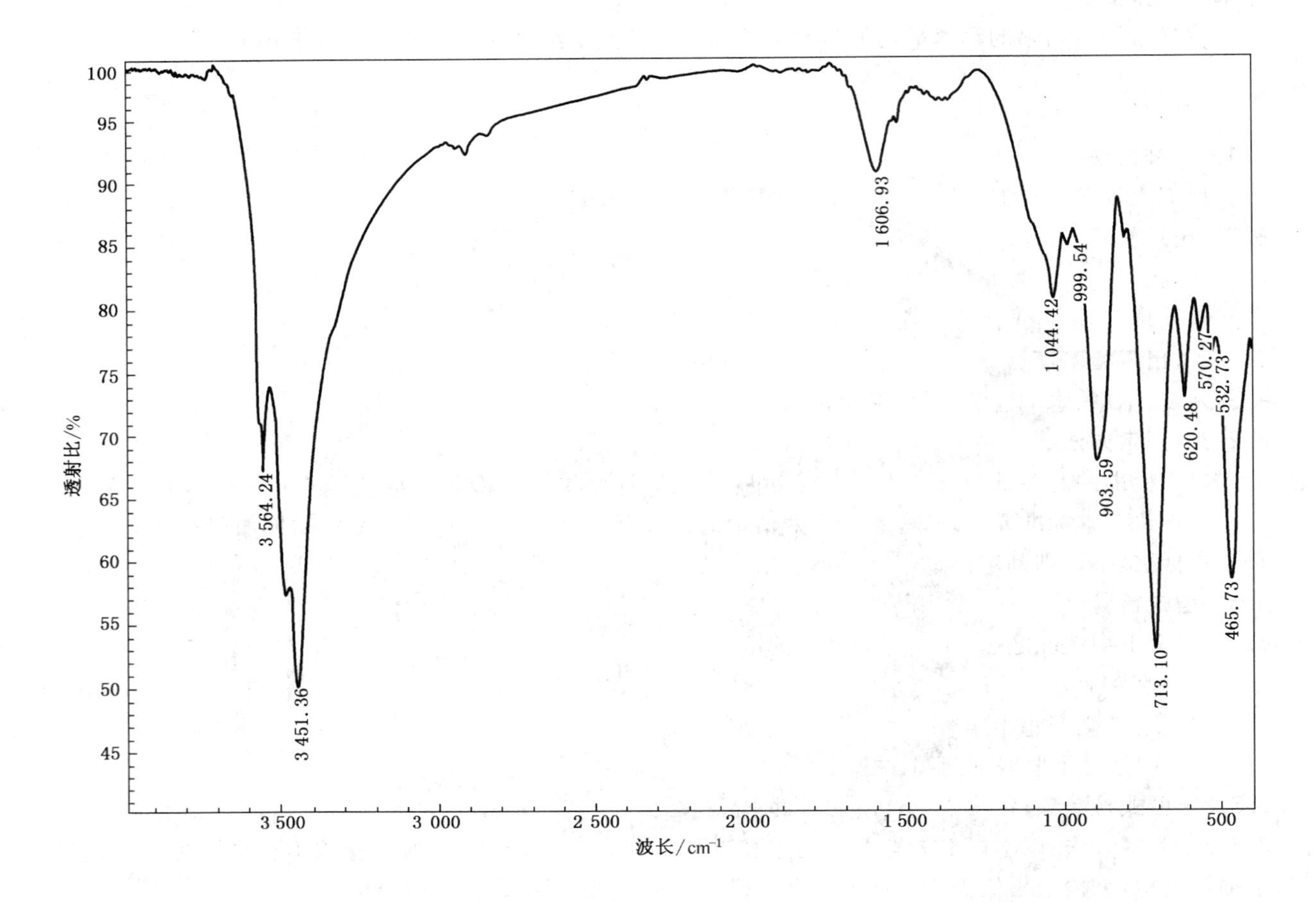

图 A.1　碱式氯化锌的红外光谱图

附 录 B
（资料性附录）
碱式氯化锌的 X 衍射光谱图

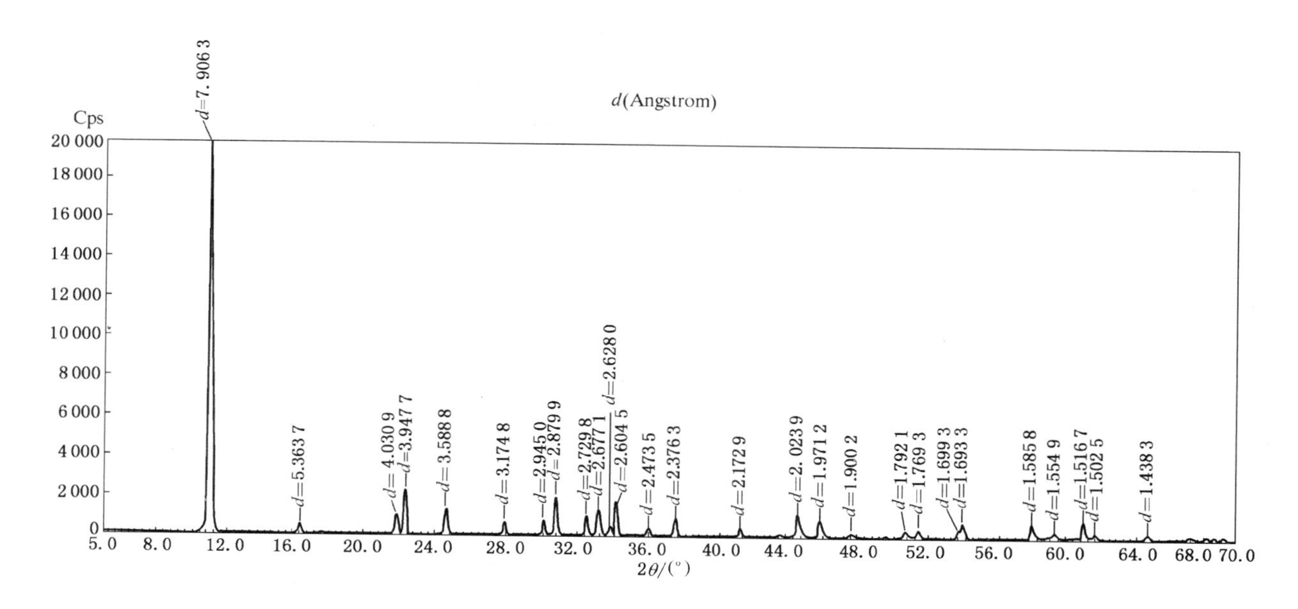

图 B.1 碱式氯化锌的 X 衍射光谱图

ICS 65.120
B 46

中华人民共和国国家标准

GB/T 22547—2008

饲料添加剂 饲用活性干酵母(酿酒酵母)

Feed additive—
Active dry yeast for feed (*Saccharomyces cerevisiae*)

2008-11-21 发布 2009-02-01 实施

中华人民共和国国家质量监督检验检疫总局
中国国家标准化管理委员会 发布

前　言

本标准的附录 A 为规范性附录。

本标准由全国饲料工业标准化技术委员会提出并归口。

本标准起草单位:安琪酵母股份有限公司、中国饲料工业协会。

本标准主要起草人:姚娟、杨清峰、谭斌、李兆文、邓娟娟、潘丽芳。

饲料添加剂
饲用活性干酵母(酿酒酵母)

1 范围

本标准规定了饲料添加剂饲用活性干酵母(酿酒酵母)的术语和定义、要求、试验方法、检验规则以及标志、包装、运输和贮存。

本标准适用于在饲料中添加的以酿酒酵母为菌种,经液态发酵通风培养、脱水干燥而制得的酵母活细胞产品。

2 规范性引用文件

下列文件中的条款通过本标准的引用而成为本标准的条款。凡是注日期的引用文件,其随后所有的修改单(不包括勘误的内容)或修订版均不适用于本标准,然而,鼓励根据本标准达成协议的各方研究是否可使用这些文件的最新版本。凡是不注日期的引用文件,其最新版本适用于本标准。

GB/T 191 包装储运图示标志(GB/T 191—2008,ISO 780:1997,MOD)

GB/T 6435 饲料中水分和其他挥发性物质含量的测定(GB/T 6435—2006,ISO 6496:1999,IDT)

GB/T 6682 分析实验室用水规格和试验方法(GB/T 6682—2008,ISO 3696:1987,MOD)

GB 10648 饲料标签

GB/T 13079 饲料中总砷的测定

GB/T 13080 饲料中铅的测定 原子吸收光谱法

GB/T 13091 饲料中沙门氏菌的检测方法(GB/T 13091—2002,ISO 6579:1993,MOD)

GB/T 13092 饲料中霉菌总数的测定

GB/T 13093 饲料中细菌总数的测定

GB/T 14699.1 饲料 采样(GB/T 14699.1—2005,ISO 6497:2002,IDT)

NY/T 1444—2007 微生物饲料添加剂技术通则

JJF 1070 定量包装商品净含量计量检验规则

3 术语和定义

下列术语和定义适用于本标准。

3.1

饲用活性干酵母(酿酒酵母) active dry yeast for feed (*Saccharomyces cerevisiae*)

以糖蜜、淀粉质为主要原料,经液态发酵通风培养酿酒酵母(*Saccharomyces cerevisiae*),并从其发酵醪中分离酵母活菌体,经脱水干燥后制得的可直接添加于饲料中的活菌产品。

4 要求

4.1 感官要求

应符合表1的要求。

表 1　饲用活性干酵母(酿酒酵母)的感官要求

项　　目	要　　求
色泽	淡黄至淡棕黄色
气味	具有酵母特殊气味,无腐败,无异臭味
杂质	无异物
外观	颗粒状或条状

4.2　理化要求

应符合表 2 的规定。

表 2　饲用活性干酵母(酿酒酵母)的理化要求

项　　目		要　　求
酵母活细胞数/(亿个/g)	≥	150
水分/%	≤	6.0

4.3　卫生要求

应符合表 3 的规定。

表 3　饲用活性干酵母(酿酒酵母)的卫生要求

项　　目		要　　求
细菌总数/(CFU/g)	≤	2.0×10^{6}
霉菌/(个/g)	≤	2.0×10^{4}
铅(以 Pb 计)/(mg/kg)	≤	1.5
总砷(以 As 计)/(mg/kg)	≤	2.0
沙门氏菌/(CFU/25 g)		不得检出
其他卫生指标		符合 NY/T 1444—2007 中 4.3.1 的规定

5　试验方法

本标准所用的水,在未注明其他要求时,应符合 GB/T 6682 中三级用水的要求。

本标准所用的试剂,在未注明规格时,均为分析纯(AR)。若有特殊要求另作明确规定。

5.1　采样方法

按 GB/T 14699.1 执行。

5.2　感官指标

取 100 g 样品置于干净白色纸片上,观察其色泽、形态、有无杂质,嗅其气味。

5.3　菌种鉴别

5.3.1　形态鉴别

5.3.1.1　培养基

a)　麦芽汁液体培养基:麦芽汁加水稀释至 10°Bx～15°Bx(巴林糖度计),115 ℃灭菌 15 min。

b)　麦芽汁固体培养基:麦芽汁加水稀释至 10°Bx～15°Bx(巴林糖度计),加 2%琼脂粉,115 ℃灭菌 15 min。

5.3.1.2　在麦芽汁液体培养基中的生长

28 ℃静置培养 3 d 后,菌体在液体培养基中紧密沉淀于底部,培养液清亮,不形成浮膜。取少量菌体于显微镜下观察,细胞呈卵圆形或圆形,单个或成双,偶尔成簇状,多边芽殖。

5.3.1.3 在麦芽汁琼脂上的生长

28 ℃培养 3 d 后，菌落大而湿润，隆起，乳白色，表面光滑无褶皱，边缘清晰。取少量菌体于显微镜下观察，细胞呈卵圆形、椭圆形或圆形。

5.3.2 生理生化特性

酿酒酵母能发酵葡萄糖、麦芽糖、半乳糖、蔗糖及 1/3 棉子糖，不能发酵乳糖和蜜二糖，不能同化硝酸盐。具体操作方法参见《酵母菌的特征与鉴定手册》(Yeasts: Characteristics and Identification)。

5.4 酵母活细胞数

按附录 A 的方法执行。

5.5 水分

按 GB/T 6435 执行。

5.6 细菌总数

按 GB/T 13093 执行。

5.7 霉菌

按 GB/T 13092 执行。

5.8 铅

按 GB/T 13080 执行。

5.9 总砷

按 GB/T 13079 执行。

5.10 沙门氏菌

按 GB/T 13091 执行。

5.11 其他卫生指标

按 NY/T 1444—2007 中 4.3.1 执行。

5.12 净含量

按 JJF 1070 执行。

6 检验规则

6.1 出厂检验

6.1.1 产品出厂前应经生产单位检验部门逐批检验合格，并签发产品质量检验合格证。

6.1.2 出厂检验项目包括：感官要求、酵母活细胞数、水分、细菌总数、净含量、标签。

6.2 型式检验

6.2.1 一般情况下，生产企业半年进行一次型式检验，但有下列情况之一时，亦应进行型式检验：

a) 更改主要原辅料和配料；

b) 更改关键工艺；

c) 停产后恢复生产时；

d) 国家质量监督机构提出进行型式检验要求时。

6.2.2 型式检验项目：第 4 章所规定的全部项目。

6.3 判定规则

6.3.1 在保证产品质量的前提下，生产厂可根据工艺、配方、设备、原料等变化情况，自行确定出厂检验的批量。

6.3.2 当产品中的卫生指标(菌落总数、霉菌、铅、总砷、沙门氏菌及 NY/T 1444—2007 中 4.3.1 中规定的所有指标)有一项不合格时，判整批产品为不合格。

6.3.3 除卫生指标以外的其他指标，如有一项指标不合格，应重新自同批产品中抽取两倍量样品进行复验，以复验结果为准。若仍有一项不合格，则判整批产品为不合格。

7 标志、包装、运输和贮存

7.1 标志

7.1.1 销售产品的标签应符合 GB 10648 的规定。同时应有使用说明和警示事项。

7.1.2 储运图示的标志应符合 GB/T 191 的有关规定。

7.2 包装

7.2.1 包装材料应符合国家有关的安全、卫生规定。

7.2.2 包装应密封、无破损。

7.3 运输

运输过程中要防止雨、雪、日晒、高温、受潮、重压和人为损坏。

7.4 贮存

7.4.1 产品应贮存于阴凉、干燥处。贮存温度不超过 20 ℃。

7.4.2 贮存过程应防止鼠咬、虫蛀,不得与有毒、有害及有异臭味物质一起贮存。

附 录 A
（规范性附录）
酵母活细胞数检测方法

A.1 原理

活酵母能将进入细胞的次甲基蓝染色液立即还原脱色，不被染色，而死酵母被染成蓝色，通过显微镜观察即可计算活细胞数。

A.2 仪器

a) 显微镜：放大倍数400以上；
b) 血球计数板；
c) 血球计数板专用盖玻片；
d) 分析天平：精度0.1 mg；
e) 恒温水浴：控温精度±0.5 ℃。

A.3 试剂和溶液

A.3.1 无菌生理盐水：0.85%的氯化钠溶液。
A.3.2 次甲基蓝染色液：将0.025 g次甲基蓝、0.042 g氯化钾、0.048 g六水氯化钙、0.02 g碳酸氢钠、1.0 g葡萄糖加无菌生理盐水溶解，并定容至100 mL，密封，室温保存。

A.4 操作步骤

A.4.1 称取0.1 g样品，精确至0.000 2 g，准确加入38 ℃～40 ℃无菌生理盐水20 mL，振荡使其充分分散，置于32 ℃恒温水浴中活化1 h。
A.4.2 将活化液振荡均匀，取酵母活化液0.1 mL至一试管中，加入染色液0.9 mL，摇匀，室温下染色10 min。
A.4.3 将盖玻片置于血球计数板计数室上，使之紧紧盖在血球计数板上。取0.02 mL染色后的菌液(A.4.2)于血球计数板和盖玻片结合处，让菌液自动吸入计数室。菌液中不得有气泡，静置1 min后，用显微镜观察计数。
A.4.4 用10×接物镜和16×接目镜找出方格后，换用40×接物镜，调整微调至视野最清晰，开始计数，当细胞处于方格线上时，计数原则为：数上不数下，数左不数右。计出芽时，超过母细胞的二分之一者按细胞计，小于二分之一者忽略不计。染为蓝色的为死细胞，无色的为活细胞，只计活细胞数。

A.5 结果计算

每克样品中活细胞数按式(A.1)计算：

$$X_1 = \frac{A \times 400 \times 10^4 \times 20 \times 10}{m \times N \times 10^8} \qquad \text{(A.1)}$$

式中：
X_1——每克样品中活细胞数，单位为亿个每克(亿个/g)；
A——所数小格内活细胞数，单位为个；
m——称取样品的量，单位为克(g)；
N——所数小格数，单位为个。

A.6 结果的允许差

取平行测定结果的算术平均值为测定结果，平行测定结果的最大差值不得超过其算术平均值的5%。

A.7 注意事项

A.7.1 在显微镜下观察饲用活性干酵母细胞形态如下：细胞卵圆形或椭圆形，大小为(5 μm～7.5 μm)×(7.5 μm～10 μm)，胞内可看到明显的细胞核。

A.7.2 计数板通常有两种规格：一种是1个大格中有16个中格，1个中格又分25个小格，即16×25规格，用这种规格的计数板，取左上、左下、右上、右下四个中格(即100个小格)进行计数。另一种是1个大格分为25个中格，一个中格分为16个小格，即25×16规格，用这种计数板，则除了左上、左下、右上、右下4个中格外，还需加中央的1个中格(即80个小格)进行计数。

A.7.3 对每个样品重复计数三次，取其算术平均值。

A.7.4 盖玻片放置好后不要滑动，否则细胞也会移动，滴注后计数时应处于水平状态。

参 考 文 献

［1］ Barnett J A，Payne R W，Yarrow D. Yeasts：Characteristics and Identification［M］. 3rd ed. Cambridge：Cambridge University Press，2000.

ICS 65.120
B 46

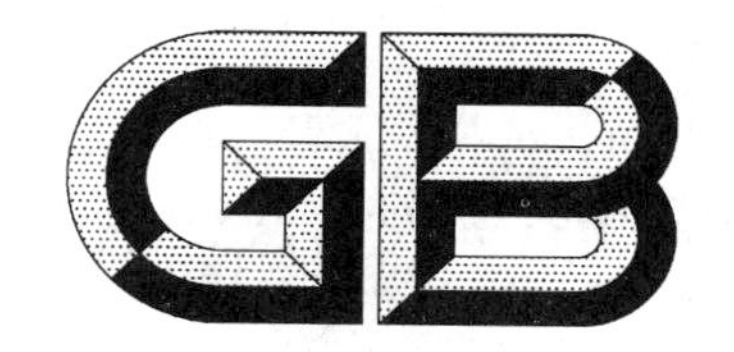

中华人民共和国国家标准

GB/T 22548—2008

饲料级 磷酸二氢钙

Feed grade—Monocalcium phosphate

2008-11-21 发布 2009-02-01 实施

中华人民共和国国家质量监督检验检疫总局
中国国家标准化管理委员会 发布

前　言

本标准由全国饲料工业标准化技术委员会(SAC/TC 76)提出并归口。

本标准负责起草单位:中海油天津化工研究设计院、中国饲料工业协会、四川龙蟒磷制品股份有限公司。

本标准参加起草单位:四川川恒化工(集团)有限责任公司、云南新龙矿物质饲料有限公司。

本标准主要起草人:李光明、刘幽若、辛盛鹏、熊天清、杨斌。

饲料级　磷酸二氢钙

1　范围

本标准规定了饲料级磷酸二氢钙的要求、试验方法、检验规则、标志、标签以及包装、运输和贮存。

本标准适用于饲料级磷酸二氢钙。该产品在饲料加工中作为磷、钙的补充剂，主要用于水产饲料。

2　规范性引用文件

下列文件中的条款通过本标准的引用而成为本标准的条款。凡是注日期的引用文件，其随后所有的修改单（不包括勘误的内容）或修订版均不适用于本标准，然而，鼓励根据本标准达成协议的各方研究是否可使用这些文件的最新版本。凡是不注日期的引用文件，其最新版本适用于本标准。

GB/T 610—2008　化学试剂　砷测定通用方法（ISO 6353-1:1982，NEQ）

GB/T 5009.75—2003　食品添加剂中铅的测定

GB/T 6003.1—1997　金属丝编织网试验筛（eqv ISO 3310-1:1990）

GB/T 6436—2002　饲料中钙的测定

GB/T 6678　化工产品采样总则

GB/T 6682—2008　分析实验室用水规格和试验方法（ISO 3696:1987，MOD）

GB 10648　饲料标签

GB/T 13079—2006　饲料中总砷的测定

GB/T 13080—2004　饲料中铅的测定　原子吸收光谱法

GB/T 13083—2002　饲料中氟的测定　离子选择性电极法

HG/T 3696.1　无机化工产品　化学分析用标准滴定溶液的制备

HG/T 3696.2　无机化工产品　化学分析用杂质标准溶液的制备

HG/T 3696.3　无机化工产品　化学分析用制剂及制品的制备

3　分子式、相对分子质量

3.1　分子式：$Ca(H_2PO_4)_2 \cdot H_2O$。

3.2　相对分子质量：252.06（按2007年国际相对原子质量）。

4　要求

4.1　外观：白色或略带微黄色粉末或颗粒。

4.2　饲料级磷酸二氢钙应符合表1要求。

表1　要求

项　　目		指　　标
总磷(P)含量/%	≥	22.0
水溶性磷(P)含量/%	≥	20.0
钙(Ca)含量/%	≥	13.0
氟(F)含量/%	≤	0.18
砷(As)含量/%	≤	0.003

表 1（续）

项目		指标
重金属(以 Pb 计)含量/%	≤	0.003
铅(Pb)含量/%	≤	0.003
游离水分含量/%	≤	4.0
pH 值(2.4 g/L 溶液)	≥	3
细度(通过 0.5 mm 试验筛)/%	≥	95
注：用户对细度有特殊要求时，由供需双方协商。		

5 试验方法

5.1 安全提示

本试验方法中使用的部分试剂具有毒性和腐蚀性，操作时需要小心谨慎！如溅到皮肤上应立即用水冲洗，严重者应立即治疗。

5.2 一般规定

本标准所用试剂和水在没有注明其他要求时，均指分析纯试剂和 GB/T 6682—2008 中规定的三级水。试验中所需标准滴定溶液、杂质标准溶液、制剂及制品，在没有注明其他要求时，均按 HG/T 3696.1、HG/T 3696.2、HG/T 3696.3 的规定制备。

5.3 外观

在充足的自然光下，以目视法判别样品的外观。

5.4 鉴别

5.4.1 试剂

5.4.1.1 冰乙酸。

5.4.1.2 盐酸溶液：1+1。

5.4.1.3 氨水溶液：1+1。

5.4.1.4 草酸铵溶液：100 g/L。

5.4.1.5 硝酸银溶液：17 g/L。

5.4.2 钙离子鉴别

取少量试样约 0.1 g，加 5 mL 冰乙酸溶解，煮沸冷却后过滤，滤液加 5 mL 草酸铵溶液，产生白色沉淀。此沉淀在盐酸溶液中溶解。

5.4.3 磷酸根鉴别

取少量试样约 0.1 g 溶于 10 mL 水中，加 1 mL 硝酸银溶液，生成黄色沉淀。此沉淀溶于过量氨水溶液，不溶于冰乙酸。

5.5 总磷含量的测定

5.5.1 方法提要

在酸性介质中，试验溶液中的磷酸根全部与加入的喹钼柠酮沉淀剂形成沉淀。通过过滤、烘干、称量，计算含量。

5.5.2 试剂

5.5.2.1 盐酸。

5.5.2.2 喹钼柠酮溶液。

5.5.3 仪器

5.5.3.1 玻璃砂坩埚：滤板孔径为 5 μm～15 μm。

5.5.3.2　电热干燥箱：温度能控制在 180 ℃±5 ℃或 250 ℃±10 ℃。

5.5.4　分析步骤

5.5.4.1　试验溶液的制备

称取约 0.8 g 试样，精确至 0.2 mg，置于 100 mL 烧杯中，加 10 mL 盐酸和少量水，盖上表面皿，煮沸 10 min。冷却后移入 250 mL 容量瓶中，用水稀释至刻度，摇匀。此溶液为试验溶液 A，用于总磷含量、钙含量和氟含量的测定。

5.5.4.2　空白试验溶液的制备

除不加试样外，其他加入的试剂量与试验溶液的制备完全相同。并与试样同时进行同样处理。

5.5.4.3　测定

用移液管移取 20 mL 试验溶液 A 和空白试验溶液分别置于 250 mL 烧杯中，加水至总体积约 100 mL，加 50 mL 喹钼柠酮溶液，盖上表面皿，于水浴中加热至杯内物温度达 75 ℃±5 ℃，保持 30 s（加热时不得用明火，加试剂或加热时不能搅拌，以免生成凝块）。冷却至室温，冷却过程中搅拌 3 次～4 次。用预先在 180 ℃±5 ℃或 250 ℃±10 ℃恒重的玻璃砂坩埚抽滤上层清液，用倾析法洗涤沉淀 5 次～6 次，每次用水约 20 mL，将沉淀转移至玻璃砂坩埚中，继续用水洗涤 3 次～4 次。将玻璃砂坩埚置于电热干燥箱中，于 180 ℃±5 ℃烘 45 min 或 250 ℃±10 ℃烘 15 min，取出，置于干燥器中冷却至室温，称量，精确至 0.2 mg。

5.5.5　结果计算

总磷含量以磷（P）的质量分数 w_1 计，数值以%表示，按式(1)计算：

$$w_1=\frac{(m_1-m_2)\times 0.0140}{m\times 20/250}\times 100 \qquad \cdots\cdots(1)$$

式中：

m_1——试验溶液生成磷钼酸喹啉沉淀的质量，单位为克(g)；

m_2——空白试验溶液生成磷钼酸喹啉沉淀的质量，单位为克(g)；

m——试料的质量，单位为克(g)；

0.014 0——磷钼酸喹啉换算成磷的系数。

取平行测定结果的算术平均值为测定结果。两次平行测定结果的绝对差值不大于 0.2%。

5.6　水溶性磷含量的测定

称取约 0.5 g 试样，精确至 0.2 mg，置于瓷（玛瑙）研钵中。加水研磨，每次加 25 mL 水，连续研磨 4 次，水溶液全部转移到 250 mL 容量瓶中，摇动 30 min(2 次/s)，用水稀释至刻度，摇匀。干过滤，弃去初始 20 mL 滤液，用移液管移取 20 mL 滤液置于 250 mL 烧杯中，按照 5.5.4.3 测定并按 5.5.5 计算。

5.7　钙含量的测定

5.7.1　方法提要

同 GB/T 6436—2002 中第 10 章。

5.7.2　试剂

同 GB/T 6436—2002 中第 11 章。

5.7.2.1　蔗糖溶液：25 g/L。

5.7.2.2　乙二胺四乙酸二钠（EDTA）标准滴定溶液：c(EDTA)约为 0.02 mol/L。

5.7.3　分析步骤

用移液管移取 25 mL 试验溶液 A，置于 250 mL 锥形瓶中，加 50 mL 水，加 5 mL 蔗糖溶液，加2 mL 三乙醇胺，加 1 mL 乙二胺，加 1 滴孔雀石绿指示液，滴加氢氧化钾溶液至无色，再过量滴加 10 mL，加 0.1 g 盐酸羟胺（每加一种试剂都要摇匀），加钙黄绿素少许，在黑色背景下用 EDTA 标准滴定溶液滴定至溶液由绿色荧光消失呈显紫红色为终点。

5.7.4　结果的计算

钙含量以钙（Ca）的质量分数 w_2 计，数值以%表示，按式(2)计算：

$$w_2 = \frac{V \times c \times M}{m \times 25/250} \times 100 \qquad \cdots\cdots(2)$$

式中：

V——试验溶液所消耗的硫酸锌标准滴定溶液的体积，单位为毫升(mL)；

c——EDTA 标准滴定溶液的实际浓度，单位为摩尔每升(mol/L)；

M——钙的摩尔质量，单位为克每摩尔(g/mol)(M=40.08)；

m——试样的质量，单位为克(g)。

取平行测定结果的算术平均值为测定结果，两次平行测定结果的绝对差值不大于 0.3%。

5.8 氟含量的测定

5.8.1 方法提要

同 GB/T 13083—2002 第 2 章。

5.8.2 试剂

同 GB/T 13083—2002 第 3 章。

5.8.3 仪器

同 GB/T 13083—2002 第 4 章。

5.8.4 分析步骤

5.8.4.1 试验溶液的制备

称取约 0.5 g～1.00 g 试样，精确至 0.000 2 g，置于 100 mL 容量瓶中，加 16 mL 盐酸溶液(1+4)，加水稀释至刻度，摇匀。

5.8.4.2 测定

用移液管移取 25 mL 试验溶液和 25 mL 总离子缓冲溶液至 50 mL 容量瓶中，按 GB/T 13083—2002 第 5 章进行测定。

5.8.5 结果的计算

氟含量以氟(F)的质量分数 w_3 计，数值以%表示，按式(3)计算：

$$w_3 = \frac{m_1}{m \times 25/100} \times 100 \qquad \cdots\cdots(3)$$

式中：

m_1——从工作曲线上查得的氟的质量，单位为克(g)；

m——试料的质量，单位为克(g)。

取平行测定结果的算术平均值为测定结果，两次平行测定结果的绝对差值不大于 0.03%。

5.9 砷含量的测定

5.9.1 分光光度法(仲裁法)

5.9.1.1 方法提要

同 GB/T 13079—2006 中 5.1。

5.9.1.2 试剂

同 GB/T 13079—2006 中 5.2。

5.9.1.3 仪器

同 GB/T 13079—2006 中 5.3。

5.9.1.4 分析步骤

5.9.1.4.1 试验溶液 B 的制备

称取 1.00 g±0.01 g 样品，置于 100 mL 容量瓶中，加 20 mL 盐酸溶液(1+4)，加水稀释至刻度，摇匀。此溶液为试验溶液 B，用于砷含量和铅含量的测定。

5.9.1.4.2 测定

用移液管移取 25 mL 试验溶液 B，置于 100 mL 容量瓶中，按 GB/T 13079—2006 中 5.4.3 进行测定并计算。

5.9.2 砷斑法

用移液管移取 10 mL 试验溶液 B，按 GB/T 610—2008 中 4.1.3 进行测定。

标准溶液是用移液管移取 3 mL 砷标准溶液[1 mL 溶液含有砷(As)1 μg]，与试样同时同样处理。

5.10 重金属含量的测定

5.10.1 方法提要

在微酸性介质中，重金属离子与硫化氢反应，溶液呈棕黄色，与同时同样操作的标准溶液进行比较，测定其铅含量。

5.10.2 试剂

5.10.2.1 抗坏血酸。

5.10.2.2 盐酸溶液：1+4。

5.10.2.3 冰乙酸溶液：1+16。

5.10.2.4 饱和硫化氢水溶液：使用时配制。

5.10.2.5 铅标准溶液：1 mL 溶液含铅(Pb)0.01 mg。用移液管移取 10 mL 按 HG/T 3696.2 配制的铅标准溶液，置于 1 000 mL 容量瓶中，用水稀释至刻度，摇匀。

5.10.3 分析步骤

称取 1.00 g±0.01 g 试样，置于 50 mL 容量瓶中，加 5 mL 盐酸溶液，4 mL 冰乙酸溶液及 1 g 抗坏血酸，加水至刻度，摇匀。干过滤，弃去初始滤液，取 25 mL 滤液置于 50 mL 比色管中，加 10 mL 饱和硫化氢水溶液，于暗处放置 10 min，其颜色不得深于标准比色液。

标准比色溶液是移取 1.5 mL 铅标准溶液，置于 50 mL 比色管中，加 2 mL 冰乙酸溶液和 0.5 g 抗坏血酸，加 10 mL 饱和硫化氢水溶液，于暗处放置 10 min。

5.11 铅含量的测定

5.11.1 原子吸收分光光度法(仲裁法)

用移液管移取 20 mL 试验溶液 B，按 GB/T 13080—2004 中第 7 章进行测定(扣除背景值)并计算。

5.11.2 双硫腙分光光度法

称取 2.00 g 试样，精确至 0.01 g，置于 100 mL 烧杯中，加 5 mL 水和 10 mL 盐酸，加热溶解，冷却后用氨水中和至产生少量沉淀，用滤纸过滤，滤液和洗水置于 250 mL 容量瓶中，稀释至刻度，摇匀。用移液管移取 25 mL 试验溶液，按 GB/T 5009.75—2003 中第 6 章进行测定并计算。

5.12 游离水分含量的测定

5.12.1 仪器

5.12.1.1 称量瓶：φ30 mm×20 mm。

5.12.1.2 电烘箱：温度能控制在 50 ℃±2 ℃。

5.12.2 分析步骤

称取约 2.0 g 试样，精确至 0.000 2 g，置于已在 50 ℃±2 ℃干燥至恒重的称量瓶中，将称量瓶放入 50 ℃±2 ℃电烘箱中干燥 3 h，于干燥器中冷却 20 min，称量。

5.12.3 结果计算

水分含量以质量分数 w_4 计，数值以%表示，按式(4)计算：

$$w_4 = \frac{m_1 - m_2}{m} \times 100 \qquad (4)$$

式中：

m_1——干燥前试料和称量瓶的质量，单位为克(g)；

m_2——干燥后试料和称量瓶的质量，单位为克(g)；

m——试料质量，单位为克(g)。

取平行测定结果的算术平均值为测定结果。两次平行测定结果的绝对差值不大于 0.5%。

5.13 pH 值测定

称取 0.24 g±0.01 g 试样，置于 150 mL 烧杯中，加 100 mL 水溶解。用已经校正好的酸度计对试验溶液进行测定。

5.14 细度的测定

5.14.1 仪器、设备

试验筛(符合 GB/T 6003.1—1997)：R40/3 系列 ϕ200 mm×50 mm×0.5 mm。

5.14.2 分析步骤

称取 20.0 g 试样，精确至 0.01 g，置于试验筛上进行筛分，称量筛下物。

5.14.3 结果计算

细度以质量分数 w_5 计，数值以%表示，按式(5)计算：

$$w_5 = \frac{m_1}{m} \times 100 \quad \cdots\cdots(5)$$

式中：

m_1——筛下物试料的质量，单位为克(g)；

m——试料质量，单位为克(g)。

取平行测定结果的算术平均值为测定结果。两次平行测定结果的绝对差值不大于 0.3%。

6 检验规则

6.1 本标准规定的所有项目为出厂检验项目，应逐批检验。

6.2 生产企业用相同材料，在基本相同的生产条件下，连续生产或同一班组生产的饲料级磷酸二氢钙为一批，每批产品不得超过 60 t。

6.3 按 GB/T 6678 的规定确定采样单元数。采样时将采样器自包装袋斜上方插入料层深度 3/4 处采样。将所采的样品混匀后，按四分法缩分至不少于 200 g。分装于两个清洁、干燥的塑料袋或具有磨口塞的玻璃瓶中，密封。粘贴标签，注明：生产厂名、产品名称、批号、采样日期和采样者姓名。一份用于检验，另一份保存备查，保存时间由生产企业根据实际需要确定。

6.4 饲料级磷酸二氢钙应由生产厂的质量监督检验部门按照本标准规定进行检验，生产厂应保证所有出厂的产品都符合本标准要求。

6.5 检验结果如有指标不符合本标准要求时，应重新自两倍量的包装袋中采样进行复验，复验的结果即使只有一项指标不符合本标准要求时，则整批产品为不合格。

7 标志、标签

7.1 包装袋上应有牢固、清晰的标志，内容包括：生产厂名、厂址、产品名称、商标、“饲料级”字样、净含量、批号或生产日期、生产许可证号、产品批准文号和本标准编号。

7.2 每批出厂的产品应附有标签。标签的内容符合 GB 10648 的规定。

8 包装、运输和贮存

8.1 饲料级磷酸二氢钙采用双层包装，内包装为塑料薄膜袋，外包装为塑料编织袋。内袋用绳子扎紧或热合封口，外袋用缝包机封口。每袋净含量 25 kg 或 50 kg。用户有特殊要求时，供需双方协商。

8.2 饲料级磷酸二氢钙在运输过程中应有遮盖物，防止雨淋，日晒。不得与有毒有害物品混运。

8.3 饲料级磷酸二氢钙在贮存过程中，防止雨淋，日晒。不得与有毒物品和腐蚀物品混存。

8.4 饲料级磷酸二氢钙在符合本标准包装、运输和贮存的条件下，自生产之日起保质期为 24 个月。逾期应重新检验是否符合本标准要求，经检验合格后重新使用。

ICS 65.120
B 46

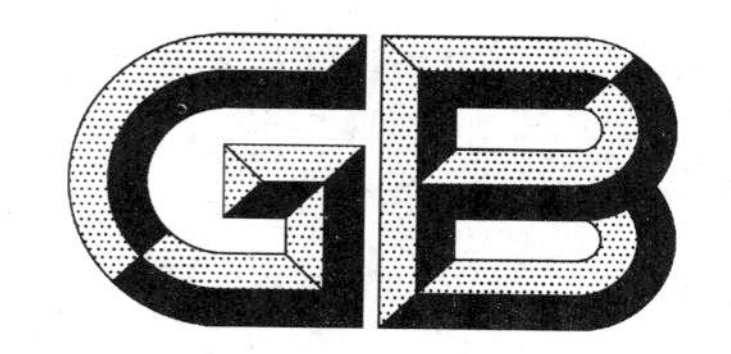

中华人民共和国国家标准

GB/T 22549—2008

饲料级 磷酸氢钙

Feed grade—Dicalcium phosphate

2008-11-21 发布

2009-02-01 实施

中华人民共和国国家质量监督检验检疫总局
中国国家标准化管理委员会 发布

前　言

本标准由全国饲料工业标准化技术委员会（SAC/TC 76）提出并归口。

本标准负责起草单位：中海油天津化工研究设计院、中国饲料工业协会、四川龙蟒磷制品股份有限公司、自贡鸿鹤化工股份有限公司。

本标准参加起草单位：四川川恒化工(集团)有限责任公司、云南新龙矿物质饲料有限公司。

本标准主要起草人：刘幽若、李光明、沙玉圣、粟胜兰、熊天清、杨斌、姜远涛。

饲料级　磷酸氢钙

1　范围

本标准规定了饲料级磷酸氢钙的分类、要求、试验方法、检验规则、标志、标签以及包装、运输和贮存。

本标准适用于饲料级磷酸氢钙。该产品在饲料加工中作为磷、钙的补充剂。

2　规范性引用文件

下列文件中的条款通过本标准的引用而成为本标准的条款。凡是注日期的引用文件，其随后所有的修改单(不包括勘误的内容)或修订版均不适用于本标准，然而，鼓励根据本标准达成协议的各方研究是否可使用这些文件的最新版本。凡是不注日期的引用文件，其最新版本适用于本标准。

GB/T 610—2008　化学试剂　砷测定通用方法(ISO 6353-1:1982,NEQ)

GB/T 5009.75—2003　食品添加剂中铅的测定

GB/T 6003.1—1997　金属丝编织网试验筛(eqv ISO 3310-1:1990)

GB/T 6436—2002　饲料中钙的测定

GB/T 6678　化工产品采样总则

GB/T 6682—2008　分析实验室用水规格和试验方法(ISO 3696:1987,MOD)

GB 10648　饲料标签

GB/T 13079—2006　饲料中总砷的测定

GB/T 13080—2004　饲料中铅的测定　原子吸收光谱法

GB/T 13082—1991　饲料中镉的测定方法

GB/T 13083—2002　饲料中氟的测定　离子选择性电极法

HG/T 3696.1　无机化工产品　化学分析用标准滴定溶液的制备

HG/T 3696.2　无机化工产品　化学分析用杂质标准溶液的制备

HG/T 3696.3　无机化工产品　化学分析用制剂及制品的制备

3　分子式、相对分子质量

3.1　主成分分子式：$CaHPO_4 \cdot 2H_2O$。

3.2　相对分子质量：172.10(按2007年国际相对原子质量)。

4　分类

按生产工艺不同分成Ⅰ型、Ⅱ型、Ⅲ型三种型号。

5　要求

5.1　外观：白色或略带微黄色粉末或颗粒。

5.2　饲料级磷酸氢钙应符合表1要求。

表 1 要求

项目		指标		
		Ⅰ型	Ⅱ型	Ⅲ型
总磷(P)含量/%	≥	16.5	19.0	21.0
枸溶性磷(P)含量/%	≥	14.0	16.0	18.0
水溶性磷(P)含量/%	≥	—	8	10
钙(Ca)含量/%	≥	20.0	15.0	14.0
氟(F)含量/%	≤	0.18		
砷(As)含量/%	≤	0.003		
铅(Pb)含量/%	≤	0.003		
镉(Cd)含量/%	≤	0.001		
细度(粉状 通过 0.5 mm 试验筛)/% (粒状 通过 2 mm 试验筛)/%	≥ ≥	95 90		
注:用户对细度有特殊要求时,由供需双方协商。				

6 试验方法

6.1 安全提示

本试验方法中使用的部分试剂具有毒性和腐蚀性,操作时需要小心谨慎!如溅到皮肤上应立即用水冲洗,严重者应立即治疗。

6.2 一般规定

本标准所用试剂和水在没有注明其他要求时,均指分析纯试剂和 GB/T 6682—2008 中规定的三级水。试验中所需标准滴定溶液、杂质标准溶液、制剂及制品,在没有注明其他要求时,均按 HG/T 3696.1、HG/T 3696.2、HG/T 3696.3 的规定制备。

6.3 外观

在充足的自然光下,以目视法判别样品的外观。

6.4 鉴别

6.4.1 试剂

6.4.1.1 冰乙酸。

6.4.1.2 盐酸溶液:1+1。

6.4.1.3 氨水溶液:1+1。

6.4.1.4 草酸铵溶液:100 g/L。

6.4.1.5 硝酸银溶液:17 g/L。

6.4.2 钙离子鉴别

取少量试样约 0.1 g,加 5 mL 冰乙酸溶解,煮沸冷却后过滤,滤液加 5 mL 草酸铵溶液,产生白色沉淀。此沉淀在盐酸溶液中溶解。

6.4.3 磷酸根鉴别

取少量试样约 0.1 g 溶于 10 mL 水中,加 1 mL 硝酸银溶液,生成黄色沉淀,此沉淀溶于过量氨水溶液,不溶于冰乙酸。

6.5 总磷含量的测定

6.5.1 方法提要

在酸性介质中,试验溶液中的磷酸根全部与加入的喹钼柠酮沉淀剂形成沉淀。通过过滤、烘干、称量，计算含量。

6.5.2 试剂

6.5.2.1 盐酸。

6.5.2.2 喹钼柠酮溶液。

6.5.3 仪器

6.5.3.1 玻璃砂坩埚：滤板孔径为 5 μm～15 μm。

6.5.3.2 电热干燥箱：温度能控制在 180 ℃±5 ℃或 250 ℃±10 ℃。

6.5.4 分析步骤

6.5.4.1 试验溶液的制备

称取约 1 g 试样，精确至 0.2 mg，置于 100 mL 烧杯中，加 10 mL 盐酸和少量水，盖上表面皿，煮沸 10 min。冷却后移入 250 mL 容量瓶中，用水稀释至刻度，摇匀。此溶液为试验溶液 A，用于磷含量、钙含量的测定。

6.5.4.2 空白试验溶液的制备

除不加试样外，其他加入的试剂量与试验溶液的制备完全相同。并与试样同时进行同样处理。

6.5.4.3 测定

用移液管移取 20 mL 试验溶液 A 和空白试验溶液分别置于 250 mL 烧杯中，加水至总体积约 100 mL，加 50 mL 喹钼柠酮溶液，盖上表面皿，于水浴中加热至杯内物温度达 75 ℃±5 ℃，保持 30 s（加热时不得用明火，加试剂或加热时不能搅拌，以免生成凝块）。冷却至室温，冷却过程中搅拌 3 次～4 次。用预先在 180 ℃±5 ℃或 250 ℃±10 ℃恒重的玻璃砂坩埚抽滤上层清液，用倾析法洗涤沉淀 5 次～6 次，每次用水约 20 mL，将沉淀转移至玻璃砂坩埚中，继续用水洗涤 3 次～4 次。将玻璃砂坩埚置于电热干燥箱中，于 180 ℃±5 ℃烘 45 min 或 250 ℃±10 ℃烘 15 min，取出，置于干燥器中冷却至室温，称量，精确至 0.2 mg。

6.5.5 结果计算

总磷含量以磷（P）的质量分数 w_1 计，数值以%表示，按式(1)计算：

$$w_1 = \frac{(m_1 - m_2) \times 0.0140}{m \times 20/250} \times 100 \qquad \cdots\cdots(1)$$

式中：

m_1——试验溶液生成磷钼酸喹啉沉淀的质量，单位为克(g)；

m_2——空白试验溶液生成磷钼酸喹啉沉淀的质量，单位为克(g)；

m——试料的质量，单位为克(g)；

0.014 0——磷钼酸喹啉换算成磷的系数。

取平行测定结果的算术平均值为测定结果。两次平行测定结果的绝对差值不大于 0.2%。

6.6 枸溶性磷含量的测定

6.6.1 方法提要

用中性柠檬酸铵溶液溶解和提取试样中的磷酸根，采用磷钼酸喹啉重量法测定磷含量。

6.6.2 试剂

6.6.2.1 柠檬酸。

6.6.2.2 无水乙醇。

6.6.2.3 氨水。

6.6.2.4 中性柠檬酸铵溶液：溶解 74 g 柠檬酸置于 300 mL 水中，加 69 mL 氨水，在酸度计控制下用氨水调节溶液 pH 值至 7.0，用比重计测其相对密度为 1.09(20 ℃)，将溶液贮存于密闭的瓶中备用（如果长期使用，用前需要校正其酸度）。

6.6.3 仪器

6.6.3.1 酸度计：分度值为 0.2，配有玻璃电极和饱和甘汞电极。

6.6.3.2 比重计。

6.6.4 分析步骤

称取1 g试样，精确至0.000 2 g，置于250 mL容量瓶中，加100 mL柠檬酸铵溶液，将容量瓶置于65 ℃±2 ℃水浴中保温1 h，时常打开瓶盖，每间隔15 min摇动一次，每次摇动30 s，取出容量瓶后冷却至室温，用水稀释到刻度，摇匀。干过滤，弃去初始的20 mL滤液，以下操作按6.5.4.3进行测定并按6.5.5进行计算。

6.7 水溶性磷含量的测定

称取约0.5 g试样，精确至0.2 mg，置于瓷（玛瑙）研钵中。加水研磨，每次加25 mL水，连续研磨4次，水溶液全部转移到250 mL容量瓶中，摇动30 min(2次/s)，用水稀释至刻度，摇匀。干过滤，弃去初始20 mL滤液，用移液管移取20 mL滤液置于250 mL烧杯中，按照6.5.4.3进行测定并按6.5.5进行计算。

6.8 钙含量的测定

6.8.1 方法提要

同GB/T 6436—2002中第10章。

6.8.2 试剂

同GB/T 6436—2002中第11章。

6.8.2.1 蔗糖溶液：25 g/L。

6.8.2.2 乙二胺四乙酸二钠（EDTA）标准滴定溶液：c(EDTA)约为0.02 mol/L。

6.8.3 分析步骤

用移液管移取25 mL试验溶液A，置于250 mL锥形瓶中，加50 mL水，加5 mL蔗糖溶液，加2 mL三乙醇胺，加1 mL乙二胺，加1滴孔雀石绿指示液，滴加氢氧化钾溶液至无色，再过量滴加10 mL，加0.1 g盐酸羟胺（每加一种试剂都要摇匀），加钙黄绿素少许，在黑色背景下用EDTA标准滴定溶液滴定至溶液由绿色荧光消失呈显紫红色为终点。

6.8.4 结果的计算

钙含量以钙（Ca）的质量分数w_2计，数值以%表示，按式(2)计算：

$$w_2=\frac{V\times c\times M}{m\times 25/250}\times 100 \qquad \cdots\cdots(2)$$

式中：

V——试验溶液所消耗的硫酸锌标准滴定溶液的体积，单位为毫升(mL)；

c——EDTA标准滴定溶液的实际浓度，单位为摩尔每升(mol/L)；

M——钙的摩尔质量，单位为克每摩尔(g/mol)(M=40.08)；

m——试样的质量，单位为克(g)。

取平行测定结果的算术平均值为测定结果，两次平行测定结果的绝对差值不大于0.3%。

6.9 氟含量的测定

6.9.1 方法提要

同GB/T 13083—2002第2章。

6.9.2 试剂

同GB/T 13083—2002第3章。

6.9.3 仪器

同GB/T 13083—2002第4章。

6.9.4 分析步骤

6.9.4.1 试验溶液的制备

称取约0.5 g～1.00 g试样，精确至0.000 2 g，置于100 mL容量瓶中，加16 mL盐酸溶液(1+4)，

加水稀释至刻度，摇匀。

6.9.4.2 测定

用移液管移取25 mL试验溶液A和25 mL总离子缓冲溶液至50 mL容量瓶中，按GB/T 13083—2002第7章进行测定。

6.9.5 结果的计算

氟含量以氟(F)的质量分数 w_3 计，数值以%表示，按式(3)计算：

$$w_3 = \frac{m_1}{m \times 25/100} \times 100 \qquad (3)$$

式中：

m_1——从工作曲线上查得的氟的质量，单位为克(g)；

m——试料的质量，单位为克(g)。

取平行测定结果的算术平均值为测定结果，两次平行测定结果的绝对差值不大于0.03%。

6.10 砷含量的测定

6.10.1 分光光度法(仲裁法)

6.10.1.1 方法提要

同GB/T 13079—2006中5.1。

6.10.1.2 试剂

同GB/T 13079—2006中5.2。

6.10.1.3 仪器

同GB/T 13079—2006中5.3。

6.10.1.4 分析步骤

6.10.1.4.1 试验溶液B的制备

称取1.00 g±0.01 g样品，置于100 mL容量瓶中，加20 mL盐酸溶液(1+4)，加水稀释至刻度，摇匀。此溶液为试验溶液B，用于砷含量和铅含量的测定。

6.10.1.4.2 测定

用移液管移取25 mL试验溶液B，置于100 mL容量瓶中，按GB/T 13079—2006中5.4.3进行测定并计算。

6.10.2 砷斑法

用移液管移取10 mL试验溶液B，按GB/T 610—2008中4.1.3进行测定。

标准溶液是用移液管移取3 mL砷标准溶液[1 mL溶液含有砷(As)1 μg]，与试样同时同样处理。

6.11 铅含量的测定

6.11.1 原子吸收分光光度法(仲裁法)

用移液管移取20 mL试验溶液B，按GB/T 13080—2004中第7章进行测定(扣除背景值)并计算。

6.11.2 双硫腙分光光度法

称取2.00 g试样(精确至0.01 g)，置于100 mL烧杯中，加5 mL水和10 mL盐酸，加热溶解，冷却后用氨水中和至产生少量沉淀，用滤纸过滤，滤液和洗水置于250 mL容量瓶中，稀释到刻度，摇匀。用移液管移取25 mL试验溶液，按GB/T 5009.75—2003中第6章进行测定并计算。

6.12 镉含量的测定

用移液管移取25 mL试验溶液B，置于100 mL容量瓶中，按GB/T 13082—1991中6.3进行测定并计算。

6.13 细度的测定

6.13.1 仪器、设备

试验筛(符合GB/T 6003.1—1997)：R40/3系列 ϕ200 mm×50 mm×0.5 mm。

6.13.2 分析步骤

称取 20.0 g 试样，精确至 0.01 g，置于试验筛上进行筛分，称量筛下物。

6.13.3 结果计算

细度以质量分数 w_4 计，数值以%表示，按式(4)计算：

$$w_4 = \frac{m_1}{m} \times 100 \qquad (4)$$

式中：

m_1——筛下物试料的质量，单位为克(g)；

m——试料质量，单位为克(g)。

取平行测定结果的算术平均值为测定结果。两次平行测定结果的绝对差值不大于 0.5%。

6.14 游离水分含量的测定

用户对游离水分有要求时，按本标准方法测定，其指标由供需双方协商。

6.14.1 仪器

6.14.1.1 玻璃砂坩埚：滤板孔径为 5 μm～15 μm。

6.14.1.2 电烘箱：温度能控制在 50 ℃±2 ℃。

6.14.2 分析步骤

称取约 2.0 g 试样，精确至 0.000 2 g，置于已在 50 ℃±2 ℃下恒重的玻璃砂坩埚中，加 5 mL 丙酮，用细玻璃棒搅拌均匀后抽滤，再用丙酮洗涤两次，每次使用 5 mL 丙酮，将盛试料的玻璃砂坩埚在通风橱放置 10 min，然后置于 50 ℃±2 ℃电烘箱中干燥 2 h，在干燥器中冷却 20 min，称量。

6.14.3 结果计算

游离水分含量以质量分数 w_5 计，数值以%表示，按式(5)计算：

$$w_5 = \frac{m_1 - m_2}{m} \times 100 \qquad (5)$$

式中：

m_1——干燥前试料和玻璃砂坩埚的质量，单位为克(g)；

m_2——干燥后试料和玻璃砂坩埚的质量，单位为克(g)；

m——试料质量，单位为克(g)。

取平行测定结果的算术平均值为测定结果。两次平行测定结果的绝对差值不大于 0.2%。

7 检验规则

7.1 本标准规定的所有项目为出厂检验项目，应逐批检验。

7.2 生产企业用相同材料，在基本相同的生产条件下，连续生产或同一班组生产的饲料级磷酸氢钙为一批，每批产品不得超过 60 t。

7.3 按 GB/T 6678 的规定确定采样单元数。采样时将采样器自包装袋斜上方插入料层深度 3/4 处采样。将所采的样品混匀后，按四分法缩分至不少于 200 g。分装于两个清洁、干燥的塑料袋或具有磨口塞的玻璃瓶中，密封。粘贴标签，注明：生产厂名、产品名称、型号、批号、采样日期和采样者姓名。一份用于检验，另一份保存备查，保存时间由生产企业根据实际需要确定。

7.4 饲料级磷酸氢钙应由生产厂的质量监督检验部门按照本标准规定进行检验，生产厂应保证所有出厂的产品都符合本标准要求。

7.5 检验结果如有指标不符合本标准要求时，应重新自两倍量的包装袋中采样进行复验，复验的结果即使只有一项指标不符合本标准要求时，则整批产品为不合格。

8 标志、标签

8.1 包装袋上应有牢固、清晰的标志，内容包括：生产厂名、厂址、产品名称、商标、“饲料级”字样、净含量、型号、批号或生产日期、生产许可证号、产品批准文号和本标准编号。

8.2 每批出厂的产品应附有标签。标签的内容应符合 GB 10648 的规定。

9 包装、运输和贮存

9.1 饲料级磷酸氢钙采用双层包装，内包装为塑料薄膜袋，外包装为塑料编织袋或其他质量相当的袋。内袋用绳子扎紧或热合封口，外袋用缝包机封口。每袋净含量 25 kg。用户有特殊要求时，供需双方协商。

9.2 饲料级磷酸氢钙在运输过程中应有遮盖物，防止雨淋，日晒。不得与有毒有害物品混运。

9.3 饲料级磷酸氢钙在贮存过程中，防止雨淋，日晒。不得与有毒物品和腐蚀物品混存。

9.4 饲料级磷酸氢钙在符合本标准包装、运输和贮存的条件下，自生产之日起保质期为 24 个月。逾期应重新检验是否符合本标准要求，经检验合格后重新使用。

ICS 65.120
B 46

中华人民共和国国家标准

GB/T 23180—2008

饲料添加剂 2%d-生物素

Feed additive—2%d-Biotin

2008-12-31 发布

2009-05-01 实施

中华人民共和国国家质量监督检验检疫总局
中国国家标准化管理委员会 发布

前言

本标准由全国饲料工业标准化技术委员会(SAC/TC 76)提出并归口。

本标准起草单位:中国农业科学院农业质量标准与检测技术研究所、国家饲料质量监督检验中心(北京)、浙江医药股份有限公司新昌制药厂、浙江医药股份有限公司维生素厂。

本标准主要起草人:赵小阳、李兰、虞哲高、王彤、梅娜、杨志刚、王春琴、李永才。

饲料添加剂　2%d-生物素

1　范围

本标准规定了饲料添加剂 2%d-生物素产品的要求、试验方法、检验规则以及标签、包装、运输和贮存等要求。

本标准适用于以淀粉、糊精或乳糖等为载体，用喷雾法和稀释法工艺制得的含有 2%d-生物素的饲料添加剂。

分子式：$C_{10}H_{16}N_2O_3S$。

相对分子质量：244.31(2005 年国际相对原子质量)。

结构式：

```
        O
        ‖
        C
      /   \
   HN       NH
    |        |
   HC ——— CH
    |        |
  H₂C       CH(CH₂)₄COOH
      \    /
        S
```

2　规范性引用文件

下列文件中的条款通过本标准的引用而成为本标准的条款。凡是注日期的引用文件，其随后所有的修改单(不包括勘误的内容)或修订版均不适用于本标准，然而，鼓励根据本标准达成协议的各方研究是否可使用这些文件的最新版本。凡是不注日期的引用文件，其最新版本适用于本标准。

GB/T 602　化学试剂　杂质测定用标准溶液的制备(GB/T 602—2002,ISO 6353-1:1982,NEQ)

GB/T 603　化学试剂　试验方法中所用制剂及制品的制备(GB/T 603—2002,ISO 6353-1:1982,NEQ)

GB/T 6435　饲料中水分和其他挥发性物质含量的测定(GB/T 6435—2006,ISO 6496:1999,IDT)

GB/T 6682　分析实验室用水规格和试验方法(GB/T 6682—2008,ISO 3696:1987,MOD)

GB 10648　饲料标签

《中华人民共和国药典》(2005 年版二部)

3　要求

3.1　性状

本品为白色或微黄色的流动性粉末。

3.2　技术指标

技术指标应符合表 1 规定。

表 1 技术指标

指标名称	指标
含量(以 $C_{10}H_{16}N_2O_3S$ 计)/%	≥2.00
干燥失重/%	≤8.0
砷/(mg/kg)	≤3.0
重金属(以 Pb 计)/(mg/kg)	≤10.0
粒度	95%通过孔径为 0.18 mm(80 目)分析筛

4 试验方法

除特殊说明外,所用试剂均为分析纯,水为蒸馏水,色谱用水符合 GB/T 6682 中一级用水规定,标准溶液和杂质溶液的制备应符合 GB/T 602 和 GB/T 603 的规定。

4.1 试剂和溶液

4.1.1 乙腈:色谱纯。

4.1.2 三氟乙酸。

4.1.3 盐酸溶液:$c(HCl)=3.0$ mol/L,量取 250 mL 盐酸于 1 000 mL 容量瓶中,用水稀释定容至刻度。

4.1.4 0.05%三氟乙酸溶液:浓度为 0.05%(体积分数),移取 0.50 mL 三氟乙酸于 1 000 mL 容量瓶中,用超纯水定容至刻度。

4.1.5 提取剂:三氟乙酸溶液(4.1.4)+乙腈(4.1.1)=75+25。

4.1.6 d-生物素对照品:d-生物素含量≥99.0%。

4.1.7 d-生物素标准储备溶液:称取约 100 mg(精确至 0.000 01 g)生物素对照品(4.1.6),置于 50 mL 的容量瓶中,用提取剂(4.1.5)溶解,并稀释定容至刻度,摇匀。该标准储备液每毫升含生物素 2.0 mg。

4.1.8 d-生物素标准工作液:准确吸取 d-生物素标准储备液(4.1.7)1.00 mL 于 10 mL 容量瓶中,用提取剂(4.1.5)稀释定容至刻度,摇匀。该标准工作液每毫升含生物素 200 μg。

4.2 仪器和设备

实验室常用设备和:

4.2.1 超声波水浴。

4.2.2 超纯水装置。

4.2.3 高效液相色谱仪,带紫外可调波长检测器(或二极管矩阵检测器)。

4.3 鉴别试验

取试样溶液用高效液相色谱测定,样品溶液主峰的相对保留时间与对照溶液主峰的相对保留时间一致。

4.3.1 试液的制备

称取试样约 0.5 g(精确至 0.000 2 g),置于 50 mL 容量瓶中,加约 40 mL 提取剂(4.1.5),在超声波水浴中超声提取 15 min,冷却至室温,用提取剂(4.1.5)定容至刻度,混匀,过滤,滤液过 0.45 μm 滤膜,供高效液相色谱仪分析。

4.3.2 色谱条件

固定相:C_{18}柱,内径 4.6 mm,长 250 mm,粒度 3 μm。

流动相:三氟乙酸溶液(4.1.4)+乙腈(4.1.1)=75+25。

流速:1.0 mL/min。

检测器:紫外可调波长检测器(或二极管矩阵检测器),检测波长 210 nm。

进样量:20 μL。

4.4 d-生物素含量的测定

4.4.1 原理

试样中的d-生物素用溶剂提取后，注入反相色谱柱上，用流动相洗脱分离，紫外可调波长检测器（或二极管矩阵检测器）测定，外标法计算d-生物素的含量。

4.4.2 分析步骤

4.4.2.1 试液的制备

取试样溶液（4.3.1）供高效液相色谱仪分析。

4.4.2.2 测定步骤

4.4.2.2.1 色谱条件

同4.3.2。

4.4.2.2.2 定量测定

按高效液相色谱仪说明书调整仪器操作参数，向色谱柱中注入d-生物素标准工作液（4.1.8）及试样溶液（4.3.1），得到色谱峰面积响应值，用外标法定量。

4.4.2.3 结果计算

4.4.2.3.1 试样中d-生物素（$C_{10}H_{16}N_2O_3S$）含量X以质量分数（%）表示，按式（1）计算。

$$X=\frac{P_i\times c\times 50}{P_{st}\times m}\times 10^{-6}\times 100 \qquad (1)$$

式中：

P_i——试液（4.3.1）峰面积；

c——d-生物素标准工作液（4.1.8）浓度，单位为微克每毫升（μg/mL）；

50——试液（4.3.1）稀释倍数；

P_{st}——d-生物素标准工作液（4.1.8）峰面积；

m——试样质量，单位为克（g）。

4.4.2.3.2 平行测定结果用算术平均值表示，保留三位有效数字。

4.4.2.4 重复性

同一分析者对同一试样同时两次平行测定结果的相对偏差应不大于5.0%。

4.5 干燥失重的测定

按GB/T 6435测定。

4.6 砷的测定

4.6.1 称取试样1 g（精确到0.000 1 g）于30.0 mL瓷坩埚中，加入5 mL 150 g/L硝酸镁溶液，混匀，于低温或沸水浴中蒸干，低温炭化至无烟后，转入高温炉于550 ℃恒温灰化3.5 h～4.0 h，取出冷却，缓慢加入10.0 mL盐酸溶液（4.1.3），待激烈反应过后，煮沸并转移到发生器中，补加8.0 mL盐酸，加水至40.0 mL左右。

准确吸取3.mL 1.0 μg/mL砷标准工作溶液于发生瓶中，加10 mL盐酸，加水稀释至40 mL，加入碘化钾溶液。

4.6.2 以下按《中华人民共和国药典》（2005年版二部）砷盐检查法第一法（古蔡氏法）测定。

4.7 重金属的测定

4.7.1 称取试样1 g（精确到0.001 g）于30 mL瓷坩埚中，低温炭化至无烟后，转入高温炉于550 ℃恒温灰化3.5 h～4.0 h，取出冷却，缓慢加入10 mL水，煮沸并过滤转移到比色管中，用水少量多次冲洗，定容25.0 mL。

4.7.2 以下按《中华人民共和国药典》（2005年版二部）重金属检查法第三法测定。

4.8 粒度

称取试样50.0 g，使用振动筛，5 min后留在0.18 mm孔径（80目）分析筛上的试样的质量不得大于2.5 g。

5 检验规则

5.1 出厂检验

饲料添加剂2%d-生物素应由生产企业的质量监督部门按本标准进行检验，本标准规定的所有指标为出厂检验项目，生产企业应保证所有d-生物素产品均符合本标准规定的要求。每批产品检验合格后方可出厂。

5.2 采样方法

抽样需备有清洁、干燥、具有密闭性的样品瓶，瓶上贴有标签并注明：生产厂家、产品名称、批号、取样日期。

抽样时，用清洁适用的取样工具插入料层深度四分之三处，将所取样品充分混匀，以四分法缩分，每批样品分两份，每份样量应为检验所需试样的3倍量，装入样品瓶中，一瓶供检验用，一瓶密封保存备查。

5.3 判定规则

若检验结果有一项指标不符合本标准要求时，应加倍抽样进行复验，复验结果仍有一项指标不符合本标准要求时，则整批产品判为不合格品。

6 标签、包装、运输和贮存

6.1 标签

按GB 10648执行。

6.2 包装

本品准确称量后装入铝箔袋或金属罐中，封口，盛放于外包装容器内，密闭贮存。

6.3 运输

本品在运输过程中应防潮、防高温、防止包装破损，严禁与有毒有害物质混运。

6.4 贮存

本品应贮存在通风、阴凉、干燥、无污染、无有害物质的地方。

本品在规定的贮存条件下，保质期为18个月。

ICS 65.120
B 46

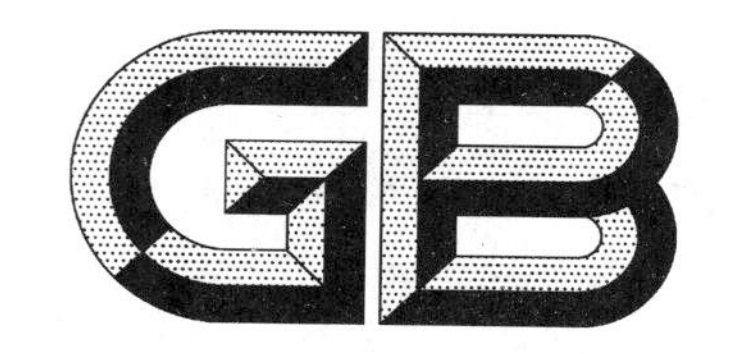

中华人民共和国国家标准

GB/T 23181—2008

微生物饲料添加剂通用要求

General principles for microbial feed additives

2008-12-31 发布

2009-05-01 实施

中华人民共和国国家质量监督检验检疫总局
中国国家标准化管理委员会 发布

前　言

本标准由全国饲料工业标准化技术委员会(SAC/TC 76)提出并归口。

本标准起草单位:中国农业科学院北京畜牧兽医研究所。

本标准主要起草人:佟建明、董晓芳、张国庆、萨仁娜、吴莹莹、张琪。

微生物饲料添加剂通用要求

1 范围

本标准规定了微生物饲料添加剂的术语和定义、技术要求、检验指标、检验方法、检验规则以及标签、包装、运输、贮存和保质期。

本标准适用于微生物饲料添加剂，不适用于转基因微生物饲料添加剂。

2 规范性引用文件

下列文件中的条款通过本标准的引用而成为本标准的条款。凡是注日期的引用文件，其随后所有的修改单（不包括勘误的内容）或修订版均不适用于本标准，然而，鼓励根据本标准达成协议的各方研究是否可使用这些文件的最新版本。凡是不注日期的引用文件，其最新版本适用于本标准。

GB/T 10647 饲料工业术语

GB 10648 饲料标签

GB 13078 饲料卫生标准

3 术语和定义

GB/T 10647 确立的以及下列术语和定义适用于本标准。

3.1

微生物饲料添加剂 microbial feed additives

允许在饲料中添加或直接饲喂给动物的微生物制剂，主要功能包括促进动物健康、或促进动物生长、或提高饲料转化效率等。

3.2

功能菌 functional microorganism strains

具有3.1中所描述的部分或全部功能的菌株。

3.3

杂菌 nontarget microorganisms

产品标称的功能菌以外的微生物。

4 技术要求

4.1 功能菌的菌种要求

4.1.1 对用于微生物饲料添加剂的功能菌应鉴定到种的水平，并详细描述功能菌的来源。

4.1.2 应结合使用形态特征、培养特征、生理生化特征和分子生物学特征等鉴定菌种。

4.1.3 菌种命名，应遵循公认的微生物命名规则以及发表在《国际系统与进化微生物学杂志》(International Journal of Systematic and Evolutionary Microbiology)[原名：《国际系统细菌学杂志》(International Journal of Systematic Bacteriology)]上的命名。

4.1.4 应准确描述功能菌的具体生物学功能。

4.1.5 菌株均应按照国际培养物保藏方法保存，建立菌株档案资料，包括来源、筛选、检测、冻干保存、数量、启用、使用等完整的记录，以保证功能菌的质量。

4.2 功能菌的生物学特性要求

4.2.1 用于微生物饲料添加剂的功能菌应具有稳定的生物学特征和代谢特征。

4.2.2 对于经过驯化、诱变的菌株，应选择遗传学上稳定性好的菌株，由具有资质的部门完成微生物饲料添加剂功能菌株的遗传稳定性实验。

4.3 安全性要求

4.3.1 微生物饲料添加剂的安全性应符合 GB 13078 及相关法律法规的规定。

4.3.2 由具有资质的部门完成微生物饲料添加剂功能菌株的常规耐药性实验。

4.3.3 由具有资质的部门完成微生物饲料添加剂功能菌株的毒理学实验。

4.3.4 微生物饲料添加剂的生产、加工过程不应受环境污染或对环境造成污染。

4.4 生物有效性要求

应明确微生物饲料添加剂的生物有效性，其有效性评价应按照相应的通用评定技术规程执行。当没有通用的评定技术规程可采用时，可建立专一的评定技术规程对其评定，该专一的评定技术规程应首先通过 5 名以上有关专家的鉴定。

5 检验指标

感官指标、卫生指标、功能菌数、杂菌数、水分。

6 检验方法

感官指标应符合具体产品的固有特征，其他具体指标按相应检测方法执行。

7 检验规则

应对具体产品的批次、取样方法、出厂检验项目、型式检验项目及其判定规则等进行规定。

8 标签、包装、运输、贮存和保质期

8.1 标签

按 GB 10648 执行，同时标识功能菌活菌数的下限、杂菌数的上限。

8.2 包装

产品包装应密封、防水、避光、牢固，同时注明使用包装材料的必要性。

8.3 运输

产品在运输过程中应有遮盖物，避免暴晒、雨淋和受热，不得与有毒有害物品混装混运。

8.4 贮存

产品应贮存于阴凉通风干燥处，防止日晒雨淋，勿靠近火源，如有特殊要求，应注明。

8.5 保质期

产品的保质期依据相应产品的标准而确定。

ICS 65.120
B 46

中华人民共和国国家标准

GB/T 23386—2009

饲料添加剂 维生素A棕榈酸酯粉

Feed additive—Vitamin A palmitate powder

2009-03-26 发布 2009-07-01 实施

中华人民共和国国家质量监督检验检疫总局
中国国家标准化管理委员会 发布

前　　言

本标准由全国饲料工业标准化技术委员会(SAC/TC 76)提出并归口。

本标准起草单位:全国饲料工业标准化技术委员会、浙江新和成股份有限公司。

本标准主要起草人:杨金枢、盛翠凤、胡建权、毛丽萍、章良英、郑乐友。

饲料添加剂　维生素A棕榈酸酯粉

1　范围

本标准规定了饲料添加剂维生素A棕榈酸酯粉产品的范围、要求、试验方法、检验规则、标签、包装、运输、贮存和保质期。

本标准适用于以合成维生素A棕榈酸酯为主要原料，以变性淀粉等为辅料，加入适量抗氧剂，以喷雾法工艺生产的维生素A棕榈酸酯粉。

化学名称：3,7-二甲基-9-(2,6,6-三甲基-1-环己烯-1-基)-2,4,6,8-壬四烯-1-棕榈酸酯

分子式：$C_{36}H_{60}O_2$

相对分子质量：524.86(2007年国际相对原子质量)

化学结构式：

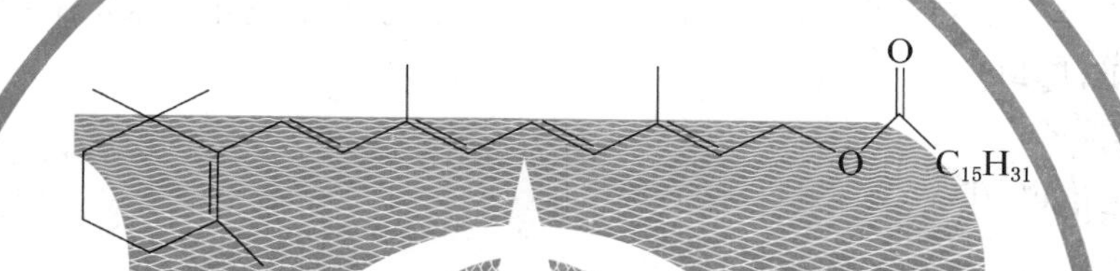

2　规范性引用文件

下列文件中的条款通过本标准的引用而成为本标准的条款。凡是注日期的引用文件，其随后所有的修改单(不包括勘误的内容)或修订版均不适用于本标准，然而，鼓励根据本标准达成协议的各方研究是否可使用这些文件的最新版本。凡是不注日期的引用文件，其最新版本适用于本标准。

GB/T 5009.74　食品添加剂中重金属限量试验

GB/T 6435　饲料中水分和其他挥发性物质含量的测定(GB/T 6435—2006,ISO 6496:1999,IDT)

GB/T 6682　分析实验室用水规格和试验方法(GB/T 6682—2008,ISO 3696:1987,MOD)

GB 10648　饲料标签

GB/T 13079　饲料中总砷的测定

3　要求

3.1　性状

本产品为淡黄色至黄色流动性粉末，无明显异味，对空气、热、光和湿敏感。

3.2　技术要求

饲料添加剂　维生素A棕榈酸酯粉技术指标应符合表1要求。

表1　技术要求

项　　目	指　　标
维生素A棕榈酸酯含量(为标示量的)/%	95.0～115.0
维生素A醇和维生素A乙酸酯总含量(为标示量的)/%	≤1.0
粒度	100%通过孔径为0.84 mm的分析筛
	≥85%通过孔径为0.425 mm的分析筛
干燥失重/%	≤8.0
重金属(以Pb计)/(mg/kg)	≤10
总砷(As)/(mg/kg)	≤3

4 试验方法

本标准所用的试剂和水，除非另有说明，均指分析纯试剂和符合 GB/T 6682 中规定的三级水。色谱分析中所用水均符合 GB/T 6682 中规定的一级水。

4.1 试剂和溶液

4.1.1 菠萝蛋白酶(活性≥2 000 GDU/g)。

4.1.2 异丙醇(色谱纯)。

4.1.3 正戊烷。

4.1.4 维生素 A 棕榈酸酯对照品(含量≥1 700 000 IU/g)。

4.1.5 维生素 A 乙酸酯对照品(含量≥2 800 000 IU/g)。

4.1.6 BHT(2,6-二叔丁基-4-甲基苯酚)。

4.1.7 10%四丁基氢氧化铵水溶液。

4.1.8 BHT 异丙醇溶液：1 g/L，取 BHT(4.1.6)1 g，用异丙醇(4.1.2)稀释到 1 000 mL，摇匀。

4.1.9 四丁基氢氧化铵异丙醇溶液：0.1 mol/L，取 10%四丁基氢氧化铵水溶液(4.1.7)130 mL，用异丙醇稀释到 500 mL，摇匀。

4.2 仪器和设备

4.2.1 高效液相色谱仪：带紫外检测器(UV)。

4.2.2 分析天平。

4.2.3 分析筛(孔径分别为 0.84 mm 和 0.425 mm)。

4.2.4 超声水浴装置。

4.3 鉴别

4.3.1 试样溶液制备

称取维生素 A 棕榈酸酯粉适量(约相当于维生素 A 棕榈酸酯 20 000 IU，精确至 0.000 2 g)于 100 mL 的棕色容量瓶中，加菠萝蛋白酶(4.1.1)20 mg～30 mg，水 5 mL，在 60 ℃～65 ℃水浴中超声 10 min，取出流水冷却至室温。用异丙醇稀释至刻度，摇匀，即得。

4.3.2 对照溶液制备

称取维生素 A 棕榈酸酯对照品(4.1.4)适量(约相当于维生素 A 棕榈酸酯 20 000 IU)于 100 mL 棕色容量瓶中，用异丙醇稀释至刻度，摇匀，即得。

4.3.3 色谱条件

色谱柱：C_{18}柱 5 μm 150 mm×4.6 mm；

柱温：35 ℃；

流动相：甲醇；

流速：2.0 mL/min；

检测波长：325 nm；

进样量：20 μL。

4.3.4 测定

分别取试样溶液(4.3.1)及对照溶液(4.3.2)经 0.45 μm 有机滤膜过滤，按色谱条件(4.3.3)进样分析，记录色谱图。试样溶液色谱图中主峰保留时间应与对照溶液色谱图中维生素 A 棕榈酸酯峰保留时间一致。

4.4 维生素 A 醇和维生素 A 乙酸酯总含量测定

4.4.1 原理

试样中的维生素 A 醇和维生素 A 乙酸酯可用液相色谱外标法测定。

4.4.2 对照溶液制备

维生素A乙酸酯贮备液：称取维生素A乙酸酯对照品(4.1.5)0.02 g(精确至0.000 2 g)于100 mL的棕色容量瓶中，加正戊烷(4.1.3)5 mL溶解，用加BHT异丙醇溶液(4.1.8)稀释至刻度，摇匀。

维生素A醇贮备液：称取维生素A乙酸酯对照品0.02 g(精确至0.000 2 g)于100 mL的棕色容量瓶中，加5 mL正戊烷溶解，加0.1 mol/L四丁基氢氧化铵异丙醇溶液20 mL，在60 ℃～65 ℃水浴中慢慢转动让它混合反应10 min，冷至室温，用BHT异丙醇溶液稀释至刻度，摇匀。

对照溶液：精密移取维生素A乙酸酯贮备液和维生素A醇贮备液各1 mL于同一100 mL棕色容量瓶中，用异丙醇稀释至刻度，摇匀，即得。

4.4.3 试样溶液制备

称取维生素A棕榈酸酯粉适量(约相当于维生素A棕榈酸酯20 000 IU，精确至0.000 2 g)于100 mL的棕色容量瓶中，加菠萝蛋白酶(4.1.1)20 mg～30 mg，水5 mL，在60 ℃～65 ℃水浴中超声10 min，取出流水冷却至室温。用异丙醇稀释至刻度，摇匀，即得。

4.4.4 测定

调节仪器灵敏度到对照溶液中维生素A醇峰高占满量程刻度的20%以上，取对照溶液(4.4.2)和试样溶液(4.4.3)经0.45 μm有机滤膜过滤，按色谱条件(4.3.3)进样分析，记录色谱图，对照溶液色谱图中出峰顺序按先后排列，依次为：维生素A醇，维生素A乙酸酯。

4.4.5 计算和结果表示

维生素A醇和维生素A乙酸酯总含量X_1，以国际单位每克(IU/g)表示，按式(1)计算：

$$X_1 = \frac{A_1 \times C_s \times m_1 \times 100}{A_2 \times m_2 \times 10\,000} + \frac{A_3 \times C_s \times m_3 \times 100}{A_4 \times m_2 \times 10\,000} \quad \cdots\cdots(1)$$

式中：

A_1——试样溶液中维生素A醇的峰面积；

C_s——维生素A乙酸酯对照品的含量，单位为国际单位每克(IU/g)；

m_1——制备维生素A醇贮备液所称取的维生素A乙酸酯对照品的质量，单位为克(g)；

100——试样的稀释体积，单位为毫升(mL)；

A_2——对照溶液中维生素A醇的峰面积；

m_2——称取试样的质量，单位为克(g)；

10 000——维生素A乙酸酯对照品及维生素A醇的稀释体积，单位为毫升(mL)；

A_3——试样溶液中维生素A乙酸酯的峰面积；

m_3——制备维生素A乙酸酯贮备液所称取的维生素A乙酸酯对照品的质量，单位为克(g)；

A_4——对照溶液中维生素A乙酸酯的峰面积。

维生素A醇和维生素A乙酸酯总含量占标示量的百分数(%)X_2，按式(2)计算：

$$X_2 = \frac{X_1}{\text{标示量}} \times 100 \quad \cdots\cdots(2)$$

4.5 维生素A棕榈酸酯含量测定

警告：测试过程应在避光条件下进行！

4.5.1 原理

维生素A棕榈酸酯和维生素A乙酸酯在四丁基氢氧化铵的作用下，水解成维生素A醇，用外标法定量。

4.5.2 试样溶液制备

称取试样适量(约相当于维生素A棕榈酸酯50 000 IU，精确至0.000 2 g)于100 mL棕色容量瓶中，加入菠萝蛋白酶20 mg～30 mg，水5 mL及异丙醇0.15 mL，于60 ℃～65 ℃水浴中超声5 min，加入0.1 mol/L四丁基氢氧化铵异丙醇溶液(4.1.9)40 mL，置于60 ℃～65 ℃水浴中反应10 min。取出流水冷却至室温，用BHT异丙醇溶液稀释至刻度，摇匀。精密移取该溶液10 mL于50 mL棕色容量瓶中，用异丙醇稀释至刻度，摇匀即为试样溶液(约含维生素A棕榈酸酯100 IU/mL)。

4.5.3 对照溶液制备

称取维生素A乙酸酯对照品0.04 g于100 mL棕色容量瓶中，加入正戊烷5 mL，0.1 mol/L四丁基氢氧化铵异丙醇溶液40 mL，置于60 ℃～65 ℃水浴温度中反应10 min。取出流水冷却至室温，用BHT异丙醇溶液稀释至刻度，摇匀。精密移取该溶液5 mL于50 mL的棕色容量瓶中，用异丙醇稀释至刻度，摇匀即为对照溶液。

4.5.4 色谱条件

色谱柱：C_{18}柱 5 μm　150 mm×4.6 mm；

流动相：甲醇＋水＝95＋5；

流速：1.0 mL/min；

检测波长：325 nm；

进样量：20 μL。

4.5.5 测定步骤

分别取对照品溶液(4.5.3)及试样溶液(4.5.2)经0.45 μm有机滤膜过滤，按色谱条件(4.5.4)进样分析，记录色谱图，用外标法定量。

4.5.6 计算和结果表示

维生素A棕榈酸酯粉中维生素A棕榈酸酯的含量X_3，以国际单位每克(IU/g)表示，按式(3)计算：

$$X_3 = \frac{A_5 \times C_s \times m_4 \times 500}{A_6 \times m_5 \times 1\,000} - X_1 \qquad \cdots\cdots(3)$$

式中：

A_5——试样溶液中维生素A醇的峰面积；

C_s——维生素A乙酸酯对照品的含量，单位为国际单位每克(IU/g)；

m_4——称取维生素A乙酸酯对照品的质量，单位为克(g)；

500——维生素A棕榈酸酯粉试样的总稀释体积；

A_6——对照溶液中维生素A醇的峰面积；

m_5——称取试样的质量，单位为克(g)；

1 000——维生素A乙酸酯对照品的总稀释体积；

X_1——试样中维生素A醇和维生素A乙酸酯总含量，单位为国际单位每克(IU/g)。

维生素A棕榈酸酯粉中维生素A棕榈酸酯的含量占标示量的百分数(%)X_4，按式(4)计算：

$$X_4 = \frac{X_3}{\text{标示量}} \times 100 \qquad \cdots\cdots(4)$$

计算结果表示至小数点后一位。

4.5.7 允许误差

取两次测定结果的算术平均值为测定结果，两次平行测定结果相对偏差应不大于2%。

4.6 粒度

4.6.1 测定步骤

取试样50 g，倾入分析筛中，振摇5 min，取筛下物称量。

4.6.2 计算和结果的表示

粒度X_5，以筛下物占试样的质量分数(%)表示，按式(5)计算：

$$X_5 = \frac{m_6}{m_7} \times 100 \qquad \cdots\cdots(5)$$

式中：

m_6——筛下物的试样质量，单位为克(g)；

m_7——称取试样的质量，单位为克(g)。

计算结果表示至小数点后一位。

4.7 干燥失重

干燥失重按 GB/T 6435 规定的方法测定。

4.8 重金属

重金属按 GB/T 5009.74 规定的方法测定。

4.9 总砷

总砷按 GB/T 13079 规定的方法测定。

5 检验规则

5.1 本产品应由生产厂的质量检验部门按规定进行质量检查合格后方可出厂，每批出厂的产品都应带有质量证明书。

5.2 使用单位有权按照本标准规定的检验规则和试验方法对所收到的产品进行质量检验，检验其是否符合本标准的要求。

5.3 取样方法：取样需备有清洁、干燥、具有密闭性和避光性的样品瓶。瓶上贴有标签，注明生产厂名称、产品名称、批号及取样日期。

取样时，应用清洁适用的取样工具，将所取样品充分混匀，以四分法缩分，每批样品分两份，每份样品应为检验所需量的 3 倍量，装入两个样品袋(或瓶)中。一件送化验室检验，另一件密封保存备查。

5.4 判定规则：若检验结果有一项指标不符合本标准要求时，应重新自 2 倍量包装单元中抽样进行复检，复检结果仍有一项不符合本标准要求时，则整批产品判为不合格。

5.5 如供需双方对产品质量发生争议时，可由双方商请仲裁单位按照本标准的检验规则和方法进行仲裁。

6 标签、包装、运输和贮存

6.1 标签

标签按 GB 10648 执行。

6.2 包装

本产品采用铝薄膜袋或其他适宜的避光密闭容器包装。

6.3 运输

本产品在运输过程中应防潮、防高温、防止包装破损，不应与有毒有害物质混运。

6.4 贮存

本产品应贮存在阴凉、通风、干燥、无污染、无有害物质的地方。

7 保质期

在符合本标准规定的贮存条件下，原包装自生产之日起保质期为 12 个月(开封后应尽快使用)。

ICS 65.120
B 46

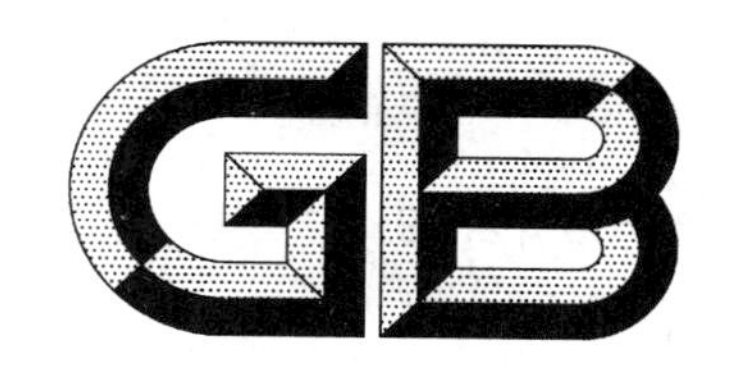

中华人民共和国国家标准

GB/T 23735—2009

饲料添加剂　乳酸锌

Feed additive—Zinc lactate

2009-05-12 发布　　　　2009-09-01 实施

中华人民共和国国家质量监督检验检疫总局
中国国家标准化管理委员会　发布

前　言

本标准由全国饲料工业标准化技术委员会提出并归口。

本标准起草单位：四川省畜科饲料有限公司、全国饲料评审委员会办公室。

本标准主要起草人：张纯、邝声耀、杜伟、唐凌、张冀、胡翊坤、刘汉琼、黄崇波、钟呈波。

饲料添加剂　乳酸锌

1　范围

本标准规定了饲料添加剂乳酸锌的要求、试验方法、检验规则及标签、包装、运输、贮存和保质期。

本标准适用于由氧化锌和乳酸反应生成的乳酸锌。

化学名称：α-羟基丙酸锌

分子式：$C_6H_{10}O_6Zn \cdot 3H_2O$

结构式：$[CH_3-\underset{\displaystyle OH}{\underset{|}{CH}}-COO]_2Zn \cdot 3H_2O$

相对分子质量：297.58（依据2007年国际相对原子质量）

2　规范性引用文件

下列文件中的条款通过本标准的引用而成为本标准的条款。凡是注日期的引用文件，其随后所有的修改单（不包括勘误的内容）或修订版均不适用于本标准，然而，鼓励根据本标准达成协议的各方研究是否可使用这些文件的最新版本。凡是不注日期的引用文件，其最新版本适用于本标准。

GB/T 601　化学试剂　标准滴定溶液的制备

GB/T 602　化学试剂　杂质测定用标准溶液的制备（GB/T 602—2002，ISO 6353-1:1982，NEQ）

GB/T 603　化学试剂　试验方法中所用制剂及制品的制备（GB/T 603—2002，ISO 6353-1:1982，NEQ）

GB/T 6435　饲料中水分和其他挥发性物质含量的测定（GB/T 6435—2006，ISO 6496:1999，IDT）

GB/T 6682　分析实验室用水规格和试验方法（GB/T 6682—2008，ISO 3696:1987，MOD）

GB 6781—2007　食品添加剂　乳酸亚铁

GB/T 9738　化学试剂　水不溶物测定通用方法（GB/T 9738—2008，ISO 6353-1:1982，NEQ）

GB 10648　饲料标签

GB/T 13079—2006　饲料中总砷的测定

GB/T 13080　饲料中铅的测定　原子吸收光谱法

GB/T 13082　饲料中镉的测定方法

GB/T 14699.1　饲料　采样（GB/T 14699.1—2005，ISO 6497:2002，IDT）

中华人民共和国药典（2005年版二部）

3　要求

3.1　感官性状

本品为白色结晶性粉末，无异臭。略溶于水，不溶于乙醇。

3.2　技术指标

饲料添加剂乳酸锌技术指标应符合表1要求。

表 1 技术指标

项目		指标
乳酸锌($C_6H_{10}O_6Zn \cdot 3H_2O$)含量/%	≥	98.0～102.4
锌(Zn)含量/%	≥	21.5～22.5
乳酸盐(以 $C_3H_5O_3^-$ 计)含量/%	≥	58.7
干燥失重/%	≤	18.5
水不溶物/%	≤	0.5
砷(As)/(mg/kg)	≤	3
铅(Pb)/(mg/kg)	<	10
镉(Cd)/(mg/kg)	<	10
细度(通过 300 μm 孔径标准筛)/%	≥	95.0

4 试验方法

警告:试验所用部分试剂具有毒性或腐蚀性,操作要小心谨慎,溅到皮肤上立即用水冲洗,严重者立即治疗。

4.1 一般规定

除非另有说明,在分析中仅使用确认为分析纯的试剂和符合 GB/T 6682 规定的用水。标准溶液的制备应符合 GB/T 601、GB/T 602,试验方法中所用制剂及制品的制备应符合 GB/T 603。

4.2 感官指标

将样品放置在清洁、干燥的白瓷盘内,在非直射日光、光线充足、无异味和异臭的环境中,用眼观的方法观察其色泽,用鼻嗅的方法检查其异臭。

4.3 鉴别

4.3.1 试剂和溶液

4.3.1.1 亚铁氰化钾溶液:100 g/L。本试剂临用时现配。

4.3.1.2 盐酸溶液:1+4。

4.3.1.3 硫酸铜溶液:1 g/L。

4.3.1.4 硫氰酸汞铵试液:取硫氰酸铵 5 g 与二氯化汞 4.5 g,加水溶解成 100 mL,即得。

4.3.2 鉴别方法

4.3.2.1 锌盐

a) 取 2%试样溶液 10 mL,加亚铁氰化钾溶液(4.3.1.1)2 mL,即产生白色沉淀,分离所得沉淀在稀盐酸(4.3.1.2)中不溶解。

b) 取 2%试样溶液 5 mL,以稀盐酸(4.3.1.2)酸化,加硫酸铜溶液(4.3.1.3)2 滴及硫氰酸汞铵试液(4.3.1.4)2 mL,即生成紫色沉淀。

4.3.2.2 乳酸盐

按 GB 6781—2007 中乳酸盐的鉴别方法进行。

4.4 乳酸锌含量及锌含量的测定

4.4.1 试剂和溶液

4.4.1.1 抗坏血酸。

4.4.1.2 硫酸溶液:1+1。

4.4.1.3 氟化铵溶液:200 g/L。

4.4.1.4 硫脲溶液:100 g/L。

4.4.1.5　乙酸-乙酸钠缓冲液(pH≈5.5)：称取 200 g 乙酸钠，溶于水，加 10 mL 冰乙酸，用水稀释至 1 000 mL。

4.4.1.6　乙二胺四乙酸二钠标准滴定溶液：c(EDTA)=0.05 mol/L。

4.4.1.7　二甲酚橙指示液：2 g/L，使用不超过一周。

4.4.2　测定方法

称取试样 0.3 g(精确到 0.000 2 g)，置于 250 mL 锥形瓶中，加少量水润湿，滴加两滴硫酸溶液(4.4.1.2)使试样溶解，加水 50 mL、氟化铵溶液(4.4.1.3)10 mL、硫脲溶液(4.4.1.4)5 mL、抗坏血酸(4.4.1.1)0.2 g，摇匀溶解后加入 15 mL 乙酸-乙酸钠缓冲液(4.4.1.5)和 3 滴二甲酚橙指示液(4.4.1.7)，用乙二胺四乙酸二钠标准滴定液(4.4.1.6)滴定至溶液由红色变为亮黄色即为终点。

同时做空白试验。

4.4.3　结果计算

4.4.3.1　试样中乳酸锌含量以质量分数 X_1 计，数值以%表示，按式(1)计算：

$$X_1 = \frac{(V_1 - V_0) \times c_1 \times 0.2976}{m_1} \times 100 \qquad \cdots\cdots(1)$$

式中：

X_1——试样中乳酸锌含量，%；

V_1——滴定试验溶液消耗乙二胺四乙酸二钠标准滴定溶液的体积，单位为毫升(mL)；

V_0——滴定空白溶液消耗乙二胺四乙酸二钠标准滴定溶液的体积，单位为毫升(mL)；

c_1——乙二胺四乙酸二钠标准滴定溶液的实际浓度，单位为摩尔每升(mol/L)；

0.297 6——与 1.00 mL 乙二胺四乙酸二钠标准滴定溶液[c(EDTA)=1.000 mol/L]相当的乳酸锌质量，单位为克(g)；

m_1——试样质量，单位为克(g)。

计算结果保留到小数点后两位。

4.4.3.2　试样中锌含量以质量分数 X_2 计，数值以%表示，按式(2)计算：

$$X_2 = \frac{(V_1 - V_0) \times c_1 \times 0.06539}{m_1} \times 100 \qquad \cdots\cdots(2)$$

式中：

X_2——试样中锌含量，%；

V_1——滴定试验溶液消耗乙二胺四乙酸二钠标准滴定溶液的体积，单位为毫升(mL)；

V_0——滴定空白溶液消耗乙二胺四乙酸二钠标准滴定溶液的体积，单位为毫升(mL)；

c_1——乙二胺四乙酸二钠标准滴定溶液的实际浓度，单位为摩尔每升(mol/L)；

0.065 39——与 1.00 mL 乙二胺四乙酸二钠标准滴定溶液[c(EDTA)=1.000 mol/L]相当的锌质量，单位为克(g)；

m_1——试样质量，单位为克(g)。

计算结果保留到小数点后两位。

4.4.4　允许误差

取两次平行测定结果的算术平均值为测定结果，两次平行测定结果的绝对差值乳酸锌不大于 0.5%，锌不大于 0.2%。

4.5　乳酸盐含量的测定

4.5.1　试剂

4.5.1.1　碘化钾。

4.5.1.2　硫酸溶液：1+1。

4.5.1.3　重铬酸钾标准溶液：$c(1/6K_2Cr_2O_7)$=0.4 mol/L。

4.5.1.4 硫代硫酸钠标准滴定溶液：$c(Na_2S_2O_3)=0.05$ mol/L。

4.5.1.5 淀粉指示液：10 g/L，使用期为两周。

4.5.2 测定方法

称取试样 0.15 g(精确到 0.000 2 g)，置于 250 mL 具塞锥形瓶中，用移液管加入 25 mL 重铬酸钾标准溶液(4.5.1.3)和 25 mL 硫酸溶液(4.5.1.2)，加塞放入水浴锅中，80 ℃开始计时，在此温度下保持 35 min。取出冷却至室温，定量转入 100 mL 容量瓶中，加新沸冷水稀释至刻度，摇匀。用移液管移取 20 mL 于 250 mL 碘量瓶中，加碘化钾(4.5.1.1)2 g，密塞，置于暗处放置 10 min 后加新沸冷水至 100 mL。用硫代硫酸钠标准滴定溶液(4.5.1.4)滴定至黄色，加淀粉指示液(4.5.1.5)1 mL，继续滴定至蓝色消失变成亮绿色，5 min 内不变色，即为终点。

同时做空白试验。

4.5.3 结果计算

试样中乳酸盐含量以质量分数 X_3 计，数值以%表示，按式(3)计算：

$$X_3=\frac{(V_2-V_3)\times c_2\times 0.022\ 27}{m_2\times D}\times 100 \qquad (3)$$

式中：

X_3——试样中乳酸盐含量，%；

V_2——滴定空白溶液消耗硫代硫酸钠标准滴定液的体积，单位为毫升(mL)；

V_3——滴定试验溶液消耗的硫代硫酸钠标准滴定液的体积，单位为毫升(mL)；

c_2——硫代硫酸钠标准滴定溶液的实际浓度，单位为摩尔每升(mol/L)；

0.022 27——1/8 乳酸根的摩尔质量，单位为克每摩尔(g/mol)；

m_2——试样质量，单位为克(g)；

D——分取倍数，20/100。

计算结果保留到小数点后两位。

4.5.4 允许误差

取两次平行测定结果的算术平均值为测定结果，两次平行测定结果的绝对差值不大于 0.6%。

4.6 干燥失重的测定

按 GB/T 6435 中规定的方法测定。

4.7 水不溶物含量的测定

按 GB/T 9738 中规定的方法测定。

4.8 砷的测定

按 GB/T 13079—2006 中第 5 章规定的方法测定。

4.9 铅的测定

按 GB/T 13080 中规定的方法测定。

4.10 镉的测定

按 GB/T 13082 中规定的方法测定。

4.11 细度测定

按《中华人民共和国药典》(2005 年版二部)附录Ⅸ E“粒度和粒度分布测定法第二法(筛分法)”的规定执行。

5 检验规则

5.1 采样方法

按照 GB/T 14699.1 规定进行。

5.2 出厂检验

5.2.1 批

以同原料、同配方、同一连续生产周期中生产的一定数量的产品为一批。

产品应由生产企业的质量检验部门按本标准规定进行检验，生产企业应保证所有出厂产品都符合本标准的要求，经检验合格并附有一定格式的质量证明书。

5.2.2 出厂检验项目

本标准规定感官指标、乳酸锌含量、干燥失重、细度、净含量为出厂检验项目。

使用单位有权按照本标准的规定对所收到的产品进行验收。

5.3 型式检验

5.3.1 正常生产者，每半年至少进行一次型式检验。有下列情况之一时，应进行型式检验：

a) 产品批量投产前；

b) 原料、工艺、设备有较大变动时；

c) 停产三个月以上，重新恢复生产时；

d) 出厂检验结果与上次型式检验结果有较大差异时；

e) 国家质量安全监督机构提出型式检验要求时。

5.3.2 型式检验项目

本标准第3章中全部项目。

5.4 判定规则

以本标准的有关试验方法为依据，对抽取样品按出厂(或型式)检验项目进行检验。所检项目全部合格，则判该批产品为合格品；检验结果如出现不合格项目，应重新自同批产品中两倍样品量抽样进行复验，复验结果中仍有不合格项目，则判定该批产品为不合格产品。

6 标签、包装、运输、贮存、保质期

6.1 标签

应符合GB 10648中的规定。

6.2 包装

本品内包装采用聚乙烯薄膜，外包装采用聚丙烯塑料编制袋、纸箱、纸桶(或根据用户要求，按合同执行)。

6.3 运输

本品在运输过程中应避免日晒雨淋，严禁与有毒有害物质混装、混运。

6.4 贮存

本品应包装完好，贮存于通风、阴凉、干燥处，防止污染，远离火源。

6.5 保质期

产品自生产之日起，在符合上述贮运条件、原包装完好的情况下，保质期12个月。

ICS 65.120
B 46

中华人民共和国国家标准

GB/T 23745—2009

饲料添加剂 10%虾青素

Feed additive—10% Astaxanthin

2009-05-12 发布 2009-09-01 实施

中华人民共和国国家质量监督检验检疫总局
中国国家标准化管理委员会 发布

前　言

本标准附录 A 为资料性附录。

本标准由全国饲料工业标准化技术委员会(SAC/TC 76)提出并归口。

本标准起草单位:全国饲料工业标准化技术委员会、浙江新和成股份有限公司、浙江皇冠科技有限公司。

本标准主要起草人:杨金枢、盛翠凤、胡建权、洪文刚、胡向东、章良英、郑乐友、梁新乐。

饲料添加剂　10%虾青素

1　范围

本标准规定了饲料添加剂10%虾青素的范围、要求、试验方法、检验规则、标签、包装、运输、贮存及保质期。

本标准适用于以含量不低于96%的合成虾青素为主要原料，以淀粉、明胶、蔗糖等为辅料，以喷雾法工艺生产的10%虾青素。

化学名称：3,3'-二羟基-4,4'-二酮-β-胡萝卜素

分子式：$C_{40}H_{52}O_4$

相对分子质量：596.84(2007年国际相对原子质量)

化学结构式：

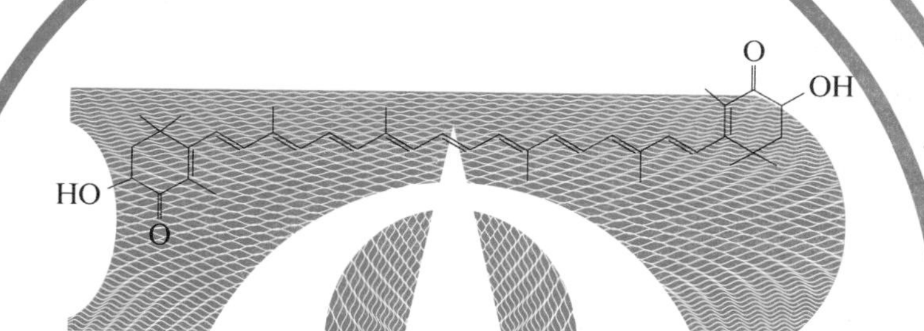

2　规范性引用文件

下列文件中的条款通过本标准的引用而成为本标准的条款。凡是注日期的引用文件，其随后所有的修改单(不包括勘误的内容)或修订版均不适用于本标准，然而，鼓励根据本标准达成协议的各方研究是否可使用这些文件的最新版本。凡是不注日期的引用文件，其最新版本适用于本标准。

GB/T 5009.74　食品添加剂中重金属限量试验

GB/T 6435　饲料中水分和其他挥发性物质含量的测定(GB/T 6435—2006,ISO 6496:1999,IDT)

GB/T 6682　分析实验室用水规格和试验方法(GB/T 6682—2008,ISO 3696:1987,MOD)

GB 10648　饲料标签

GB/T 13079　饲料中总砷的测定

3　要求

3.1　性状

本产品为紫红色至紫褐色的流动性微粒或粉末，无明显异味，易吸潮，对空气、热、光敏感。

3.2　技术要求

饲料添加剂10%虾青素技术要求应符合表1的规定。

表1　技术要求

项　　目	指　　标
虾青素的含量/%	≥10
粒度	100%通过孔径为0.84 mm的分析筛
	≥85%通过孔径为0.425 mm的分析筛
干燥失重/%	≤8.0
重金属(以Pb计)/(mg/kg)	≤10
总砷(以As计)/(mg/kg)	≤3

4 试验方法

警告——本产品对光敏感，在操作过程中应避光操作。三氯化锑-三氯甲烷溶液有强腐蚀性，在操作过程中应注意避免与皮肤接触，如不慎接触到皮肤，应立即用清水冲洗。

本标准所用的试剂和水，除非另有说明，均指分析纯试剂和符合 GB/T 6682 中规定的三级水。

4.1 试剂和溶液

4.1.1 三氯甲烷。

4.1.2 无水乙醇。

4.1.3 BHT(2,6-二叔丁基-4-甲基苯酚)。

4.1.4 三氯化锑-三氯甲烷溶液：称取 1 g 三氯化锑用 4 mL 三氯甲烷溶解即得(现配现用)。

4.2 仪器和设备

4.2.1 紫外-可见分光光度计。

4.2.2 分析天平。

4.2.3 超声波清洗器。

4.2.4 恒温水浴装置。

4.2.5 离心机(离心试管体积大于 20 mL)。

4.2.6 氮气吹干装置。

4.2.7 孔径为 0.84 mm 的分析筛。

4.2.8 孔径为 0.425 mm 的分析筛。

4.3 鉴别

4.3.1 取试样约 10 mg 于试管中，加 50 ℃～60 ℃热水 1 mL，于 50 ℃～60 ℃热水浴中超声 5 min。冷至室温后，加入三氯甲烷(4.1.1)10 mL 并振摇 30 s，静置分层后，取三氯甲烷层溶液 3 mL 与三氯化锑-三氯甲烷溶液(4.1.4)1 mL 反应，溶液应立即显蓝紫色。

4.3.2 取含量测定项(4.4.1)下的待测液，以三氯甲烷为空白，使用 1 cm 的比色皿，于分光光度计上扫描波长 200 nm～600 nm 之间的吸收光谱，其最大吸收波长应在波长 484 nm～490 nm 之间，光谱图参见附录 A。

4.4 含量

4.4.1 测定

待测液：称取试样 0.15 g(精确至 0.000 2 g)，置于 250 mL 棕色容量瓶中，加入 BHT(4.1.3)约 10 mg，加入蒸馏水 10 mL，在 50 ℃～60 ℃热水浴中超声 5 min，流水冷却至室温，加入无水乙醇(4.1.2)100 mL 和三氯甲烷 100 mL，于室温水浴中超声 5 min，用三氯甲烷稀释至刻度摇匀。取该溶液适量，置于具塞离心管中离心 5 min(转速为 3 000 r/min)，精密移取上层清液 2 mL 于 50 mL 棕色容量瓶中，将容量瓶置于约 45 ℃的水浴中，用氮气流吹干，用三氯甲烷溶解并稀释至刻度，摇匀，即为待测液，应立即测定(于 20 min 内完成测定)。

以三氯甲烷为空白，使用 1 cm 的比色皿，在分光光度计上测定待测液在 487 nm 附近最大吸收波长处的吸光度。

4.4.2 计算

试样中虾青素的含量 X_1 以质量分数(%)表示，按式(1)计算：

$$X_1 = \frac{A_{max} \times 6\,250}{m_1 \times 1\,830} \qquad \cdots\cdots(1)$$

式中：

A_{max}——待测液在 487 nm 附近最大吸收处的吸光度；

6 250——试样稀释的总体积，单位为毫升(mL)；

m_1——称取试样的质量,单位为克(g);

1 830——试样中虾青素的标准百分消光系数($E_{1\,cm}^{1\%}$)。

4.4.3 允许差

取两次测定结果的算术平均值为测定结果,两次平行测定结果相对偏差应不大于3%。

4.5 粒度

4.5.1 试验

称取试样 50 g,倾入分析筛中,振摇 5 min,取筛下物称量。

4.5.2 计算和结果的表示

粒度 X_2 以筛下物占试样的质量分数(%)表示,按式(2)计算:

$$X_2 = \frac{m_2}{m_3} \times 100 \quad \cdots\cdots(2)$$

式中:

m_2——筛下物的试样质量,单位为克(g);

m_3——称取试样的质量,单位为克(g)。

计算结果表示至小数点后一位。

4.6 干燥失重

干燥失重按 GB/T 6435 规定的方法测定。

4.7 重金属

按 GB/T 5009.74 规定的方法测定。

4.8 总砷

按 GB/T 13079 规定的方法测定。

5 检验规则

5.1 出厂检验

本产品应由生产厂的质量检验部门按规定进行质量检查合格后方可出厂,每批出厂的产品都应带有质量证明书。

5.2 取样方法

取样需备有清洁、干燥、具有密闭性和避光性的样品瓶。瓶上贴有标签,注明生产厂名称、产品名称、批号及取样日期。

取样时,应用清洁适用的取样工具,将所取样品充分混匀,以四分法缩分,每批样品分两份,每份样品应为检验所需量的3倍量,装入两个样品袋(或瓶)中。一件送化验室检验,另一件密封保存备查。

5.3 判定规则

若检验结果有一项指标不符合本标准要求时,应重新自2倍量包装单元中抽样进行复检,复检结果仍有一项指标不符合本标准要求时,则整批产品判为不合格。

5.4 仲裁

如供需双方对产品质量发生争议时,可由双方商请仲裁单位按照本标准的检验规则和方法进行仲裁。

6 标签、包装、运输和贮存

6.1 标签

标签应按 GB 10648 执行。

6.2 包装

本产品应采用铝薄膜袋或其他适宜的避光密闭容器包装。

6.3 运输

本产品在运输过程中应避免日晒雨淋，受热及撞击，严禁碰撞，防止包装破损，严禁与有毒有害物质或其他有污染的物品以及具有氧化性的物质混放、混运。

6.4 贮存

本产品应贮存在阴凉、通风、干燥、无污染、无有害物质的地方。

7 保质期

在符合本标准规定的贮存条件下，原包装自生产之日起，保质期为24个月(开封后应尽快使用)。

附　录　A
（资料性附录）
虾青素的光谱扫描图

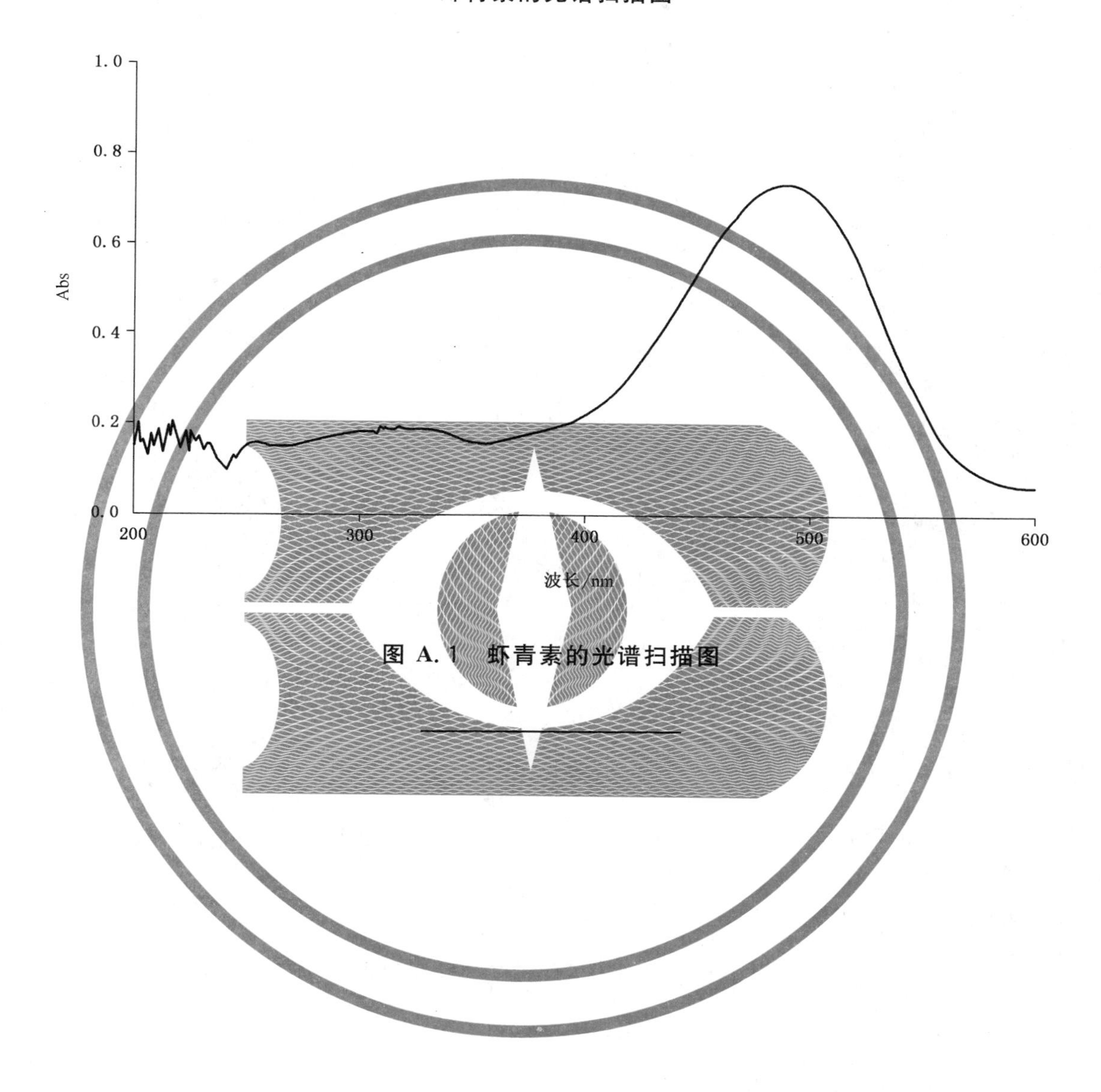

图 A.1　虾青素的光谱扫描图

ICS 65.120
B 46

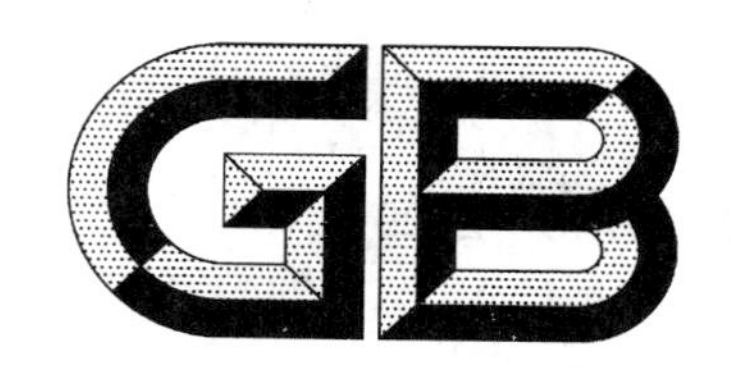

中华人民共和国国家标准

GB/T 23746—2009

饲料级糖精钠

Feed grade saccharin sodium

2009-05-12 发布

2009-09-01 实施

中华人民共和国国家质量监督检验检疫总局
中国国家标准化管理委员会 发布

前言

本标准由全国饲料工业标准化技术委员会(SAC/TC 76)提出并归口。

本标准起草单位:北京昕大洋科技发展有限公司。

本标准主要起草人:郭宝林、宋春玲、杨威、苏俊兵、王倩、赵剑、周良娟。

饲料级糖精钠

1 范围

本标准规定了饲料级糖精钠的技术要求、试验方法、检验规则和标签、包装、运输与贮存的要求。

本标准适用于在饲料工业中作为饲用甜味剂使用的、以甲苯或苯二甲酸酐为原料经化学合成制得的糖精钠。

糖精钠 saccharin sodium

化学名：1,2-苯并异噻唑-3(2H)-酮 1,1-二氧化物钠盐二水合物

分子式：$C_7H_4NNaO_3S \cdot 2H_2O$

相对分子质量：241.20(按 2007 年国际相对原子质量)

结构式：

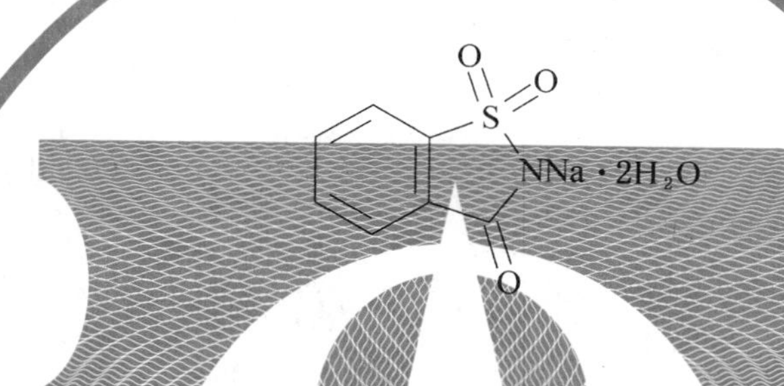

2 规范性引用文件

下列文件中的条款通过本标准的引用而成为本标准的条款。凡是注日期的引用文件，其随后所有的修改单(不包括勘误的内容)或修订版均不适用于本标准，然而，鼓励根据本标准达成协议的各方研究是否可使用这些文件的最新版本。凡是不注日期的引用文件，其最新版本适用于本标准。

GB/T 191 包装储运图示标志(GB/T 191—2008,ISO 780:1997,MOD)

GB/T 601 化学试剂 标准滴定溶液的制备

GB/T 602 化学试剂 杂质测定用标准溶液的制备(GB/T 602—2002,ISO 6353-1:1982,NEQ)

GB/T 603 化学试剂 试验方法中所用制剂及制品的制备(GB/T 603—2002,ISO 6353-1:1982,NEQ)

GB/T 5009.74 食品添加剂中重金属限量试验

GB/T 6435 饲料中水分和其他挥发性物质含量的测定(GB/T 6435—2006,ISO 6496:1999,IDT)

GB/T 6682 分析实验室用水规格和试验方法(GB/T 6682—2008,ISO 3696:1987,MOD)

GB/T 8946 塑料编织袋

GB 10648 饲料标签

GB/T 14699.1 饲料 采样(GB/T 14699.1—2005,ISO 6497:2002,IDT)

中华人民共和国药典(2005 年版二部)

3 要求

3.1 性状

本品为无色结晶或白色结晶性粉末。无臭或微有香气，味浓甜带苦；易风化。在水中易溶，在乙醇中略溶。

3.2 技术指标

饲料级糖精钠技术指标应符合表 1 的规定。

表 1　技术指标

项　　目		指　　标
干燥失重/%	≤	15.0
$C_7H_4NNaO_3S$ 含量(以干燥品计)/%		99.0～101.0
铵盐(以 NH_4^+ 计)/%	≤	0.002 5
砷盐(以 As 计)/%	≤	0.000 2
重金属(以 Pb 计)/%	≤	0.001

4　试验方法

4.1　试剂和水

本标准所用试剂和水，未注明其要求时，均指分析纯试剂和 GB/T 6682 中规定的三级水。

4.2　鉴别

4.2.1　试剂和溶液

4.2.1.1　间苯二酚。

4.2.1.2　硫酸。

4.2.1.3　氢氧化钠溶液：40 g/L。取氢氧化钠 40 g，用水溶解并稀释至 1 000 mL，摇匀。

4.2.1.4　10%盐酸溶液：按 GB/T 603 配制。

4.2.2　仪器和设备

一般实验室仪器和设备。

4.2.3　测定步骤

4.2.3.1　取试样约 20 mg，加间苯二酚约 40 mg，混合后，加硫酸 0.5 mL，用小火加热至显深绿色，放冷，加水 10 mL 与过量的氢氧化钠溶液，即显绿色荧光。

4.2.3.2　取铂丝，用盐酸湿润后，蘸取试样，在无色火焰中燃烧，火焰即显鲜黄色。

4.2.3.3　按照《中华人民共和国药典》2005 年版二部规定的熔点测定方法进行熔点测定。取试样约 0.3 g，加水 5 mL 溶解后，加稀盐酸 1 mL，即析出糖精晶体沉淀，过滤，沉淀用冷水洗净，在 105 ℃下干燥后，测其熔点应为 226 ℃～230 ℃。

4.3　干燥失重的测定

按 GB/T 6435 规定的方法测定。

4.4　糖精钠含量测定

4.4.1　试剂和溶液

4.4.1.1　冰乙酸。

4.4.1.2　乙酸酐。

4.4.1.3　结晶紫指示液：5 g/L。取 0.5 g 结晶紫，加 100 mL 冰乙酸溶解，摇匀。

4.4.1.4　无水乙酸：取冰乙酸适量，按含水量计算，1 g 水加乙酸酐 5.22 mL 即得。

4.4.1.5　高氯酸标准滴定溶液：$c(HClO_4)=0.1$ mol/L 标准溶液，按 GB/T 601 配制。

4.4.2　仪器和设备

一般实验室仪器。

4.4.3　测定步骤

取干燥失重测定后试样 0.3 g，称准至 0.000 2 g，加入无水乙酸 20 mL、乙酸酐 5 mL，溶解后，加 2 滴结晶紫指示液，用 0.1 mol/L 高氯酸标准溶液滴定至蓝绿色，并将滴定的结果用空白试验校正。

4.4.4　计算

$C_7H_4NNaO_3S$ 含量 X_1 以质量分数计，数值以%表示，按式(1)计算：

$$X_1 = \frac{c \times V \times 0.2052}{m} \times 100 \quad \cdots\cdots(1)$$

式中：

c——高氯酸标准滴定溶液浓度，单位为摩尔每升(mol/L)；

V——滴定消耗高氯酸标准滴定溶液的体积，单位为毫升(mL)；

0.205 2——与 1.00 mL 高氯酸标准滴定溶液[$c(HClO_4)=0.1$ mol/L]相当的、以克表示的 $C_7H_4NNaO_3S$ 的克数；

m——试样质量，单位为克(g)。

计算结果表示至小数点后一位。

4.5 铵盐的测定

4.5.1 试剂和溶液

4.5.1.1 碱性碘化汞钾溶液：取碘化钾 10 g 与碘化汞 13.5 g，加水溶解并稀释至 100 mL，临用前与等容的 25%氢氧化钠溶液(取氢氧化钠 250 g，用水溶解并稀释至 1 000 mL，摇匀)混合。

4.5.1.2 稀硫酸：取硫酸 5.7 mL，加水稀释至 100 mL。

4.5.1.3 高锰酸钾溶液：取高锰酸钾 0.33 g，加水 100 mL，煮沸 15 min，密塞，静置 2 d 以上，用垂熔玻璃滤器过滤，摇匀。

4.5.1.4 无氨水：取蒸馏水 1 000 mL，加稀硫酸 1 mL 与高锰酸钾溶液 1 mL，蒸馏即得，取 50 mL，加碱性碘化汞钾溶液 1 mL，不应显色。

4.5.1.5 铵标准溶液：按 GB/T 602 配制。

4.5.2 仪器和设备

一般实验室仪器和纳氏比色管(50 mL)。

4.5.3 测定步骤

取试样 0.4 g，称准至 0.01 g，加无氨水 20 mL，溶解后，加碱性碘化汞钾溶液 1 mL，摇匀，静置 5 min，如显色，与铵标准溶液 0.1 mL、无氨水 19.9 mL 及碱性碘化汞钾溶液 1 mL 制成的对照液比较，所显颜色不应更深。

4.6 砷盐的测定

4.6.1 试剂和溶液

4.6.1.1 无水碳酸钠。

4.6.1.2 盐酸。

4.6.1.3 碘化钾溶液：150 g/L。取碘化钾 150 g，用水溶解并稀释至 1 000 mL，摇匀。

4.6.1.4 40%氯化亚锡盐酸溶液：按 GB/T 603 配制。

4.6.1.5 无砷金属锌粒。

4.6.1.6 乙酸铅棉花：按 GB/T 603 配制。

4.6.1.7 溴化汞试纸：按 GB/T 603 配制。

4.6.1.8 砷标准溶液：按 GB/T 602 配制后，稀释 100 倍，制得的溶液 1 mL 中含砷 1 μg。

4.6.2 仪器装置

测砷装置，按《中华人民共和国药典》2005 年版二部“砷盐检查法”第一法执行。

4.6.3 测定步骤

取无水碳酸钠 1 g 铺于坩埚底部与四周，再取试样 1 g，称准至 0.1 g，置无水碳酸钠上，用水少量湿润。干燥后，先用小火灼烧炭化，再在约 600 ℃炽灼使完全炭化，放冷，加盐酸中和并酸化，加水 23 mL 溶解，并移入 100 mL 三角烧瓶中加碘化钾溶液 5 mL 与酸性氯化亚锡溶液 5 滴，在室温中放置 10 min 后，加无砷金属锌 1.5 g，立即将已装好乙酸铅棉花及溴化汞试纸的定砷管装上，于 25 ℃～40 ℃放置 1 h 后，取出溴化汞试纸，将生成的砷斑与精密量取标准砷溶液 2 mL，加盐酸 5 mL、水 21 mL，再加碘化钾溶液 5 mL、酸性氯化亚锡溶液 5 滴后照上法同样处理后所得的标准砷斑相比，不应更深。

4.7 重金属的测定

按 GB/T 5009.74 规定的方法测定。

5 检验规则

5.1 出厂检验：产品出厂时应检验感官性状、干燥失重、主成分含量、铵盐含量、砷盐含量和重金属含量。

5.2 型式检验：本标准规定的全部要求为型式检验项目，当产品投产、原材料更换、监督抽查或停产半年以上重新生产时，应进行型式检验。

5.3 本品应由生产企业的质量监督部门按本标准进行检验，生产企业应保证所有产品均符合本标准规定的要求。每批出厂的产品都应附有质量证明书。

5.4 使用单位有权按照本标准的规定对所收到的产品进行质量检验，检验其指标是否符合本标准的要求。

5.5 采样方法：按照 GB/T 14699.1 执行。

5.6 留样：各个批次生产的产品均应保留样品。样品密封后留置专用样品室或样品柜内保存。样品室和样品柜应保持阴凉、干燥。留样应设标签，标明品种、生产日期、批次、生产负责人和采样人等事项，并建立档案由专人负责保管。样品应保留至该批产品保质期满后 3 个月。

5.7 判定规则：若检验结果有一项指标不符合本标准要求时，应加倍抽样进行复检，复检结果仍有一项指标不符合本标准要求时，则整批产品判为不合格品。

6 包装、标签、贮存和运输

6.1 包装

6.1.1 本产品内包装应采用聚乙烯薄膜袋，外包装采用塑料编织袋。包装物应符合 GB/T 8946 的规定。

6.1.2 包装物的图示标志应符合 GB/T 191 的要求。

6.2 标签

标签按 GB 10648 执行。

6.3 贮存

本产品应贮存在干燥、避光处，严禁与有毒有害物质混贮。

本产品在规定的贮存条件下，原包装保质期 36 个月。

6.4 运输

本品在运输过程中应防止包装破损，应有遮盖物，避免日晒、雨淋、受潮，不应与有毒有害物质混运。

ICS 65.120
B 46

中华人民共和国国家标准

GB/T 23747—2009

饲料添加剂　低聚木糖

Feed additive—Xylo-oligosaccharides

2009-05-12 发布　　　　2009-09-01 实施

中华人民共和国国家质量监督检验检疫总局
中国国家标准化管理委员会　发布

前　言

本标准的附录A为资料性附录。

本标准由全国饲料工业标准化技术委员会(SAC/TC 76)提出并归口。

本标准起草单位:中国农业科学院饲料研究所、国家饲料质量监督检验中心(北京)、江苏康维生物有限公司、山东龙力生物科技有限公司。

本标准主要起草人:石波、梁平、冯忠华、樊霞、朱汉静、勇强、徐勇、肖琳、黄娟、王绍云。

饲料添加剂　低聚木糖

1　范围

本标准规定了饲料添加剂低聚木糖的定义、技术要求、试验方法、检验规则、标签、包装、运输、贮存和保质期。

本标准适用于以富含半纤维素的植物(如玉米芯等)为原料，经木聚糖酶酶解，添加以允许作为载体(或助剂)使用的物质如玉米芯、石粉、二氧化硅粉等复配而成的低聚木糖产品，作为饲料添加剂。

2　规范性引用文件

下列文件中的条款通过本标准的引用而成为本标准的条款。凡是注日期的引用文件，其随后所有的修改单(不包括勘误的内容)或修订版均不适用于本标准，然而，鼓励根据本标准达成协议的各方研究是否可使用这些文件的最新版本。凡是不注日期的引用文件，其最新版本适用于本标准。

GB/T 602　化学试剂　杂质测定用标准溶液的制备(GB/T 602—2002,ISO 6353-1:1982,NEQ)

GB/T 603　化学试剂　试验方法中所用制剂及制品的制备(GB/T 603—2002,ISO 6353-1:1982,NEQ)

GB/T 5917.1　饲料粉碎粒度测定　两层筛筛分法

GB/T 6435　饲料中水分和其他挥发性物质含量的测定(GB/T 6435—2006,ISO 6496:1999,IDT)

GB/T 6438　饲料中粗灰分的测定(GB/T 6438—2007,ISO 5984:2002,IDT)

GB/T 6682　分析实验室用水规格和试验方法(GB/T 6682—2008,ISO 3696:1987,MOD)

GB 10648　饲料标签

GB/T 13079　饲料中总砷的测定

GB/T 13080　饲料中铅的测定　原子吸收光谱法

GB/T 13091　饲料中沙门氏菌的检测方法(GB/T 13091—2002,ISO 6579:1993,MOD)

GB/T 13092　饲料中霉菌总数的测定

GB/T 13093　饲料中细菌总数的测定

GB/T 14699.1　饲料　采样(GB/T 14699.1—2005,ISO 6497:2002,IDT)

3　术语和定义

下列术语和定义适用于本标准。

3.1

低聚木糖　xylo-oligosaccharides

由2个～7个D-木糖以β-1,4糖苷键连接成主链的碳水化合物。

4　要求

4.1　感官性状

本品为白色、微黄色、棕色的流动性粉末或颗粒，无异味、无结块、无发霉、无变质现象。

4.2　鉴别

试样水提取物经薄层层析检测，其显示出的试样中各组分的比移值与标准品相一致。

4.3　粉碎粒度

过0.5 mm孔径分析筛，筛上物质量不应大于总质量的2%。

4.4 技术指标

技术指标应符合表1规定。

表1 技术指标

项目	指标
低聚木糖含量(以干物质计)/%	≥35.0
水分/%	≤8.0
pH值	3.0～6.0
灼烧残渣/%	≤15.0
砷(以As计)/(mg/kg)	≤1.0
铅(以Pb计)/(mg/kg)	≤5.0
细菌总数/(CFU/g)	≤10 000
霉菌总数/(CFU/g)	≤500
沙门氏菌	不应检出

5 试验方法

除特殊说明外，所用试剂均为分析纯，水为蒸馏水，色谱用水符合GB/T 6682中一级用水规定，标准溶液和杂质溶液的制备应符合GB/T 602和GB/T 603；仪器、设备为一般实验室仪器和设备。

5.1 感官性状的检验

5.1.1 颜色、外观

取适量试样，在自然光线下，用肉眼观察试样的颜色和形态，有无结块、发霉和变质。

5.1.2 气味

称取试样20.0 g(精确至0.1 g)，放入100 mL瓶中，加入50 ℃的蒸馏水50 mL，加盖，振摇30 s，倾出上清液，嗅其气味，判断是否已存在异味。

5.2 鉴别试验

5.2.1 薄层板：硅胶60。

5.2.2 展开剂：体积分数为正丁醇：冰乙酸：水＝2：1：1。

5.2.3 标准试样溶液的制备：称取适量含有聚合度分别为2～7的低聚木糖混合而成的低聚木糖标准物质，用蒸馏水配制成1%浓度。

5.2.4 试样溶液的制备：称取适量的试样，用蒸馏水配制成1%浓度的试样溶液，10 000 r/min条件下离心10 min，取上清液。

5.2.5 点样量：10 μL。

5.2.6 展开方式：上行展开一次。

5.2.7 显色剂及显色方法：5%硫酸乙醇溶液，110 ℃保持5 min。

5.3 低聚木糖含量的测定

5.3.1 原理

本方法基于低聚木糖组分可溶于水，并在一定的稀硫酸水解条件下转化成木糖，同时与水解生成的木糖之间存在相对固定的系数关系的特性，检测其含量。

具体方法为：采用稀硫酸水解法将样品中的低聚糖转化成木糖(单糖)。由于低聚木糖在水解过程中β-1，4-糖苷键断裂与水分子结合生成糖苷羟基，因此生成的木糖含量比水解前的木糖含量高。用“平均转化系数”表示水解生成的木糖与水解前的低聚木糖含量之比，其数值因低聚木糖的聚合度而异，均值约为1.06(以木二糖计)。采用高效液相色谱法定量测定样品中原有木糖的质量含量和样品中低聚木糖经稀酸水解后的木糖的质量含量，二者之差除以低聚木糖和木糖的平均转换系数即得到样品中低聚木糖的质量含量。

5.3.2 试剂和溶液

5.3.2.1 木糖：纯度应为99%以上。

5.3.2.2 硫酸(98%)：分析纯。

5.3.2.3 氢氧化钠(固体)：分析纯。

5.3.2.4 质量分数为12%稀硫酸溶液：称取14.0 g硫酸(5.3.2.2)(精确至0.1 g)，加入到100 mL蒸馏水中，混匀。

5.3.2.5 质量分数为10%氢氧化钠溶液：称取10.0 g氢氧化钠(5.3.2.3)溶于90 mL蒸馏水中，混匀。

5.3.2.6 木糖标准溶液：准确称取0.40 g木糖(精确到0.000 1 g)，用超纯水溶解，并定容至100 mL，摇匀。然后分别吸取此溶液用超纯水配制成木糖浓度分别为0.10 g/L、0.50 g/L、1.00 g/L、2.00 g/L、4.00 g/L的系列标准溶液。

5.3.3 仪器和设备

5.3.3.1 超声波水浴。

5.3.3.2 超纯水装置。

5.3.3.3 高效液相色谱仪(带示差折光检测器)。

5.3.4 分析步骤

5.3.4.1 试样溶液1的制备

准确称取绝干试样(105 ℃±1 ℃下烘5 h)2.0 g(精确至0.000 2 g)，在50 ℃±1 ℃恒温水浴条件下以80 mL超纯水充分溶解后，转入100 mL容量瓶中，冷却至室温，用超纯水定容至刻度，混匀，于3 000 r/min的条件下离心10 min后得试样溶液1。取少量试样溶液1于10 000 r/min的条件下离心10 min后得到上清液，用0.45 μm滤膜过滤上清液，供高效液相色谱仪分析。

5.3.4.2 试样溶液2的制备

准确吸取10 mL试样溶液1(5.3.4.1)，置于100 mL三角瓶中，加入质量分数为12%硫酸溶液(5.3.2.4)10 mL，加盖封口膜，于100 ℃下反应90 min后冷却至室温，用质量分数为10%的氢氧化钠溶液(5.3.2.5)中和水解液至pH6～7，转入50 mL容量瓶，用超纯水定容至刻度，混匀后得试样溶液2。取少量试样溶液2于10 000 r/min的条件下离心10 min得到上清液，用0.45 μm滤膜过滤，供高效液相色谱仪分析。

5.3.4.3 色谱条件

色谱柱预柱：氢离子型阳离子交换树脂柱，聚苯乙烯二乙烯苯树脂填装，长30 mm，内径4.6 mm，粒度9 μm，交联度8%，pH1～3。

色谱柱：聚苯乙烯二乙烯苯树脂填装糖分析柱，长300 mm，内径7.8 mm，粒度9 μm，交联度8%，pH1～3。

流动相：0.005 mol/L硫酸溶液。

柱温：55 ℃。

流速：0.6 mL/min。

检测器：示差折光检测器。

衰减：4 ×。

进样量：10 μL。

5.3.4.4 木糖标准方程的确定

按高效液相色谱仪说明书调整仪器操作参数，向色谱柱中注入系列木糖标准溶液(5.3.2.6)，得到色谱峰面积响应值。

5.3.4.5 定量测定

按高效液相色谱仪说明书调整仪器操作参数，向色谱柱中注入试样溶液1(5.3.4.1)和试样溶液2(5.3.4.2)，分别得到色谱峰面积响应值 P_1 和 P_2，用外标法定量。

5.3.4.6 结果计算

5.3.4.6.1 采用线性回归法计算木糖浓度 c 与峰面积 P 的关系，得到以下标准方程：

$$c = aP + b \quad \cdots\cdots(1)$$

式中：

c——木糖浓度，单位为克每升(g/L)；

a、b——标准方程的系数；

P——木糖峰的面积。

要求标准方程的线性相关系数值 $R \geqslant 0.9990$。

5.3.4.6.2 试样水解前试样中木糖含量，按式(2)计算。

$$X_1 = \frac{(aP_1 + b) \times 0.1 \times N}{m} \times 100 \quad \cdots\cdots(2)$$

式中：

X_1——试样水解前试样中木糖含量的质量分数，%；

a、b——标准方程的系数；

P_1——试样溶液1(5.3.4.1)的峰面积；

0.1——试样溶液1(5.3.4.1)的总体积，单位为升(L)；

N——清液稀释倍数；

m——样品的绝干质量，单位为克(g)。

5.3.4.6.3 试样水解后试样中木糖含量，按式(3)计算。

$$X_2 = \frac{(aP_2 + b) \times 0.1 \times 5 \times N}{m} \times 100 \quad \cdots\cdots(3)$$

式中：

X_2——试样水解后试样中木糖含量的质量分数，%；

a、b——标准方程的系数；

P_2——试样溶液2(5.3.4.2)的峰面积；

0.1——试样溶液2(5.3.4.2)的总体积，单位为升(L)；

5——试样溶液2(5.3.4.2)在制备过程中的稀释倍数；

N——清液稀释倍数；

m——样品的绝干质量，单位为克(g)。

5.3.4.6.4 试样中低聚木糖含量，按式(4)计算。

$$X = \frac{X_2 - X_1}{1.06} \quad \cdots\cdots(4)$$

式中：

X——试样中低聚木糖含量的质量分数，%；

X_2——试样溶液2(5.3.4.2)中以质量分数(%)表示的木糖含量；

X_1——试样溶液1(5.3.4.1)中以质量分数(%)表示的木糖含量；

1.06——低聚木糖和木糖的平均转化系数。

计算结果表示至小数点后一位。

5.3.5 允许误差

两次测定结果的相对偏差不大于5%。

5.4 水分的测定

按GB/T 6435中规定的方法测定。

5.5 粉碎粒度

按GB/T 5917.1中规定的方法测定。

5.6 总砷的测定

按GB/T 13079中规定的方法测定。

5.7 铅的测定

按GB/T 13080中规定的方法测定。

5.8 灼烧残渣的测定

按GB/T 6438中规定的方法测定。

5.9 产品的pH值测定

称取350.0 g试样溶于1 L水中，用pH计测定所得的数值。

5.10 细菌总数

按GB/T 13093的规定执行。

5.11 霉菌总数

按GB/T 13092的规定执行。

5.12 沙门氏菌

按GB/T 13091的规定执行。

6 检验规则

6.1 采样方法

按GB/T 14699.1进行。

6.2 出厂检验

6.2.1 组批

以最后一道工序能均匀混合在一起后经包装的一批成品，为一个生产批号。

6.2.2 检验项目

感官性状、低聚木糖含量、pH值、水分、灼烧残渣、细菌总数，每批必检，沙门氏菌至少每季度抽检一批。

6.2.3 判定规则

以本标准的有关试验方法和要求为判断方法和依据，对抽取样品按出厂检验项目进行检验。检验结果如有一项指标不符合本标准要求时，应重新加倍抽样进行复检，复检结果如仍有任何一项不符合标准要求，则判定该批产品为不合格产品，不能出厂。

6.3 型式检验

6.3.1 有下列情况之一时，应进行型式检验：

6.3.1.1 改变配方或生产工艺。

6.3.1.2 正常生产每半年或停产3个月后恢复生产。

6.3.1.3 国家技术监督部门提出要求时。

6.3.2 型式检验项目

为本标准“4 要求”项目下的全部项目。

6.3.3 判定方法

以本标准的有关试验方法和要求为依据，对抽取样品按型式检验项目进行检验。检验结果如有一项指标不符合本标准要求时，应重新加倍抽样进行复检，复检结果如仍有任何一项不符合标准要求，则判型式检验不合格。

7 标签、包装、运输、贮存和保质期

7.1 标签

标签按GB 10648执行。

7.2 包装

本品装入适当的容器内，封存。包装为复合纸袋、铝塑复合袋、纸桶装三种。袋装外层为牛皮纸，内由单层食品级塑料袋套装；桶装内也由单层食品级塑料袋套装。每件包装量可根据实际需要而定。

7.3 运输

运输过程中应避免日晒雨淋，不应与有毒有害或其他有污染的物品以及具有氧化性的物质混装、混运。

7.4 贮存

本品应贮存在室温、通风、阴凉、干燥、无污染、无有害物质的地方。

7.5 保质期

符合以上包装、运输、贮存条件，从产品生产日期起，保质期为12个月(若原包装分次使用，用完及时密封，防止吸潮结块)。

附 录 A
（资料性附录）
木糖标准品高效液相色谱图

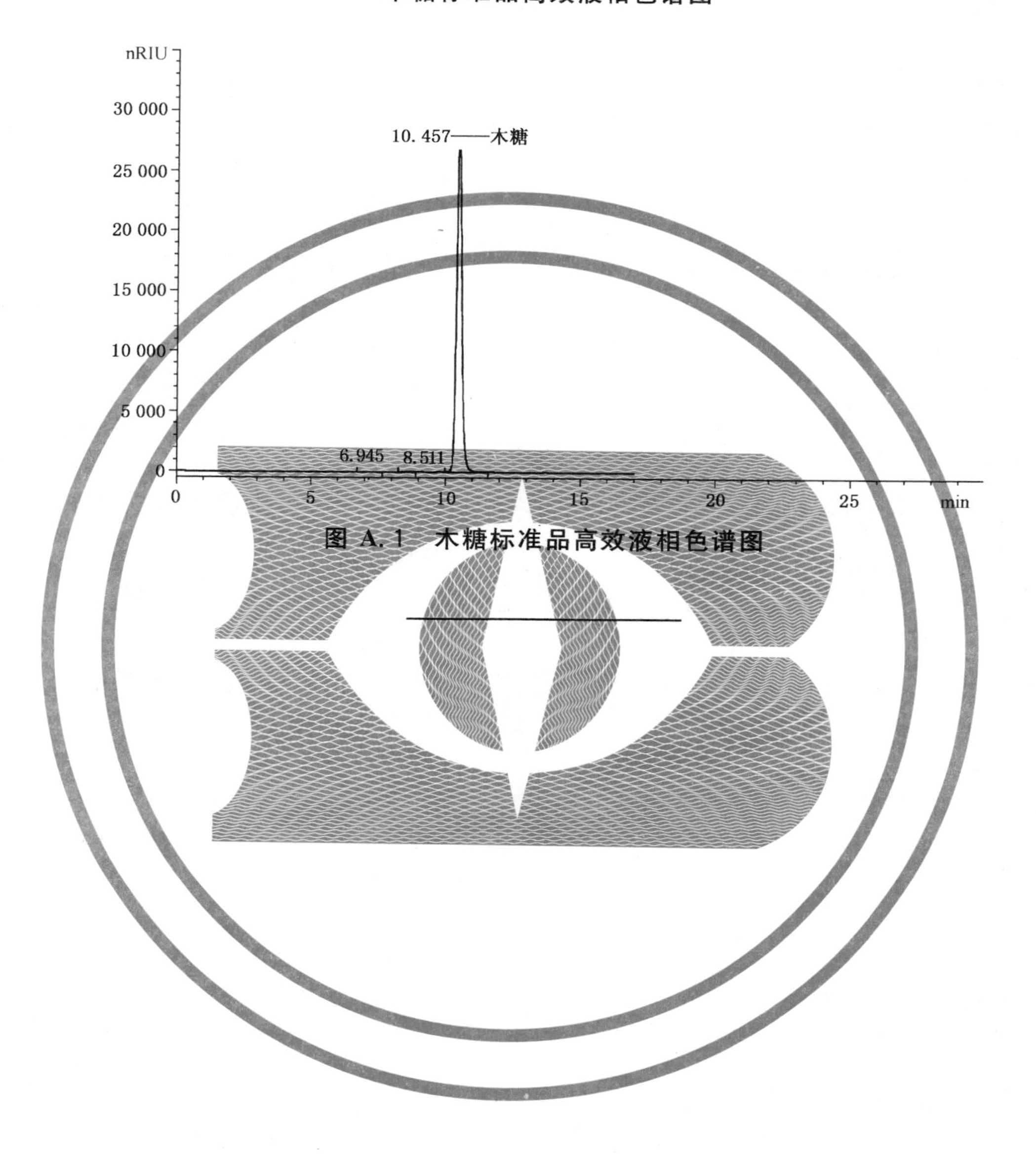

图 A.1 木糖标准品高效液相色谱图

ICS 65.120
B 46

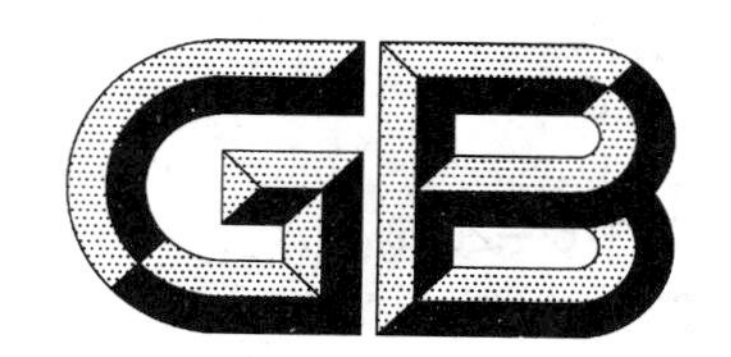

中华人民共和国国家标准

GB/T 23876—2009

饲料添加剂　L-肉碱盐酸盐

Feed additive—L-carnitine hydrochloride

2009-05-26 发布　　2009-10-01 实施

中华人民共和国国家质量监督检验检疫总局
中国国家标准化管理委员会　发布

前　言

本标准的附录 A 为资料性附录。

本标准由全国饲料工业标准化技术委员会(SAC/TC 76)提出并归口。

本标准起草单位:上海市饲料质量监督检验站、上海市农业科学院农产品质量标准与检测技术研究所。

本标准主要起草人:赵志辉、林淼、顾赛红、杨海锋、黄志英、雷萍、李明容、凤懋熙。

饲料添加剂 L-肉碱盐酸盐

1 范围

本标准规定了饲料添加剂L-肉碱盐酸盐产品的要求、试验方法、检验规则及标签、包装、贮存、运输。

本标准适用于以环氧氯丙烷为起始原料制得的L-肉碱盐酸盐。

分子式：$C_7H_{16}ClNO_3$

相对分子质量：197.66(2007年国际相对原子质量)

结构式：

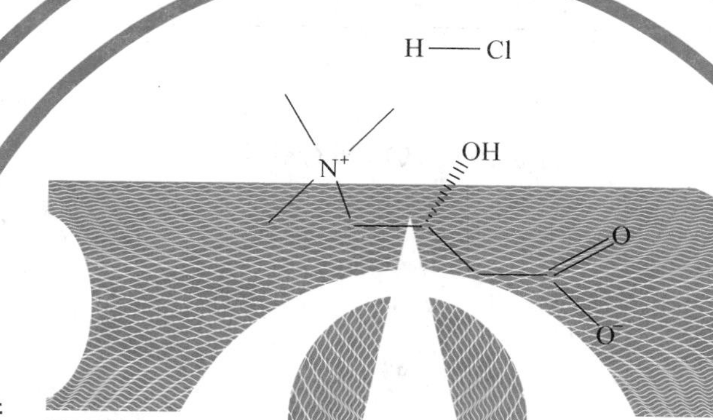

2 规范性引用文件

下列文件中的条款通过本标准的引用而成为本标准的条款。凡是注日期的引用文件，其随后所有的修改单(不包括勘误的内容)或修订版均不适用于本标准，然而，鼓励根据本标准达成协议的各方研究是否可使用这些文件的最新版本。凡是不注日期的引用文件，其最新版本适用于本标准。

GB/T 601 化学试剂 标准滴定溶液的制备

GB/T 602 化学试剂 杂质测定用标准溶液的制备

GB/T 603 化学试剂 试验方法中所用制剂及制品的制备

GB/T 6439 饲料中水溶性氯化物的测定

GB/T 6682 分析实验室用水规格和试验方法

GB 10648 饲料标签

GB/T 13079 饲料中总砷的测定

GB/T 13084 饲料中氰化物的测定

GB/T 14699.1 饲料 采样

《中华人民共和国药典》2005年版二部

3 要求

3.1 性状

本品为白色或类白色结晶性粉末，微有鱼腥味，有吸湿性。本品在水中极易溶解，在无水甲醇、无水乙醇中易溶，在丙酮中微溶，在三氯甲烷中不溶，久置易结块。

3.2 技术指标

技术指标应符合表1规定。

表 1　L-肉碱盐酸盐主要技术指标

项　　目	指　　标
含量(以干物质计)/%	98.0～102.0
比旋度$[\alpha]_D^{20}$(以干物质计)/(°)	−21.3～−23.5
pH(1%水溶液)	2.5～2.9
干燥失重/%	≤0.5
氯化物(以 Cl^- 计)/%	17.0～18.5
重金属(以 Pb 计)/(mg/kg)	≤10
砷盐(以 As 计)/(mg/kg)	≤2
氰化物	不得检出
灼烧残渣/%	≤0.3

4　试验方法

除非另有规定，在分析中仅使用确认为分析纯的试剂和符合 GB/T 6682 中规定的三级用水；标准溶液和杂质溶液的制备应符合 GB/T 601、GB/T 602 和 GB/T 603。

4.1　试剂和材料

4.1.1　冰乙酸。

4.1.2　甘油。

4.1.3　甲醇：色谱纯。

4.1.4　磷酸二氢钾。

4.1.5　庚烷磺酸钠：色谱纯。

4.1.6　盐酸。

4.1.7　磷酸。

4.1.8　硫酸。

4.1.9　乙酸铅。

4.1.10　氢氧化钾。

4.1.11　高锰酸钾。

4.1.12　L-肉碱盐酸盐标准品：纯度≥99.5%。

4.1.13　二硫化碳溶液(含 2%硫)。

4.1.14　盐酸溶液：取盐酸 234 mL，加水稀释至 1 000 mL，摇匀。

4.1.15　乙酸铅溶液：称取乙酸铅(4.1.9)10.0 g，加新煮沸过的冷水溶解后，滴加冰乙酸(4.1.1)使溶液澄清，再用新煮沸过的冷水定容至 100 mL。

4.1.16　0.05 mol/L 磷酸二氢钾溶液(pH=2.5)：称取 3.4 g 磷酸二氢钾(4.1.4)及 0.20 g 庚烷磺酸钠(4.1.5)溶于 500 mL 水中，用磷酸(4.1.7)调节至 pH 为 2.5，过 0.45 μm 滤膜(4.1.23)。

4.1.17　L-肉碱盐酸盐标准储备液：准确称取 1 g(精确至 0.000 2 g) L-肉碱盐酸盐标准品于 100 mL 容量瓶中，用水溶解并定容至刻度，得到浓度为 10.0 mg/mL 的标准储备液，4 ℃条件下储藏，有效期 2 个月。

4.1.18　L-肉碱盐酸盐标准工作液：准确吸取 0.25 mL、0.50 mL、1.00 mL、2.00 mL、5.00 mL、10.00 mL、20.00 mL、40.00 mL L-肉碱盐酸盐标准储备液(4.1.17)于 100 mL 容量瓶中，用水定容至刻度，摇匀。现配现用。

4.1.19　高氯酸标准滴定溶液：$c(HClO_4)$ =0.1 moL/mL。

4.1.20 乙酸铅试纸：取滤纸条浸入乙酸铅溶液中，湿透后取出，在 100 ℃干燥。

4.1.21 结晶紫指示液。

4.1.22 红色石蕊试纸：取滤纸条浸入石蕊指示液中，加极少量的盐酸使滤纸条成红色。取出阴处晾干备用，变色范围 pH4.5～8.0（红～蓝）。

4.1.23 滤膜（水系，0.45 μm）。

4.2 仪器和设备

4.2.1 实验室常用设备。

4.2.2 高效液相色谱仪（配紫外检测器或二极管阵列检测器）。

4.2.3 分析天平：精度为 0.000 1 g。

4.2.4 旋光仪。

4.2.5 pH 计。

4.3 鉴别

4.3.1 原理

本品结构中有一个仲醇基团，与硫熔融能够发生氧化还原反应，产生硫化氢，硫化氢遇乙酸铅试纸产生黑色的斑点；本品结构中有一个季铵基团，在碱性条件下可被氧化产生氨气，使湿润的红色石蕊试纸变蓝。

4.3.2 鉴别方法

4.3.2.1 称取试样约 50 mg（精确至 0.01 g），置于试管中，加二硫化碳溶液（4.1.13）一滴，混匀，在试管口盖上乙酸铅试纸（4.1.20），将试管置于 170 ℃左右的甘油（4.1.2）浴中，3 min～4 min 后，试纸上应出现黑色斑点。

4.3.2.2 称取试样约 0.5 g（精确至 0.01 g），加 5 mL 水溶解，加氢氧化钾（4.1.10）2 g，高锰酸钾（4.1.11）数粒，加热时放出氨能使润湿的红色石蕊试纸（4.1.22）变蓝。

4.4 含量测定

4.4.1 第一法 高效液相色谱法（仲裁法）

4.4.1.1 原理

用水提取样品中的 L-肉碱盐酸盐，过滤，在酸性流动相中与庚烷磺酸钠结合成疏水性离子对，经反相色谱分离，用紫外检测器检测，外标法计算 L-肉碱盐酸盐含量。

4.4.1.2 试样溶液的制备

称取干燥失重至恒重后的试样约 0.40 g（精确至 0.000 2 g），置于 100 mL 容量瓶中，加水溶解并稀释定容，摇匀，过滤膜（4.1.23），供高效液相色谱仪分析。

4.4.1.3 色谱条件

色谱柱：C_8 柱，长 250 mm，内径 4.6 mm，粒径 5 μm，或相当者。

柱温：35 ℃。

流动相：磷酸二氢钾溶液（4.1.16）＋甲醇（4.1.3）＝95＋5（体积比）。

流速：1.0 mL/min。

检测波长：210 nm。

进样体积：10 μL。

4.4.1.4 试样测定

将 L-肉碱盐酸盐标准工作液（4.1.18）及试样溶液（4.4.1.2）分别按上述色谱条件进样分析，得到色谱峰面积响应值，计算出试样溶液中对应的 L-肉碱盐酸盐的浓度，用外标法定量。

4.4.1.5 结果计算

试样中 L-肉碱盐酸盐含量以质量分数 X_1 计，按式（1）计算：

$$X_1 = \frac{c_1 \times V_1 \times n}{m \times 1\ 000\ 000} \times 100\% \qquad \cdots\cdots(1)$$

式中：

c_1——试样溶液中对应的L-肉碱盐酸盐的浓度，单位为微克每毫升(μg/mL)；

V_1——试样液总体积，单位为毫升(mL)；

n——稀释倍数；

m——试样质量，单位为克(g)。

测定结果用平行测定的算术平均值表示，保留至小数点后两位。

4.4.1.6 重复性

同一实验室由同一操作人员使用同一台仪器完成的两个平行测定结果的相对偏差不大于1%。

4.4.2 第二法 非水滴定法

4.4.2.1 原理

以冰乙酸为溶剂，结晶紫为指示剂，高氯酸为标准溶液滴定本品结构中的碱性氮。

4.4.2.2 测定方法

称取干燥失重至恒重后的试样约0.3 g(精确至0.000 2 g)，置于250 mL具塞三角瓶中，加入50 mL冰乙酸(4.1.1)，超声溶解，加结晶紫指示液一滴(4.1.21)，用高氯酸标准溶液(4.1.19)滴定至溶液显纯蓝色，即为终点。同法另做空白试验。

4.4.2.3 结果计算

试样中L-肉碱盐酸盐含量以质量分数X_2计，按式(2)计算：

$$X_2 = \frac{(V_2 - V_0) \times c_2 \times M}{m \times 1\ 000} \times 100\% \qquad \cdots\cdots(2)$$

式中：

V_2——滴定试样所消耗的高氯酸标准滴定溶液(4.1.19)的体积，单位为毫升(mL)；

V_0——空白试验所消耗的高氯酸标准溶液的体积，单位为毫升(mL)；

c_2——高氯酸标准溶液的浓度，单位为摩尔每升(mol/L)；

m——试样质量，单位为克(g)；

M——L-肉碱盐酸盐的相对分子质量，单位为克每摩尔(g/mol)。

4.4.2.4 重复性

取两次平行测定结果的算术平均值为测定结果，保留至小数点后两位。平行测定结果的绝对值之差不大于0.3%。

4.5 比旋度的测定

4.5.1 测定方法

精密称取干燥失重至恒重后的试样10 g(精确至0.000 2 g)，置于100 mL容量瓶中，加水溶解并定容至刻度，按照《中华人民共和国药典》2005年版二部附录Ⅵ E旋光度测定法的规定执行。

4.5.2 重复性

取平行测定的算术平均值为测定结果。平行测定结果的绝对差值不大于0.02°。

4.6 pH的测定

4.6.1 测定方法

称取试样0.5 g(精确至0.01 g)，置于100 mL烧杯中，加50 mL水溶解，按照《中华人民共和国药典》2005年版二部附录Ⅵ H pH值测定法的规定执行。

4.6.2 重复性

取平行测定的算术平均值为测定结果。平行测定结果的绝对差值不大于0.1。

4.7 干燥失重的测定

4.7.1 测定方法

称取试样 1.0 g(精确至 0.000 2 g),按照《中华人民共和国药典》2005 年版二部附录Ⅷ L 干燥失重测定法的规定执行。

4.7.2 重复性

取平行测定结果的算术平均值为测定结果,平行测定结果的绝对差值不大于 0.2%。

4.8 氯化物的测定

按 GB/T 6439 的规定执行。

4.9 重金属(以 Pb 计)的测定

称取试样约 1.0 g(精确至 0.000 2 g),加盐酸溶液(4.1.14)1.5 mL,加水至 25 mL 作供试溶液。按《中华人民共和国药典》2005 年版第二部附录Ⅷ 重金属检查法 第一法的规定执行。

4.10 砷的测定

按 GB/T 13079 的规定执行。

4.11 氰化物的测定

按 GB/T 13084 的规定执行。

4.12 灼烧残渣的测定

4.12.1 测定方法

称取试样 1 g(精确至 0.000 2 g),按照《中华人民共和国药典》2005 年版二部附录Ⅷ N 炽灼残渣检查法的规定执行。

4.12.2 重复性

取平行测定结果的算术平均值为测定结果,平行测定结果的绝对差值不大于 5%。

5 检验规则

5.1 出厂检验

饲料添加剂 L-肉碱盐酸盐应由生产企业的质量监督部门按本标准进行检验,本标准规定的所有指标为出厂检验项目,生产企业应保证所有 L-肉碱盐酸盐产品均符合本标准规定的要求。每批产品检验合格后方可出厂。

5.2 采样方法

采样方法按照 GB/T 14699.1 的规定进行。

抽样需有清洁、干燥、具有密闭性和避光性的样品瓶,瓶上贴有标签并注明生产厂家、产品名称、批号、取样日期。

抽样时,用清洁适用的取样工具插入料层深度四分之三处,将所取样品充分混匀,以四分法缩分,每批样品分两份,每份试样应为检验所需试样的 3 倍量,装入样品瓶中,一瓶供检验用,一瓶密封保存备查。

5.3 判定规则

若检验结果有一项指标不符合本标准要求时,应加倍抽样单元进行复验,复验结果仍有一项指标不符合本标准要求时,则整批产品判为不合格品。

6 标签、包装、运输、贮存

6.1 标签

标签按 GB 10648 的规定执行。

6.2 包装

内包装采用符合食品卫生要求的塑料袋,夹层中放入干燥剂,两层分别用捆扎绳扎紧,或用与其相当的其他方式封口。外包装采用铁桶或纸桶,并加盖密封。也可根据用户要求进行包装。

6.3 运输

本品在运输过程中应有遮盖物,防止雨淋、受潮。不得与有毒、有害或其他有污染的物品及具有氧化性物质混装、混运。

6.4 贮存

本品应贮存在通风、干燥、无污染、无有害物质的地方。本品在规定的贮存条件下保质期为24个月。

附 录 A
（资料性附录）
L-肉碱盐酸盐标准品高效液相色谱图

L-肉碱盐酸盐标准品高效液相色谱图见图 A.1。

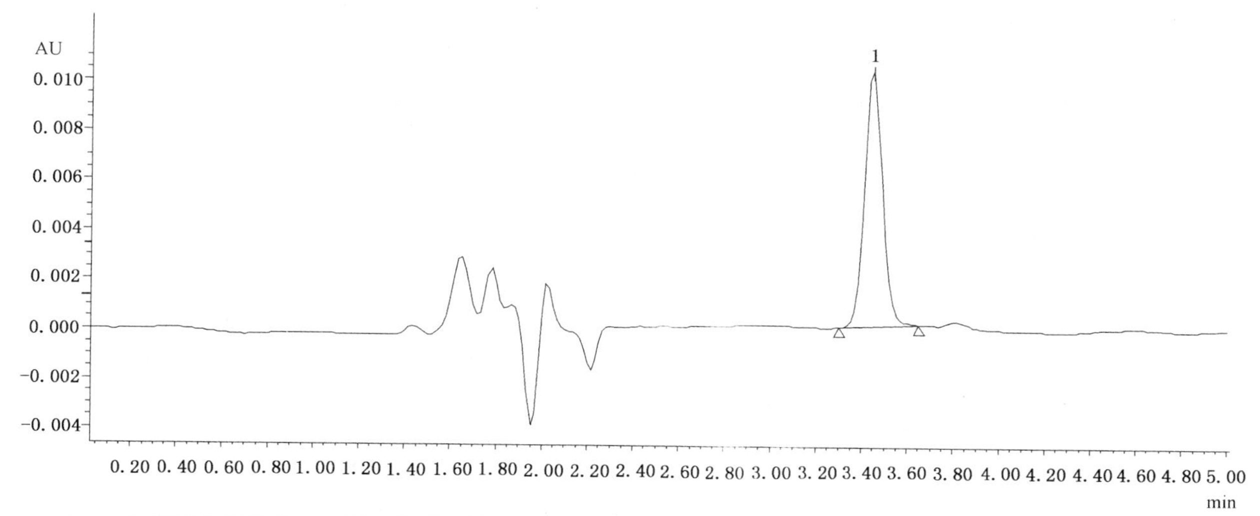

1——L-肉碱盐酸盐(L-carnitine hydrochloride)。

图 A.1　L-肉碱盐酸盐标准品高效液相色谱图

ICS 65.120
B 46

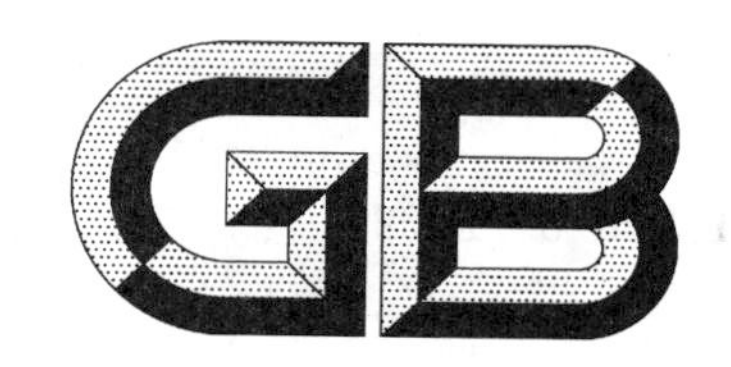

中华人民共和国国家标准

GB/T 23878—2009

饲料添加剂　大豆磷脂

Feed additive—Soybean lecithin

2009-05-26 发布　　2009-10-01 实施

中华人民共和国国家质量监督检验检疫总局
中国国家标准化管理委员会　发布

前　言

本标准由全国饲料工业标准化技术委员会提出并归口。

本标准起草单位：上海市饲料质量监督检验站、上海市农业科学院农产品质量标准与检测技术研究所。

本标准主要起草人：赵志辉、杨海锋、顾赛红、林森、黄志英、凤懋熙。

饲料添加剂　大豆磷脂

1　范围

本标准规定了饲料添加剂大豆磷脂产品的技术要求、试验方法、检验规则及标签、包装、运输、贮存。

本标准适用于从大豆中提取的，用作饲料添加剂的大豆磷脂产品。

2　规范性引用文件

下列文件中的条款通过本标准的引用而成为本标准的条款。凡是注日期的引用文件，其随后所有的修改单(不包括勘误的内容)或修订版均不适用于本标准，然而，鼓励根据本标准达成协议的各方研究是否可使用这些文件的最新版本。凡是不注日期的引用文件，其最新版本适用于本标准。

GB/T 602　化学试剂　杂质测定用标准溶液的制备

GB/T 603　化学试剂　试验方法中所用制剂及制品的制备

GB/T 5009.37　食用植物油卫生标准的分析方法

GB/T 5528　动植物油脂　水分及挥发物含量测定

GB/T 5538　动植物油脂　过氧化值测定

GB/T 6682　分析实验室用水规格和试验方法

GB 10648　饲料标签

GB/T 13079　饲料中总砷的测定

GB/T 14699.1　饲料　采样

GB/T 21493　大豆磷脂中磷脂酰胆碱、磷脂酰乙醇胺、磷脂酰肌醇的测定

《中华人民共和国药典》2005年版二部

3　要求

3.1　感官指标

感官指标应符合表1的规定。

表1　感官指标

项　　目	指　　标
外观	色泽为棕褐色，呈塑状或粘稠状，质地均匀，无霉变
气味	具有磷脂固有的气味，无异味

3.2　技术指标

技术指标应符合表2的规定。

表2　技术指标

项　　目		指　　标
水分及挥发物/%	≤	1.0
己烷不溶物/%	≤	1.0
丙酮不溶物/%	≥	55.0
磷脂酰胆碱+磷脂酰乙醇胺+磷脂酰肌醇/%	≥	35.0

表 2（续）

项　目	指　标
酸价(以 KOH 计)/(mg/g)　≤	30.0
过氧化值/(mmol/kg)	1.5～6.0
残留溶剂量/(mg/kg)　≤	50.0
砷(As)/(mg/kg)　≤	3.0
重金属(以 Pb 计)/(mg/kg)　≤	10.0

4 试验方法

除非另有规定，在分析中仅使用确认为分析纯的试剂和符合 GB/T 6682 中规定的三级用水。杂质溶液的制备应符合 GB/T 602 和 GB/T 603。

4.1 试剂和溶液

4.1.1 正己烷。

4.1.2 石油醚(沸程 60 ℃～90 ℃)。

4.1.3 丙酮。

4.1.4 1%酚酞指示剂溶液。

4.1.5 0.1 mol/L 氢氧化钾-乙醇标准溶液。

4.1.6 中性乙醇：临用前用 0.1 mol/L 碱液滴定至中性。

4.2 仪器和设备

4.2.1 真空泵。

4.2.2 抽滤瓶：500 mL。

4.2.3 玻璃砂芯坩埚：规格 G_3。

4.2.4 分析天平：精度为 0.000 1 g。

4.2.5 恒温干燥箱：温度精度±2 ℃。

4.2.6 恒温水浴锅：温度精度±2 ℃。

4.2.7 实验室常用玻璃器具。

4.3 外观、气味

打开产品外包装，观察产品表面是否发霉，色泽是否正常；嗅产品的气味是否有异味。

4.4 水分及挥发物的测定

按 GB/T 5528 规定的方法测定，采用空气烘箱法。

4.5 己烷不溶物的测定

4.5.1 测定方法

将砂芯坩埚在 100 ℃～105 ℃烘箱中烘至恒重。称取混匀的试样约 5.0 g(准确至 0.000 2 g)置于 250 mL 锥形瓶中，加入 100 mL 正己烷(4.1.1)，搅拌溶解后，用已恒重的砂芯坩埚抽滤。用约 25 mL 正己烷(4.1.1)分两次洗涤烧杯并将不溶物全部转移至砂芯坩埚内，用正己烷(4.1.1)洗净砂芯坩埚内壁和不溶物，最后尽量抽除残留正己烷。取下坩埚，用脱脂棉花沾少许正己烷(4.1.1)擦净砂芯坩埚外壁。将砂芯坩埚至 100 ℃～105 ℃烘箱中烘 1 h，取出后置于干燥器中冷却，称重，再烘 30 min，冷却，称重。

4.5.2 结果计算

试样中己烷不溶物含量以质量分数 X_1 计，按式(1)计算：

$$X_1 = \frac{m_3 - m_2}{m_1} \times 100\% \qquad (1)$$

式中：

m_1——试样质量，单位为克(g)；

m_2——砂芯坩埚质量，单位为克(g)；

m_3——坩埚加己烷不溶物质量，单位为克(g)。

4.5.3 允许差

取平行测定结果的算术平均值为测定结果，两次平行测定结果相对偏差不大于5%。

4.6 丙酮不溶物的测定

4.6.1 样品制备

粉状磷脂制备：用50 mL烧杯称取约2 g流质磷脂，加10 mL石油醚(4.1.2)溶解，加25 mL丙酮(4.1.3)，析出磷脂。抽滤器上装好G_3坩埚，用80 mL丙酮(4.1.3)分数次抽滤。

磷脂饱和丙酮溶液(以下简称饱和丙酮)制备：取1 g粉状磷脂于1 000 mL磨口瓶中，加1 000 mL丙酮(4.1.3)，在0 ℃～5 ℃冰水浴浸泡2 h，约隔15 min摇动一次。约过2 h后，用快速滤纸过滤，滤液于0 ℃～5 ℃冷藏，备用。

4.6.2 测定方法

4.6.2.1 将烧杯、玻璃棒和坩埚，在100 ℃～105 ℃烘箱中烘至恒重。

4.6.2.2 称取混匀试样约2.0 g(精确至0.000 2 g)于已恒重的烧杯中(连同玻璃棒)。加0 ℃～5 ℃饱和丙酮约30 mL，在冰水浴内用玻璃棒采取搅拌与碾压相结合的方法用力碾压试样，在2 min内使试样中大部分油溶出。将溶液迅速用已恒重的坩埚轻度抽滤，不要将颗粒状不溶物带入坩埚。用0 ℃～5 ℃饱和丙酮20 mL冲洗坩埚内壁。

4.6.2.3 在上述烧杯中再加0 ℃～5 ℃饱和丙酮20 mL，在冰水浴中用玻璃棒同上法继续碾压试样2 min～3 min，待不溶物沉下，溶液用原坩埚抽滤。

4.6.2.4 按4.6.2.3方法重复两次，要将不溶物全部碾成细粉。最后一次碾洗后，取约0.1 mL清液滴在玻璃上快速蒸发丙酮。如留有油迹，则再按4.6.2.3法碾洗试样直至检查无油残迹。

4.6.2.5 将不溶物搅起移入坩埚中抽滤，用0 ℃～5 ℃饱和丙酮30 mL分两次洗涤砂芯坩埚、玻璃棒、烧杯和不溶物(尽量将不溶物移入坩埚)，最后加强抽滤，抽除残留丙酮。

4.6.2.6 将坩埚取下，用干净纱布沾少许丙酮(4.1.3)擦净坩埚和烧杯外部，用玻璃棒将坩埚内沉淀物搅松。将盛有沉淀物的坩埚和附有残留不溶物的玻璃棒及烧杯立即置于100 ℃～105 ℃烘箱中烘干30 min。取出，置入干燥器内冷却至室温，称重。再烘20 min，冷却，称重，直至恒重。

4.6.3 结果计算

试样中丙酮不可溶物含量以质量分数X_2计，按式(2)计算：

$$X_2 = \frac{m_6 - m_5}{m_4} \times 100\% - X_1 \quad \cdots\cdots(2)$$

式中：

m_4——试样质量，单位为克(g)；

m_5——空的坩埚、烧杯、玻璃棒总质量，单位为克(g)；

m_6——干燥后坩埚、烧杯、玻璃棒和沉淀物的总质量，单位为克(g)；

X_1——按式(1)计算的己烷不溶物含量。

4.6.4 允许差

取平行测定结果的算术平均值为测定结果，两次平行测定结果相对偏差不大于5%。

4.7 磷脂酰胆碱、磷脂酰乙醇胺、磷脂酰肌醇的测定

按GB/T 21493的规定执行。

4.8 酸价的测定

4.8.1 测定方法

称取混匀试样0.3 g～0.5 g(精确至0.000 2 g)于干燥的三角烧瓶中，加入70 mL石油醚(4.1.2)，

摇动使之溶解。然后加入 30 mL 中性乙醇(4.1.6),摇匀。加入约 0.5 mL 酚酞指示剂溶液(4.1.4),用氢氧化钾-乙醇标准溶液滴定(4.1.5),滴至出现微红色,在 30 s 内红色不褪为终点。记录终点时消耗的标准溶液体积。

4.8.2 结果计算

试样中酸价含量 X_3,以每克试样消耗氢氧化钾的毫克数表示,单位为毫克每克(mg/g),按式(3)计算:

$$X_3 = \frac{V \times M \times 56.1}{m_7} \qquad \cdots\cdots (3)$$

式中:

V——滴定消耗的氢氧化钾-乙醇标准溶液体积,单位为毫升(mL);

M——氢氧化钾-乙醇标准溶液的摩尔浓度,单位为摩尔每升(mol/L);

m_7——试样质量,单位为克(g);

56.1——1 mL 1 mol/L 氢氧化钾-乙醇标准溶液中含氢氧化钾的毫克数。

4.8.3 允许差

取平行测定结果的算术平均值为测定结果,两次平行测定结果允许差不得超过 0.5 mg/g(以 KOH 计)。测试结果取小数点后一位。

4.9 过氧化值的测定

按 GB/T 5538 的规定执行。

4.10 残留溶剂量的测定

按 GB/T 5009.37 的规定执行。

4.11 总砷的测定

按 GB/T 13079 的规定执行。

4.12 重金属的测定

称取试样约 1.0 g(精确至 0.000 2 g),按《中华人民共和国药典》2005 年版第二部　附录Ⅷ　重金属检查法　第一法测定。

5 检验规则

5.1 出厂检验

生产企业应保证所有大豆磷脂产品均符合本标准规定的要求。每批产品检验合格后方可出厂。

本标准规定的出厂检验项目为:感官指标、水分及挥发物、己烷不溶物、丙酮不溶物、酸价、过氧化值。

5.2 采样方法

采样方法按照 GB/T 14699.1 之规定进行。

抽样需备有清洁、干燥、具有密闭性和避光性的样品瓶,瓶上贴有标签并注明:生产厂家名称、产品名称、批号及取样日期。

抽样时,用适用的取样器分别在不同贮器的上、中、下各部位取样,将所取样品充分混匀。每批样品分两份,取样总量应不少于 500 g。装入样品瓶中,一份供检验用,另一份密封保存备查。

5.3 产品型式检验

5.3.1 产品型式检验应在下列情况下进行:

a) 新产品的试制定型鉴定;

b) 正式生产后,如材料及生产工艺有较大改变,有可能影响产品质量时;

c) 正式生产过程中,每半年进行一次检验,考核产品质量稳定性;

d) 产品长期停产后,恢复生产时;

e) 出厂检验结果与上次型式检验结果有较大差异时；

f) 国家或地方质量监督机构提出进行型式检验要求时。

5.3.2 产品型式检验应在出厂检验合格的产品中抽取样品。

5.3.3 产品型式检验要对产品标准中规定的技术要求实行全检。

5.4 判定规则

若检验结果有一项指标不符合本标准要求时，应加倍抽样进行复验，复验结果仍有一项指标不符合本标准要求时，则整批产品判为不合格品。

6 标签、包装、运输、贮存

6.1 标签

本品标签按 GB 10648 的规定执行。

6.2 包装

包装应使用适当的密封、防潮包装材料。产品每件包装的净含量可根据客户要求。

6.3 运输

本品在运输过程中应避光、防潮、防高温、防止包装破损，不应与有毒有害的物质或其他有污染物品混装、混运。

6.4 贮存

本品应贮存于干燥、通风良好、无直接阳光曝晒处。注意包装密封性良好。避免贮存于高温环境。

本品在规定的贮存条件下，保质期为 12 个月。

ICS 65.120
B 46

中华人民共和国国家标准

GB/T 23879—2009

饲料添加剂 肌醇

Feed additive—Inositol

2009-05-26 发布　　2009-10-01 实施

中华人民共和国国家质量监督检验检疫总局
中国国家标准化管理委员会
发布

前　　言

本标准的附录A为资料性附录。

本标准由全国饲料工业标准化技术委员会提出并归口。

本标准主要起草单位：国家饲料质量监督检验中心（武汉）、山东诸城市浩天药业有限公司。

本标准主要起草人：钱昉、王在利、郭吉原、曹建军、杨海鹏、文为、何凤琴。

饲料添加剂　肌醇

1　范围

本标准规定了饲料添加剂肌醇的技术要求、试验方法、检验规则及标签、包装、运输、储存等。

本标准适用于由植酸或植酸钙(镁)水解生成的肌醇,在饲料工业中作为营养型饲料添加剂。

化学名称:环己六醇

分子式:$C_6H_{12}O_6$

相对分子质量:180.16(按2007年国际相对原子质量)

结构式

2　规范性引用文件

下列文件中的条款通过本标准的引用而成为本标准的条款。凡是注日期的引用文件,其随后所有的修改单(不包括勘误的内容)或修订版均不适用于本标准,然而,鼓励根据本标准达成协议的各方研究是否可使用这些文件的最新版本。凡是不注日期的引用文件,其最新版本适用于本标准。

GB/T 6682　分析实验室用水规格和试验方法

GB 10648　饲料标签

GB/T 14699.1　饲料　采样

《中华人民共和国药典》2005年版

3　要求

3.1　感官性状

本品为白色晶体或结晶状粉末,无臭,味甜,在空气中稳定。溶于水,不溶于乙醚和三氯甲烷。

3.2　技术指标

技术指标应符合表1要求。

表1

项　　目	指　　标
肌醇含量(以 $C_6H_{12}O_6$ 计)/%	≥97.0
干燥失重/%	≤0.5
炽灼残渣/%	≤0.1
重金属(以Pb计)/%	≤0.002
砷(As)/%	≤0.000 3
熔点/℃	224～227

4　试验方法

本标准所用试剂和水,除特别注明外,均指分析纯试剂和符合GB/T 6682中规定的二级用水。

4.1 鉴别试验

4.1.1 试剂和溶液

4.1.1.1 硝酸。

4.1.1.2 氯化钡[$BaCl_2 \cdot 2H_2O$]溶液：称取 5 g 氯化钡溶于 100 mL 水中。

4.1.2 鉴别方法

称取约 1 g 试样，加水 50 mL 制成 2% 的试样溶液。取 1 mL 试样溶液放于瓷蒸发皿内，加入 6 mL 硝酸(4.1.1.1)，在水浴上蒸发至干。用 1 mL 水溶解残渣，再加入 0.5 mL 氯化钡溶液(4.1.1.2)，置于水浴上再次蒸干，则产生玫瑰红色。

4.2 肌醇含量测定

4.2.1 重量法

4.2.1.1 方法原理

肌醇在酸性条件下与乙酸酐生成溶于三氯甲烷而不溶于水的六乙酰肌醇，生成的六乙酰肌醇质量再换算成肌醇质量。

4.2.1.2 试剂和溶液

4.2.1.2.1 乙酸酐稀硫酸溶液：取 1 mL 乙酸酐加入 50 mL 0.1 mol/L 硫酸溶液中。

4.2.1.2.2 三氯甲烷。

4.2.1.3 仪器和设备

4.2.1.3.1 一般实验室设备。

4.2.1.3.2 旋转蒸发器。

4.2.1.4 测定方法

称取试样约 0.2 g(准确至 0.000 1 g)于 250 mL 烧杯中，加入乙酸酐稀硫酸溶液(4.2.1.2.1) 5 mL，盖上表面皿，置水浴中加热溶解 20 min，取出冷却，缓缓加入 100 mL 水，加热煮沸 20 min，放冷。移置分液漏斗中，用三氯甲烷(4.2.1.2.2)少许洗涤烧杯，洗液并入分液漏斗中，用三氯甲烷(4.2.1.2.2)振摇提取 5 次，其用量分别为 30 mL、25 mL、20 mL、15 mL、10 mL，用 10 mL 三氯甲烷清洗分液漏斗，然后用 10 mL 水洗涤 1 次，三氯甲烷层用脱脂棉滤过，再用三氯甲烷 10 mL 洗涤水层、滤器与脱脂棉，合并滤液与洗液于已知恒重(105 ℃)的梨形瓶中，然后在旋转蒸发器上蒸去三氯甲烷，在 105 ℃干燥至恒重。

4.2.1.5 结果计算

肌醇含量 w_1，以质量分数计，按式(1)计算：

$$w_1 = \frac{(m_1 - m_2) \times 0.4167}{m} \times 100\% \quad \cdots\cdots (1)$$

式中：

m_1——梨形瓶与六乙酰肌醇干燥恒重后的质量和，单位为克(g)；

m_2——梨形瓶干燥恒重质量，单位为克(g)；

m——样品质量，单位为克(g)；

0.416 7——六乙酰肌醇换算成肌醇的系数。

4.2.1.6 重复性

两平行测定结果绝对值之差不大于 2.0%。

4.2.2 高效液相色谱法(仲裁法)

4.2.2.1 试剂和溶液

4.2.2.1.1 重蒸水：符合 GB/T 6682 中规定的一级用水。

4.2.2.1.2 标准溶液：称取肌醇干燥对照品(纯度≥98.5%)1.0 g(准确至 0.000 1 g)于 100 mL 容量瓶中，加蒸馏水适量，超声使溶解，然后用蒸馏水稀释至刻度，摇匀。

4.2.2.2 仪器设备

4.2.2.2.1 一般实验室设备。

4.2.2.2.2 超声清洗器。

4.2.2.2.3 高效液相色谱仪。

4.2.2.3 试样溶液的制备

称取试样约 1.0 g(准确至 0.000 1 g)于 100 mL 容量瓶中,加蒸馏水适量,超声使溶解,然后用蒸馏水稀释至刻度,摇匀待测。

4.2.2.4 测定

4.2.2.4.1 色谱条件

色谱柱:强阳离子交换柱(钙离子型)。

流动相:蒸馏水。

流 速:0.5 mL/min。

柱 温:85 ℃。

进样量:10 μL。

检测器:示差折光检测器。

4.2.2.4.2 定量测定

取标准溶液及试样溶液,分别连续进样 3 次~5 次,按峰面积计算校正因子,并用其平均值计算试样中肌醇的含量。

4.2.2.5 结果计算

肌醇含量 w_2,以质量分数计,按式(2)计算:

$$w_2 = \frac{A_1 \times m_4}{A_2 \times m_3} \times 100\% \qquad (2)$$

式中:

A_1——试样溶液中肌醇的峰面积;

A_2——标准溶液中肌醇对照品的峰面积;

m_3——试样溶液中肌醇的质量,单位为克(g);

m_4——标准溶液中肌醇对照品的质量,单位为克(g)。

4.2.2.6 重复性

两平行测定结果绝对值之差,不大于 2.0%。

4.3 干燥失重的测定

4.3.1 测定方法

称取样品 1 g~2 g(准确至 0.000 1 g),置于已在 105 ℃烘箱中干燥至恒重的称量瓶内,打开称量瓶瓶盖,置于 105 ℃烘箱中,干燥至恒重。

4.3.2 结果计算

干燥失重 w_3 以质量分数计,按式(3)计算:

$$w_3 = \frac{m_5 - m_6}{m_7} \times 100\% \qquad (3)$$

式中:

m_5——干燥前的样品和称量瓶总质量,单位为克(g);

m_6——干燥后的样品和称量瓶总质量,单位为克(g);

m_7——样品质量,单位为克(g)。

4.4 炽灼残渣的测定

4.4.1 试剂

硫酸。

4.4.2 测定方法

称取样品 1 g~2 g(准确至 0.000 1 g),置于已在 700 ℃~800 ℃灼烧至恒重的瓷坩埚中,用小火缓缓加热至完全碳化,放冷后,加硫酸 0.5 mL~1 mL 使湿润,低温加热至硫酸蒸气除尽后,移入马福炉中,在 700 ℃~800 ℃下灼烧至恒重。

4.4.3 结果计算

炽灼残渣 w_4 以质量分数计,按式(4)计算:

$$w_4 = \frac{m_8 - m_9}{m_{10}} \times 100\% \qquad \cdots\cdots(4)$$

式中:

m_8——坩埚和残渣质量,单位为克(g);

m_9——坩埚质量,单位为克(g);

m_{10}——样品质量,单位为克(g)。

4.5 重金属(以 Pb 计)的测定

按《中华人民共和国药典》2005 年版二部附录Ⅷ H“重金属检查法一法”的规定执行。

4.6 砷(As)的测定

按《中华人民共和国药典》2005 年版二部附录Ⅷ J“砷盐检查法”的规定执行。

4.7 熔点的测定

按《中华人民共和国药典》2005 年版二部附录Ⅵ C“熔点测定法”的规定执行。

5 检测规则

5.1 采样方法

按 GB/T 14699.1 进行。

5.2 出厂检验

5.2.1 组批

以同原料、同配方、同班次的产品为一批,每批产品进行出厂检验。

5.2.2 出厂检验项目

感官性状、干燥失重、肌醇含量、熔点。

5.2.3 判定方法

以本标准的有关试验方法和要求为依据,对抽取样品按出厂检验项目进行检验。检验结果如有一项指标不符合本标准要求时,应重新在两倍包装单元抽样进行复检,复检结果如仍有任何一项不符合标准要求,则判定该批产品为不合格,不能出厂。

5.3 型式检验

5.3.1 有下列情况之一,应进行型式检验:

a) 改变配方或生产工艺;

b) 正常生产每半年或停产半年后恢复生产;

c) 国家技术监督部门提出要求时。

5.3.2 型式检验项目为本标准第 3 章的全部项目。

5.3.3 判定方法:以本标准的有关试验方法和要求为依据,对抽取样品按型式检验项目进行检验。检验结果如有一项指标不符合本标准要求时,应重新在两倍包装单元抽样进行复检,复检结果如仍有任何一项不符合本标准要求,则判型式检验不合格。

6 标签、包装、运输、贮存

6.1 标签

标签按 GB 10648 规定执行。

6.2 包装

本产品内包装采用食品级聚乙烯薄膜,装于适当的容器内封存,包装应符合运输和贮存的要求。每件包装的质量可根据客户的要求而定。

6.3 运输

应避免日晒雨淋、受热及撞击。搬运装卸小心轻放，不得与有毒有害或其他有污染的物品混装、混运。

6.4 贮存

本品应贮存在通风、干燥、无污染的地方。

本品在规定的贮存条件下，原包装保质期48个月(开封后尽快使用，以免变质)。

附 录 A
（资料性附录）
肌醇标准图谱

肌醇标准图谱见图 A.1。

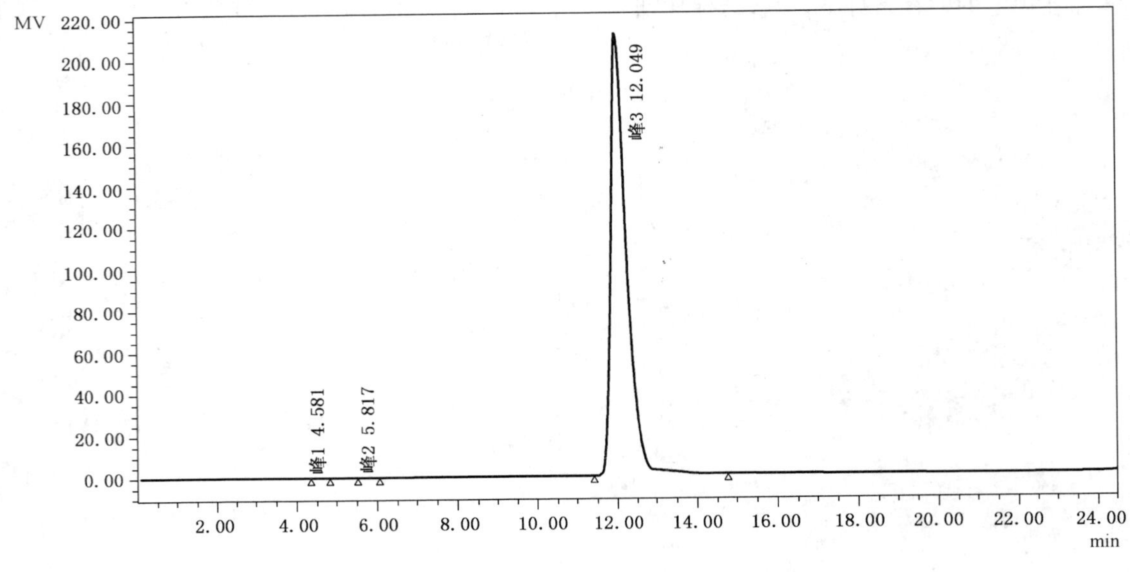

图 A.1

ICS 65.120
B 46

中华人民共和国国家标准

GB/T 23880—2009

饲料添加剂 氯化钠

Feed additive—Sodium chloride

2009-05-26 发布

2009-10-01 实施

中华人民共和国国家质量监督检验检疫总局
中国国家标准化管理委员会 发布

前　言

本标准由全国饲料工业标准化技术委员会提出并归口。

本标准起草单位:华中农业大学。

本标准主要起草人:齐德生、于炎湖、张妮娅。

饲料添加剂　氯化钠

1　范围

本标准规定了饲料添加剂氯化钠的要求、试验方法、检验规则以及标志、标签、包装、运输、贮存。

本标准适用于饲料添加剂氯化钠。该产品作为饲料中钠离子和氯离子的补充剂。

分子式：NaCl

相对分子质量：58.44(按 2007 年国际相对原子质量)

2　规范性引用文件

下列文件中的条款通过本标准的引用而成为本标准的条款。凡是注日期的引用文件，其随后所有的修改单(不包括勘误的内容)或修订版均不适用于本标准，然而，鼓励根据本标准达成协议的各方研究是否可使用这些文件的最新版本。凡是不注日期的引用文件，其最新版本适用于本标准。

GB/T 5009.15　食品中镉的测定

GB/T 5009.42　食盐卫生标准的分析方法

GB/T 6439　饲料中水溶性氯化物的测定

GB/T 6682　分析实验室用水规格和试验方法

GB 10648　饲料标签

GB/T 13025.1　制盐工业通用试验方法　粒度的测定

GB/T 13025.2　制盐工业通用试验方法　白度的测定

GB/T 13025.3　制盐工业通用试验方法　水分的测定

GB/T 13025.10　制盐工业通用试验方法　亚铁氰化钾的测定

GB/T 13079　饲料中总砷的测定

GB/T 13080　饲料中铅的测定　原子吸收光谱法

GB/T 13081　饲料中汞的测定

GB/T 13083　饲料中氟的测定　离子选择性电极法

GB/T 13085　饲料中亚硝酸盐的测定　比色法

GB/T 14699.1　饲料　采样

JJF 1070　定量包装商品净含量计量检验规则

3　要求

3.1　感官指标

白色、无可见外来异物、味咸，无苦涩味、无异味。

3.2　理化指标

理化指标应符合表 1 的规定。

表 1　理化指标

项　　目		指　　标
氯化钠(以 NaCl 计)/%	≥	95.50
水分/%	≤	3.20
水不溶物/%	≤	0.20
白度/度	≥	45
粒度(通过 0.71 mm 试验筛)/%	≥	85

3.3 卫生指标

卫生指标应符合表2的规定。

表2 卫生指标

单位为毫克每千克

项目		指标
总砷(以As计)	≤	0.5
铅(以Pb计)	≤	2.0
总汞(以Hg计)	≤	0.1
氟(以F计)	≤	2.5
钡(以Ba计)	≤	15
镉(以Cd计)	≤	0.5
亚铁氰化钾(以$[Fe(CN)_6]^{4-}$计)	≤	10
亚硝酸盐(以$NaNO_2$计)	≤	2

4 试验方法

所用试剂和水，如无特殊说明均指分析纯试剂和GB/T 6682中规定的三级水。

4.1 鉴别

4.1.1 氯离子鉴别

取1 g左右的样品于125 mL三角烧瓶中，加入50 mL水，搅匀使之溶解，再加入10 mL 0.1 mol/L硝酸溶液，摇匀，滴加几滴0.1 mol/L硝酸银溶液，应有白色沉淀。

4.1.2 钠离子鉴别

取1 g左右的样品加10 mL水于小烧杯中制成试液。

先将铂丝蘸浓盐酸在酒精灯无色火焰部灼烧至无色，再用铂丝蘸取少量试液在酒精灯无色火焰部灼烧，火焰应呈黄色。

4.2 感官指标

取样品100 g置于洁净白瓷盘，用眼观其色泽和是否有外来杂物，用鼻闻其气味，用口尝其滋味。

4.3 白度

按GB/T 13025.2规定执行。

4.4 粒度

按GB/T 13025.1规定执行。

4.5 氯化钠含量的测定

按GB/T 6439的规定执行。

4.6 水不溶物、钡含量的测定

按GB/T 5009.42规定的方法执行。

4.7 铅含量的测定

按GB/T 13080的规定执行。

4.8 氟含量的测定

按GB/T 13083的规定执行。

4.9 水分的测定

按GB/T 13025.3规定执行。

4.10 总砷含量的测定

按GB/T 13079规定执行。

4.11 总汞含量的测定

按 GB/T 13081 规定执行。

4.12 镉含量的测定

按 GB/T 5009.15 规定的方法执行。

4.13 亚铁氰化钾含量的测定

按 GB/T 13025.10 规定执行。

4.14 亚硝酸盐含量的测定

按 GB/T 13085 规定执行。

4.15 净含量

按 JJF 1070 规定执行。

5 检验规则

5.1 组批

同一批号产品可以作为同一抽样批次。

5.2 抽样方法

按 GB/T 14699.1 饲料采样方法规定确定采样单元数。采样时，将采样器自包装袋的上方斜插入至料层深度的四分之三处采样，将采得的样品充分混合均匀后，按四分法缩分至约 500 g，立即分装于两个清洁干燥的具塞广口瓶中，密封。瓶上粘贴标签，注明：生产厂名、产品名称、批号、采样日期和采样者姓名。一瓶用于检验，另一瓶保存备查。

5.3 检验类别

5.3.1 出厂检验

每批产品出厂前，生产单位都应进行出厂检验，检验内容包括包装、标签、标志、净含量、感官和理化指标。检验合格并附合格证方可出厂。

5.3.2 型式检验

型式检验是对产品进行全面考核，即对本标准规定的感官、理化和卫生指标进行检验。有下列情形之一者应进行型式检验：

1） 国家质量监督机构或主管部门提出进行型式检验要求时；

2） 原料、生产工艺、生产环境发生较大变化可能影响产品质量时；

3） 前后两次抽样检验结果差异较大时。

5.4 判断标准

检验结果全部合格时则判该批产品合格。检验结果如有指标不符合本标准要求时，应自两倍量的包装中采样重新进行复检，复检结果若仍有不合格项时，则判定整批产品不合格。

6 包装、标志、运输、贮存

6.1 饲料添加剂氯化钠包装袋上应有牢固清晰的标志，内容按 GB 10648 执行。

6.2 饲料添加剂氯化钠的大包装必须使用内衬聚乙烯薄膜的纸箱、编织袋，每件重量为 25 kg 或 50 kg，也可根据客户要求定制。包装应附合格证，并注明：生产企业名称、地址、产品名称、数量、批号、检验员姓名(代号)。

6.3 饲料添加剂氯化钠运输工具必须清洁、干燥，运输途中器具捆扎牢固，确保完好无损，防止雨淋、受潮，禁止与能导致盐质污染的货物混装。

6.4 饲料添加剂氯化钠贮存中要妥善保管。存放仓库要通风，防止雨淋、受潮，堆放的饲料添加剂氯化钠产品应上有遮蔽、下有隔板，禁止与能导致污染的货物共贮。

ICS 65.120
B 46

中华人民共和国国家标准

GB/T 24832—2009

饲料添加剂
半胱胺盐酸盐β环糊精微粒

Feed additive—Cysteamine hydrochloride beta-cyclodextrin beadlets

2009-12-15 发布　　　　2010-03-01 实施

中华人民共和国国家质量监督检验检疫总局
中国国家标准化管理委员会　发布

前　言

本标准由全国饲料工业标准化技术委员会提出并归口。

本标准起草单位:南京农业大学、上海华扩达生化科技有限公司。

本标准主要起草人:杨晓静、倪迎冬、陈永秦、闻芹堂、陈杰、赵茹茜、李玉茹、郭秀丽、武翠。

饲料添加剂
半胱胺盐酸盐 β 环糊精微粒

1 范围

本标准规定了饲料添加剂半胱胺盐酸盐 β 环糊精微粒的要求、试验方法、检验规则及标签、包装、运输、贮存和保质期的要求。

本标准适用于以饲料级半胱胺盐酸盐为原料，经 β 环糊精包被，采用淀粉等为辅料制成的微粒。

分子式：C_2H_8ClNS

相对分子质量：113.62(2005年国际相对原子质量)

化学结构式：$SH—CH_2—CH_2—NH_2 \cdot HCl$

2 规范性引用文件

下列文件中的条款通过本标准的引用而成为本标准的条款。凡是注日期的引用文件，其随后所有的修改单(不包括勘误的内容)或修订版均不适用于本标准，然而，鼓励根据本标准达成协议的各方研究是否可使用这些文件的最新版本。凡是不注日期的引用文件，其最新版本适用于本标准。

GB/T 6435 饲料中水分和其他挥发性物质含量的测定

GB 10648 饲料标签

GB/T 13079 饲料中总砷的测定

GB/T 13080 饲料中铅的测定 原子吸收光谱法

GB/T 14699.1 饲料 采样

中华人民共和国药典 2005年版二部

3 要求

3.1 性状

本品为类白色或淡黄色微小颗粒，无臭或微有臭味，易吸潮。

3.2 技术指标

技术指标应符合表1规定。

表1 技术指标

项 目		指 标
半胱胺盐酸盐/%		27.0～31.0
β 环糊精/%	≥	8.0
水分/%	≤	5.0
总砷/(mg/kg)	≤	2.0
铅/(mg/kg)	≤	2.0

4 试验方法

4.1 抽样

按 GB/T 14699.1 执行。

4.2 试剂和溶液

4.2.1 乙腈:色谱纯。

4.2.2 庚烷磺酸钠:分析纯。

4.2.3 磷酸:分析纯。

4.2.4 甲醇:色谱纯。

4.2.5 盐酸:化学纯。

4.2.6 水:超纯水(或二次蒸馏水)。

4.2.7 50%甲醇水溶液:甲醇和水的体积比为1:1。

4.2.8 0.017 mol/L庚烷磺酸钠溶液(含0.02%磷酸):称取1.7 g庚烷磺酸钠放入500 mL容量瓶中,加入0.1 mL H_3PO_4,然后用超纯水稀释定容至刻度。

4.2.9 流动相:将15份乙腈与85份0.017 mol/L庚烷磺酸钠溶液(4.2.8)(体积比)混合,经脱气抽滤后使用。抽滤的滤膜采用0.45 μm微孔聚四氟乙烯膜。

4.2.10 标准工作液:称取半胱胺盐酸盐标准品(≥98%),用50%甲醇水溶液(4.2.7)进行配制,一般可配成150 mg/100 mL～200 mg/100 mL,现配现用。

4.2.11 亚硝酸钠溶液:称取亚硝酸钠1 g,加水溶解并稀释定容至100 mL。

4.3 主要仪器

4.3.1 高效液相色谱仪,配紫外检测器。

4.3.2 流动相脱气抽滤装置。

4.3.3 超声波振荡器。

4.3.4 分析天平(感量:0.01 mg)。

4.4 鉴别试验

取本品10%水溶液5滴,加蒸馏水2 mL、盐酸0.5 mL、亚硝酸钠溶液0.5 mL,显橙红色。

4.5 半胱胺盐酸盐的测定

4.5.1 色谱条件

色谱柱:C_{18}柱,内径4.6 mm,长250 mm,粒度5 μm。

流动相(4.2.9):乙腈+0.017 mol/L庚烷磺酸钠溶液(4.2.8)。

流速:1.0 mL/min。

检测波长:214 nm。

进样体积:5 μL。

4.5.2 试样溶液的制备

精密称取样品约0.5 g(精确至0.01 g),放入100 mL容量瓶中。加入适量50%甲醇水溶液,超声5 min～8 min使样品完全溶解,定容。静置15 min,先用普通滤纸进行粗过滤,然后再用0.45 μm微孔聚四氟乙烯膜过滤。滤液用作HPLC进样分析。

4.5.3 计算方法

样品中的半胱胺盐酸盐的含量X以质量分数(%)表示,按式(1)计算:

$$X=\frac{A_1\times c_1\times 100}{A_2\times m_1}\times 100 \quad\cdots\cdots(1)$$

式中:

A_1——样品色谱图中半胱胺盐酸盐色谱峰的面积;

c_1——标准样品的浓度,单位为毫克每毫升(mg/mL);

A_2——标准样品色谱图中半胱胺盐酸盐色谱峰的面积;

m_1——样品的质量,单位为毫克(mg)。

4.5.4 允许差

两次平行测定结果的相对偏差应不大于5%,取其算术平均值作为测定结果。

4.6 β 环糊精含量测定

按中华人民共和国药典 2005 年版二部执行。

4.7 水分测定

按 GB/T 6435 执行。

4.8 总砷的测定

按 GB/T 13079 执行。

4.9 铅的测定

按 GB/T 13080 执行。

5 检验规则

5.1 出厂检验

本产品应由生产企业的检验部门按本标准进行检验，本标准第 3 章规定的项目为出厂检验项目，生产企业应保证所有产品均符合本标准规定的要求。每批产品检验合格后方可出厂，同班、同原料、同配方的产品为一批。

5.2 判定规则

如果检验结果有一项指标不符合本标准要求时，应加倍抽样进行复检，复检结果仍有一项指标不符合本标准要求时，则整批产品不合格。

6 标签、包装、运输、贮存和保质期

6.1 标签

应符合 GB 10648 规定。

6.2 包装

本品内包装为铝塑复合材料袋，外包装为纸板箱或纸筒箱。每件包装量可根据用户的要求而定。

6.3 运输

运输过程应避免日晒雨淋、受热及防止破损。搬运装卸应小心轻放，不应与有毒有害或其他污染的物品以及具有氧化性的物质混装、混运。

6.4 贮存

产品应存放在库房内，符合分类贮存的要求。库房应通风良好、阴凉，保持库房内干燥，严防污染。

6.5 保质期

在符合 6.3、6.4 的条件下，原包装保质期为 18 个月。开封后尽快使用，以免变质。

ICS 65.120
B 46

中华人民共和国国家标准

GB/T 25174—2010

饲料添加剂 4′,7-二羟基异黄酮

Feed additive—4′,7-dihydroxyisoflavone

2010-09-26 发布　　　　2011-01-01 实施

中华人民共和国国家质量监督检验检疫总局
中国国家标准化管理委员会　发布

前　　言

本标准由全国饲料工业标准化技术委员会提出并归口。

本标准起草单位：南京农业大学、中牧实业股份有限公司。

本标准主要起草人：倪迎冬、杨晓静、赵茹茜、陈杰、付光武、王珍芹、王丽娜。

饲料添加剂　4′,7-二羟基异黄酮

1　范围

本标准规定了饲料添加剂 4′,7-二羟基异黄酮的要求、试验方法、检验规则以及标签、包装、运输和贮存的要求。

本标准适用于以间苯二酚、对羟基苯乙酸和原甲酸三乙酯为主要原料经化学合成的饲料添加剂 4′,7-二羟基异黄酮。

化学名称:4′,7-二羟基异黄酮

英文名称:4′,7-dihydroxyisoflavone (daidzein)

分子式:$C_{15}H_{10}O_4$

相对分子质量:254.24(2005 年国际相对原子质量)

化学结构式:

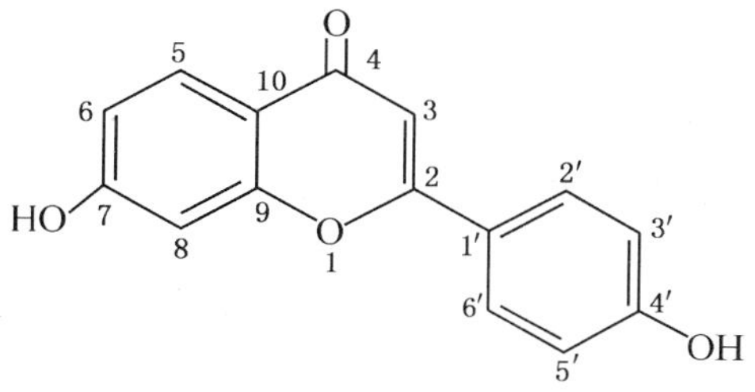

2　规范性引用文件

下列文件中的条款通过本标准的引用而成为本标准的条款。凡是注日期的引用文件,其随后所有的修改单(不包括勘误的内容)或修订版均不适用于本标准,然而,鼓励根据本标准达成协议的各方研究是否可使用这些文件的最新版本。凡是不注日期的引用文件,其最新版本适用于本标准。

GB/T 191　包装储运图示标志

GB/T 6435　饲料中水分和其他挥发性物质含量的测定

GB/T 6682　分析实验室用水规格和试验方法

GB 10648　饲料标签

GB/T 13079　饲料中总砷的测定

GB/T 13080　饲料中铅的测定　原子吸收光谱法

GB/T 14699.1　饲料　采样

3　要求

3.1　性状

本品为白色或类白色粉末,无臭、无味。熔点:315 ℃～323 ℃。易溶于二甲基甲酰胺,微溶于乙醇,不溶于水。

3.2　技术指标

技术指标应符合表 1 规定。

表 1 技术指标

项目	指标
4′,7-二羟基异黄酮/%	≥97.5
水分/%	≤1.0
炽灼残渣/%	≤0.1
总砷/(mg/kg)	≤1
铅/(mg/kg)	≤2

4 试验方法

4.1 抽样

按 GB/T 14699.1 进行。

4.2 主要仪器和设备

4.2.1 高效液相色谱仪,带紫外检测器。

4.2.2 超声波振荡器。

4.2.3 分析天平,感量 0.01 mg。

4.2.4 马福炉。

4.3 试剂和溶液

除非另有规定,仅使用分析纯试剂,水为去离子水,符合 GB/T 6682 中规定的二级水。

4.3.1 三氯化铁。

4.3.2 铁氰化钾。

4.3.3 乙醇:色谱纯。

4.3.4 甲醇:色谱纯。

4.3.5 85%乙醇溶液(乙醇和水的体积比为 85∶15)。

4.3.6 55%甲醇溶液(甲醇和水的体积比为 55∶45)。

4.3.7 标准样品:4′,7-二羟基异黄酮(含量≥98.0%)。

4.3.8 标样工作液:精密称取标准品 0.02 g~0.04 g(精确至 0.01 mg),置于 100 mL 的容量瓶中,加入 85%乙醇溶液适量,超声波振荡 5 min 使试样溶解。用 85%乙醇溶液定容至刻度,摇匀,于 4 ℃下保存备用,有效期一周。

4.4 鉴别

4.4.1 称取试样 0.2 mg,置小试管中,加乙醇溶液 0.2 mL,在水浴锅上加热 65 ℃±5 ℃使溶解,加入 0.5%三氯化铁试液 10 滴,混匀,再加入 0.5% 铁氰化钾试液 10 滴,立即出现兰绿色。

4.4.2 在含量测定项下记录的高效液相色谱中,样品主峰的保留时间与标准品峰的保留时间一致。

4.5 4′,7-二羟基异黄酮含量的测定

4.5.1 方法提要

试样用 85%乙醇溶液溶解,注入高效液相色谱仪反相色谱仪中进行分离,紫外检测器检测,外标法定量。

4.5.2 液相色谱操作条件

液相色谱操作条件如下:

——色谱柱:C_{18}柱:内径 4.6 mm,长 250 mm,粒度 5 μm;

——检测波长:249 nm;

——流动相:55%甲醇,等浓度洗脱;

——流速:1.0 mL/min;

——进样体积：10 μL。

4.5.3 测定步骤

4.5.3.1 试样溶液的制备

精密称取试样 0.02 g～0.04 g(精确至 0.01 mg)，置于 100 mL 容量瓶中，加入 85%乙醇溶液适量，超声波振荡 5 min 使试样溶解。用 85%乙醇溶液定容至刻度，摇匀，过 0.45 μm 微孔滤膜。

4.5.3.2 测定

按高效液相色谱仪说明书调整色谱的工作参数，向液相色谱柱中依次注入标样工作液(4.3.8)和试样溶液(4.5.3.1)，得到色谱峰面积的响应值，用外标法定量。

4.5.4 计算与结果表示

试样中 4′,7-二羟基异黄酮 w_1 以质量分数表示，数值以%表示，按式(1)计算：

$$w_1 = \frac{A_2 \cdot m_1 \cdot w_2}{A_1 \cdot m_2} \qquad (1)$$

式中：

A_2——试样溶液中 4′,7-二羟基异黄酮峰面积；

m_1——标样的质量，单位为克(g)；

w_2——标样中 4′,7-二羟基异黄酮的含量，%；

A_1——标样溶液中 4′,7-二羟基异黄酮峰面积；

m_2——试样的质量，单位为克(g)。

4.5.5 允许差

同一分析者对同一试样同时两次平行测定结果的相对偏差应不大于 5%。

4.6 水分测定

按 GB/T 6435 执行。

4.7 炽灼残渣测定

4.7.1 测定步骤

称取 1.0 g 试样(精确至 0.01 g)，置于已在 750 ℃±50 ℃炽灼至恒重的瓷坩埚内，展平。先用小火缓缓加热至完全炭化，放冷后，加浓硫酸 0.5 mL～1.0 mL，使其湿润，低温加热至硫酸蒸汽除尽后移入马福炉中，在 750 ℃±50 ℃中炽灼至恒重。

4.7.2 计算

炽灼残渣 w_3 以质量分数表示，数值以%表示，按式(2)计算：

$$w_3 = \frac{m_3 - m_4}{m_5} \times 100 \qquad (2)$$

式中：

m_3——坩埚与残渣总质量，单位为克(g)；

m_4——坩埚质量，单位为克(g)；

m_5——样品质量，单位为克(g)。

4.8 总砷测定

按 GB/T 13079 执行。

4.9 铅含量测定

按 GB/T 13080 执行。

5 检验规则

5.1 出厂检验

5.1.1 出厂检验项目

性状、4′,7-二羟基异黄酮含量。

5.1.2 判定规则

检验结果如有一项指标不符合本标准要求，应重新自两倍量的包装中采样进行复验，复验结果即使有一项指标不符合本标准的要求时，则整批产品判为不合格。以同班、同原料、同配方的产品为一批，每批产品进行出厂检验。

5.2 型式检验

5.2.1 有下列情况之一时，应进行型式检验：

a) 改变配方或生产工艺；

b) 正常生产每半年或停产半年后生产；

c) 国家技术监督部门提出要求时。

5.2.2 型式检查项目为第3章的全部项目。

5.2.3 判定规则：检验结果如有一项指标不符合本标准要求，应重新自两倍量的包装中采样进行复验，复验结果即使有一项指标不符合本标准的要求时，则整批产品判为不合格。

6 标签、包装、运输和贮存

6.1 标签

应符合 GB 10648 的规定和要求。

6.2 包装

应采用纸塑复合袋密封包装。

6.3 运输

6.3.1 运输过程中应防止雨淋和受潮。

6.3.2 应按 GB/T 191 的规定清晰标明“怕雨”标志。

6.3.3 不应与有毒物品混运。

6.4 贮存

应贮存在阴凉、干燥、清洁的环境中，避免阳光直射、雨淋和受潮，不应与有毒物品混存。

6.5 保质期

在规定的贮存条件下，保质期为12个月。

ICS 65.120
B 46

中华人民共和国国家标准

GB/T 25247—2010

饲料添加剂 糖萜素

Feed additive—Saccharicterpenin

2010-09-26 发布 2011-03-01 实施

中华人民共和国国家质量监督检验检疫总局
中国国家标准化管理委员会 发布

前　言

本标准由全国饲料工业标准化技术委员会提出并归口。

本标准起草单位：杭州唐天科技有限公司、浙江大学。

本标准主要起草人：詹勇、李丽丽、张璐、金海丽、沈水昌。

饲料添加剂　糖萜素

1　范围

本标准规定了饲料添加剂糖萜素的要求、试验方法、检验规则、标签、包装、运输和贮存。

本标准适用于以油茶籽粕为原料，经乙醇提取，配以饲料级沸石粉吸附制得的糖萜素。

2　规范性引用文件

下列文件对于本文件的应用是必不可少的。凡是注日期的引用文件，仅注日期的版本适用于本文件。凡是不注日期的引用文件，其最新版本(包括所有的修改单)适用于本文件。

GB/T 602　化学试剂　杂质测定用标准溶液的制备

GB/T 603　化学试剂　试验方法中所用制剂及制品的制备

GB/T 5917.1　饲料粉碎粒度测定　两层筛筛分法

GB/T 6432　饲料中粗蛋白测定方法

GB/T 6435　饲料中水分和其他挥发性物质含量的测定

GB/T 6438　饲料中粗灰分的测定

GB/T 6682　分析实验室用水规格和试验方法

GB 10648　饲料标签

GB/T 13079　饲料中总砷的测定

GB/T 13080　饲料中铅的测定　原子吸收光谱法

GB/T 13081　饲料中汞的测定

GB/T 13082　饲料中镉的测定方法

GB/T 13091　饲料中沙门氏菌的检测方法

GB/T 13092　饲料中霉菌总数的测定

GB/T 14699.1　饲料　采样

GB/T 17480　饲料中黄曲霉毒素 B_1 的测定　酶联免疫吸附法

3　要求

3.1　性状

本品为浅棕黄色粉末，味微苦而辣，有刺激气味，易吸潮。

3.2　鉴别

鉴别应符合表1规定。

表1　鉴别

项　目	指　标
Liebermann-Burchard 反应	显红色
泡沫试验	产生大量泡沫，10 min 内泡沫不消失
Molish 反应	界面出现紫红色环

3.3 技术指标

技术指标应符合表2规定。

表2 技术指标

项目		指标
油茶总皂苷含量/%	≥	30.0
总糖含量/%	≥	30.0
粗灰分/%	≤	26.0
粗蛋白/%	≥	7.0
干燥失重/%	≤	7.0
砷(以总砷计)/(mg/kg)	≤	3.0
铅(以Pb计)/(mg/kg)	≤	5
汞(以Hg计)/(mg/kg)	≤	0.1
镉(以Cd计)/(mg/kg)	≤	1.0
黄曲霉毒素 B_1/(μg/kg)	≤	50
霉菌总数/(CFU/g)	≤	1×10^4
沙门氏菌		不得检出
粒度,0.25 mm孔径分析筛上物/%	≤	5.0

4 试验方法

警告——硫酸和高氯酸有强腐蚀性、在操作过程中应注意避免与皮肤接触,如不慎接触到皮肤,应立即用干布或纸巾擦拭干净、再用清水冲洗。

本标准所用试剂和水,除非另有说明,均指分析纯试剂和符合GB/T 6682中规定的三级水。试验中所用试剂和溶液,按GB/T 602和GB/T 603之规定制备。

4.1 试剂和溶液

4.1.1 乙酸酐。

4.1.2 硫酸。

4.1.3 无水乙醇。

4.1.4 乙醇(体积分数为95%)。

4.1.5 正丁醇。

4.1.6 无水乙醚。

4.1.7 甲醇。

4.1.8 高氯酸。

4.1.9 乙酸乙酯。

4.1.10 甲萘酚。

4.1.11 香草醛。

4.1.12 3,5-二硝基水杨酸。

4.1.13 酒石酸钾钠。

4.1.14 苯酚(临使用时常压蒸馏,收集182 ℃馏分使用)。

4.1.15 亚硫酸钠。

4.1.16 乙醇溶液:无水乙醇+水=8+2(体积比)。

4.1.17 盐酸溶液:$c(HCl)$=6 mol/L。

4.1.18 氢氧化钠溶液:240 g/L。

4.1.19 氢氧化钠溶液:80 g/L。

4.1.20 甲萘酚乙醇溶液:称取10 g甲萘酚(4.1.10),加100 mL乙醇(4.1.4)溶解。

4.1.21 香草醛乙醇溶液:称取5.0 g香草醛(4.1.11),溶于无水乙醇(4.1.3),移入100 mL容量瓶中,用无水乙醇(4.1.3)稀释至刻度。临用前制备。

4.1.22 3,5-二硝基水杨酸溶液:称取6.3 g 3,5-二硝基水杨酸(4.1.12)和量取262 mL氢氧化钠(4.1.19),溶于500 mL含有182 g酒石酸钾钠(4.1.13)的热水溶液,加5 g苯酚(4.1.14)和5 g亚硫酸钠(4.1.15),溶解,冷却,用水稀释至1 000 mL。贮存于棕色瓶中。

4.1.23 正丁醇饱和的水:量取500 mL正丁醇(4.1.5)和500 mL水,置分液漏斗中,振摇,静置分层,取水相。

4.1.24 水饱和的正丁醇:量取500 mL正丁醇(4.1.5)和500 mL水,置分液漏斗中,振摇,静置分层,取醇相。

4.1.25 油茶总皂苷标准品:含量≥99.0%。

4.1.26 葡萄糖标准品:含量≥99.0%。

4.2 仪器与设备

4.2.1 恒温水浴锅(精确至1 ℃)。

4.2.2 分析天平(精确至0.000 1 g)。

4.2.3 紫外可见分光光度计。

4.2.4 旋转蒸发仪。

4.2.5 电热鼓风干燥箱(温度可控制在103 ℃±2 ℃)。

4.3 性状

将试样放置在白瓷盘内,在非直射日光、光线充足、无异味和异臭的环境中,通过眼观、口尝、鼻嗅和触摸的方法。

4.4 鉴别

4.4.1 Liebermann-Burchard反应:称取约0.01 g试样,置于白瓷蒸发皿中,加0.5 mL乙酸酐(4.1.1),用玻璃棒研磨使其溶解,沿皿壁加1滴~2滴硫酸(4.1.2),即显红色。

4.4.2 泡沫试验:称取约0.01 g试样,溶于5 mL水,移入10 mL具塞试管中,强力振摇1 min,产生大量泡沫,10 min内泡沫不消失。

4.4.3 Molish反应:称取约0.01 g试样,溶于2 mL乙醇溶液(4.1.16),移入10 mL具塞试管中,加1滴~2滴甲萘酚乙醇溶液(4.1.20),摇匀,沿管壁加0.5 mL硫酸(4.1.2),界面出现紫红色环。

4.5 油茶总皂苷含量测定

4.5.1 萃取重量法(仲裁法)

4.5.1.1 原理

利用油茶总皂苷化合物在水、醚和醇中溶解度不同的性质,可以用萃取重量法测定。水溶解样品后用乙醚脱脂。用水饱和的正丁醇多次萃取出脱脂后样品中的油茶总皂苷，醇洗纯化后蒸除溶剂。称量残渣重量测定样品中的油茶总皂苷含量。

4.5.1.2 测定方法

称取 0.2 g(精确至 0.000 1 g)试样，加 40 mL 水溶解，过滤，用适量水洗涤残渣，滤液移入分液漏斗中。加 40 mL 无水乙醚(4.1.6)萃取脱脂(注意轻轻振摇，勿使乳化)，弃去醚层，水层置通风橱内在沸水浴上挥尽乙醚。水层加水饱和的正丁醇(4.1.24)分别为 40 mL、40 mL、40 mL、30 mL 和 30 mL 萃取共 5 次，合并 5 次的正丁醇萃取液。正丁醇萃取液加 40 mL 正丁醇饱和的水(4.1.23)洗涤，此水层再加 40 mL 水饱和的正丁醇(4.1.24)洗涤，合并正丁醇萃取液。在旋转蒸发仪(4.2.4)上回收正丁醇萃取液溶剂，残渣用乙醇溶液(4.1.16)溶解，过滤，用适量乙醇溶液(4.1.16)洗涤滤纸，滤液收集于已恒重的烧杯中。烧杯置沸水浴中挥尽溶剂，取出后置 103 ℃±2 ℃电热鼓风干燥箱(4.2.5)中干燥至恒重，称重(精确至 0.000 1 g)。

4.5.1.3 计算和结果的表示

试样中油茶总皂苷含量 w_1，以质量分数(%)表示，按式(1)计算：

$$w_1 = \frac{m_1 - m_2}{m} \times 100 \quad \cdots\cdots(1)$$

式中：

m_1——干燥至恒重后残渣加烧杯的质量，单位为克(g)；

m_2——烧杯的质量，单位为克(g)；

m ——试样的质量，单位为克(g)。

计算结果表示至小数点后一位。

4.5.1.4 允许差

取平行测定结果的算术平均值为测定结果，两次平行测定结果相对偏差应不大于 5%。

4.5.2 比色法

4.5.2.1 原理

油茶总皂苷被强氧化性酸氧化后与香草醛加成，生成紫红色的物质。在一定浓度范围内，油茶总皂苷的浓度与紫红色物质颜色的深浅程度成正比，用分光光度计比色法测定。

4.5.2.2 油茶总皂苷标准溶液的制备

称取 0.03 g(精确至 0.000 1 g)油茶总皂苷标准品(4.1.25)，溶于甲醇(4.1.7)，移入 100 mL 容量瓶中，用甲醇(4.1.7)稀释至刻度。

4.5.2.3 试样溶液的制备

称取 0.2g(精确到 0.000 1 g)试样，溶于甲醇(4.1.7)，移入 100 mL 容量瓶中，用甲醇(4.1.7)稀释至刻度，过滤，取滤液使用。

4.5.2.4 标准曲线的制备

分别移取 0.4 mL、0.8 mL、1.2 mL、1.6 mL、2.0 mL 和 2.4 mL 油茶总皂苷标准溶液(4.5.2.2)置 10 mL 容量瓶中。各容量瓶置沸水浴中挥尽溶剂后流水冷却至室温，加 0.4 mL 香草醛乙醇溶液(4.1.21)和 2.4 mL 高氯酸(4.1.8)，立即摇匀。各容量瓶同时置 70 ℃恒温水浴锅(4.2.1)中加热

15 min,取出后用流水冷却,加乙酸乙酯(4.1.9)定容。立即混匀,放置至室温。用1 cm比色杯,在紫外可见分光光度计(4.2.3)上,以试剂空白作对照,于波长550 nm处测吸光度。以吸光度为纵坐标,各测试溶液油茶总皂苷浓度为横坐标,绘制标准曲线或计算回归方程。

4.5.2.5 测定

移取0.6 mL试样溶液(4.5.2.3),置10 mL容量瓶中。按4.5.2.4自“置沸水浴中挥尽溶剂”起,与标准溶液平行进行显色和测定测试试样溶液的吸光度(A)。将A代入标准曲线或回归方程(4.5.2.4)计算测试试样溶液中油茶总皂苷的浓度 c_1。

4.5.2.6 计算和结果的表示

试样中油茶总皂苷含量 w_2,以质量分数(%)表示,按式(2)计算:

$$w_2 = \frac{c_1 \times 10 \times 100}{m_3 \times 0.6 \times 1\,000} \times 100 \qquad \cdots\cdots(2)$$

式中:

c_1 ——测试试样溶液中油茶总皂苷的浓度,单位为毫克每毫升(mg/mL);

10 ——测试试样溶液的体积,单位为毫升(mL);

100 ——试样溶液的总体积,单位为毫升(mL);

m_3 ——试样的质量,单位为克(g);

0.6 ——测定用试样溶液的体积,单位为毫升(mL);

1 000 ——质量单位换算系数。

计算结果表示至小数点后一位。

4.5.2.7 允许差

取平行测定结果的算术平均值为测定结果,两次平行测定结果相对偏差应不大于5%。

4.6 总糖含量的测定

4.6.1 原理

利用盐酸将总糖水解为单糖,此单糖被3,5-二硝基水杨酸还原,生成棕红色的化合物。在一定浓度范围内,单糖的浓度与棕红色物质颜色的深浅程度成正比,用分光光度计比色法测定,再折算成总糖的量。

4.6.2 葡萄糖标准溶液的制备

4.6.2.1 葡萄糖标准储备溶液的制备

称取1.0 g(精确至0.000 1 g)80 ℃干燥至恒量的葡萄糖标准品(4.1.26),溶于水,移入1 000 mL容量瓶中,稀释至刻度。4 ℃贮存备用。

4.6.2.2 葡萄糖标准工作溶液的制备

分别移取10 mL、20 mL、30 mL、40 mL和50 mL葡萄糖标准储备溶液(4.6.2.1)置100 mL容量瓶中,用水稀释至刻度。配制得到浓度依次为0.1 mg/mL、0.2 mg/mL、0.3 mg/mL、0.4 mg/mL和0.5 mg/mL的葡萄糖标准工作溶液。

4.6.3 试样溶液的制备

称取0.2 g(精确到0.000 1 g)试样置试管中,加15 mL水溶解。加10 mL盐酸溶液(4.1.17),置沸水浴中反应 0.5 h,取出后用流水冷却,过滤。滤液用氢氧化钠溶液(4.1.18)调 pH 值至 7~8,移入 250 mL 容量瓶中,用水稀释至刻度。

4.6.4 标准曲线的制备

分别移取 1 mL 葡萄糖标准工作溶液(4.6.2.2)置 10 mL 容量瓶中。各容量瓶加 3,5-二硝基水杨酸溶液(4.1.22)1 mL,摇匀。各容量瓶同时置沸水浴中加热 5 min,取出后用流水冷却,加水定容。摇匀,放置至室温。用 1 cm 比色杯,在紫外可见分光光度计(4.2.3)上,以试剂空白作对照,于波长 540 nm 处测吸光度。以吸光度为纵坐标,各测试溶液葡萄糖浓度为横坐标,绘制标准曲线或计算回归方程。

4.6.5 测定

移取试样溶液(4.6.3)1 mL,置 10 mL 容量瓶中,按 4.6.4 自"加 3,5-二硝基水杨酸溶液"起,与标准溶液平行进行显色和测定测试试样溶液的吸光度(A)。将 A 代入标准曲线或回归方程(4.6.4)计算测试试样溶液中葡萄糖的浓度 c_2。

4.6.6 计算和结果的表示

试样中总糖含量 w_3,以质量分数(%)表示,按式(3)计算:

$$w_3 = \frac{c_2 \times 10 \times 250 \times 0.9}{m_4 \times 1 \times 1\,000} \times 100 \qquad \cdots\cdots(3)$$

式中:

c_2 ——测试试样溶液中葡萄糖的浓度,单位为毫克每毫升(mg/mL);

10 ——测试试样溶液的体积,单位为毫升(mL);

250 ——试样溶液的总体积,单位为毫升(mL);

0.9 ——1 g 葡萄糖相当于总糖质量数;

m_4 ——试样的质量,单位为克(g);

1 ——测定用试样溶液的体积,单位为毫升(mL);

1 000 ——质量单位换算系数。

计算结果表示至小数点后一位。

4.6.7 允许差

取平行测定结果的算术平均值为测定结果,两次平行测定结果相对偏差应不大于 5%。

4.7 粗灰分的测定

按 GB/T 6438 测定。

4.8 粗蛋白的测定

按 GB/T 6432 测定。

4.9 干燥失重的测定

按 GB/T 6435 测定。

4.10 砷的测定

按 GB/T 13079 测定。

4.11 铅的测定

按 GB/T 13080 测定。

4.12 汞的测定

按 GB/T 13081 测定。

4.13 镉的测定

按 GB/T 13082 测定。

4.14 黄曲霉毒素 B_1 的测定

按 GB/T 17480 测定。

4.15 霉菌总数的测定

按 GB/T 13092 测定。

4.16 沙门氏菌的测定

按 GB/T 13091 测定。

4.17 粒度的测定

按 GB/T 5917.1 测定。

5 检验规则

5.1 组批

以同样生产工艺、同一批原料在一个生产周期得到的产品为一个批次。

5.2 采样

按 GB/T 14699.1 执行。

5.3 出厂检验

每批产品应由生产质量检验部门进行出厂检验。检验项目为性状、油茶总皂苷含量、总糖含量、粗灰分、粗蛋白、干燥失重和粒度。检验合格的，签发检验合格证后，方可入库或出厂。

5.4 型式检验

型式检验至少每年一次，检验项目为本标准第 3 章规定的所有项目。有下列情况之一时，也应进行型式检验：

a) 审发生产许可证、产品批准文号时；
b) 法定质检部门提出要求时；
c) 原辅材料、工艺过程及主要设备有较大变化时；
d) 停产三个月以上，恢复生产时。

5.5 判定规则

检验结果全部符合本标准规定要求的判为合格品。有一项指标不符合本标准要求时，应重新自两倍量的包装单元中取样进行复核检验，复验结果中只要有一项指标不符合本标准要求的，则整批产品判为不合格品。

6 标签、包装、运输和贮存

6.1 标签

标签按 GB 10648 执行。

6.2 包装

本产品应密封装于聚乙烯塑料袋，然后放入带有内膜的纸塑复合袋或铝箔袋中，也可根据用户要求进行密封包装。每件包装净量可根据用户的要求而定。

6.3 运输

本产品在运输过程中应避免日晒、雨淋、受潮，搬运装卸应小心轻放，严禁碰撞，防止包装破损，严禁与有毒有害或其他有污染的物品以及具有氧化性的物质混装、混运。

6.4 贮存

本品应在阴凉、干燥、清洁处密封贮存，防止日晒、雨淋、受潮，严禁与有毒有害的物品混贮。

本产品在规定的贮存条件下，原包装从生产之日起保质期为 12 个月(开封后应尽快使用，以免吸潮后结块和变质)。

ICS 65.120
B 46

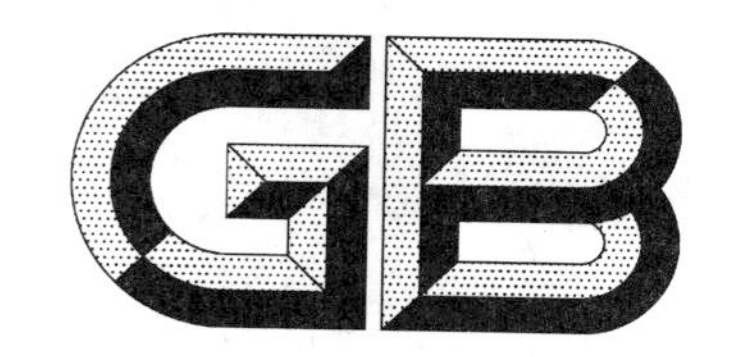

中华人民共和国国家标准

GB/T 25735—2010

饲料添加剂　L-色氨酸

Feed additive—L-Tryptophan

2010-12-23 发布

2011-03-01 实施

中华人民共和国国家质量监督检验检疫总局
中国国家标准化管理委员会　发布

前　言

本标准由全国饲料工业标准化技术委员会(SAC/TC 76)提出并归口。

本标准起草单位:中国农业科学院农业质量标准与检测技术研究所[国家饲料质量监督检验中心(北京)]。

本标准主要起草人:王彤、樊霞、贾铮、闫惠文、赵小阳、李兰、董延、高立云、李守申、胡明云。

饲料添加剂　L-色氨酸

1　范围

本标准规定了饲料添加剂L-色氨酸产品的要求、试验方法、检验规则及标签、包装、运输和贮存。

本标准适用于以微生物发酵生产的饲料添加剂L-色氨酸。

分子式：$C_{11}H_{12}N_2O_2$

相对分子质量：204.23（按2007年国际相对原子质量）

结构式：

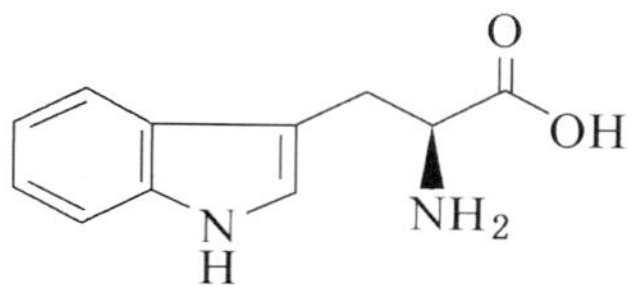

2　规范性引用文件

下列文件中的条款通过本标准的引用而成为本标准的条款。凡是注日期的引用文件，其随后所有的修改单（不包括勘误的内容）或修订版均不适用于本标准，然而，鼓励根据本标准达成协议的各方研究是否可使用这些文件的最新版本。凡是不注日期的引用文件，其最新版本适用于本标准。

GB/T 601　化学试剂　标准滴定溶液的制备

GB/T 602　化学试剂　杂质测定用标准溶液的制备

GB/T 603　化学试剂　试验方法中所用制剂及制品的制备

GB/T 6435　饲料中水分和其他挥发性物质含量的测定

GB/T 6438　饲料中粗灰分的测定

GB/T 6682　分析实验室用水规格和试验方法

GB 10648　饲料标签

GB/T 13080　饲料中铅的测定　原子吸收光谱法

GB/T 13081　饲料中汞的测定

GB/T 13082　饲料中镉的测定方法

GB/T 13091　饲料中沙门氏菌的检测方法

GB/T 14699.1　饲料　采样

GB/T 18246　饲料中氨基酸的测定

《中华人民共和国药典》（2005年版二部）

3　要求

3.1　性状

白色至微黄色结晶或结晶性粉末，无嗅或略有气味，略溶于水，溶于热乙醇和氢氧化钠溶液。

3.2　鉴别

3.2.1　氨基酸定性鉴别

试样的水溶液与茚三酮溶液反应，溶液呈红紫色。

3.2.2　色氨酸定性鉴别

按GB/T 18246测定，要求试样溶液色氨酸色谱峰保留时间与标准溶液相同，且测定含量在98%±

2%～98%±3%之内。

3.2.3 比旋光度法

试样的水溶液经旋光仪测定，其测定值在－29.0°～－32.8°之间。

3.3 技术指标

技术指标应符合表1规定。

表1 技术指标

项　目	指　标
含量(以 $C_{11}H_{12}N_2O_2$ 计)(干基)/%	≥98.0
干燥失重/%	≤0.5
粗灰分/%	≤0.5
比旋光度 $[\alpha]_D^t$	－29.0°～－32.8°
pH (1%水溶液)	5.0 ～ 7.0
砷/(mg/kg)	≤2
铅/(mg/kg)	≤5
镉/(mg/kg)	≤2
汞/(mg/kg)	≤0.1
沙门氏菌(25 g 样品中)	不得检出

4 试验方法

除特殊说明外，所用试剂均为分析纯，实验用水符合 GB/T 6682 中三级用水规定，试剂和溶液的制备应符合 GB/T 601、GB/T 602 和 GB/T 603 的规定。

4.1 试剂和溶液

4.1.1 茚三酮溶液：1 g/L 水溶液。

4.1.2 色氨酸标准品：色氨酸含量≥99.0%。

4.1.3 色氨酸标准溶液(100 nmol/mL)：称取色氨酸标准品 0.051 0 g(精确至 0.000 1 g)，加水溶解(加1滴10%氢氧化钠溶液)并定容至 50 mL，取该溶液 1 mL，用水定容至 50 mL。

4.1.4 甲酸。

4.1.5 冰乙酸。

4.1.6 高氯酸标准溶液：$c(HClO_4)$＝0.1 mol/L。

4.1.7 α-萘酚苯基甲醇指示剂：2 g/L 冰乙酸溶液。

4.2 仪器和设备

除实验室常用设备以外，还需要以下仪器和设备：

4.2.1 氨基酸分析仪。

4.2.2 电位滴定仪。

4.2.3 电极：饱和甘汞电极及玻璃电极。

4.2.4 酸度计。

4.3 鉴别试验

4.3.1 性状

在自然光条件下，通过目测，产品为白色至微黄色结晶或结晶性粉末；打开产品包装，部分产品在嗅觉上感觉无味道，部分产品略有气味；取少量试样，分别溶于水、热乙醇和氢氧化钠溶液中，结果显示试样略溶于水，能完全溶解于热乙醇和氢氧化钠溶液。

4.3.2 **氨基酸定性鉴别**

称取试样 0.1 g，溶于 100 mL 水中，取该溶液 5 mL，加 1 mL 茚三酮溶液(4.1.1)，置沸水浴反应 3 min，溶液呈红紫色。

4.3.3 **色氨酸定性鉴别**

称取试样 0.051 0 g(精确至 0.000 1 g)，加水溶解(加 1 滴 10%氢氧化钠溶液)并定容至 50 mL，取该溶液 1 mL，用水定容至 50 mL。

按 GB/T 18246 测定，要求试样溶液色氨酸色谱峰保留时间与色氨酸标准溶液(4.1.3)相同，且测定含量在 98%±2%～98%±3%之内。

4.3.4 **比旋光度法**

试样在 105 ℃干燥至恒重，称取干燥试样 0.5 g(精确至 0.000 1 g)，加入 30 mL 水，稍加热溶解，全部转入 50 mL 容量瓶中，用水稀释至刻度，摇匀。以下按照《中华人民共和国药典》(2005 年版二部)测定。

4.4 **L-色氨酸含量的测定**

4.4.1 **测定方法**

称取 0.25 g(精确至 0.000 1 g)干燥至恒重的试样于干燥的 100 mL 烧杯或锥形瓶中，加入 3 mL 甲酸(4.1.4)，待试样完全溶解后加入 50 mL 冰乙酸(4.1.5)，将电极插入溶液中，调节搅拌速度至溶液充分涡旋，按仪器说明书调整仪器参数，用高氯酸标准溶液(4.1.6)进行电位滴定，以电位值突变作为滴定终点。如选择指示剂法，加入 10 滴 α-萘酚苯基甲醇指示剂(4.1.7)，用高氯酸标准溶液进行滴定，试样液由橙黄色变为黄绿色即为滴定终点。

同时做空白试验。

4.4.2 **结果计算**

L-色氨酸($C_{11}H_{12}N_2O_2$)含量 X 以质量分数(%)表示，按式(1)计算：

$$X=\frac{(V_1-V_0)\times c\times 204.23}{m\times 1\ 000}\times 100 \qquad \cdots\cdots(1)$$

式中：

V_1——试样消耗高氯酸标准溶液体积，单位为毫升(mL)；

V_0——空白试验消耗高氯酸标准溶液体积，单位为毫升(mL)；

c——高氯酸标准溶液浓度，单位为摩尔每升(mol/L)；

m——试样质量，单位为克(g)；

204.23——L-色氨酸的摩尔质量，单位为克每摩尔(g/mol)。

平行测定结果用算术平均值表示，保留三位有效数字。

4.4.3 **重复性**

同一分析者对同一试样同时进行两次平行测定的结果相差应不大于 0.5%。

4.5 **干燥失重的测定**

按 GB/T 6435 测定。

4.6 **粗灰分的测定**

按 GB/T 6438 测定。

4.7 **比旋光度的测定**

按 4.3.4 测定。

4.8 **pH 值的测定**

称取试样 0.5 g(精确至 0.01 g)加入 30 mL 水，稍加热溶解，定量地转入 50 mL 容量瓶中，待溶液温度降至室温,用水稀释至刻度,摇匀。用酸度计测定,结果精确至0.1。

4.9 砷的测定

称取试样1 g(精确至0.001 g)于30 mL瓷坩埚中,加入5 mL 150 g/L硝酸镁溶液,混匀,于低温或沸水浴中蒸干,低温炭化至无烟,后转入高温炉于550 ℃恒温灰化3.5 h～4.0 h,取出冷却,缓慢加入10.0 mL盐酸溶液,待激烈反应后,煮沸转移到发生器中,补加8.0 mL盐酸,加水至40 mL左右。

以下按《中华人民共和国药典》(2005年版 二部)砷盐检查法第一法(古蔡氏法)测定。

4.10 铅的测定

按GB/T 13080测定。

4.11 镉的测定

按GB/T 13082测定。

4.12 汞的测定

按GB/T 13081测定。

4.13 沙门氏菌的测定

按GB/T 13091测定。

5 检验规则

5.1 采样方法

按GB/T 14699.1进行。

5.2 出厂检验

5.2.1 批

以同班、同原料产品为一批,每批产品进行出厂检验。

5.2.2 出厂检验项目

外观、L-色氨酸含量、干燥失重、粗灰分、砷、铅、镉、汞、沙门氏菌。

5.2.3 判定方法

以本标准的有关试验方法和要求为依据,对抽取样品按出厂检验项目进行检验。检验结果如有一项指标不符合本标准要求时,应重新自两倍量的包装单元中取样进行复检,复检结果如仍有任何一项不符合本标准要求,则判定该批产品为不合格产品,不能出厂。

5.3 型式检验

5.3.1 有下列情况之一,应进行型式检验:

a) 改变配方或生产工艺;

b) 正常生产每半年或停产半年后恢复生产;

c) 国家技术监督部门提出要求时。

5.3.2 型式检验项目:第3章规定的全部项目。

5.3.3 判定方法:以本标准的有关试验方法和要求为依据。检验结果如有一项不符合本标准时,应加倍抽样复检,复检结果如仍有一项不符合本标准要求时,则判定型式检验不合格。

6 标签、包装、运输和贮存

6.1 标签

饲料添加剂L-色氨酸包装袋上应有牢固清晰的标志,内容按GB 10648的规定执行。

6.2 包装

饲料添加剂L-色氨酸采用纸塑复合袋包装或根据客户要求包装,包装应确保避光。

6.3 运输

饲料添加剂 L-色氨酸在运输过程中应避光、防潮、防高温、防止包装破损，不得与有毒有害物质混运。

6.4 贮存

饲料添加剂 L-色氨酸应贮存在避光、通风、阴凉、干燥处，防止雨淋、受潮，不得与有毒有害物品混存。在符合本标准包装、运输和贮存的条件下，从生产之日起保质期为 24 个月。

ICS 65.120
B 46

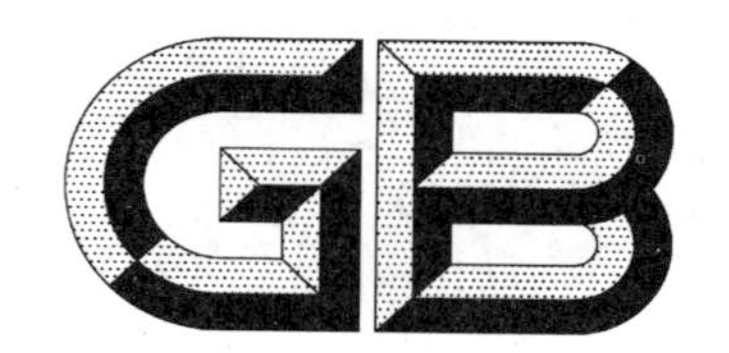

中华人民共和国国家标准

GB/T 25865—2010

饲料添加剂 硫酸锌

Feed additive—Zinc sulphate

2011-01-10 发布　　　　　　　　　　　　2011-06-01 实施

中华人民共和国国家质量监督检验检疫总局
中国国家标准化管理委员会　发布

前　言

本标准按照 GB/T 1.1—2009 给出的规则起草。

本标准由全国饲料工业标准化技术委员会(SAC/TC 76)提出并归口。

本标准起草单位:中国饲料工业协会、浙江省饲料监察所、杭州富阳新兴饲料有限公司。

本标准主要起草人:朱聪英、胡广东、张志健、田莉、任玉琴、金海丽、吴望君、吕伟军、冯杰、刘士杰、何建兴。

饲料添加剂　硫酸锌

1　范围

本标准规定了饲料添加剂硫酸锌的产品分类、技术要求、试验方法、检验规则以及标签、包装、运输和贮存。

本标准适用于以含锌原料与硫酸反应生成的饲料添加剂硫酸锌。

分子式：$ZnSO_4 \cdot nH_2O$。

相对分子质量：179.47(n=1)，287.56(n=7)(按2007年国际相对原子质量)。

2　规范性引用文件

下列文件对于本文件的应用是必不可少的。凡是注日期的引用文件，仅注日期的版本适用于本文件。凡是不注日期的引用文件，其最新版本(包括所有的修改单)适用于本文件。

GB/T 601　化学试剂　标准滴定溶液的制备

GB/T 5917.1　饲料粉碎粒度测定　两层筛筛分法

GB/T 6682　分析实验室用水规格和试验方法

GB 10648　饲料标签

GB/T 13079　饲料中总砷的测定

GB/T 13080　饲料中铅的测定　原子吸收光谱法

GB/T 13082　饲料中镉的测定方法

3　产品分类

饲料添加剂硫酸锌根据含锌量分为：一水硫酸锌，含锌量≥34.5%；七水硫酸锌，含锌量≥22.0%。

4　技术要求

4.1　外观和性状

一水硫酸锌为白色或类白色粉末，在酸溶液中易溶，在水中微溶，在乙醇中不溶；七水硫酸锌为无色透明的棱柱状或细针状结晶或颗粒状结晶性粉末，有风化性，在水中极易溶解，在乙醇中不溶。

4.2　技术指标

技术指标应符合表1要求。

表1　技术指标

项　　目	指　标	
	$ZnSO_4 \cdot H_2O$	$ZnSO_4 \cdot 7H_2O$
硫酸锌含量/%　　≥	94.7	97.3

表 1（续）

项目			指标	
			$ZnSO_4 \cdot H_2O$	$ZnSO_4 \cdot 7H_2O$
锌含量/%		≥	34.5	22.0
砷(As)/(mg/kg)		≤	5	5
铅(Pb)/(mg/kg)		≤	10	10
镉(Cd)/(mg/kg)		≤	10	10
粉碎粒度	W=250 μm 试验筛通过率/%	≥	95	—
	W=800 μm 试验筛通过率/%	≥	—	95

5 试验方法

本标准中所用试剂和水，在未注明其要求时，均指分析纯试剂和 GB/T 6682 中规定的三级水。

安全提示：本试验方法中使用的部分试剂具有毒性或腐蚀性，操作者必须小心谨慎！如溅到皮肤上应立即用水冲洗，严重者应立即治疗。使用易燃品时，严禁使用明火加热。

5.1 鉴别试验

5.1.1 试剂和材料

5.1.1.1 三氯甲烷。
5.1.1.2 盐酸。
5.1.1.3 硝酸。
5.1.1.4 乙酸溶液：1+10(体积比)。
5.1.1.5 硫酸钠溶液：250 g/L。
5.1.1.6 双硫腙四氯化碳溶液：1+100(体积比)。
5.1.1.7 氯化钡溶液：50 g/L。

5.1.2 鉴别方法

5.1.2.1 锌离子的鉴别

称取 0.2 g 试样，溶于 5 mL 水中。移取 1mL 试液，用乙酸溶液(5.1.1.4)调节溶液的 pH 值为 4～5，加 2 滴硫酸钠溶液(5.1.1.5)，再加数滴双硫腙四氯化碳溶液(5.1.1.6)和 1 mL 三氯甲烷(5.1.1.1)，振摇后，有机层显紫红色。

5.1.2.2 硫酸根离子的鉴别

取试样少量，加水溶解，滴加氯化钡溶液(5.1.1.7)，即生成白色沉淀；分离，沉淀在盐酸(5.1.1.2)、硝酸(5.1.1.3)中均不溶解。

5.2 硫酸锌含量的测定

5.2.1 方法提要

试样溶解后，通过掩蔽剂掩蔽其他离子干扰，在 pH 值 5～6 的条件下，乙二胺四乙酸二钠(EDTA)

与锌离子络合，用二甲酚橙指示剂指示滴定终点。

5.2.2 试剂和材料

5.2.2.1 抗坏血酸。
5.2.2.2 硫酸溶液：1+1(体积比)。
5.2.2.3 氟化氨溶液：200 g/L。
5.2.2.4 硫脲溶液：100 g/L。
5.2.2.5 乙酸-乙酸钠缓冲溶液(pH=5.5)：称取 200g 乙酸钠，加适量水溶解，加 10 mL 乙酸，用水稀释至 1 000 mL。
5.2.2.6 二甲酚橙指示液：2 g/L，有效期为 1 周。
5.2.2.7 乙二胺四乙酸二钠(EDTA)标准滴定溶液：c(EDTA)=0.05 mol/L(按 GB/T 601 配制、标定)。

5.2.3 分析步骤

称取一水硫酸锌试样约 0.2 g(或七水硫酸锌试样约 0.3 g)，精确至 0.000 2 g，置于 250 mL 锥形烧瓶中，加少量水润湿，滴加 2 滴硫酸溶液(5.2.2.2)使试样溶解，加水 50 mL、氟化铵溶液(5.2.2.3) 10 mL、硫脲溶液(5.2.2.4)2.5 mL、抗坏血酸(5.2.2.1)0.2 g，摇匀溶解后加入 15 mL 乙酸-乙酸钠缓冲溶液(5.2.2.5)和 3 滴二甲酚橙指示液(5.2.2.6)，用乙二胺四乙酸二钠标准滴定溶液(5.2.2.7)滴定至溶液由红色变为亮黄色或黄色即为终点，并同时做空白试验。

5.2.4 结果的表示和计算

一水硫酸锌含量 X_1，以质量分数(%)表示，按式(1)计算：

$$X_1 = \frac{c(V - V_0) \times 0.179\ 5}{m} \times 100 \qquad \cdots\cdots(1)$$

式中：
V_0 ——滴定空白溶液消耗乙二胺四乙酸二钠标准滴定溶液体积，单位为毫升(mL)；
V ——滴定试样溶液消耗乙二胺四乙酸二钠标准滴定溶液体积，单位为毫升(mL)；
c ——乙二胺四乙酸二钠标准滴定溶液的浓度，单位为摩尔每升(mol/L)；
m ——试样质量，单位为克(g)；
0.179 5——与 1.00 mL 乙二胺四乙酸二钠标准滴定溶液[c(EDTA)=1.00 mol/L]相当的、以克表示的一水硫酸锌的质量。

七水硫酸锌含量 X_2，以质量分数(%)表示，按式(2)计算：

$$X_2 = \frac{c(V - V_0) \times 0.287\ 5}{m} \times 100 \qquad \cdots\cdots(2)$$

式中：
V_0 ——滴定空白溶液消耗乙二胺四乙酸二钠标准滴定溶液体积，单位为毫升(mL)；
V ——滴定试样溶液消耗乙二胺四乙酸二钠标准滴定溶液体积，单位为毫升(mL)；
c ——乙二胺四乙酸二钠标准滴定溶液的浓度，单位为摩尔每升(mol/L)；
m ——试样质量，单位为克(g)；
0.287 5——与 1.00 mL 乙二胺四乙酸二钠标准滴定溶液[c(EDTA)=1.00 mol/L]相当的、以克表示的七水硫酸锌的质量。

锌含量 X_3，以质量分数(%)表示，按式(3)计算：

$$X_3 = \frac{c(V - V_0) \times 0.065\ 38}{m} \times 100 \qquad \cdots\cdots(3)$$

式中：

V_0 ——滴定空白溶液消耗乙二胺四乙酸二钠标准滴定溶液体积，单位为毫升(mL)；

V ——滴定试样溶液消耗乙二胺四乙酸二钠标准滴定溶液体积，单位为毫升(mL)；

c ——乙二胺四乙酸二钠标准滴定溶液的浓度，单位为摩尔每升(mol/L)；

m ——试样质量，单位为克(g)；

0.065 38 ——与 1.00 mL 乙二胺四乙酸二钠标准滴定溶液[c(EDTA)＝1.00 mol/L]相当的、以克表示的锌的质量。

计算结果保留三位有效数字。

5.2.5 重复性

在重复性条件下获得的两次独立测定结果的绝对值之差不得超过 0.15%。

5.3 砷含量的测定

按 GB/T 13079 中规定的方法测定。

5.4 铅含量的测定

按 GB/T 13080 中规定的方法测定。

5.5 镉含量的测定

按 GB/T 13082 中规定的方法测定。

5.6 粉碎粒度的测定

按 GB/T 5917.1 中规定的方法测定。

6 检验规则

6.1 应由生产企业的质量检验部门进行检验，本标准规定的所有项目为出厂检验项目，生产企业应保证出厂产品均符合本标准的要求。

6.2 在规定期限内具有同一性质和质量，并在同一连续生产周期中生产出来的一定数量的产品为一批。

6.3 使用单位可按照本标准规定的检验规则和试验方法对所收到的产品进行质量检验，检验其是否符合本标准的要求。

6.4 取样方法：抽样需备有清洁、干燥、具有密闭性的样品瓶(袋)，瓶(袋)上贴有标签，注明生产企业名称、产品名称、批号及取样日期。抽样时，用清洁、适用的取样工具伸入包装容器的四分之三深处，将所取样品充分混匀，以四分法缩分，每批样品分 2 份，每份样品量应不少于检验所需试样的 3 倍量，装入样品瓶(袋)中，一瓶(袋)供检验用，另一瓶(袋)密封保存备查。

6.5 出厂检验若有一项指标不符合本标准要求时，允许从加倍包装中抽样进行复验，复验结果即使有一项指标不符合本标准要求，则整批产品判为不合格品。

6.6 如供需双方对产品质量发生异议时，可由双方商请仲裁单位按本标准的检验方法和规则进行仲裁。

7 标签、包装、运输和贮存

7.1 标签

按 GB 10648 中的规定执行。

7.2 包装

装于适宜的容器中，采用密封包装，包装材料的卫生标准应符合要求。每件包装的质量可根据客户的要求而定。

7.3 运输

在运输过程中应防潮，防止包装破损，严禁与有毒有害物质及酸、碱物质混运。

7.4 贮存

应贮存在干燥、无污染的地方。

7.5 保质期

在符合本标准包装、运输和贮存的条件下，自生产之日起保质期为十二个月。逾期应重新检验是否符合本标准要求。

ICS 65.120
B 46

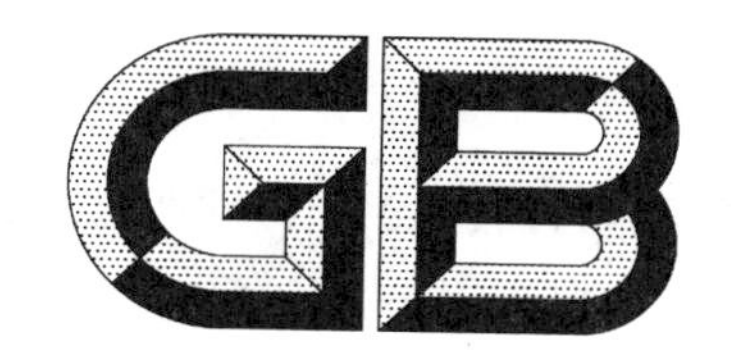

中华人民共和国国家标准

GB/T 26441—2010

饲料添加剂　没食子酸丙酯

Feed additive—Propyl gallate

2011-01-14 发布　　　　2011-07-01 实施

中华人民共和国国家质量监督检验检疫总局
中国国家标准化管理委员会　发布

前　言

本标准按照 GB/T 1.1—2009 给出的规则起草。

本标准由全国饲料工业标准化技术委员会(SAC/TC 76)提出并归口。

本标准起草单位:中国农业科学院农业质量标准与检测技术研究所[国家饲料质量监督检验中心(北京)]。

本标准主要起草人：宋荣、田静、索德成、张苏、李玉芳、左江湾、李华岑。

饲料添加剂　没食子酸丙酯

1　范围

本标准规定了饲料添加剂没食子酸丙酯的要求、试验方法、检验规则以及标签、包装、运输、贮存和保质期。

本标准适用于没食子酸与正丙醇酯化制得的饲料添加剂没食子酸丙酯。该产品用于饲料中作为抗氧化剂。

分子式：$C_{10}H_{12}O_5$

相对分子质量：212.20（按2009年国际相对原子质量）

结构式：

O　$O(CH_2)_2CH_3$

HO　OH

OH

2　规范性引用文件

下列文件对于本文件的应用是必不可少的。凡是注日期的引用文件，仅注日期的版本适用于本文件。凡是不注日期的引用文件，其最新版本（包括所有的修改单）适用于本文件。

GB/T 617　化学试剂　熔点范围测定通用方法

GB/T 6435　饲料中水分和其他挥发性物质含量的测定

GB/T 6438　饲料中粗灰分的测定

GB/T 6682　分析实验室用水规格和试验方法

GB 10648　饲料标签

GB/T 13079—2006　饲料中总砷的测定

GB/T 13080—2004　饲料中铅的测定　原子吸收光谱法

3　要求

3.1　外观和性状

白色或乳白色结晶粉末，无臭，稍有苦味，水溶液无味。

3.2　技术指标

技术指标应符合表1的要求。

表 1 技术指标

指标名称	指　　标
没食子酸丙酯含量/%	98.0～102.0
熔点/℃	146～150
铅(Pb)/(mg/kg)	≤1
砷(As)/(mg/kg)	≤3
干燥失重/%	≤0.5
灼烧残渣/%	≤0.1

4 试验方法

除非另有说明，在本分析中仅使用确认为分析纯的试剂，铅(Pb)测定采用 GB/T 6682 中规定的二级水，其他技术指标测定采用 GB/T 6682 中规定的三级水。

4.1 鉴别试验

4.1.1 试剂和溶液

4.1.1.1 氢氧化钠溶液：1 mol/L。

4.1.1.2 三氯化铁溶液：100 g/L。

4.1.1.3 乙醇溶液：75%(体积分数)。

4.1.2 鉴别步骤

4.1.2.1 称取约 0.5 g 试样，溶解于 10 mL 氢氧化钠溶液(4.1.1.1)中，进行蒸馏，取出蒸馏液 4 mL，其溶液应澄清，加热时则产生丙醇的臭气。

4.1.2.2 称取约 0.1 g 试样，溶解于 5 mL 乙醇溶液(4.1.1.3)中，加 1 滴三氯化铁溶液(4.1.1.2)，呈紫色。

4.2 含量的测定

4.2.1 原理

没食子酸丙酯与硝酸铋定量反应生成没食子酸丙酯铋盐，重量法计算没食子酸丙酯含量。

4.2.2 试剂和溶液

4.2.2.1 硝酸溶液：1+300。

4.2.2.2 硝酸铋溶液：20 g/L。称 5 g 五水合硝酸铋[$Bi(NO_3)_3 \cdot 5H_2O$]置于锥形瓶中，加 7.5 mL 硝酸和 10 mL 水，用力振荡使其溶解，冷却，过滤，加水定容至 250 mL。

4.2.3 仪器设备

4.2.3.1 分析天平:感量 0.000 1 g。

4.2.3.2 抽滤装置:抽真空装置,吸滤瓶和密封圈。

4.2.3.3 砂芯漏斗:型号 G4,砂芯孔径 4 μm～7 μm。

4.2.4 分析步骤

称取约 0.2 g 经 110 ℃干燥 4 h 的试样,精确至 0.000 1 g,置于 400 mL 烧杯中,加 150 mL 蒸馏水,加热搅拌使溶解,加 50 mL 硝酸铋溶液(4.2.2.2),搅拌,微沸后继续搅拌约 5 min 至沉淀完全产生,冷却至室温,用已恒量的砂芯漏斗滤出黄色沉淀,用冷硝酸溶液(4.2.2.1)冲洗烧杯 4 次～5 次,每次约5 mL,再用冰水冲洗沉淀 4 次～5 次,每次约 5 mL,用 pH 试纸测定砂芯漏斗滤出液至 pH 值约为 7,然后在 110 ℃干燥至恒量。

4.2.5 结果计算

没食子酸丙酯的含量 X,以质量分数(%)表示,按式(1)计算:

$$X=\frac{m_1\times 0.486\ 6}{m}\times 100 \quad\cdots\cdots(1)$$

式中:

m_1 ——干燥后没食子酸丙酯铋盐沉淀质量,单位为克(g);

m ——试样质量,单位为克(g);

0.486 6——没食子酸丙酯铋盐换算成没食子酸丙酯系数。

以两次平行测定结果的算术平均值为测定结果,结果表示至小数点后一位。

4.2.6 重复性

在重复性条件下,两次平行测定结果的绝对差值不得超过 0.5%。

4.3 熔点

试样在 110 ℃干燥 4 h 后,按 GB/T 617 规定的方法测定。

4.4 铅(Pb)

称取约 5 g 试样,按 GB/T 13080—2004 中干灰化法消解试样并测定。

4.5 砷(As)

称取约 1 g 试样,按 GB/T 13079—2006 中银盐法测定。

4.6 干燥失重

称取约 3 g 试样,按 GB/T 6435 规定的方法测定(110 ℃,干燥 4 h)。

4.7 灼烧残渣

称取约 2 g 试样,按 GB/T 6438 规定的方法测定。

5 检验规则

5.1 批次的确定

由生产单位的质量检验部门按照其相应的规则确定产品的批号，经最后混合且有均一性质量的产品为一批。

5.2 取样方法和取样量

在每批产品中随机抽取样品，每批按包装件数的3%抽取小样，每批不得少于三个包装，每个包装抽取样品不得少于100 g，将抽取试样迅速混合均匀，分装入两个洁净、干燥的容器或包装袋中，注明生产厂、产品名称、批号、数量及取样日期，一份作检验，一份密封留存备查。

5.3 出厂检验

5.3.1 出厂检验项目至少包括含量、熔点、干燥失重、灼烧残渣。

5.3.2 每批产品应经生产厂检验部门按本标准规定的方法检验，并出具产品合格证后方可出厂。

5.4 型式检验

第4章中规定的所有项目均为型式检验项目。型式检验每一年进行一次，或当出现下列情况之一时进行检验：

——原料、工艺发生较大变化时；

——停产后重新恢复生产时；

——出厂检验结果与正常生产时有较大差别时；

——国家质量监督检验机构提出要求时。

5.5 判定规则

对全部技术要求进行检验，检验结果中若有一项指标不符合本标准要求时，应重新从双倍的包装中取样进行复检。复检结果即使有一项不符合本标准，则整批产品判为不合格。

如供需双方对产品质量发生异议时，可由双方协商选定仲裁机构，按本标准规定的检验方法进行仲裁。

6 标签、包装、运输、贮存和保质期

6.1 标签

饲料添加剂的标签，应符合GB 10648的规定。

6.2 包装

产品的包装应符合国家相应规定，材料应符合相应的饲料包装用卫生标准。

6.3 运输

产品在运输过程中不得与有毒、有害及污染物质混合载运，避免雨淋日晒等。

6.4 贮存

产品应贮存在通风、清洁、干燥的地方，不得与有毒、有害及有腐蚀性等物质混存。

6.5 保质期

产品自生产之日起，在符合上述贮运条件、包装完好的情况下，保质期应不少于 12 个月。

ICS 65.120
B 46

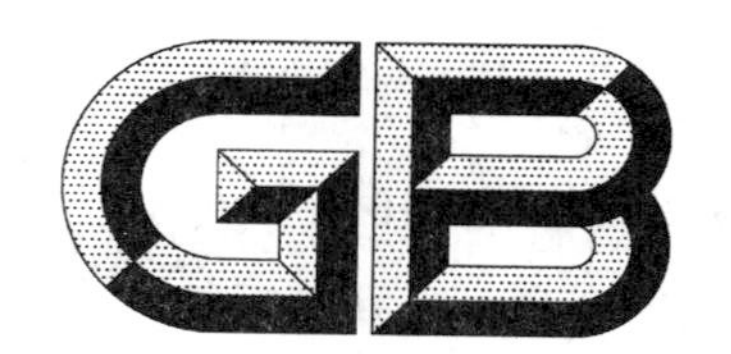

中华人民共和国国家标准

GB/T 26442—2010

饲料添加剂 亚硫酸氢烟酰胺甲萘醌

Feed additive—Menadione nicotinamide bisulfite

2011-01-14 发布

2011-07-01 实施

中华人民共和国国家质量监督检验检疫总局
中国国家标准化管理委员会
发布

前　言

本标准按照 GB/T 1.1—2009 给出的规则起草。

本标准由全国饲料工业标准化技术委员会(SAC/TC 76)提出并归口。

本标准起草单位:农业部饲料质量监督检验测试中心(成都)、兄弟科技股份有限公司。

本标准主要起草人:柏凡、张静、李云、魏敏、夏德兵、蒋凯。

饲料添加剂
亚硫酸氢烟酰胺甲萘醌

1 范围

本标准规定了亚硫酸氢烟酰胺甲萘醌(简称 MNB)产品的要求、试验方法、检验规则以及标签、包装、运输和贮存。

本标准适用于化学合成法制得的亚硫酸氢烟酰胺甲萘醌产品。该产品在饲料工业中作维生素类饲料添加剂。

分子式:$C_{17}H_{16}N_2O_6S$

相对分子质量:376.23(按 2007 年国际相对原子质量)

化学结构式:

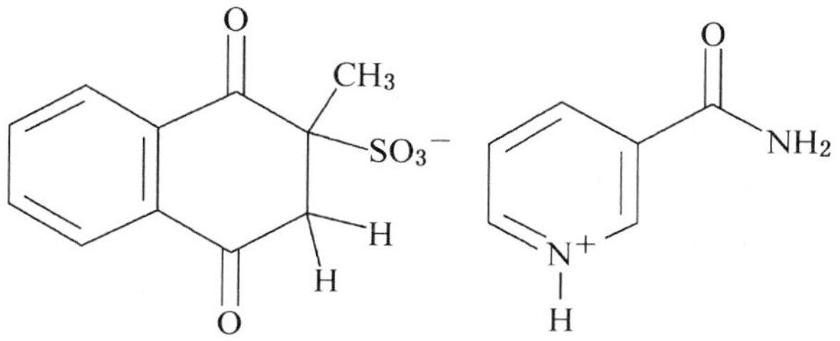

O
CH3
SO3−
H
H
O
O
NH2
N+
H

2 规范性引用文件

下列文件对于本文件的应用是必不可少的。凡是注日期的引用文件,仅注日期的版本适用于本文件。凡是不注日期的引用文件,其最新版本(包括所有的修改单)适用于本文件。

GB/T 6682 分析实验室用水规格和试验方法

GB 9691 食品包装用聚乙烯树脂卫生标准

GB 10648 饲料标签

GB/T 13079 饲料中总砷的测定

GB/T 13080 饲料中铅的测定 原子吸收光谱法

GB/T 13088 饲料中铬的测定

《中华人民共和国兽药典》2005 年版一部

3 要求

3.1 性状

白色至浅黄色结晶性粉末,无臭。在水和甲醇中微溶,易溶于三氯甲烷。

3.2 技术指标

技术指标应符合表 1 的规定。

表 1 技术指标

项目			指标
熔点/℃			175～180
含量	烟酰胺/%	≥	31.2
	甲萘醌/%	≥	43.9
	MNB/%	≥	96.0
磺酸甲萘醌检查			无沉淀
水分/%		≤	1.5
铅(Pb)/(mg/kg)		≤	20
铬(Cr)/(mg/kg)		≤	120
砷盐(以 As 计)/(mg/kg)		≤	2

4 试验方法

本标准所用的试剂和水，在没有注明其他要求时，均指分析纯试剂和 GB/T 6682 规定的三级水。色谱分析中所用试剂均为色谱纯和优级纯，试验用水均为 GB/T 6682 中规定的一级水。原子吸收光谱法分析中所用试剂均为优级纯，水符合 GB/T 6682 中规定的一级水的要求。

4.1 试剂和溶液

4.1.1 氢氧化钠。

4.1.2 无水碳酸钠。

4.1.3 硫酸亚铁。

4.1.4 邻菲罗啉。

4.1.5 磷酸二氢钾。

4.1.6 硫酸。

4.1.7 三氯甲烷。

4.1.8 氨水。

4.1.9 甲醇。

4.1.10 亚硫酸氢钠甲萘醌标准品：纯度≥98.0%。

4.1.11 烟酰胺标准品：纯度≥99.0%。

4.1.12 氢氧化钠溶液：称取 4 g 氢氧化钠(4.1.1)，加水溶解并稀释至 100 mL。

4.1.13 碳酸钠溶液：称取无水碳酸钠(4.1.2)10.6 g，加水溶解并稀释至 100 mL。

4.1.14 氨水溶液：量取氨水(4.1.8)25 mL，用水稀释至 100 mL。

4.1.15 0.02 mol/L 磷酸二氢钾溶液：称取 2.72 g 磷酸二氢钾(4.1.5)，用水溶解并定容至 1 000 mL。

4.1.16 亚硫酸氢钠甲萘醌标准溶液的配制：

a) 标准储备液：准确称取 100.0 mg 亚硫酸氢钠甲萘醌标准品(4.1.10)于 100 mL 棕色容量瓶中，用水溶解并定容，此储备液浓度为 1 000 μg/mL。置于 2 ℃～8 ℃冰箱中避光保存，有效期 1 周。

b) 标准工作液：取适量标准储备液，用水稀释成浓度分别为 5.0 μg/mL、20.0 μg/mL、50.0 μg/mL、

100.0 μg/mL、200.0 μg/mL 的标准工作液。临用现配。

4.1.17 烟酰胺标准溶液的配制：

a) 标准储备液：准确称取 100.0 mg 烟酰胺标准品(4.1.11)于 100 mL 容量瓶中，用水溶解并定容，此储备液浓度为 1 000 μg/mL。置于 2 ℃～8 ℃冰箱中保存，有效期 3 个月。

b) 标准工作液：取适量标准储备液，用水稀释成浓度分别为 5.0 μg/mL、20.0 μg/mL、50.0 μg/mL、100.0 μg/mL、200.0 μg/mL 的标准工作液。有效期 1 个月。

4.1.18 邻菲罗啉指示液：称取硫酸亚铁(4.1.3)0.5 g，加水 100 mL 溶解，加硫酸(4.1.6)2 滴和邻菲罗啉(4.1.4)0.5 g，摇匀。本品需临用现配。

4.2 仪器和设备

4.2.1 高效液相色谱仪(配紫外检测器或二极管阵列检测器)。

4.2.2 减压干燥器。

4.2.3 熔点测定仪。

4.2.4 薄层板(GF254)。

4.2.5 254 紫外灯。

4.3 鉴别

4.3.1 甲萘醌的鉴别：取试样约 0.1 g，加水 25 mL，溶解后，滴加氢氧化钠溶液(4.1.12)即生成甲萘醌的黄色沉淀。

4.3.2 烟酰胺的鉴别：取试样适量(相当于烟酰胺 0.05 g)，溶于 15 mL 水中，置于分液漏斗中，加 30 mL 三氯甲烷(4.1.7)和 5 mL 碳酸钠溶液(4.1.13)，振摇萃取，静置，取上层水相作为样品溶液。同时称取 0.05 g 烟酰胺标准品，溶于 20 mL 水作为标准品溶液。以薄层板(GF254)为固定相，以 100 份甲醇(4.1.9)和 1.5 份氨水溶液(4.1.14)为展开剂展开，取出晾干后在 254 紫外灯下观察，样品点和标准品溶液点的比移值(RF)应相同。

4.3.3 熔点的测定：按《中华人民共和国兽药典》2005 年版一部附录 45 熔点测定法第一法测定，熔点为 175 ℃～180 ℃。

4.4 含量测定

4.4.1 原理

试样在水溶液中分解为亚硫酸甲萘醌和烟酰胺，经反相色谱分离，用紫外检测器检测，外标法计算含量。

4.4.2 试样溶液的制备

称取试样 0.5 g(精确至 0.000 1 g)，置于 100 mL 容量瓶中，加水 70 mL，超声提取 5 min，用水定容，摇匀。精密吸取 1 mL 于 50 mL 容量瓶中，用水定容至刻度，摇匀，过 0.45 μm 微孔滤膜，供高效液相色谱仪分析。

4.4.3 测定

4.4.3.1 色谱条件

色谱柱：C_{18} 柱，长 250 mm，内径 4.6 mm，粒径 5 μm，或相当者。

柱温：30 ℃。

流动相:0.02 mol/L 磷酸二氢钾溶液(4.1.15)+甲醇=65+35(体积比)。

流速:1.0 mL/min。

检测波长:265 nm。

进样量:10 μL。

4.4.3.2 上机测定

取标准工作液和试样溶液,注入液相色谱仪,记录色谱图(标准色谱图参见附录A)。按照保留时间进行定性,样品与标准品保留时间的相对偏差不大于2%,采用单点或多点校正外标法定量。待测样液中亚硫酸甲萘醌和烟酰胺的响应值应在工作曲线范围内。

4.4.3.3 计算和结果的表示

试样中烟酰胺的含量 X_1、甲萘醌的含量 X_2、MNB的含量 X_3 以质量分数(%)表示,分别按式(1)、式(2)、式(3)计算:

$$X_1 = \frac{A_1 \times C_{S1} \times n}{A_{S1} \times m \times 10^6} \quad \cdots\cdots(1)$$

式中:

A_{S1}——烟酰胺标准品溶液的色谱峰面积;

A_1——烟酰胺供试品溶液的色谱峰面积;

C_{S1}——烟酰胺标准溶液的浓度,单位为微克每毫升(μg/mL);

m——试样质量,单位为克(g);

n——稀释倍数。

$$X_2 = \frac{A_2 \times C_{S2} \times n}{A_{S2} \times m \times 10^6} \times 0.623 \quad \cdots\cdots(2)$$

式中:

A_{S2}——亚硫酸氢钠甲萘醌标准品溶液的色谱峰面积;

A_2——亚硫酸氢钠甲萘醌供试品溶液的色谱峰面积;

C_{S2}——亚硫酸氢钠甲萘醌标准溶液的浓度,单位为微克每毫升(μg/mL);

m——试样质量,单位为克(g);

n——稀释倍数;

0.623——甲萘醌与亚硫酸氢钠甲萘醌(未含结晶水)的换算系数。

$$X_3 = X_2 \times 2.186 \quad \cdots\cdots(3)$$

式中:

X_2——甲萘醌的含量,%;

2.186——亚硫酸氢烟酰胺甲萘醌与甲萘醌的换算系数。

计算结果保留至小数点后两位。

4.4.4 重复性

在重复性条件下获得的两次独立测定结果的相对偏差不得超过2.0%。

4.5 磺酸甲萘醌检查

称取试样约0.2 g,加水10 mL,超声溶解,加邻菲罗啉指示液(4.1.18)2滴,不得发生沉淀。

4.6 水分

称取试样(精确至 0.000 1 g),按照《中华人民共和国兽药典》2005 年版一部附录 69 水分测定法第一法测定。

4.7 铅的测定

按 GB/T 13080 测定。

4.8 铬的测定

按 GB/T 13088 测定。

4.9 砷的测定

按 GB/T 13079 测定。

5 检验规则

5.1 应由生产企业的质量检验部门进行检验,本标准规定的所有项目为出厂检验项目,生产企业应保证出厂产品均符合本标准的要求。

5.2 在规定期限内具有同一性质和质量,并在同一连续生产周期中生产出来的一定数量的产品为一批。

5.3 使用单位可按照本标准规定的检验规则和试验方法对所收到的产品进行质量检验,检验其是否符合本标准的要求。

5.4 取样方法:抽样需备有清洁、干燥、具有密闭性和避光性的试样瓶(袋),瓶(袋)上贴有标签并注明:生产企业名称、产品名称、批号及取样日期。

抽样时,应用清洁适用的取样工具伸入包装容器的四分之三深处,将所取样品充分混匀,以四分法缩分,每批样品分 2 份,每份样品量应不少于检验所需试样的 3 倍量,装入样品瓶(袋)中,一瓶(袋)供检验用,另一瓶(袋)密封保存备查。

5.5 出厂检验若有一项指标不符合本标准要求时,允许加倍抽样进行复验,复验结果仍有一项指标不符合本标准要求时,则整批产品判为不合格品。

5.6 如供需双方对产品质量发生异议时,可由双方商请仲裁单位按本标准的检验方法和规则进行仲裁。

6 标签、包装、运输和贮存

6.1 标签

标签按 GB 10648 执行。

6.2 包装

用聚乙烯衬里的容器,密封避光包装。聚乙烯材料卫生指标应符合 GB 9691 的要求。

6.3 运输

在运输过程中应避免日晒雨淋、受热,搬运装卸小心轻放,严禁碰撞,防止包装破损,严禁与有毒有害或其他有污染的物品以及具有氧化性的物质混装、混运。

6.4 贮存

应贮存在阴凉、干燥、避光处,严禁与有毒有害的物品混贮。

7 保质期

在规定的运输、贮存条件下,保质期为12个月。

附 录 A
（资料性附录）
标准色谱图

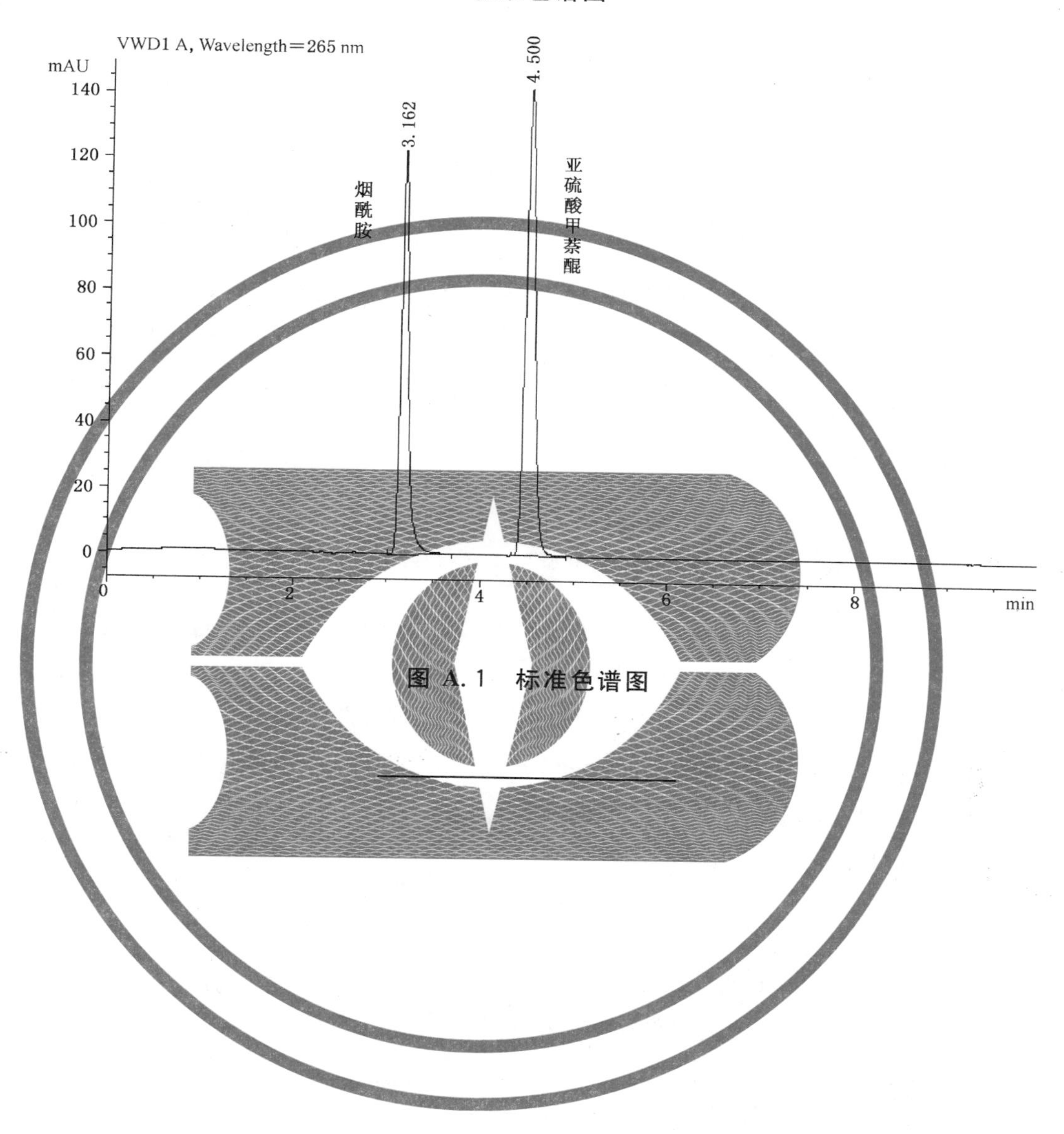

图 A.1 标准色谱图

ICS 65.120
B 46

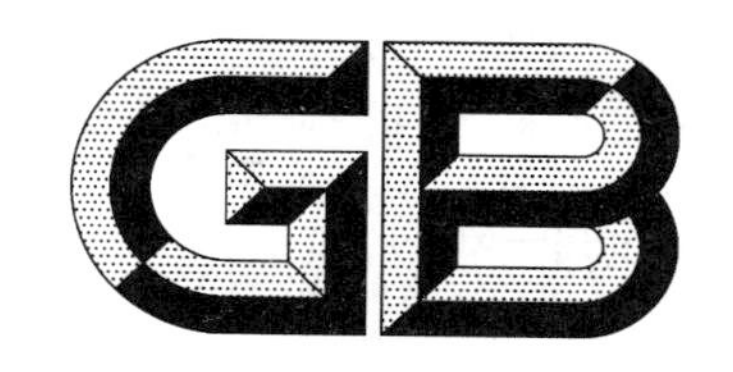

中华人民共和国国家标准

GB/T 27983—2011

饲料添加剂　富马酸亚铁

Feed additive—Ferrous fumarate

2011-12-30 发布　　　　2012-06-01 实施

中华人民共和国国家质量监督检验检疫总局
中国国家标准化管理委员会　发布

前　言

本标准按照 GB/T 1.1—2009 给出的规则起草。

本标准由全国饲料工业标准化技术委员会(SAC/TC 76)提出并归口。

本标准主要起草单位:南宁市泽威尔饲料有限责任公司、成都蜀星饲料有限公司、国家饲料质量监督检验中心(武汉)、广西饲料检测所。

本标准主要起草人:周建群、武纯青、杨海鹏、谢梅冬、欧阳利、王韶辉、杨林、唐建、罗玉芳。

饲料添加剂　富马酸亚铁

1　范围

本标准规定了饲料添加剂富马酸亚铁的要求、试验方法、检验规则及标签、包装、运输、贮存及保质期等。

本标准适用于富马酸和硫酸亚铁按1∶1摩尔比络合而成的富马酸亚铁产品。

富马酸亚铁分子式：$C_4H_2FeO_4$

化学名称：(E)-2-丁烯二酸亚铁盐

相对分子质量：169.93(按2007年国际相对原子质量计)

2　规范性引用文件

下列文件对于本文件的应用是必不可少的。凡是注日期的引用文件，仅注日期的版本适用于本文件。凡是不注日期的引用文件，其最新版本(包括所有的修改单)适用于本文件。

GB/T 601　化学试剂　标准滴定溶液的制备

GB/T 602　化学试剂　杂质测定用标准溶液的制备

GB/T 603　化学试剂　试验方法中所用制剂及制品的制备

GB/T 5917.1　饲料粉碎粒度测定　两层筛筛分法

GB/T 6435　饲料中水分和其他挥发性物质含量的测定

GB/T 6682　分析实验室用水规格和试验方法

GB 10648　饲料标签

GB/T 13079—2006　饲料中总砷的测定

GB/T 13080—2004　饲料中铅的测定　原子吸收光谱法

GB/T 13082—1991　饲料中镉的测定方法

GB/T 13088—2006　饲料中铬的测定

GB/T 14699.1　饲料　采样

GB/T 18823　饲料检测结果判定的允许误差

JJF 1070　定量包装商品净含量计量检验规则

定量包装商品计量监督管理办法　国家质量监督检验检疫总局令(2005年)第75号

3　要求

3.1　感官

富马酸亚铁产品为橙红色或红棕色粉末，微溶于水，有富马酸亚铁的特殊气味。

3.2　技术指标

富马酸亚铁产品技术指标应符合表1要求。

表 1

项　　目	指　　标
富马酸亚铁含量(以 $C_4H_2FeO_4$ 干基计)/%	≥93.0
亚铁含量(以 Fe^{2+} 干基计)/%	≥30.6
富马酸含量(以 $C_4H_4O_4$ 干基计)/%	≥64.0
三价铁含量(以 Fe^{3+} 计)/%	≤2.0
粉碎粒度(通过 0.25 mm 筛上物)/%	≤2.0
水分/%	≤1.5
总砷(以 As 计)/(mg/kg)	≤5
铅(Pb)/(mg/kg)	≤10
镉(Cd)/(mg/kg)	≤10
总铬(Cr)/(mg/kg)	≤200
硫酸盐(以 SO_4^{2-} 计)/%	≤0.4

4 试验方法

4.1 试剂和材料的要求

本标准所用试剂和水，在没有注明其他要求时，均指分析纯的试剂和 GB/T 6682 中规定的三级水；所述溶液若未指明溶剂，均系水溶液；所有滴定分析用标准溶液按 GB/T 601 配制和标定；所有杂质测定用标准溶液按 GB/T 602 配制；所有试验方法中所用制剂及制品按 GB/T 603 配制。

4.2 感官检验

采用目测及嗅觉检验。

4.3 鉴别

4.3.1 试剂及溶液

4.3.1.1 间苯二酚。

4.3.1.2 硫酸。

4.3.1.3 氢氧化钠溶液：100 g/L。

4.3.1.4 盐酸溶液：1+8。

4.3.1.5 盐酸溶液：1+100。

4.3.1.6 碳酸钠溶液：200 g/L。

4.3.1.7 高锰酸钾溶液：0.1 mol/L。

4.3.1.8 邻二氮菲乙醇溶液：1%。

4.3.2 富马酸中二羧酸的鉴别

取本品 50 mg，置瓷蒸发皿中，加间苯二酚(4.3.1.1)100 mg，混匀，加硫酸(4.3.1.2)3 滴～5 滴，缓缓加热直至成暗红色半固体状，放冷，加 25 mL 水溶解，过滤，取滤液 1 mL，加 10 mL 水，摇匀，溶液显橙红色，在紫外灯光下观察有绿色荧光；再加氢氧化钠溶液(4.3.1.3)数滴使成碱性，溶液即显红色并有荧光。

4.3.3 富马酸中烯键的鉴别

取本品约2 g，加100 mL盐酸溶液(4.3.1.4)，加热使溶解，冷却，过滤，收集滤液；沉淀以盐酸溶液(4.3.1.5)洗涤3次，每次5 mL，再用水洗至溶液无黄色，再将沉淀在105 ℃干燥后，称取0.1 g，加碳酸钠溶液(4.3.1.6)2 mL，溶解后，加高锰酸钾溶液(4.3.1.7)数滴，即显褐色。

4.3.4 富马酸亚铁中 Fe^{2+} 的鉴别

取鉴别4.3.3项下的滤液5 mL，加1%邻二氮菲乙醇溶液(4.3.1.8)数滴，即显深红色。

4.4 富马酸亚铁中富马酸含量测定

4.4.1 原理

根据富马酸亚铁中的富马酸含有不饱和键，富马酸在稀磷酸溶液中、紫外波长为206 nm处有最大吸光值，在同一条件下与标准样品进行对照试验，从而测出富马酸的含量。

4.4.2 溶液和设备

4.4.2.1 磷酸溶液：取5.5 mL磷酸，加水定容到1 000 mL。

4.4.2.2 硫酸溶液：1+5。

4.4.2.3 富马酸标准品：≥99.5%。

4.4.2.4 富马酸标准储备液：称0.252 5 g(精确至0.000 2 g)富马酸标准品于250 mL锥形瓶中，加入20 mL水、5 mL硫酸溶液(4.4.2.2)，溶解，再加入100 mL磷酸溶液(4.4.2.1)，并微加热溶解，摇匀，放置冷却后，移入500 mL容量瓶中，用磷酸溶液(4.4.2.1)定容并充分摇匀，富马酸浓度为500 μg/L。

4.4.2.5 富马酸标准工作液：准确移取富马酸标准储备液(4.4.2.4)10 mL于250 mL容量瓶中，用磷酸溶液(4.4.2.1)定容并摇匀。富马酸浓度为20 μg/mL。

4.4.2.6 紫外分光光度仪。

4.4.3 分析步骤

4.4.3.1 标准曲线的绘制

分别移取0.0 mL、20.0 mL、30.0 mL、40.0 mL、50.0 mL、60.0 mL富马酸标准工作液(4.4.2.5)于100 mL的容量瓶中，用磷酸溶液(4.4.2.1)定容并摇匀，配制系列富马酸标准溶液，即浓度为0.0 μg/mL、4.0 μg/mL、6.0 μg/mL、8.0 μg/mL、10.0 μg/mL、12.0 μg/mL。在波长为206 nm处分别测定它们的吸光值，以浓度为横坐标，吸光度为纵坐标，绘制标准曲线。

4.4.3.2 样品的测定

称0.25 g～0.3 g(精确至0.000 2 g)试样于250 mL锥形瓶中，加入20 mL水、5 mL硫酸溶液(4.4.2.2)，溶解，再加入100 mL磷酸溶液(4.4.2.1)，并微加热溶解，摇匀，放置冷却后，用磷酸溶液(4.4.2.1)定容至500 mL容量瓶中，移取2.0 mL样品溶液于100 mL的容量瓶中，用磷酸溶液(4.4.2.1)定容并摇匀，并在波长为206 nm处测定其吸光值，与标准曲线对照即可算出样品中富马酸的含量。

4.4.4 结果计算

试样中富马酸含量 X_1 以质量分数(%)表示，按式(1)计算：

$$X_1 = \frac{c_1 \times 10^{-6}}{m_1 \times 2/500 \times 1/100 \times (1 - X_5)} \times 100 \quad \cdots\cdots (1)$$

式中：

c_1 ——根据标准曲线得出的试样溶液中富马酸的浓度，单位为微克每毫升（μg/mL）；

m_1 ——称取试样的质量，单位为克（g）；

2/500、1/100——试样溶液的稀释倍数；

X_5 ——试样水分含量，%。

取两次平行测定结果的算术平均值为测定结果。

4.4.5 允许差

试样中富马酸含量两次平行测定结果之差值应不大于1.0%。

4.5 富马酸亚铁中亚铁含量的测定及富马酸亚铁含量计算的确定

4.5.1 原理

富马酸亚铁用硫酸溶液溶解，以邻二氮菲为指示剂与二价铁作用生成红色络合物，用硫酸铈标准溶液滴定，计算出亚铁含量以及富马酸亚铁含量。

4.5.2 试剂和溶液

4.5.2.1 硫酸溶液：1+5。

4.5.2.2 邻二氮菲指示液：2%乙醇溶液。

4.5.2.3 硫酸铈标准滴定溶液，$c[Ce(SO_4)_2 \cdot 4H_2O]=0.1$ mol/L。

4.5.3 分析步骤

称取试样约0.3 g（精确至0.000 2 g），置于250 mL锥形瓶中，加15 mL硫酸溶液（4.5.2.1），加热溶解后放冷，加50 mL新沸过的冷水，加邻二氮菲指示液（4.5.2.2）1 mL，立即用硫酸铈标准滴定溶液（4.5.2.3）滴定，至橙红色消失，呈现浅黄色即为终点，同时进行空白试验。

4.5.4 结果计算

试样中亚铁含量 X_2 以质量分数（%）表示，按式（2）计算：

$$X_2 = \frac{(V_1 - V_2) \times c_2 \times 0.055\,85}{m_2(1 - X_5)} \times 100 \quad \cdots\cdots (2)$$

试样中富马酸亚铁含量 X_3 以质量分数（%）表示，按式（3）计算：

$$X_3 = \frac{(V_1 - V_2) \times c_2 \times 0.169\,9}{m_2(1 - X_5)} \times 100 \quad \cdots\cdots (3)$$

式中：

V_1 ——滴定试验溶液所消耗硫酸铈标准溶液的体积，单位为毫升（mL）；

V_2 ——滴定空白溶液消耗硫酸铈标准溶液的体积，单位为毫升（mL）；

c_2 ——硫酸铈标准溶液的实际浓度，单位为摩尔每升（mol/L）；

0.055 85 ——与1.00 mL硫酸铈标准溶液 $c[Ce(SO_4)_2 \cdot 4H_2O]=1.000$ mol/L相当的以克表示的亚铁的质量；

m_2 ——试样的质量，单位为克（g）；

X_5 ——试样水分含量，%；

0.169 9 ——与1.00 mL硫酸铈标准溶液 $c[Ce(SO_4)_2 \cdot 4H_2O]=1.000$ mol/L相当的以克表示的富马酸亚铁的质量。

保留三位有效数字，取两次平行测定结果的算术平均值为测定结果。

4.5.5 允许差

试样中亚铁含量两次平行测定结果之差值，应不大于0.3%。

试样中富马酸亚铁含量两次平行测定结果之差值，应不大于1.0%。

4.6 三价铁含量的测定

4.6.1 原理

在酸性条件下，三价铁与碘化钾作用，析出的碘用硫代硫酸钠标准溶液滴定。

4.6.2 试剂和溶液

4.6.2.1 盐酸溶液：1+1。

4.6.2.2 碘化钾。

4.6.2.3 淀粉指示液，5 g/L。

4.6.2.4 硫代硫酸钠标准滴定溶液：$c(Na_2S_2O_3)=0.01$ mol/L。

4.6.3 分析步骤

称取试样约2 g(精确至0.000 2 g)，置于250 mL碘量瓶中，加25 mL水，10 mL盐酸溶液(4.6.2.1)，加热使溶解，迅速冷却至室温，加3 g碘化钾(4.6.2.2)，密塞，摇匀，在暗处放置5 min，加75 mL水，立即用硫代硫酸钠标准滴定溶液(4.6.2.4)滴定，至溶液呈淡黄色时，加2 mL淀粉指示液(4.6.2.3)，继续滴定至蓝色消失即为终点，并将滴定的结果用空白试验校正。

4.6.4 结果计算

三价铁含量 X_4 以质量分数(%)表示，按式(4)计算：

$$X_4=\frac{(V_3-V_4)\times c_3\times 0.055\ 85}{m_3}\times 100 \qquad (4)$$

式中：

V_3 ——滴定试样时消耗的硫代硫酸钠标准溶液体积，单位为毫升(mL)；

V_4 ——空白试验时耗用硫代硫酸钠标准滴定溶液体积，单位为毫升(mL)；

c_3 ——硫代硫酸钠标准滴定溶液实际浓度，单位为摩尔每升(mol/L)；

0.055 85 ——与1.00 mL硫代硫酸钠标准滴定溶液[$c(Na_2S_2O_3)=1.000$ mol/L]相当的以克表示的三价铁的质量；

m_3 ——称取试样的质量，单位为克(g)。

保留三位有效数字，取两次平行测定结果的算术平均值为测定结果。

4.6.5 允许差

两次平行测定结果之差值，应不大于0.1%。

4.7 水分的测定

按GB/T 6435的规定进行，水分含量以 X_5 质量分数(%)表示。

4.8 粉碎粒度的测定

按GB/T 5917.1的规定进行。

4.9 总砷含量的测定

前处理按 GB/T 13079—2006 中 5.4.1.2 的规定进行，测定按 GB/T 13079—2006 第 5 章的规定进行。

4.10 铅含量的测定

前处理按 GB/T 13080—2004 中 7.1.2.1 的规定进行，测定按 GB/T 13080—2004 中 7.2、7.3 的规定进行。

4.11 镉含量的测定

按 GB/T 13082—1991 的 6.1 中湿法消化的规定进行，测定按 GB/T 13082—1991 中 6.2、6.3 的规定进行。

4.12 硫酸盐的测定

4.12.1 原理

在酸性条件下，用氯化钡将硫酸根离子沉淀为硫酸钡，沉淀经过滤、洗涤和灼烧后，以硫酸钡形式称重，计算得到以硫酸根计的硫酸盐含量。

4.12.2 试剂和溶液

4.12.2.1 盐酸。

4.12.2.2 氯化钡溶液：称取 10 g 氯化钡溶于 100 mL 水中。

4.12.2.3 硝酸银溶液：称取 1.75 g 硝酸银溶于 100 mL 水中，于棕色试剂瓶中保存。

4.12.3 分析步骤

称取约 1 g 试样(准确至 0.01 g)于 250 mL 烧杯中，加入 100 mL 水，在沸水浴中加热，滴加 2 mL 盐酸，继续加热至完全溶解后，过滤。滤液加热至沸，取下缓慢滴加 10 mL 氯化钡(4.12.2.2)溶液，在沸水浴中保温 2 h，取出加盖，放置过夜。如果有富马酸亚铁结晶生成，在沸水浴上温热使之溶解，然后用定量滤纸过滤，残渣用热水洗涤至用硝酸银溶液(4.12.2.3)检验滤液无白色沉淀生成。将残渣及滤纸转移到已恒重的坩埚中，在调温电炉上小火炭化，将坩埚和内容物在 800 ℃下灼烧至恒重(两次称量的质量之差小于 0.001 g)。

4.12.4 结果计算

硫酸根含量 X_6 以质量分数(%)表示，按式(5)计算：

$$X_6=\frac{m_4\times 0.412}{m_5}\times 100 \qquad \cdots\cdots(5)$$

式中：

m_4 ——沉淀的质量，单位为克(g)；

0.412——硫酸钡与硫酸根的转换系数；

m_5 ——称取试样的质量，单位为克(g)。

保留两位有效数字，取两次平行测定结果的算术平均值为测定结果。

4.12.5 允许差

两次平行测定结果之相对偏差，应不大于 15%。

4.13 铬含量的测定

按 GB/T 13088—2006 的规定进行。

4.14 净含量的检验

按 JJF 1070 的规定进行。

5 检验规则

5.1 组批

以同班、同原料、同配方连续生产的产品为一批。

5.2 采样

按 GB/T 14699.1 的规定进行采样，试样应不少于 500 g。经混合缩分后装于两个干燥清洁避光容器中，并贴上标签，注明生产厂名称、产品名称、批量、取样日期，一份检验，一份留样备查。

5.3 出厂检验

每批产品应进行出厂检验，出厂检验项目包括感官、水分、亚铁、富马酸亚铁、三价铁含量。

5.4 判定方法

以本标准的有关试验方法和要求为依据，对抽取样品按出厂检验项目进行检验。检验结果如有一项指标不符合本标准要求时，应重新自两倍的包装单元中取样进行复检，复检结果如仍有任何一项不符合标准要求，则判定该批产品为不合格产品，不能出厂。

5.5 型式检验

5.5.1 型式检验时间

型式检验每半年检验一次，有下列情况之一时，亦须进行型式检验：

——更换主要设备或主要工艺；

——长期停产再恢复生产时；

——出厂检验结果与上次型式检验有较大差异时；

——国家质量监督机构进行抽查时。

5.5.2 型式检验项目

型式检验项目为第 3 章的全部要求。

5.5.3 判定规则

以本标准的有关试验方法和要求为依据，对抽取样品按型式检验项目进行检验。检验结果如有一项指标不符合本标准要求时，应重新自两倍的包装单元中取样进行复检，复检结果如仍有任何一项不符合本标准要求，则判型式检验不合格。项目合格判定按 GB/T 18823 的规定进行。

6 标签、包装、运输、贮存和保质期

6.1 标签

标签应符合 GB 10648 的要求。包装袋上应有牢固清晰的标志，内容包括：产品名称、生产厂名称、厂址、富马酸亚铁及亚铁含量、净含量、批号、本标准编号。

6.2 包装

采用 3 层复合编织袋，内加纸袋、塑料袋或纸桶内加 2 层塑料袋包装。净含量应符合《定量包装商品计量监督管理办法》。

6.3 运输

产品在运输过程中应防潮、防高温、防止包装破损，严禁与有毒有害物质混运。

6.4 贮存

产品应贮存在通风、干燥、无污染、无有害物质的地方。

6.5 保质期

产品在规定的贮存条件下，从生产之日起保质期为 18 个月。

ICS 65.120
B 46

中华人民共和国国家标准

GB/T 27984—2011

饲料添加剂　丁酸钠

Feed additive—Sodium butyrate

2011-12-30 发布　　　　2012-06-01 实施

中华人民共和国国家质量监督检验检疫总局
中国国家标准化管理委员会　发布

前　言

本标准按照 GB/T 1.1—2009 给出的规则起草。

本标准由全国饲料工业标准化技术委员会(SAC/TC 76)提出并归口。

本标准起草单位:新奥(厦门)农牧发展有限公司。

本标准主要起草人:章亮、蔡振鸿、黄佳佳、邱金妹、赵冉、赖州文。

饲料添加剂　丁酸钠

1　范围

本标准规定了饲料添加剂丁酸钠的要求、试验方法、检验规则、标签、包装、运输、贮存和保质期。

本标准适用于以丁酸和氢氧化钠(或碳酸钠)为原料,经中和、精制、干燥制得的饲料添加剂丁酸钠。

化学名称:丁酸钠

分子式:$C_4H_7NaO_2$

结构式:

O
NaO　CH₃

相对分子质量:110.09(按2007年国际相对原子质量)

2　规范性引用文件

下列文件对于本文件的应用是必不可少的。凡是注日期的引用文件,仅注日期的版本适用于本文件。凡是不注日期的引用文件,其最新版本(包括所有的修改单)适用于本文件。

GB/T 601　化学试剂　标准滴定溶液的制备

GB/T 603　化学试剂　试验方法中所用制剂及制品的制备

GB/T 5917.1—2008　饲料粉碎粒度测定　两层筛筛分法

GB/T 6682　分析实验室用水规格和试验方法

GB 10648　饲料标签

GB/T 14699.1　饲料　采样

中华人民共和国药典　2010年版二部

3　要求

3.1　外观和性状

白色粉末,易吸潮,易溶于水,具有特殊的奶酪酸败样气味。

3.2　技术指标

技术指标应符合表1要求。

表1 技术指标

项目		指标
丁酸钠含量(以干基计)/%		98.0～101.0
溶液澄清度		≤3号浊度标准液
pH值(1.0 g/50 mL水溶液)		9.0±1.0
干燥失重/%		≤2.0
粒度	通过孔径为900 μm的试验筛/%	100
	通过孔径为250 μm的试验筛/%	≥85
重金属(以Pb计)/%		≤0.001
砷/%		≤0.000 2

4 试验方法

本分析中所使用的试剂除特别注明外，均为分析纯，水应符合GB/T 6682中规定的三级水。色谱分析中所用水应符合GB/T 6682中规定的一级水。

试验方法中所用标准滴定溶液、制剂及制品，在没有注明其他要求时，均按GB/T 601、GB/T 603规定制备。

4.1 鉴别试验

4.1.1 试剂和溶液

4.1.1.1 氢氧化钾溶液：15%。

4.1.1.2 碳酸钾溶液：15%。

4.1.1.3 焦锑酸钾溶液：取焦锑酸钾2 g，在85 mL热水中溶解，迅速冷却，加入氢氧化钾溶液(4.1.1.1)10 mL；放置24 h，过滤。加水稀释至100 mL，摇匀。

4.1.1.4 乙酸乙酯。

4.1.1.5 磷酸溶液：取10 mL磷酸(质量分数85%)，加水至100 mL。

4.1.1.6 丁酸标准溶液：准确称取丁酸标准品(色谱纯)约1 g(精确到0.000 1 g)，置于100 mL容量瓶中，用乙酸乙酯(4.1.1.4)稀释至刻度，此溶液每毫升约含10 mg丁酸。

4.1.2 仪器

4.1.2.1 气相色谱仪：配有FID检测器。

4.1.2.2 分析天平：感量为0.000 1 g。

4.1.3 鉴别步骤

4.1.3.1 丁酸的鉴别：气相色谱法

4.1.3.1.1 试样提取

称取经105 ℃干燥4 h的丁酸钠试样约1.15 g(精确到0.000 1 g)，置于100 mL容量瓶中，加入10 mL磷酸溶液(4.1.1.5)，摇匀。加入乙酸乙酯(4.1.1.4)至刻度，振荡提取1 min。取乙酸乙酯相为测定用样品。

4.1.3.1.2 色谱条件

4.1.3.1.2.1 色谱柱

毛细管柱,聚乙二醇 Carbowax 20M,长 25 m,内径 0.25 mm,液膜厚 0.25 μm。

4.1.3.1.2.2 气体流速

氮气:1.0 mL/min~2.0 mL/min,补充气 40 mL/min;
氢气:40 mL/min;
空气:400 mL/min。

4.1.3.1.2.3 温度

气化室:170 ℃;
检测器:200 ℃;
柱温:130 ℃。

4.1.3.1.2.4 进样量

1 μL。

4.1.3.1.3 测定

待仪器稳定后,分别取丁酸标准溶液 1 μL 及样液 1 μL,按色谱条件(4.1.3.1.2)进样分析,记录色谱图。试样中丁酸的色谱峰保留时间与标准丁酸色谱峰的保留时间应一致,同时由其峰面积计算的浓度应在理论计算值的±10%之内。

4.1.3.2 钠的鉴别

4.1.3.2.1 取铂丝,用盐酸浸润后,蘸取样品,在无色火焰中燃烧,火焰即显鲜黄色。
4.1.3.2.2 取试样约 200 mg,置 10 mL 试管中,加水 2 mL 溶解,加碳酸钾溶液(4.1.1.2)2 mL,加热至沸,应不得有沉淀生成;加焦锑酸钾溶液(4.1.1.3)4 mL,加热至沸;置冰水中冷却,必要时,用玻棒摩擦试管内壁,应有致密的沉淀生成。

4.2 丁酸钠含量的测定

4.2.1 方法提要

采用非水溶液滴定法,以冰乙酸为溶剂,以结晶紫为指示剂,用高氯酸标准滴定溶液滴定,根据消耗高氯酸标准滴定溶液的体积计算丁酸钠含量。

4.2.2 试剂和溶液

4.2.2.1 冰乙酸。
4.2.2.2 乙酸酐。
4.2.2.3 结晶紫指示液:5 g/L 冰乙酸溶液。
4.2.2.4 高氯酸标准滴定溶液:$c(HClO_4)=0.1$ mol/L。

4.2.3 测定方法

称取试样 200 mg,精确至 0.2 mg,置于干燥的锥形瓶中,加 50 mL 冰乙酸(4.2.2.1)和 2 mL 乙酸酐(4.2.2.2),使全部溶解。滴加1滴结晶紫指示液(4.2.2.3),用高氯酸标准滴定溶液(4.2.2.4)滴定至溶液呈绿色为终点,并将滴定的结果用空白试验校正。

4.2.4 结果的计算

丁酸钠含量 w_1[以干基计,以质量分数(%)表示],按式(1)计算:

$$w_1 = \frac{[(V_1 - V_2)/1\,000]c \times M}{m_1 \times (1 - w_2)} \times 100\% \qquad \cdots\cdots(1)$$

式中:

V_1——试样消耗高氯酸标准滴定溶液体积,单位为毫升(mL);

V_2——空白试验消耗高氯酸标准滴定溶液体积,单位为毫升(mL);

c——高氯酸标准滴定溶液浓度的准确数值,单位为摩尔每升(mol/L);

M——丁酸钠的摩尔质量(M=110.09),单位为克每摩尔(g/mol);

m_1——试样质量的数值,单位为克(g);

w_2——试样干燥失重的质量分数,%。

计算结果表示到小数点后一位。

取两次平行测定结果的算术平均值为测定结果,两次平行测定结果的绝对差值不大于0.2%。

4.3 溶液澄清度

称取试样1 g(精确至0.01 g),加入10 mL水中,使溶解,溶液应澄清;如显浑浊,与3号浊度标准液(《中华人民共和国药典》2010年版二部附录Ⅸ B)比较,不得更浓。

4.4 pH值

4.4.1 仪器

酸度计:测量范围pH 0~14,精度为0.02 pH单位。

4.4.2 测定方法

称取1.00 g试样(精确至0.01 g),置于50 mL容量瓶中,加水溶解,稀释至刻度。按《中华人民共和国药典》2010年版二部附录Ⅵ H"pH值测定法"测定。结果表示到小数点后1位。取两次平行测定结果的算术平均值为测定结果,两次平行测定结果的绝对差值不大于0.1。

4.5 干燥失重

4.5.1 测定方法

称取试样约1 g(精确至0.2 mg),置于预先在105 ℃干燥箱中干燥至质量恒定的称量瓶中,使试样厚度均匀。打开称量瓶瓶盖,置于105 ℃干燥箱中干燥4 h,取出,盖好称样皿盖,置于干燥器中冷却30 min,称量。

4.5.2 结果的计算

干燥失重 w_2[以质量分数(%)表示],按式(2)计算:

$$w_2 = \frac{m_2 - m_3}{m_4} \times 100\% \qquad \cdots\cdots(2)$$

式中:

m_2——干燥前试样和称量瓶总质量,单位为克(g);

m_3——干燥后试样和称量瓶总质量，单位为克(g)；

m_4——试样质量，单位为克(g)。

计算结果表示到小数点后一位。

取两次平行测定结果的算术平均值为测定结果，两次平行测定结果的绝对差值不大于0.2%。

4.6 粒度

按GB/T 5917.1—2008执行。

4.7 重金属(以Pb计)

按《中华人民共和国药典》2010年版二部附录Ⅷ H“重金属检查法”第一法测定。

4.8 砷

按《中华人民共和国药典》2010年版二部附录Ⅷ J“砷盐检查法”第一法(古蔡氏法)测定。

5 检验规则

5.1 批次组成

以同一配料、同一班次生产的产品为一批次。

5.2 采样

按GB/T 14699.1执行。

5.3 出厂检验

每一批产品出厂应进行出厂检验，经检验合格并出具检验合格证明方能出厂。出厂检验项目为外观和性状、丁酸钠含量(以干基计)、pH值(1.0 g/50 mL水溶液)、干燥失重、重金属(以Pb计)。

5.4 型式检验

5.4.1 型式检验至少每年一次，型式检验项目为第3章的全部项目。有下列情况之一时，也应进行型式检验：

a) 新产品投产时；

b) 原材料、配方、工艺、设备有较大改变，可能影响产品性能时；

c) 停产半年以上或主设备大修后恢复生产时；

d) 出厂检验结果与上次型式检验结果有较大差异时；

e) 质量监督部门提出进行型式检验的要求时。

5.4.2 判定规则

如检验结果有一项指标不符合本标准要求时，应重新自两倍量的包装单元中抽样进行复检，复检结果如仍有任何一项不符合本标准要求，则判定该批产品为不合格品。

6 标签、包装、运输、贮存和保质期

6.1 标签

应符合GB 10648的规定。

6.2 包装

产品内包装采用聚乙烯薄膜袋,外包装采用瓦楞纸箱、塑编复合袋或纸桶包装。

6.3 运输

运输工具应清洁干燥,运输途中应防止日晒、雨淋。严禁与有毒有害物品混装混运。

6.4 贮存

产品应贮存在阴凉、通风、干燥,并有防水、防霉、防鼠、防虫害等措施的库房内,不得与有毒有害物品混贮。

6.5 保质期

包装完好的产品在符合上述规定的贮运条件下,保质期自生产之日起为24个月。

中华人民共和国林业行业标准

LY/T 1175—95

粉状松针膏饲料添加剂

1 主题内容与适用范围

本标准规定了粉状松针膏饲料添加剂的技术要求、试验方法、检验规则及包装、标志、运输和贮存。

本标准适用于松针叶绿素-胡萝卜素软膏被松针粉吸附制成的粉状松针膏饲料添加剂。粉状松针膏添加剂主要用于畜禽的配(混)合饲料和颗粒饲料中作添加剂。

2 技术要求

2.1 供制备粉状松针膏的吸收剂应选用符合等级的松针粉(ZB B72 005)为原料。

2.2 供制备粉状松针膏添加剂的活性物质应选用符合等级的松针叶绿素-胡萝卜素软膏(LY/T 1177)为原料。

2.3 根据粉状松针膏饲料添加剂质量指标分为特级品、一级品和二级品。

2.4 粉状松针膏饲料添加剂外观为浅黄绿色,呈粉末状,外表具有油光泽,并具有松针气味。

2.5 粉状松针膏饲料添加剂物理化学指标应符合下表要求:

项目		指标		
		特级品	一级品	二级品
水分,%	≤	10	12	13
β-胡萝卜素含量,mg/kg	≥	130	110	90
维生素 E 含量,mg/kg	≥	1 000	800	600
粉末粒度(在孔径 1 mm 筛上残留物料),%	≤	1	2	2

3 试验方法

按照 LY/T 1176《粉状松针膏饲料添加剂试验方法》规定执行。

4 检验规则

4.1 产品合格证

产品出厂必须附有生产单位的产品合格证,合格证上应标明品名、等级、批号、生产日期,以及生产单位检验部门负责人的签章和证明产品合格的专用公章。收货单位凭产品合格证验收。

4.2 取样方法及数量

粉状松针膏添加剂的取样,每批添加剂总数在 10 袋以下,则每袋均抽取。每批添加剂总数超过 10 袋时,超出的包数取样,应按取样袋数 $S=\sqrt{\frac{总袋数}{2}}$ 公式计算。取样包点分布均匀,每包取样数量一致,取得试样混合均匀,以四分法缩分至 0.5 kg 试样,分装在两个清洁、干燥的密封棕色瓶内。瓶上粘贴标签,注明生产厂名称、产品名称、批号、取样日期及取样人姓名。另外在检验记录簿上应记载取样地点、取

中华人民共和国林业部 1995-06-22 批准　　1995-12-01 实施

样时天气、气温及仓贮情况等。一瓶样品供化验室分析，另一瓶样品密封保存在阴凉干燥处，以备复检。

4.3 使用单位有权按本标准技术要求和检验方法，对所收到的粉状松针膏饲料添加剂产品质量进行检验。

4.4 检验结果中有一项指标不符合本标准规定的质量指标，应重新取样品进行核检，复检结果仍不合格，则本批产品判为不合格品。

4.5 供需双方对粉状松针膏添加剂的检验结果发生争议时，可由双方共同取样委托国家法定的产品质量监督检验机构进行仲裁分析。一切费用由责任一方承担。

5 包装、标志、运输和贮存

5.1 粉状松针膏饲料添加剂采用双层袋包装，内衬无毒的聚乙烯塑料薄膜袋，外用化纤编织袋，每袋净重 25 kg，袋口缝合要牢固。

5.2 在包装袋上印刷下列内容标志：

产品名称、批号、生产日期、等级、净重、厂名和商标，防雨、防潮、防污染等标志。

印色必须无毒。

5.3 粉状松针膏饲料添加剂在运输中应小心装卸，并要保持清洁干燥，不允许采用潮湿、污染、肮脏的运输工具，运输途中应防止日晒、雨淋、水淹及虫、鼠害。

5.4 粉状松针膏饲料添加剂应贮存在干燥、清洁、避光、通风，没有虫害和药类污染的库房，在室温下贮存期不得超过一年。

附加说明：

本标准由中华人民共和国林业部提出。

本标准由中国林业科学研究院林产化学工业研究所负责起草，由广东坪石松针生化厂、连云港市林化厂协作起草。

本标准主要起草人周维纯、王金秋、赵秀藏、宋强。

前　　言

针叶维生素粉是将从松林抚育或采伐中得到的新鲜嫩枝叶，经切碎、干燥和粉碎等工序制成的产品。本产品可直接作禽、畜饲料添加剂，也可作针叶叶绿素-胡萝卜素软膏等产品的原料。

本标准以 ZB B72 005—87《松针粉》内容为基础，主要修订了产品名称，增加了粉末粒度指标项目，对水分、β-胡萝卜素、粗纤维含量的等级指标进行了调整，并参考有关标准资料，对粗纤维含量和粗蛋白质含量的测定方法进行了修改，提高了检验方法的准确性和易操作性。

本标准自生效之日起，代替 ZB B72 005—87。

本标准由中国林业科学研究院林产化学工业研究所归口。

本标准由中国林业科学研究院林产化学工业研究所负责起草。

本标准主要起草人：周维纯、王金秋、宋强、郑光耀。

中华人民共和国林业行业标准

LY/T 1282—1998

代替 ZB B72 005—87

针叶维生素粉

Conifer vitamin meal

1 范围

本标准规定了针叶维生素粉的技术要求、检验方法、检验规则、包装、标志、运输、贮存。

本标准适用于人工干燥的针叶(含没有木质化且切面直径不超过 6 mm 的嫩枝)制备的针叶维生素粉。

2 引用标准

下列标准所包含的条文,通过在本标准中引用而构成为本标准的条文。本标准出版时,所示版本均为有效。所有标准都会被修订,使用本标准的各方应探讨使用下列标准最新版本的可能性。

GB 5917—86 配合饲料粉碎粒度测定法

GB 6432—94 饲料中粗蛋白测定方法

GB 6434—94 饲料中粗纤维测定方法

GB 6435—86 饲料水分的测定方法

LY/T 1176—95 粉状松针膏饲料添加剂的试验方法

3 技术要求

3.1 供制备针叶维生素粉的嫩枝叶应该是新鲜的,主要用马尾松(*Pinus massoniana* Lamb.),黄山松(*Pinus taiwanensis* Hayata),赤松(*Pinus densiflora* Sieb. et Zucc.),樟子松(*Pinus sylvestris* L. var. *mongolica* Litvin.),油松(*Pinus tabulaeformis* Carr.),湿地松(*Pinus elliottii* Engelm.),落叶松(*Larix gmelinii* (Rupr.)Rupr.),云杉(*Picea asperata* Mast.),冷杉(*Abies fabri*(Mast.)Craib),红松(*Pinus koraiensis* Sieb. et Zucc.),偃松(*Pinus pumila* Regel),华山松(*Pinus armandii* Franch.),黑松(*Pinus thunbergii* Parl.)等嫩枝叶,单独或混合制备针叶维生素粉。不允许用落叶或已发黄的针叶,不能混有其他杂质,如阔叶和球果等。

3.2 针叶维生素粉外观为草绿色或黄绿色,呈粉末状,保持针叶固有的特殊气味。

3.3 根据针叶维生素粉的质量指标分为特级品、一级品和二级品。

3.4 针叶维生素粉质量指标应符合表 1 要求。

表 1

项目		指标		
		特级品	一级品	二级品
水分,%	≤	10	11	12
β-胡萝卜素含量,mg/kg	≥	90	75	60
粗纤维含量,%	≤	25	30	32
粗蛋白含量,%	≥	7	6	5
粉末粒度(在孔径 1 mm 筛上残留物料),%	≤	4	5	5

国家林业局 1998-09-22 批准　　　　1998-12-01 实施

3.5 用于生产针叶叶绿素-胡萝卜素软膏及粉状松针膏饲料添加剂的针叶维生素粉质量应不低于一级品。

4 检验方法

4.1 抽样方法和样品制备

4.1.1 抽样方法

样品取样，每批总数在10袋以下，则每袋均抽取。每批总数超过10袋时，取样袋数按式(1)计算：

$$取样袋数\ S = 10 + \sqrt{\frac{总袋数}{2}} \quad \cdots\cdots (1)$$

取样袋点分布均匀，每袋取样数量一致，取得的试样混合均匀，以四分法缩至1 kg左右，分装在两个清洁、干燥的密封棕色瓶内。瓶上粘贴标签，注明生产厂名称、产品名称、批号、取样日期及取样人姓名。另外在检验记录簿上应记载取样地点、取样时天气、气温及仓贮情况等。一瓶样品供化验室分析，另一瓶样品密封保存在阴凉干燥处，以备复检。

4.1.2 样品制备

将样品(不低于0.5 kg)分成两份。一份样品用于测定粉末粒度；另一份样品用粉碎机粉碎至40目，装于棕色密封广口瓶中，作其他几个指标测定用。

4.2 水分测定

4.2.1 原理

试样在105℃±2℃烘箱内，在大气压下烘干，直至恒量，逸失的质量为水分。

4.2.2 仪器和设备

4.2.2.1 分析天平：感量0.000 1 g。

4.2.2.2 电热式恒温烘箱：可控制温度为105℃±2℃。

4.2.2.3 称样皿：玻璃，直径40 mm以上，高25 mm以下。

4.2.2.4 干燥器(以变色硅胶作干燥剂)。

4.2.3 步骤

洁净称样皿，在105℃±2℃烘箱中烘1 h，取出，在干燥器中冷却30 min，称准至0.000 2 g，再烘干30 min，同样冷却，称量，直至两次称量之差小于0.000 5 g为恒量。

用已恒量的称样皿称取两份粉碎至40目的针叶维生素粉试样，每份2 g左右，准确至0.000 2 g，不盖称样皿盖，在105℃±2℃烘箱中烘干3 h(温度达到105℃开始计时)，取出，盖好称样皿盖，在干燥器中冷却30 min，称量。

再同样烘干1 h，冷却，称量，直至两次称量之差小于0.002 g。

4.2.4 结果

4.2.4.1 含水量按式(2)计算：

$$X_1 = \frac{m_1 - m_2}{m_1 - m_0} \times 100 \quad \cdots\cdots (2)$$

式中：X_1——样品中水分，%；

m_1——105℃烘干前试样及称样皿的质量，g；

m_2——105℃烘干后试样及称样皿的质量，g；

m_0——已恒量的称样皿的质量，g。

4.2.4.2 每个试样取两个平行样进行分析测定，以其算术平均值为结果，报告至小数点后第一位。两个平行样测定值相差不得超过0.2%，否则重做。

4.3 β-胡萝卜素含量测定

4.3.1 原理

用丙酮-正己烷混合液提取针叶维生素粉，提取液经氧化镁-硅藻土层析柱，分离制得的胡萝卜素溶液，用分光光度计在 436 nm 处测其光密度。

4.3.2 仪器和设备

4.3.2.1 实验室用玻璃研钵。

4.3.2.2 分光光度计：任何型号。

4.3.2.3 层析柱：CC-17-01。

4.3.2.4 分析天平：感量 0.000 2 g。

4.3.2.5 坩埚：瓷质，100 mL。

4.3.2.6 高温炉：电加热，配套有电阻炉温度控制器，可控制温度 600℃±20℃。

4.3.2.7 干燥器(以变色硅胶作干燥剂)。

4.3.2.8 玻璃漏斗：6 cm 直径。

4.3.2.9 分液漏斗：250 mL。

4.3.2.10 容量瓶：棕色，100 mL。

4.3.2.11 玻璃水泵或真空泵。

4.3.3 试剂和溶液

4.3.3.1 丙酮(GB 686)：分析纯。

4.3.3.2 正己烷：分析纯。

4.3.3.3 碳酸镁：化学纯。

4.3.3.4 丙酮-正己烷溶液：丙酮 10 mL 及正己烷 90 mL 混合均匀。

4.3.3.5 氧化镁(HGB 3114)：化学纯。

4.3.3.6 硅藻土：化学纯。

4.3.3.7 无水硫酸钠(GB 9853)：分析纯。

4.3.3.8 吸附剂：称取活化的氧化镁与硅藻土(质量比 1∶1)混合均匀，装入瓷质坩埚，放入高温炉内，在 600℃下煅烧 4 h，待温度降低到 100℃～200℃时，放入干燥器中冷却，密封备用。

4.3.4 测定步骤

4.3.4.1 称取 2 g 左右针叶维生素粉样品于研钵中，准确至 0.000 2 g，加入碳酸镁 0.1 g，丙酮 40 mL 和正己烷 60 mL 的混合液 30 mL，一起研磨 5 min，静置使残留物沉降，将上层液体过滤到分液漏斗中，残留物再用剩余的丙酮-正己烷混合物分 3 次研磨萃取，过滤完毕后，残渣用丙酮 25 mL 洗涤两次，再用正己烷 25 mL 洗涤一次，合并洗涤液于 250 mL 分液漏斗中。用蒸馏水 100 mL，分五次洗去提取液中的丙酮。将上层液置于盛有丙酮 9 mL 的 100 mL 容量瓶中，用正己烷定容至 100 mL。然后用活化的氧化镁和硅藻土混合物(1∶1)装入层析柱，将管连接于吸瓶上，用玻璃水泵或真空泵抽空，并用一平头的装置轻轻压实吸附剂，使表面平整，吸附剂在柱体中高度为 10 cm 左右。在吸附剂之上，置一层无水硫酸钠，高度 1 cm。

4.3.4.2 连续地抽吸过滤瓶，倾注提出液于柱体上，用丙酮-正己烷(1∶9)的混合液 50 mL～100 mL，将显色的胡萝卜素洗涤下。在整个操作中柱体顶部要覆盖着一层溶剂。

4.3.4.3 收集全部洗出液，量其容积。

4.3.4.4 用分光光度计在 436 nm 处，测定 β-胡萝卜素溶液的光密度。

4.3.5 结果

4.3.5.1 β-胡萝卜素含量按式(3)计算：

$$X_2 = \frac{A \times 1\,000}{196 \times L \times W} \qquad (3)$$

式中：X_2——样品中 β-胡萝卜素含量，mg/kg；

A——光密度；

L——比色皿厚度,cm;

W——针叶维生素粉试样质量与提取液容积之比,g/mL;

196——计算系数。

4.3.5.2 重复性:每个试样取两个平行样进行测定,以其算术平均值为结果,允许相对偏差为3%。

4.4 粗纤维含量测定

4.4.1 原理

用乙醚脱脂后,用固定量的酸和碱在特定条件下消煮试样,再用乙醇除去醇溶物,经高温灼烧扣除矿物质后,所余的为粗纤维含量。

4.4.2 仪器和设备

4.4.2.1 分析天平:感量0.000 1 g。

4.4.2.2 电热恒温箱:可控制温度在130℃。

4.4.2.3 高温炉:电加热,有高温计,且可控制炉温在550℃～600℃。

4.4.2.4 消煮器:有冷凝球的高型烧杯(500 mL)或有冷凝管的锥形瓶(500 mL)。

4.4.2.5 过滤装置:抽真空装置,吸滤瓶及漏斗。

4.4.2.6 过滤器:G2号玻璃滤器。

4.4.2.7 干燥器(以变色硅胶作干燥剂)。

4.4.2.8 索氏提取器:150 mL。

4.4.3 试剂

4.4.3.1 硫酸(GB 625)溶液:分析纯,0.128 mol/L±0.005 mol/L,每100 mL含硫酸1.25 g。配制时取7 mL硫酸,加入一定量蒸馏水中,用蒸馏水稀释成1 000 mL,配制后应用氢氧化钠标准溶液标定。

4.4.3.2 氢氧化钠(GB 629)溶液:分析纯,0.313 mol/L±0.005 mol/L,每100 mL含氢氧化钠1.25 g,配制时称取分析纯氢氧化钠13 g,用蒸馏水定容至1 000 mL。

氢氧化钠溶液标定:氢氧化钠溶液用邻苯二甲酸氢钾标定。

准确称取0.6 g～1.0 g经105℃±5℃烘箱中烘干过的邻苯二甲酸氢钾(称准至0.000 2 g),加100 mL蒸馏水,1滴酚酞指示剂,用配制的氢氧化钠溶液滴定至微红色,其浓度按式(4)计算:

$$c = \frac{m}{V \times 204.22} \times 1\ 000 \qquad (4)$$

式中:c——氢氧化钠浓度,mol/L;

m——称取邻苯二甲酸氢钾的质量,g;

V——滴定时用去氢氧化钠体积,mL;

204.22——邻苯二甲酸氢钾分子量。

4.4.3.3 95%乙醇(GB 679):化学纯。

4.4.3.4 乙醚(GB 12591):化学纯。

4.4.3.5 正辛醇:分析纯,防泡剂。

4.4.4 测定步骤

称取1 g～2 g过40目的试样,准确至0.000 2 g,用滤纸包好,放入索氏抽提器中,用乙醚回流抽提6 h,将脱脂样品风干,仔细地全部移入消煮器,加浓度准确为0.128 mol/L±0.005 mol/L且沸腾的硫酸溶液200 mL和1滴正辛醇,立即加热,应使其在2 min内沸腾,且连续微沸30 min±1 min,注意保持硫酸浓度不变,试样不应离开溶液沾到瓶壁上(可补加沸蒸馏水)。随后用G2号玻璃滤器抽滤,用沸蒸馏水洗至不含酸,取下不溶物,放入原消煮器中,加浓度准确且已沸腾氢氧化钠溶液200 mL,同样准确微沸30 min。立即用原G2号玻璃滤器抽滤,先用硫酸溶液25 mL洗涤,再用沸腾蒸馏水洗至洗液为中性。用乙醇15 mL洗残渣,再将玻璃滤器和残渣放入烘箱,于130℃±2℃下烘干2 h,在干燥器中冷却至室温,称量。再在550℃±25℃高温炉中灼烧30 min,于干燥器中冷却至室温后称量。

4.4.5 结果

4.4.5.1 粗纤维含量按式(5)计算：

$$X_4(\%)=\frac{m_1-m_2}{m}\times 100 \qquad \cdots\cdots(5)$$

式中：X_4——样品中粗纤维含量，%；

m_1——130℃烘干后玻璃滤器及试样残渣的质量，g；

m_2——550℃灼烧后玻璃滤器及试样残渣的质量，g；

m——试样(未脱脂时)的质量，g。

4.4.5.2 重复性：

每个试样取两个平行样进行测定，以其算术平均值为结果。

粗纤维含量在10%以下，允许相差(绝对值)为0.4，粗纤维含量在10%以上，允许相对偏差为4%。

4.5 粗蛋白质含量测定

4.5.1 原理

凯氏法测定试样含氮量，即在催化剂存在下，用硫酸破坏有机物，使含氮物转化成硫酸铵。加入强碱并蒸馏使氨逸出，用硼酸吸收后，用酸滴定测出氮含量，乘以氮与蛋白质的换算系数6.25，计算粗蛋白质含量。

4.5.2 仪器和设备

4.5.2.1 分析天平：感量0.000 1 g。

4.5.2.2 电炉。

4.5.2.3 滴定管：酸式，25 mL。

4.5.2.4 凯氏烧瓶：500 mL。

4.5.2.5 凯氏微量蒸馏装置(见图1)。

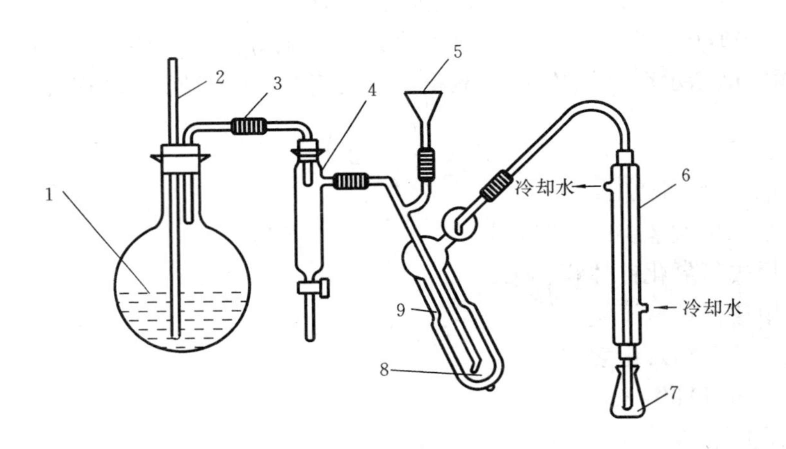

1—蒸汽发生瓶； 2—安全管； 3—导管； 4—汽水分离管；
5—样品入口；6—冷凝管；7—吸收瓶；8—蒸馏器；9—隔热管

图1 凯氏微量蒸馏装置

4.5.2.6 锥形瓶：150 mL。

4.5.2.7 容量瓶：100 mL。

4.5.3 试剂

4.5.3.1 硫酸(GB 625)：化学纯，密度1.84 g/mL。

4.5.3.2 结晶硫酸铜(GB 665)：分析纯，分子式$CuSO_4 \cdot 5H_2O$。

4.5.3.3 硫酸钾(HG 3—920)：化学纯。

4.5.3.4 混合催化剂：称取结晶硫酸铜 2 g 和硫酸钾 10 g 放在清洁研钵内研细混匀。

4.5.3.5 氢氧化钠(GB 629)：分析纯，40 g 溶成 100 mL，配成 40%水溶液(m/V)。

4.5.3.6 硼酸(GB 628)：分析纯，1 g 溶于 100 mL 水，配成 1%水溶液(m/V)。

4.5.3.7 无水碳酸钠(GB 639)：分析纯。

4.5.3.8 甲基橙指示剂：0.1%水溶液，溶解 1 g 甲基橙(HGB 3089，分析纯)于 1 000 mL 蒸馏水中。

4.5.3.9 0.01 mol/L 盐酸标准溶液

4.5.3.9.1 0.1 mol/L 盐酸标准溶液配制：量取 8.3 mL 盐酸(GB 622，分析纯，密度 1.18 g/mL)，用蒸馏水稀释至 1 000 mL。

4.5.3.9.2 0.1 mol/L 盐酸标准溶液标定：0.1 mol/L 盐酸标准溶液用无水碳酸钠进行标定，用 0.1%甲基橙作指示剂。由于碳酸钠极易吸收空气中水分，因此所用碳酸钠应事先于烘箱中在 180℃烘2 h～3 h，烘干过后在干燥器里冷却并保存备用。

准确称取干燥过的无水碳酸钠 0.1 g 左右(称准至 0.000 2 g)于 250 mL 锥形瓶中，加入 50 mL 蒸馏水溶解，再加入 1 滴 0.1%甲基橙指示剂，用 0.1 mol/L 盐酸标准溶液滴定到溶液由黄色刚变成橙色为止，用式(6)计算盐酸标准溶液的浓度。

$$c = \frac{m \times 2\ 000}{106.0 \times V} \quad \cdots\cdots(6)$$

式中：c——0.1 mol/L 盐酸标准溶液的浓度，mol/L；

m——称取的无水碳酸钠的质量，g；

V——滴加的 0.1 mol/L 盐酸标准溶液体积，mL；

106.0——碳酸钠的分子量。

4.5.3.9.3 0.01 mol/L 盐酸标准溶液：将 0.1 mol/L 盐酸标准溶液用蒸馏水稀释 10 倍。

4.5.3.10 混合指示剂

甲基红-溴甲酚绿混合指示剂。用甲基红(HG 3—958)0.1%乙醇溶液与溴甲基酚绿(HG 3—1220)0.5%乙醇溶液等体积混合，置于阴凉处，保存期为三个月。

或甲基红-亚甲基蓝混合指示剂。用甲基红(HG 3—958)0.2%乙醇溶液与亚甲基蓝(HGB 3394)0.1%水溶液等体积混合使用。

4.5.3.11 蔗糖(HG 3—1001)：分析纯。

4.5.3.12 硫酸铵(GB 1396)：分析纯。

4.5.4 测定步骤

4.5.4.1 试样的消煮：称取过 40 目的针叶维生素粉 1 g～2 g，准确至 0.000 2 g，全部放入凯氏烧瓶中，加入催化剂 4 g 左右，与试样混合均匀，再加硫酸 25 mL 和 2 粒玻璃珠，在电炉上小心加热，待样品焦化，泡沫消失，再加强火力，直至溶液澄清后，再加热至少 2 h。

4.5.4.2 氨的蒸馏：将上述消煮液冷却，加蒸馏水 20 mL，转入 250 mL 容量瓶，冷却后用水稀释至刻度，摇匀。取 10 mL1%硼酸溶液，加 4 滴混合指示剂，使微量蒸馏装置冷凝管末端浸入此溶液，蒸馏装置的蒸发器的水中应加甲基红指示剂数滴，硫酸数滴，且保持此液为橙红色，否则补加硫酸。取 10 mL 消化稀释液于蒸馏器内，用约 10 mL 蒸馏水将沾在小漏斗上的样品洗下，再加入 10 mL40%氢氧化钠溶液，再加入 10 mL～15 mL 蒸馏水后，立即塞紧，加水少许防漏气，开电炉加热，通蒸汽蒸馏，当硼酸溶液达到 25 mL 时，放下接收三角瓶，再蒸 1 min，用蒸馏水洗冷凝管末端，洗液均流入吸收瓶。

4.5.4.3 滴定：吸收氨后的吸收液立即用 0.01 mol/L 盐酸标准溶液滴定，溶液由蓝绿色变灰红色(甲基红-溴甲酚绿)或蓝绿色变浅紫色(甲基红-亚甲基蓝)为终点。

4.5.4.4 空白：称取蔗糖 0.1 g，代替试样，用蒸馏水定容至 250 mL。按 4.5.4.2 和 4.5.4.3 进行蒸馏、滴定，滴定消耗 0.01 mol/L 盐酸标准溶液的体积不得超过 0.6 mL。

4.5.4.5 仪器检查：精确称取 0.2 g 硫酸铵，代替试样。定容至 250 mL，按 4.5.4.2 和 4.5.4.3 进行蒸馏、滴定，按式(7)计算(但不乘系数6.25)硫酸铵含氮量应为21.19%±0.2%，否则应检查定氮仪是否漏气或加碱、蒸馏和滴定各步骤是否正确。

4.5.5 测定结果

4.5.5.1 粗蛋白含量按式(7)计算：

$$X_6 = \frac{(V_2 - V_1)c \times 0.0140 \times 6.25}{m \times \frac{V'}{V}} \times 100 \quad \cdots\cdots(7)$$

式中：X_6——样品中粗蛋白质含量，%；

V_2——滴定试样时所需酸标准溶液体积，mL；

V_1——滴定空白时所需酸标准溶液体积，mL；

c——盐酸标准溶液浓度，mol/L；

m——试样质量，g；

V——试样分解液总体积，mL；

V'——试样分解液蒸馏用体积，mL；

0.0140——氮的毫摩尔质量；

6.25——氮换算成蛋白质的平均系数。

4.5.5.2 重复性：每个试样取两个平行样进行测定，以其算术平均值为结果。当粗蛋白质含量在10%以上，允许相对偏差为2%；当粗蛋白质含量在10%以下，允许相对偏差为3%。

4.6 粉末粒度测定

4.6.1 仪器

标准分样筛：孔径1 mm。

天平：感量0.01 g。

4.6.2 步骤

称取试样100 g，放入孔径1 mm标准分样筛内，手筛5 min，直到筛不下物料为止，然后称筛上残留物料质量。

4.6.3 测定结果

4.6.3.1 筛上残留物料按式(8)计算：

$$X_7 = \frac{m_1}{m} \times 100 \quad \cdots\cdots(8)$$

式中：X_7——筛上残留物料，%；

m_1——筛上残留物料的质量，g；

m——针叶维生素粉试样的质量，g。

4.6.3.2 重复性：每个试样取两平行样进行测定，以其算术平均值为结果，保留一位小数。过筛损失不得超过1%，平行测定允许误差不超过1%，其平均值即为检验结果。

5 检验规则

5.1 产品合格证

产品出厂必须附有生产单位的产品合格证，合格证上应标明品名、等级、批号、生产日期以及生产单位检验部门负责人的签章证明和证明产品合格的专用公章。收货单位凭产品合格证验收。

5.2 抽样方法及数量见4.1.1。

5.3 使用单位有权按本标准技术要求和检验方法，对所收到的针叶维生素粉产品质量进行检验。

5.4 检验结果中有一项指标不符合本标准规定质量指标，应重新抽取样品进行复验。复检结果仍不合格，则本批产品判为不合格品。

6 包装、标志、运输和贮存

6.1 针叶维生素粉采用双层袋包装，内衬黑色无毒的聚乙烯塑料薄膜袋，外用化纤编织袋，每袋净重20 kg或25 kg，袋口缝合要牢固。

6.2 在包装袋上印刷产品名称、编号、生产日期、等级、净重、厂名和商标，以及防雨、防潮、防火、防污染等标志。印色必须无毒。

6.3 针叶维生素粉在运输中应小心装卸，并要保持清洁干燥，不允许采用潮湿、污染、肮脏的运输工具，运输途中应防止日晒、雨淋、水淹及虫、鼠害。

6.4 针叶维生素粉应贮存在干燥、清洁、避光、通风、没有虫害和药类污染的库房，在室温下贮存期不得超过一年。

ICS 65.050
B 72

中华人民共和国林业行业标准

LY/T 1638—2005

针叶饲料粉

Conifer feed meal

2005-08-16 发布　　2005-12-01 实施

国家林业局　发布

前　言

本标准由中国林业科学研究院林产化学工业研究所提出。

本标准由中国林业科学研究院林产化学工业研究所归口。

本标准起草单位:中国林业科学研究院林产化学工业研究所。

本标准主要起草人:王金秋、周维纯、宋强、宋金表。

针叶饲料粉

1 范围

本标准规定了针叶饲料粉的要求、抽样方法、检测方法、检验规则、标志、包装、运输和贮存。

针叶饲料粉是针叶维生素粉或新鲜针叶，经石油醚萃取制备松针叶绿素-胡萝卜素软膏或深加工产品后的残渣经过一系列加工后制成的，不能用针叶维生素粉或新鲜针叶经极性溶剂(水、乙醇等)萃取后所得的残渣加工而成。

2 规范性引用文件

下列文件中的条款通过本标准的引用而成为本标准的条款。凡是注日期的引用文件，其随后所有的修改单(不包括勘误的内容)或修订版均不适用于本标准，然而，鼓励根据本标准达成协议的各方研究是否可使用这些文件的最新版本。凡是不注日期的引用文件，其最新版本适用于本标准。

LY/T 1282—1998 针叶维生素粉

3 术语和定义

下列术语和定义适用于本标准。

3.1

针叶饲料粉 conifer feed meal

含有粗蛋白、氨基酸、微量元素等成分的物质，用于畜禽配(混)合饲料、颗粒饲料中作添加剂。

4 要求

4.1 原料：供制备针叶饲料粉产品的原料针叶维生素粉应选用特级品或一级品(LY/T 1282—1998)，经萃取后残渣应在 24 h 内进行干燥加工，绝不允许使用未经干燥存放过久的残渣进行加工，更不允许使用已霉变的残渣作原料进行加工。

4.2 针叶饲料粉产品的质量指标分为特级品、一级品、二级品。

4.3 针叶饲料粉产品的外观为浅绿色或褐色，呈粉末状。

4.4 针叶饲料粉产品的物理化学指标应符合表 1 要求。

表 1 针叶饲料粉产品的物理化学要求

项目		指标		
		特级品	一级品	二级品
水分/(%)	≤	10	11	12
粗蛋白含量/(%)	≥	7	6	5
粗纤维含量/(%)	≤	30	33	35
消化率/(%)	≥	35	33	30
粉末粒度(在孔径 1 mm 筛上残留物料)/(%)	≤	4	5	5

5 检测方法

5.1 水分测定

按 LY/T 1282—1998 规定的水分测定方法进行。

5.2 粗纤维含量测定

按 LY/T 1282—1998 规定的粗纤维含量测定方法进行。因针叶饲料粉经非极性溶剂萃取后，脂肪偏含量较低，可省去脱脂步骤。

5.3 粗蛋白含量测定

按 LY/T 1282—1998 规定的粗蛋白质含量测定方法进行。

5.4 消化率的测定

5.4.1 原理

消化率指动物吃下后，能消化吸收部分与整体饲料的比例，其传统测定采用动物食用后，测其残渣含量的方法。本方法是使用一定浓度的氯苯酚溶液对样品进行消化，以模拟动物消化，而测定饲料样品的消化率。

5.4.2 试剂和溶液

5.4.2.1 盐酸(GB/T 622)：分析纯。

5.4.2.2 苯酚(HG 3-1165)：分析纯。

5.4.2.3 7%盐酸溶液：取 170 mL 浓盐酸(5.4.2.1)，用蒸馏水稀释至 1 000 mL。

5.4.2.4 氯苯酚溶液：取苯酚瓶放入 50℃～60℃热水中加热，待苯酚熔化后。用烧杯称取液态苯酚(小心有毒)25.8 g，加入 974 mL7%盐酸(5.4.2.3)搅拌均匀待用。

5.4.3 仪器和设备

三角烧瓶：250 mL；

直型冷凝管；

玻砂漏斗：5-2 型，直径 4 cm；

抽滤瓶：500 mL 或 1 000 mL。

5.4.4 测定步骤

称取针叶饲料粉 2 g 左右(准确至 0.0002 g)，装入 250 mL 三角烧瓶中，再加入 100 mL 氯苯酚溶液，在烧瓶上装上直型冷凝管，置入通风橱，放在电炉上，将烧瓶中的内容物缓缓加热至沸腾，15 min 后，加入 40 mL 蒸馏水，使烧瓶中反应物温度降至 60℃～70℃，将烧瓶中内容物移入预先恒量的玻砂漏斗中，用水泵抽滤，用蒸馏水洗至滤液为浅色，然后将玻砂漏斗置入 105℃烘箱中恒量。

5.4.5 结果表述

5.4.5.1 结果计算

$$X_1 = \frac{m - (m_1 - m_2)}{m} \quad \cdots\cdots (1)$$

式中：

X_1——样品消化率，%；

m——样品绝干量，单位为克(g)；

m_1——玻砂漏斗与残渣绝干恒量，单位为克(g)；

m_2——玻砂漏斗绝干恒量，单位为克(g)。

5.4.5.2 重复性

每个试样取两个平行样进行测定，以算术平均值为结果，两个平行样测定值相差不得超过 0.4%，否则重做。

5.5 粉末粒度的测定

按 LY/T 1282—1998 规定的粉末粒度测定方法进行。

6 检验规则

6.1 检验分类

检验分出厂检验和型式检验。

6.2 检验项目

本标准要求表 1 中规定的所有项目均为型式检验项目，出厂检验项目等同于型式检验。

6.3 抽样方法与样品制备

6.3.1 抽样方法

每次取样不得少于 10 袋，少于 10 袋者，每袋均抽取，每批样品量超过 10 袋者，取样的袋数（X_2）按式(2)计算。

$$X_2 = 10 + \sqrt{\frac{总袋数 - 10}{2}} \quad \cdots\cdots(2)$$

取样袋点分布均匀，每袋取样数量一致，取得的试样混合均匀，以四分法缩至 1 kg 左右，分装于两个清洁、干燥的密封棕色瓶内，瓶上粘贴标签，注明生产厂名称、产品名称、批号、取样日期及取样人姓名，另外，在检验记录簿上应记载取样地点、取样时天气、气温及仓贮情况等，一瓶供化验室分析，另一瓶样瓶密封保存在阴凉干燥处，以备复检。

6.3.2 样品制备

将样品（不低于 0.5 kg）分成两份，一份样品用于测定粉末粒度；另一份样品用粉碎机粉碎至 40 目，装于棕色密封的广口瓶中，供其他几个指标测定用。

6.4 检验与判定

6.4.1 产品出厂必须经生产厂家检验合格，附有生产单位的产品合格证后方可出厂。合格证上应标明品名、等级、批号、生产日期，以及生产单位检验部门负责人的签章证明和证明产品合格的专用公章。

6.4.2 检验结果有一项指标不符合本标准规定质量指标，应重新进行复检，复检结果仍不合格，则本批产品判为不合格品。

6.4.3 供需双方对检验结果发生争议时，可由双方共同取样，委托国家法定的产品质量监督检验机构进行仲裁分析，一切费用由责任方承担。

7 包装、标志、运输和贮存

7.1 针叶饲料粉用无毒的塑料袋包装，内撑黑色塑料袋，每桶净重 20 kg 或 25 kg。

7.2 在针叶饲料粉包装袋上应印刷下列内容：

产品名称、生产日期、生产批号、有效期、等级、净重、厂名和商标，以及防雨、防潮、防火、防污染等标志。

印色必须无毒。

7.3 针叶饲料粉在装卸运输过程中应小心装卸，并保持干燥，不允许采用潮湿、污染、肮脏的运输工具，运输途中应防止日晒、雨淋、水淹及虫、鼠害。

7.4 针叶饲料粉产品应贮存在避光、干燥、清洁，没有虫、鼠害和药类污染的库房内，在室温下贮存期不得超过一年。超过一年贮存期的针叶饲料粉产品经本标准方法检验仍合格者，仍可继续使用。

中华人民共和国国家标准

UDC 636.085.57

GB 8245—87

饲料级L-赖氨酸盐酸盐

Feed grade L-lysine monohydrochloride

本标准适用于以淀粉、糖质为原料，经发酵提取制得的L-赖氨酸盐酸盐，它是动物体的必须氨基酸，添加饲料中作氨基酸的补充剂。

分子式：$C_6H_{14}N_2O_2 \cdot HCl$

结构式：

$$[NH_2—CH_2—CH_2—CH_2—CH_2—\underset{\displaystyle NH_2}{\underset{|}{CH}}—COOH] \cdot HCl$$

分子量：182.65(按1983年国际原子量)

1 技术要求

1.1 理化性状

本品为白色或淡褐色粉末。无味或微有特殊气味。易溶于水，难溶于乙醇及乙醚。有旋光性。

本品水溶液(1+10)的pH值为5.0～6.0。

1.2 饲料级L-赖氨酸盐酸盐应符合表1要求。

表 1 %

指标名称		指标
含量(以 $C_6H_{14}N_2O_2 \cdot HCl$ 干基计)	≥	98.5
比旋光度 $[\alpha]_D^{20}$		+18.0°～+21.5°
干燥失重	≤	1.0
灼烧残渣	≤	0.3
铵盐(以 NH_4^+ 计)	≤	0.04
重金属(以Pb计)	≤	0.003
砷(以As计)	≤	0.0002

2 试验方法

试验中所用试剂和水，在未注明其他要求时，均使用分析纯试剂和蒸馏水，或相应纯度的水。

在未注明其他要求时，所用标准溶液按GB 601—77《标准溶液制备方法》；杂质标准溶液按GB 602—77《杂质标准溶液制备方法》；制剂及制品按GB 603—77《制剂及制品制备方法》制备。

2.1 鉴别

2.1.1 试剂和溶液

中华人民共和国农牧渔业部1987-09-14批准　　1988-10-01实施

2.1.1.1 茚三酮(HG 3—984—76):0.1%(m/V)溶液;

2.1.1.2 硝酸银(GB 670—77):0.1mol/l 溶液;

2.1.1.3 硝酸(GB 626—78):1+9 溶液;

2.1.1.4 氢氧化铵(GB 631—77):1+2 溶液。

2.1.2 鉴别方法

2.1.2.1 氨基酸的鉴别

称取试样 0.1g,溶于 100ml 水中,取此溶液 5ml,加 1ml 茚三酮溶液(2.1.1.1),加热 3min 后,加水 20ml,静置 15min,溶液呈红紫色。

2.1.2.2 氯化物的鉴别

称取试样 1g,溶于 10ml 水中,加硝酸银溶液(2.1.1.2),即产生白色沉淀。取此沉淀加稀硝酸(2.1.1.3),沉淀不溶解;另取此沉淀加过量的氢氧化铵溶液(2.1.1.4)则溶解。

2.2 赖氨酸盐酸盐含量测定

2.2.1 试剂和溶液

2.2.1.1 甲酸(HG 3—1296—80);

2.2.1.2 冰乙酸(GB 676—78);

2.2.1.3 乙酸汞(HG 3—1096—77):6%(m/V)冰乙酸溶液;

2.2.1.4 α-萘酚苯基甲醇指示剂:0.2%(m/V)冰乙酸指示液;

2.2.1.5 高氯酸(GB 623—77):浓度($HClO_4$)约为 0.1mol/l 的冰乙酸标准溶液。

2.2.2 测定方法

试样预先在 105℃干燥至恒重,称取干燥试样 0.2g,称准至 0.0002g,加 3ml 甲酸(2.2.1.1)和 50ml 冰乙酸(2.2.1.2),再加入 5ml 乙酸汞的冰乙酸溶液(2.2.1.3)。加入 10 滴 α-萘酚苯基甲醇指示液(2.2.1.4),用 0.1mol/l 高氯酸的冰乙酸标准溶液(2.2.1.5)滴定,试样液由橙黄色变成为黄绿色即为滴定终点。用同样方法另作空白试验以校正之。

2.2.3 结果的计算

L-赖氨酸盐酸盐($C_6H_{14}N_2O_2 \cdot HCl$)的百分含量按式(1)计算:

$$\frac{0.09132 \times C \cdot (V - V_0)}{m} \times 100 \quad \cdots\cdots (1)$$

式中:C ——高氯酸标准溶液之浓度,mol/l;

V ——试样消耗高氯酸标准溶液之体积,ml;

V_0 ——空白试验消耗高氯酸标准溶液之体积,ml;

m ——试样之质量,g;

0.09132——每毫摩尔赖氨酸盐酸盐之克数。

两个平行试样测定结果之差不得大于 0.2%,以其算术平均值报告结果。

2.3 比旋光度测定

2.3.1 仪器和设备

旋光仪:用钠光灯(钠光谱 D 线 589.3nm)作光源。

2.3.2 试剂和溶液

盐酸(GB 622—77):1+1 溶液。

2.3.3 测定方法

试样在 105℃干燥至恒重,称取干燥试样约 4g,称准至 0.0002g。用盐酸溶液(2.3.2)溶解[若样品溶液较深,可在称样后加少量水,溶解后加 0.5g 活性炭,煮沸,冷却过滤,用盐酸溶液(2.3.2)洗涤数次],并全部转入 50ml 容量瓶中。将溶液温度调至 20℃,且用盐酸溶液(2.3.2)稀释至刻度。用旋光仪(2.3.1)测定旋光度。

2.3.4 比旋光度的计算

L-赖氨酸盐酸盐在20℃下,对钠光谱D线的比旋光度$[\alpha]_D^{20}$按式(2)计算:

$$[\alpha]_D^{20}=\frac{100\alpha}{L\cdot C} \quad \cdots\cdots(2)$$

式中:α——测得旋光度;

L——旋光管的长度,dm;

C——每100ml盐酸溶液中所含试样质量,g。

2.4 干燥失重的测定

2.4.1 仪器及设备

2.4.1.1 电热干燥箱:温度可控制为105±2℃;

2.4.1.2 称样皿:φ45mm,铝质或玻璃均可;

2.4.1.3 干燥器:用氯化钙或硅胶作干燥剂。

2.4.2 测定方法

用烘干至恒重的称样皿称取试样1g,称准至0.0002g,放入105±2℃的电热干燥箱中,打开称样皿盖,干燥3h。取出后盖好,放入干燥器中,冷却至室温,称量。再重复干燥1h,称量至恒重。

2.4.3 结果的计算

L-赖氨酸盐酸盐干燥失重的百分含量按式(3)计算:

$$\frac{m-m_1}{m}\times100 \quad \cdots\cdots(3)$$

式中:m——干燥前试样质量,g;

m_1——干燥后试样质量,g。

2.5 灼烧残渣的测定

2.5.1 仪器和设备

2.5.1.1 高温炉:可控制温度为550±20℃;

2.5.1.2 瓷坩埚:30ml;

2.5.1.3 干燥器:用氯化钙或硅胶作干燥剂。

2.5.2 测定方法

在灼烧至恒重的瓷坩埚中,称取试样1g,称准至0.0002g。在电炉上小心炭化至无黑烟,再移入高温炉于550℃灼烧3~4h,取出后稍冷再放入干燥器,冷却至室温,称量。再重复灼烧1h,并称量直至恒重。

2.5.3 结果的计算

L-赖氨酸盐酸盐灼烧残渣的百分含量按式(4)计算:

$$\frac{m_2-m_1}{m}\times100 \quad \cdots\cdots(4)$$

式中:m——试样的质量,g;

m_1——恒重空坩埚质量,g;

m_2——灰分和坩埚质量,g。

2.6 铵盐的测定

2.6.1 试剂和溶液

2.6.1.1 氧化镁(HG 3—1294—80);

2.6.1.2 盐酸(CB 622—77):1+3溶液;

2.6.1.3 氢氧化钠(GB 629—81):10%(m/V)溶液;

2.6.1.4 碘化钾(GB 1272—77);

2.6.1.5 氯化汞(HG 3—1068—77):饱和水溶液;

2.6.1.6 氢氧化钾(HG B 3006—59);

2.6.1.7 纳氏试剂:将碘化钾10g溶于10ml水中,边搅拌边慢慢地加入氯化汞饱和水溶液,直至生成的红色沉淀不再溶解为止。加入氢氧化钾30g并溶解之,再加入氯化汞饱和溶液1ml,加水至200ml。静置,取上层清液,贮于棕色瓶中。

2.6.1.8 铵标准溶液:1ml含0.01mgNH_4^+。按GB 602—77之规定配制,使用时再准确稀释10倍。

2.6.2 测定方法

称取试样2.5g,称准至0.01g,置于蒸馏瓶中,加水70ml,加1g氧化镁(2.6.1.1),进行蒸馏。用5ml盐酸(2.6.1.2)作吸收液,冷凝管下端应浸于此液中,馏出液收集至40ml左右,停止蒸馏。将馏出液准确用水稀释至50ml。移取馏出液2ml,置于纳氏比色管中,加2ml氢氧化钠(2.6.1.3),水20ml,再加1ml纳氏试剂(2.6.1.7),用水稀释至50ml摇匀。

移取4ml铵标准溶液(2.6.1.8)于另一支纳氏比色管中,与试样同时同样显色,试样液颜色不得深于此标准液。

2.7 重金属的测定

2.7.1 试剂和溶液

2.7.1.1 盐酸(GB 622—77):1+3溶液;

2.7.1.2 冰乙酸(GB 676—78):6%(V/V)溶液;

2.7.1.3 硫化钠(HG 3—905—76):1g硫化钠溶于10ml水中,临用时新配。

2.7.1.4 铅标准溶液:1ml含0.01mgPb。按GB 602—77之规定配制,再准确稀释10倍。

2.7.2 测定方法

称取1g试样,称准至0.01g,置于瓷坩埚中,在电炉上小心炭化,再于550℃下灼烧3h(或用2.5条灼烧残渣测定后的残灰),在残渣中加入4ml盐酸(2.7.1.1),于水浴上加热并蒸干。加10ml热水并浸渍2min,全部转入纳氏比色管,加2ml乙酸溶液(2.7.1.2),用水稀释至50ml,加2滴硫化钠溶液(2.7.1.3),放置5min。

移取3ml铅标准溶液(2.7.1.4)与试样同时同样显色作为标准。试样液颜色不得深于此标准液。

2.8 砷的测定

2.8.1 试剂和溶液

2.8.1.1 盐酸(GB 622—77):1+1溶液;

2.8.1.2 碘化钾(GB 1272—77):16.5%(m/V)溶液;

2.8.1.3 氯化亚锡(GB 638—78):40%(m/V)盐酸溶液,一个月内有效;

2.8.1.4 无砷金属锌(GB 2304—80);

2.8.1.5 乙酸铅脱脂棉;

2.8.1.6 溴化汞试纸;

2.8.1.7 砷标准溶液:1ml含0.001mgAs。按GB 602—77之规定配制,临用时再准确稀释100倍。

2.8.2 测定方法

称取试样1g,称准至0.01g,置于广口瓶中,按GB 610—77《砷测定法》中“1 砷斑法”之规定进行测定。其颜色不得深于标准。

移取2ml砷标准溶液(2.8.1.7),与试样同时同样处理,作为标准。

3 验收规则

3.1 本品应由生产厂的技术检验部门进行检验，生产厂应保证所有出厂产品均符合本标准的要求，每批出厂的产品都应附有质量证明书和使用说明。

3.2 使用单位可按照本标准规定进行验收，如供需双方对产品质量有异议时，可由国家授权的产品质量检验机构进行仲裁检验。

3.3 本品每批重量不得超过 20t。

3.4 取样方法：

3.4.1 按表 2 规定从每批产品中选取样袋数。

表 2

每批总袋数	取样袋数
＜5	所有袋数
5～16	4
17～400	$\sqrt{总袋数}$
＞400	20

3.4.2 用取样器自袋口中心垂直插入 3/4 料层取样。每袋取样不少于 100g。

3.4.3 将所取样品迅速混匀，按四分法缩分至 500g，分装于两个清洁、干燥、带磨口塞的瓶中，瓶上贴标签注明：生产厂名称、产品名称、批号及取样日期。一瓶用于检验，另一瓶保存 6 个月，以供仲裁检验。

3.5 如检验中有一项指标不符合标准时，应重新自两倍量的包装中选取样品进行核验。此核验结果，即使只有一项指标不符合标准，则整批不能验收。

4 包装、标志、贮存和运输

4.1 饲料级 L-赖氨酸盐酸盐用内包装应符合食品卫生要求，外包装应防潮不易破损，每袋净重最高不超过 25kg。

4.2 包装上应有牢固标志，标明产品名称、生产厂名称、厂址、批号、批准文号、贮存条件、使用方法、净重、出厂日期，并标有“饲料级”字样。

4.3 出厂产品应附有质量证明书，内容包括产品名称、生产厂名称、厂址、批号、批准文号、产品质量、本标准编号和化验员代号。

4.4 本品应贮存于阴凉、干燥、通风处。

4.5 运输时应严防雨淋和日晒，不得与有毒有害物质混贮、混运。

附加说明：

本标准由中华人民共和国农牧渔业部提出。

本标准由中国兽药监察所、广西赖氨酸厂负责起草。

本标准主要起草人仲锋、黄辉强、李美同。

本标准等效采用日本饲料安全法。

前　　言

本标准非等效采用美国药典(USPXX,第5增刊,1984)中甜菜碱盐酸盐产品规格,结合我国饲料行业的实际情况而制定。本标准与美国药典技术要求差异如下:灼烧残渣本标准不大于0.2%,美国药典不大于0.1%。含量测定采用美国药典中规定的方法。

本标准由中华人民共和国农业部提出。

本标准由全国饲料工业标准化技术委员会归口。

本标准起草单位:中国农业科学院饲料研究所、国家饲料质量监督检验中心(北京)。

本标准主要起草人:满晨、孙毓秀、闫惠文、干小英、刘庆生。

中华人民共和国农业行业标准

饲料级甜菜碱盐酸盐

NY 399—2000

Feed grade betaine hydrochloride

1 范围

本标准规定了饲料级甜菜碱盐酸盐的要求、试验方法、检验规则及标志、包装、运输、贮存等。

本标准适用于以三甲胺水溶液与氯乙酸反应生成的甜菜碱盐酸盐。

分子式：$C_5H_{11}NO_2 \cdot HCl$

结构式：〔$(CH_3)_3N$-CH_2-COO〕·HCl

相对分子质量：153.61(1997 年国际相对原子质量)

2 引用标准

下列标准所包含的条文，通过在本标准中引用而构成为本标准的条文。本标准出版时，所示版本均为有效。所有标准都会被修订，使用本标准的各方应探讨使用下列标准最新版本的可能性。

GB/T 601—1988 化学试剂 滴定分析(容量分析)用标准溶液的制备

GB/T 602—1988 化学试剂 杂质测定用标准溶液的制备

GB/T 603—1988 化学试剂 试验方法中所用制剂及制品的制备

GB/T 610.1—1988 化学试剂 砷测定通用方法(砷斑法)

GB/T 6678—1986 化工产品采样总则

GB/T 6682—1992 分析实验室用水规格和试验方法(neq ISO 3696:1987)

GB 10648—1999 饲料标签

3 要求

3.1 理化性状

3.1.1 本品为白色结晶型粉末。

3.1.2 本品易溶于水、乙醇，难溶于乙醚、三氯甲烷。

3.1.3 本品水溶液(1+4)的 pH 值为 0.8～1.2。

3.1.4 本品具有吸湿性。

3.2 甜菜碱盐酸盐应符合表 1 要求。

表 1 要求

指标名称		指标
含量(以 $C_5H_{11}NO_2 \cdot HCl$ 干基计)，%		98.0～100.5
干燥失重，%	≤	0.5
灼烧残渣，%	≤	0.2
重金属(以 Pb 计)，%	≤	0.001
砷，%	≤	0.000 2

中华人民共和国农业部 2000-08-30 批准　　2000-12-01 实施

4 试验方法

本标准所用试剂和水，在未注明其他要求时，均指分析纯试剂和 GB/T 6682 中规定的三级水。

试验中所用标准滴定溶液、杂质标准溶液、制剂及制品，在未注明其他要求时，均按 GB 601、GB 602、GB 603 之规定制备。

4.1 鉴别试验

4.1.1 试剂和材料

4.1.1.1 硝酸铋溶液：0.85 g 碱式硝酸铋溶于 10 mL 乙酸和 40 mL 的水中。

4.1.1.2 碘化钾溶液：8 g 碘化钾溶于 20 mL 的水中。

4.1.1.3 盐酸溶液：1+4。

4.1.1.4 碘化铋钾溶液：将硝酸铋溶液(4.1.1.1)与碘化钾溶液(4.1.1.2)等体积混合(棕色玻璃容器贮存)。

4.1.1.5 改良碘化铋钾溶液：取碘化铋钾溶液(4.1.1.4)1 mL，加盐酸溶液(4.1.1.3)2 mL，加水至 10 mL(现用现配)。

4.1.1.6 硝酸银溶液：17 g/L。

4.1.1.7 硝酸溶液：1+9。

4.1.1.8 氨溶液：4+10。

4.1.2 鉴别方法

4.1.2.1 取 0.5 g 试样，加 1 mL 水溶解，加入 2 mL 改良碘化铋钾溶液(4.1.1.5)，振摇，产生橙红色沉淀。

4.1.2.2 本品的水溶液显示氯化物的鉴别反应

取适量本品，加水溶解，加硝酸溶液(4.1.1.7)使成酸性后，加硝酸银溶液(4.1.1.6)，即生成白色凝乳状沉淀。分离出的沉淀加氨溶液(4.1.1.8)即溶解，再加硝酸，白色凝乳状沉淀复生成。

4.2 甜菜碱盐酸盐含量的测定

4.2.1 原理

含量测定采用非水滴定法。用乙酸汞将甜菜碱盐酸盐转化为乙酸盐和难电离的氯化汞，在乙酸介质中用高氯酸标准滴定溶液对生成的乙酸盐进行滴定。

4.2.2 试剂和材料

4.2.2.1 冰乙酸。

4.2.2.2 乙酸汞溶液：50 g/L。取 5 g 乙酸汞研细，加 100 mL 温热的冰乙酸溶解。本试液应置于棕色瓶内，密闭保存。

4.2.2.3 结晶紫指示液：2 g/L。取 0.2 g 结晶紫，加 100 mL 冰乙酸。

4.2.2.4 高氯酸标准滴定溶液：$c(HClO_4)=0.1$ mol/L 溶液。

4.2.3 仪器设备

25 mL 酸式滴定管。

4.2.4 测定步骤

试样预先在 105℃烘箱干燥至恒重，称取干燥试样 0.4 g(精确至 0.000 2 g)，加 50 mL 冰乙酸，加热至溶解，加 25 mL 乙酸汞溶液，冷却，加结晶紫指示剂 2 滴，用高氯酸标准液(0.1 mol/L)滴定至溶液呈绿色，并将滴定结果用空白试验校正。

4.2.5 分析结果的表述

甜菜碱盐酸盐($C_5H_{11}NO_2 \cdot HCl$)的质量百分数按式(1)计算：

$$X(\%)=\frac{c(V-V_0)\times 0.015\ 36}{m}\times 100 \qquad \cdots\cdots(1)$$

式中：X——试样中甜菜碱盐酸盐含量，%；

c——高氯酸标准滴定溶液的浓度，mol/L；

V——滴定试样时消耗高氯酸标准液的体积，mL；

V_0——滴定空白时消耗高氯酸标准液的体积，mL；

m——试样的质量，g；

0.015 36——与1.00 mL高氯酸标准滴定溶液[$c(HClO_4)$=0.1 mol/L]相当的、以克表示的甜菜碱盐酸盐的质量。

4.2.6 允许差

以算术平均值为测定结果，两次平行测定结果绝对差值不大于0.2%。

4.3 干燥失重的测定

4.3.1 仪器、设备

4.3.1.1 电热干燥箱：温度可控制为(105±2)℃。

4.3.1.2 称样皿：玻璃，直径40 mm以上，高25 mm。

4.3.1.3 干燥器：用氯化钙或硅胶作干燥剂。

4.3.2 测定方法

用烘干至恒重的称样皿称取试样1 g，称准至0.000 2 g，放入(105±2)℃的电热干燥箱中，打开称样皿盖，干燥3 h。取出后盖好，放入干燥器中，冷却至室温，称量。再重复干燥1 h，称量至恒重。

4.3.3 分析结果的表述

甜菜碱盐酸盐干燥失重以质量百分数X_1表示，按式(2)计算：

$$X_1(\%) = \frac{m_0 - m_1}{m_0} \times 100 \qquad \cdots\cdots(2)$$

式中：m_0——干燥前试样质量，g；

m_1——干燥后试样质量，g。

4.3.4 允许差

以算术平均值为测定结果，两次平行测定结果绝对差值不大于0.2%。

4.4 灼烧残渣的测定

4.4.1 仪器、设备

4.4.1.1 高温炉：可控制温度为(550±20)℃。

4.4.1.2 坩埚：瓷质，容积50 mL。

4.4.1.3 干燥器：用氯化钙或硅胶作干燥剂。

4.4.2 测定方法

在灼烧至恒重的瓷坩埚中，称取试样1 g，称准至0.000 2 g。在电炉上小心炭化至无黑烟，再移入高温炉于(550±20)℃灼烧3～4 h，取出后稍冷再放入干燥器，冷却至室温，称量。再重复灼烧1 h，称量至恒重。

4.4.3 分析结果的表述

甜菜碱盐酸盐灼烧残渣以质量百分数X_2表示，按式(3)计算：

$$X_2(\%) = \frac{m_4 - m_3}{m_2} \times 100 \qquad \cdots\cdots(3)$$

式中：m_2——试样质量，g；

m_3——恒重空坩埚质量，g；

m_4——灰分和坩埚质量，g。

4.3.4 允许差

以算术平均值为测定结果，粗灰分含量在5%以上，允许相对偏差为1%；粗灰分含量在5%以下，允许相对偏差为5%。

4.5 重金属的测定

4.5.1 试剂和材料

4.5.1.1 盐酸溶液:1+3。

4.5.1.2 冰乙酸溶液:1+16。

4.5.1.3 硫化钠溶液:50 g/L。当溶液变色或出现混浊时重新配制。

4.5.1.4 铅标准溶液:1 mL 含 0.01 mg 铅。按 GB 602 之规定配制,临用时再准确稀释 10 倍。

4.5.2 测定步骤

准确称取 1.0 g 试样,精确至 0.01 g,置于瓷坩埚中,缓慢加热至炭化,再于 500℃高温下加热 3 h。在残渣中加入 4 mL 盐酸(4.5.1.1),在水浴上加热并烘干。加 10 mL 热水并浸渍 2 min,全部转入钠氏比色管,加 2 mL 冰乙酸溶液(4.5.1.2),用水稀释至 50 mL,加 2 滴硫化钠溶液(4.5.1.3),放置 5 min。

移取 1 mL 铅标准溶液(4.5.1.4)与试样同时同样显色作为标准。试样液颜色不得深于此标准液。

4.6 砷的测定

4.6.1 试剂和溶液

4.6.1.1 盐酸溶液:1+1。

4.6.1.2 碘化钾溶液:165 g/L。

4.6.1.3 40%氯化亚锡溶液:称取 200 g 氯化亚锡($SnCl_2 \cdot 2H_2O$),溶于一定量浓盐酸中,然后用浓盐酸稀释至 500 mL。如果保存数月,可加几粒锡粒。

4.6.1.4 无砷锌粒。

4.6.1.5 10%乙酸铅溶液:称取 10.0 g 乙酸铅,溶于 20 mL 6 mol/L 乙酸中,加水稀释至 100 mL。

4.6.1.6 乙酸铅棉花:将脱脂棉在 10%乙酸铅溶液(4.6.1.5)中浸泡约 1 h,压除多余溶液,使脱脂棉疏松,在 100℃以下干燥后,储存于玻璃瓶中。

4.6.1.7 溴化汞试纸。

4.6.1.8 砷标准溶液:1 mL 含 0.001 mg 砷。按 GB 602 之规定配制,临用时再准确稀释 100 倍。

4.6.2 测定方法

称取 1 g 样品,精确至 0.01 g,置于广口瓶中,按 GB/T 610.1 规定的方法进行测定。其砷斑不得深于标准。

移取 2 mL 砷标准溶液(4.6.1.8)与试样同时同样处理,作为标准。

5 检验规则

5.1 饲料级甜菜碱盐酸盐应由生产厂的质量监督部门按本标准进行检验,本标准规定所有项目为出厂检验项目,生产厂应保证所有出厂的产品均符合本标准规定的要求。

5.2 使用单位有权按照本标准的规定对所收到的饲料级甜菜碱盐酸盐产品进行验收。验收时间在货到 1 个月内进行。

5.3 以每釜一次投料生产的产品量为一批。

5.4 按照 GB 6678—1986 中第 6.6 条规定确定采样单元数。采样时用取样器自袋口中心垂直插入深度四分之三处取样,所取样品量不少于 500 g。将选取的样品迅速混匀,用四分法缩分到不少于 100 g,分装于两个清洁、干燥、具塞的磨口玻璃瓶中,贴上标签,注明生产厂名称、产品名称、批号、采样日期、采样者姓名。一瓶送化验室分析检验,另一瓶密封保存 3 个月,备查。

5.5 检验结果的判定

5.5.1 如检验结果有一项指标不符合本标准要求时,应重新自两倍量的包装取样进行复验。复验的结果有一项指标不符合本标准要求时,则整批为不合格品。

5.5.2 分析结果的最终表示应和表 1 要求的保证值有效位数一致。

6 标志、包装、运输和贮存

6.1 饲料级甜菜碱盐酸盐内包装采用聚乙烯塑料袋，外包装采用塑料编织袋，双层密封。包装袋内应附有产品使用说明书。每袋净重 25 kg、20 kg 或根据用户要求进行包装。

6.2 饲料级甜菜碱盐酸盐包装袋上应有牢固清晰的标签，其内容符合 GB 10648 的规定。

6.3 饲料级甜菜碱盐酸盐应贮存在阴凉、干燥通风的库房内。保质期 12 个月。

6.4 饲料级甜菜碱盐酸盐运输时要防止破包、防潮、防雨、防晒。

6.5 饲料级甜菜碱盐酸盐贮运中，禁止与有毒、有害、有腐蚀性和其他污染物品混贮、混运。

ICS 65.120
B 20

中华人民共和国农业行业标准

NY/T 722—2003

饲料用酶制剂通则

General standard of feed enzyme preparation

2003-12-01 发布

2004-03-01 实施

中华人民共和国农业部　发布

前言

本标准由中华人民共和国农业部提出。

本标准由全国饲料工业标准化技术委员会归口。

本标准由广东溢多利生物科技股份有限公司负责起草,农业部饲料质量监督检验中心(广州)参加起草。

本标准主要起草人:陈少美、罗道栩、刘亚力、杨建策、冯国华。

饲料用酶制剂通则

1 范围

本标准规定了饲料用酶制剂的术语和定义、要求、检验方法、检验规则及其标志、标签、包装、运输和贮存。

本标准适用于饲料用酶制剂产品。

2 规范性引用文件

下列文件中的条款通过本标准的引用而成为本标准的条款。凡是注日期的引用文件，其随后所有的修改单(不包括勘误的内容)或修订版均不适用于本标准，然而，鼓励根据本标准达成协议的各方研究是否可使用这些文件的最新版本。凡是不注日期的引用文件，其最新版本适用于本标准。

GB/T 4789.3—1994 食品卫生微生物学检验 大肠菌群测定

GB/T 5917—1986 配合饲料粉碎粒度测定法

GB/T 6435—1986 饲料水分的测定方法

GB 10648 饲料标签

GB/T 13079—1999 饲料中总砷的测定方法

GB/T 13080—1991 饲料中铅的测定方法

GB/T 13082—1991 饲料中镉的测定方法

GB/T 13091—1991 饲料中沙门氏菌的检验方法

GB 15193.1—1994 食品安全性毒理学评价程序和方法

GB/T 17480—1998 饲料中黄曲霉毒素 B_1 的测定方法 酶联免疫吸附法

QB/T 1803—1993 工业酶制剂通用试验方法

3 术语和定义

下列术语和定义适用于本标准。

3.1

饲料用酶制剂 feed enzyme preparation

是通过产酶微生物发酵工程或含酶的动、植物组织提取技术生产加工而成，具有一种或几种底物清楚的酶催化活性，有助于改善动物对饲料营养成分的消化、吸收等，并有功效的生物学评定依据，符合安全性要求，作饲料添加剂用的酶制剂产品。

4 饲料用酶制剂的分类、酶种和剂型

4.1 饲料用酶制剂的分类

饲料用酶制剂可分为饲料用单一酶制剂、饲料用复合酶制剂和饲料用混合酶制剂。

4.1.1 产品为经过分离、提纯工艺而只含有一种功效酶成分，对饲料中一种成分具有酶催化作用的饲料用酶制剂称为饲料用单一酶制剂。

4.1.2 产品中含有两种或两种以上主要功效酶成分，这些酶是根据饲料原料和动物消化生理的不同而特定复配，对饲料中多种成分具有酶催化作用的饲料用酶制剂称为饲料用复合酶制剂。

4.1.3 产品中含有两种或两种以上主要酶活，对饲料中一些成分具有一定的酶催化作用的饲料用酶制剂称为饲料用混合酶制剂。

4.2 饲料用酶制剂的酶种范围

饲料用酶制剂产品需说明其主要酶种及酶活，可用作饲料用酶制剂的酶种主要有如下几类：

4.2.1 强化动物内源性消化酶的酶种。如：酸性蛋白酶、中性蛋白酶、α-淀粉酶、糖化酶等。

4.2.2 分解非淀粉多糖类抗营养因子的酶种。如：木聚糖酶、β-葡聚糖酶、甘露聚糖酶等。

4.2.3 破坏其他抗营养因子的酶种。如：果胶酶、植酸酶等。

4.3 饲料用酶制剂的剂型

饲料用酶制剂的剂型分为：固体剂型和液体剂型两种。

5 要求

5.1 安全性要求

5.1.1 饲料用酶制剂酶源如来自于含酶的动、植物组织提取途径，则该动、植物组织要求是安全组织。从动、植物可食部分的组织提取的酶制剂用作饲料用酶制剂的酶源，可判定是安全组织。

5.1.2 饲料用酶制剂酶源如来自产酶微生物发酵工程途径，则该产酶微生物发酵菌株要求是安全菌株。同时符合下列三个条件的产酶微生物发酵菌株为安全菌株：

——该菌株是非致病性的(包括动、植物致病性)；

——不产生毒素和其他有害生理活性物质；

——菌种的遗传性稳定，易保存，不易退化，不易遭受噬菌体等的感染。

符合食品添加剂使用的菌株为酶源的发酵菌株可判定为安全菌株。

5.1.3 动、植物组织提取途径及微生物发酵工程途径生产酶源的工艺过程需是安全工艺过程。按食品级酶制剂工艺要求组织酶源生产可判定为安全工艺过程。

5.1.4 凡从动植物非可食部分的组织提取或食品添加剂使用菌株以外的菌株为发酵菌株生产的酶制剂，需按 GB 15193.1—1994 的要求，交由法定机关进行安全性实验，合格后方可用作饲料用酶制剂的酶源；不得使用非安全动植物组织或非安全菌株进行饲料用酶制剂酶源的生产。

5.1.5 工业级酶制剂一般不得直接转作饲料用酶制剂使用，只有符合食品添加剂要求之“优等品”级的工业酶制剂才可以转作饲料用酶制剂的酶源，严禁用硫酸铵沉淀工艺等生产的工业酶制剂转作饲料用酶制剂的酶源。

5.1.6 酶源后处理、复配等生产过程中，所有原、辅料，工艺过程中的添加物均为食品级或饲料级。

5.1.7 生产全过程不得有致病菌、病原菌污染及其他导致非安全产品生产的情况出现。

5.1.8 产品中不应添加抗生素、激素等违禁药物。

5.1.9 饲料用酶制剂产品，对发酵法获得的酶源，需说明酶种的产生菌株及安全性判定的依据；对来自动、植物的酶源，需说明动、植物组织的安全性；生产工艺过程方面需说明符合本标准规定的安全性要求。

5.1.10 饲料用酶制剂产品的卫生指标不得超出本标准规定的范围。

5.2 感官指标

a) 固体剂型：色泽一致，粒度均匀，无发霉变质、结块及异味异臭；

b) 液体剂型：具有一定的色泽和酶的特殊气味，液体均一、无沉淀及异味异臭。

5.3 理化指标

a) 固体剂型应标示：酶活、水分、粒度、混合均匀度四项指标；

b) 液体剂型应标示：酶活、pH、容重三项指标。

5.4 卫生指标

应符合表 1 的规定。

表 1 卫生指标

项　目	指　标
砷(以 As 计)/(mg/kg)	≤3.0
铅(以 Pb 计)/(mg/kg)	≤10.0
镉(以 Cd 计)/(mg/kg)	≤0.5
沙门氏杆菌	不得检出
大肠菌群/(个/100 g)	≤3 000
黄曲霉毒素 B_1/(μg/kg)	≤10
注：若试样是液体剂型，砷、铅、镉的计算结果以毫克每升(mg/L)表示；大肠菌群的计算结果以个每 100 毫升(个/100 mL)表示；黄曲霉毒素 B_1 的计算结果以微克每升(μg/L)表示，指标值与表 1 相同。	

6 检验方法

6.1 感官

称取试样 50 g(或 50 mL)，用肉眼观察、鼻子嗅闻、手触摸。

6.2 酶活

按相关标准执行。

6.3 水分

按 GB/T 6435—1986 执行。

6.4 粒度

按 GB/T 5917—1986 执行。

6.5 混合均匀度

6.5.1 测定方法

在同批产品的不同部位抽取 10 个样品，每个样品量 50 g。该 10 个样品的布点必须考虑各方位深度、袋数或料流的代表性，但每个样品必须由一点集中取出，取样前不允许有任何翻动和混合。每个样品在化验室充分混合，以四分法从中分取 10 g 试样，测其代表性酶的酶活，然后算出其变异系数。

6.5.2 测定结果的计算

平均值 $\overline{x}$ 由式(1)给出：

$$\overline{x}=\frac{x_1+x_2+x_3+\cdots\cdots+x_{10}}{10} \quad \cdots\cdots(1)$$

标准差 S 由式(2)、式(3)给出：

$$S=\sqrt{\frac{(x_1-\overline{x})^2+(x_2-\overline{x})^2+(x_3-\overline{x})^2+\cdots\cdots+(x_{10}-\overline{x})^2}{10-1}} \quad \cdots\cdots(2)$$

或

$$S=\sqrt{\frac{x_1^2+x_2^2+x_3^2+\cdots\cdots+x_{10}^2-10\overline{x}^2}{10-1}} \quad \cdots\cdots(3)$$

变异系数 CV 由式(4)给出：

$$CV(\%)=\frac{S}{\overline{x}}\times 100 \quad \cdots\cdots(4)$$

式中：

x_1、x_2、x_3……x_{10}——各次测定的酶活；

$\overline{x}$——酶活的平均值；

S——标准差。

6.6 pH 值

按 QB/T 1803—1993 中 pH 值的测定方法执行。

6.7 容重

按 QB/T 1803—1993 中容重的测定方法执行。

6.8 砷

按 GB/T 13079—1999 执行。

6.9 铅

按 GB/T 13080—1991 执行。

6.10 镉

按 GB/T 13082—1991 执行。

6.11 沙门氏杆菌

按 GB/T 13091—1991 执行。

6.12 大肠菌群

按 GB/T 4789.3—1994 执行。

6.13 黄曲霉毒素 B_1

按 GB/T 17480—1998 执行。

7 检验规则

7.1 批次

生产厂以每一班次生产且经包装的、具有同样工艺条件、同一产品名称、批号、规格的产品为一个批次。

7.2 取样方法

从每批产品的包装中随机抽取。用清洁适用的取样工具伸入所取样品的四分之三深处，用交叉法取出足够量的样品，将采得的样品充分混合均匀按四分法缩分至 250 g，平分装入两个清洁、干燥的具塞样品瓶或密封袋中，贴上标签，注明生产厂名称、产品名称、批号、取样日期等。

按批取样，每批产品抽样两份。每份抽样量应不少于检验所需样品的八倍量。样品装入样品瓶或密封袋中，一份送化验室用于检验，另一份密封避光保存，作留样观察用。

7.3 出厂检验

7.3.1 出厂检验项目

a) 固体剂型：感官指标、酶活、水分、粒度及包装。

b) 液体剂型：感官指标、酶活、pH、容重及包装。

7.3.2 判定方法

对抽取的样品按出厂检验项目进行检验，如果检验结果中有任何一项指标不合格时，应重新取样进行复检，取样范围或样品数量是第一次的两倍，复检结果中仍有指标不合格，则整批产品则判为不合格，不能出库。

7.3.3 每批产品应由生产厂质量检验部门进行出厂检验，只有检验合格后方可签发合格证出厂。

7.4 型式检验

7.4.1 型式检验项目：第 5 章感官指标、理化指标、卫生指标的全部项目。

7.4.2 有下列情况之一时，应进行型式检验：

a) 审发生产许可证、产品批准文号时；

b) 法定质检部门提出要求时；

c) 原辅材料、工艺过程及主要设备有较大变化时；

d) 停产三个月以上，恢复生产时。

7.4.3 判定方法:对抽取的样品按型式检验项目进行检验,如果检验结果中有任何一项指标不合格时,应重新取样进行复检,取样范围或样品数量是第一次的两倍,复检结果中仍有指标不合格,则判为不合格。

8 标志、标签、包装、运输和贮存

8.1 标志

产品外包装需注明:品名、规格、注册商标、生产厂家等,并采用鲜明的饲料标签和检验合格证。

8.2 标签

产品标签按 GB 10648 执行。

8.3 包装

产品包装需具备:密封、防水、避光、牢固。

8.4 运输

产品含有生物活性物质,光线、温度、湿度易引起失活。产品在运输过程中需有遮盖物,避免曝晒、雨淋及受热,搬运装卸小心轻放,不得与有毒有害或其他污染物品混装混运。

8.5 贮存

产品需于阴凉、干燥、避光处贮存。贮存仓库需保持清洁、阴凉、干燥、通风,防受热、受潮。

ICS 65.120
B 20

中华人民共和国农业行业标准

NY/T 723—2003

饲 料 级 碘 酸 钾

Potassium iodate for feed

2003-12-01 发布

2004-03-01 实施

中华人民共和国农业部 发布

前　言

饲料级碘酸钾标准是在参阅美国食用化学品法典(F.C.C1996年第四版)等标准及文献的基础上，经大量的实验研究制定的。

本标准由农业部市场经济与信息司提出。

本标准由农业部畜牧兽医局归口。

本标准由农业部饲料质量监督检验测试中心(西安)负责起草。

本标准主要起草人:忽桂香、李胜、李会玲、赵彩会、陈莉、韩永健、姚军虎。

饲 料 级 碘 酸 钾

1 范围

本标准规定了饲料级碘酸钾的技术要求、试验方法、检验规则、标志、包装、运输和贮存。

本标准适用于氯酸钾氧化法等生产的饲料级碘酸钾。本品添加在饲料中作为碘的补充剂。

2 规范性引用文件

下列文件中的条款通过本标准的引用而成为本标准的条款。凡是注日期的引用文件，其随后所有的修改单(不包括勘误的内容)或修订版均不适用于本标准，然而，鼓励根据本标准达成协议的各方研究是否可使用这些文件的最新版本。凡是不注日期的引用文件，其最新版本适用于本标准。

GB/T 601 化学试剂 滴定分析(容量分析)用标准溶液的制备

GB/T 602 化学试剂 杂质测定用标准溶液的制备

GB/T 603 化学试剂 试验方法中所用制剂及制品的制备

GB/T 6435 饲料水分的测定方法

GB 10648 饲料标签

GB/T 14699.1 饲料采样方法

3 要求

3.1 外观和性状

本品为无色或白色结晶粉末，无臭味，溶于水，难溶于乙醇。

样品水溶液(1+20)的 pH 值是 5.0～7.0。

3.2 技术指标

技术指标应符合表 1 要求。

表 1 技术指标

%

指 标 名 称	指 标
碘酸钾(KIO_3)	≥99.0
碘酸钾(以 I 计)	≥58.7
总砷(As)	≤0.000 3
重金属(以 Pb 计)	≤0.001
氯酸盐	≤0.01
干燥失重	≤0.5

4 试验方法

本标准所用试剂、水及仪器，在没有注明其他要求时，均使用分析纯试剂和蒸馏水或相应纯度的水，及一般实验室仪器。

测定中所需标准溶液、杂质标准溶液、制剂和制品，在没有注明其他标准时，均按 GB/T 601、GB/T 602和 GB/T 603 之规定制备。

安全提示：本标准试验操作中需使用一些强酸，故需小心谨慎，避免溅到皮肤上。在使用挥发性试

剂时，需在通风橱中进行。

4.1 外观和性状

感官评定，应符合3.1要求。

4.2 pH测定

4.2.1 仪器设备

酸度计。

4.2.2 测定方法

称取1 g（准确至0.01 g），置于50 mL烧杯中，加水20 mL使溶解，用酸度计测其pH值为5.0～7.0。

4.3 鉴别

4.3.1 试剂和溶液

4.3.1.1 盐酸。

4.3.1.2 亚磷酸溶液（1＋4）。

4.3.1.3 淀粉指示液：取可溶性淀粉0.5 g，加水5 mL搅匀后，缓缓倾入100 mL沸水中，并不时搅拌，煮沸至半透明为止，倾取上层清液即得。

4.3.2 鉴别方法

4.3.2.1 称取本品1 g溶于20 mL水中，取1 mL该试液，加两滴淀粉指示液及数滴亚磷酸溶液（4.3.1.2），此液呈蓝色。

4.3.2.2 取铂丝，用盐酸润湿后在无色火焰中灼烧至无色，蘸取试样，在无色火焰中灼烧，火焰即显紫色，但含少量钠盐时，需在蓝色钴玻璃下透视方能辨认。

4.4 碘酸钾含量的测定

4.4.1 原理

在酸性溶液中，碘酸根离子被碘离子还原成游离碘，然后用硫代硫酸钠标准溶液进行滴定，硫代硫酸钠将游离碘还原成碘离子，以淀粉溶液为指示液，根据颜色变化判断反应终点。

4.4.2 试剂和溶液

4.4.2.1 碘化钾。

4.4.2.2 盐酸溶液：（1＋4）。

4.4.2.3 淀粉指示液：按4.3.1.3配制。

4.4.2.4 硫代硫酸钠标准滴定溶液：$c(Na_2S_2O_3)$约为0.1 mol/L。

4.4.3 测定方法

称取0.8 g试样，称准至0.000 1 g，置250 mL容量瓶中，加水溶解并稀释至刻度，摇匀。移取25.00 mL置碘量瓶中，加2 g碘化钾，10 mL盐酸溶液，立即塞上塞子暗处放置5 min，加水100 mL，用硫代硫酸钠标准滴定溶液（4.4.2.4）滴定，近终点时，加2 mL淀粉指示液，继续滴定至蓝色消失，即为终点。同时作空白试验。

4.4.4 分析结果计算

以质量分数表示的碘酸钾（以KIO_3计）含量按式（1）计算：

$$X_1 = \frac{c(V-V_0)\times 0.035\,67}{m\times\frac{25}{250}}\times 100 = \frac{c(V-V_0)\times 35.67}{m} \quad\cdots\cdots\cdots(1)$$

以质量分数表示的碘酸钾（以I计）含量按式（2）计算：

$$X_2 = \frac{c(V-V_0)\times 0.021\,15}{m\times\frac{25}{250}}\times 100 = \frac{c(V-V_0)\times 21.15}{m} \quad\cdots\cdots\cdots(2)$$

式中：

X_1——试样中碘酸钾(以 KIO_3 计)的含量，%；

X_2——试样中碘酸钾(以 I 计)的含量，%；

c——硫代硫酸钠标准滴定溶液的浓度，单位为摩尔每升(mol/L)；

V——滴定试验溶液所消耗的硫代硫酸钠标准滴定溶液体积，单位为毫升(mL)；

V_0——滴定空白试验所消耗的硫代硫酸钠标准滴定溶液体积，单位为毫升(mL)；

m——试样质量，单位为克(g)；

0.035 67——与 1.00 mL 硫代硫酸钠标准滴定溶液[$c(Na_2S_2O_3)=1.000$ mol/L]相当的，以克表示的碘酸钾(KIO_3)的质量；

0.021 15——与 1.00 mL 硫代硫酸钠标准滴定溶液[$c(Na_2S_2O_3)=1.000$ mol/L]相当的，以克表示的碘(I)的质量。

4.4.5 结果表示

取平行测定结果的算术平均值为测定结果，结果表示到小数点后一位，相对偏差不大于 1%。

4.5 砷含量的测定(银盐法)

4.5.1 方法提要

试样经酸消解，碘化钾、氯化亚锡将高价砷还原为三价砷，然后与锌粒和酸反应生成的新生态氢作用生成砷化氢，经银盐溶液吸收后，形成棕红色络合物，用分光光度计在波长 522 nm 处测其吸光度。

4.5.2 试剂和溶液

4.5.2.1 盐酸。

4.5.2.2 高氯酸。

4.5.2.3 硫酸溶液(1+1)。

4.5.2.4 硝酸。

4.5.2.5 三氯甲烷。

4.5.2.6 无砷锌粒。

4.5.2.7 碘化钾溶液：150 g/L，150 g 碘化钾溶于水，定容至 1 000 mL，储存于棕色瓶中。

4.5.2.8 氯化亚锡溶液：400 g/L，400 g 氯化亚锡($SnCl_2 \cdot 2H_2O$)定容于 1 000 mL 浓盐酸中。

4.5.2.9 盐酸溶液：1 mol/L，量取 84 mL 盐酸，加水至 1 000 mL。

4.5.2.10 乙酸铅棉花：将医用脱脂棉在乙酸铅溶液(100 g/L)中浸泡约 1 h，压除多余溶液，自然晾干，或在 90℃～100℃烘干，保存于密闭瓶中。

4.5.2.11 砷吸收液[二乙氨基二硫代甲酸银(Ag-DDTC)-三乙胺-三氯甲烷吸收溶液]：2.5 g/L，称取 2.5 g(精确到 0.000 2 g)Ag-DDTC 于干燥的烧杯中，加适量三氯甲烷待完全溶解后，转入 1 000 mL 容量瓶中，加入 20 mL 三乙胺，用三氯甲烷定容，于棕色瓶中存放在冷暗处。若有沉淀应过滤后使用。

4.5.2.12 砷标准储备溶液：1.0 mg/mL，精确称取 0.660 0 g 三氧化二砷(110℃，干燥 2 h)，加 5 mL 氢氧化钠溶液(200 g/L)使之溶解，然后加入 25 mL 硫酸溶液(60 ml/L)中和，定容至 500 mL。此溶液每毫升含 1.00 mg 砷，于塑料瓶中冷贮。

4.5.2.13 1.0 μg/mL 砷标准工作溶液：准确吸取 5.00 mL 砷标准储备溶液(4.5.2.12)于 100 mL 容量瓶中，加水定容，此溶液含砷50 μg/mL。

准确吸取 50 μg/mL 砷标准溶液 2.00 mL，于 100 mL 容量瓶中，加 1 mL 盐酸，加水定容，摇匀，此溶液含砷 1.0 μg/mg。

4.5.3 仪器和设备

4.5.3.1 分光光度计。

4.5.3.2 砷发生装置：锥形瓶、导气管、吸收瓶(见图 1)。

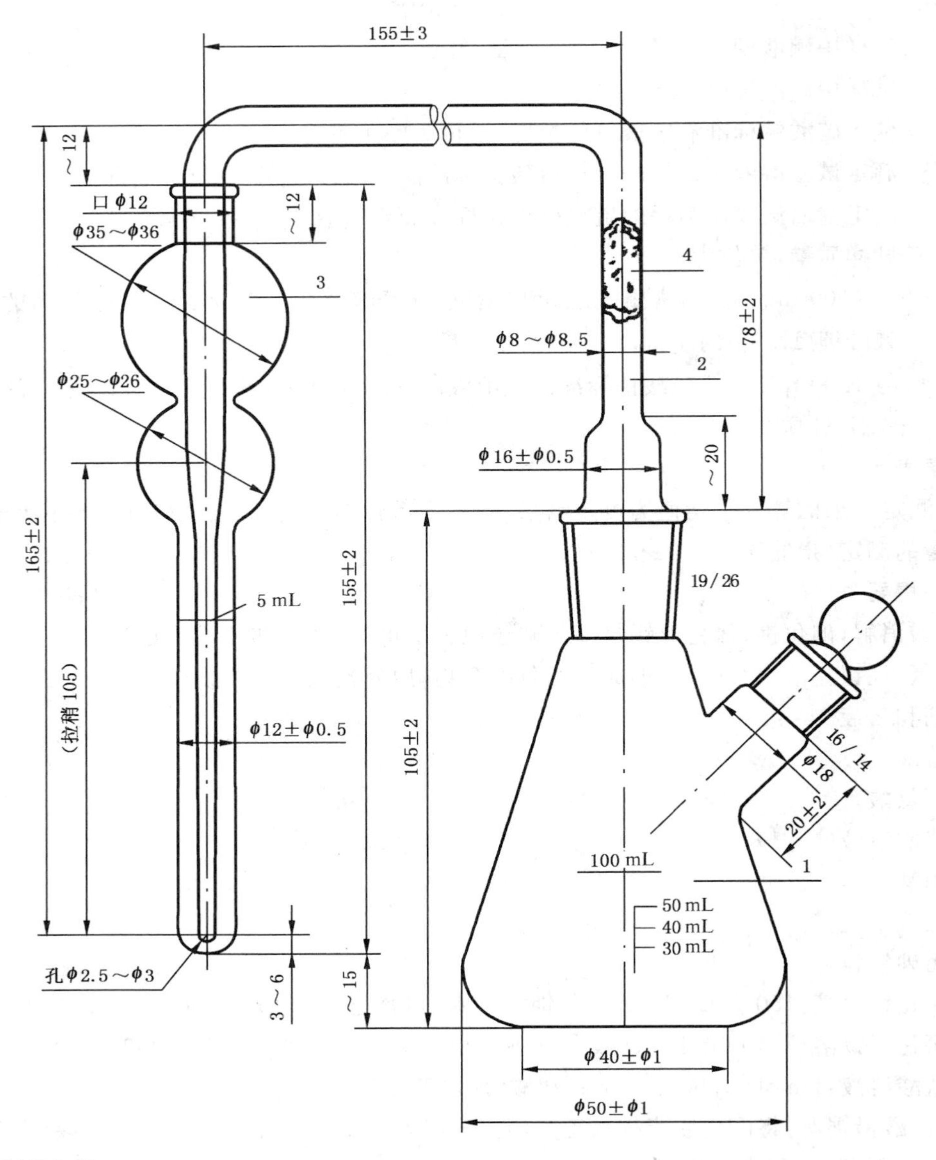

1——砷化氢发生器；

2——导气管；

3——吸收瓶；

4——乙酸铅棉花。

图 1　砷化氢发生及吸收装置

4.5.4　测定步骤

4.5.4.1　试样处理

称取试样 3 g～5 g,(精确至 0.001 g)于 250 mL 三角瓶中,加水少许润湿试样,然后加入 20 mL 硝酸,5 mL 硫酸,瓶口插漏斗,放置 4 h,加入 5 mL 高氯酸,置加热板上消化。随消化时间的延长而逐渐升温,待消化液产生紫色及排出紫色气体时,继续升温消化,直至瓶内消化液完全变白后取下,放冷。加 10 mL 1 mol/L 盐酸溶液煮沸溶解,放冷后移入 50 mL 容量瓶中,加水至刻度,摇匀待测。同时制备试剂空白液。

4.5.4.2　标准曲线绘制

准确吸取砷标准工作溶液(1.0 μg/mL)0.00 mL、1.00 mL、2.00 mL、4.00 mL、6.00 mL、

8.00 mL,分别置砷发生器的锥形瓶中,加水至 40 mL。加入 10 mL 1∶1 硫酸溶液,2 mL 碘化钾溶液(4.5.2.7),摇匀,1 mL 氯化亚锡溶液(4.5.2.8),摇匀,静置 15 min。加 3 g 无砷锌粒,迅速插上装有乙酸铅棉花的导气管,使管尖插入盛有 5 mL 吸收液的刻度试管的液面下,使产生的砷化氢气体通入吸收液中。常温反应 45 min,取下吸收管,补加三氯甲烷至 5 mL,摇匀。将溶液倒入 1 cm 比色杯中,于波长 522 nm 处测吸光度。以砷含量为横坐标,吸光度为纵坐标,绘制标准曲线。

4.5.4.3 样品测定

精确吸收一定量的试样消化液(4.5.4.1)及试剂空白液于砷发生器的锥形瓶中,加水至 40 mL,按绘制标准曲线的步骤,测出相应的吸光度,与标准曲线比较求出试样中砷含量。

4.5.5 测定结果

4.5.5.1 计算公式

以质量分数表示的砷含量(%)按式(3)计算:

$$X_{As}=\frac{V_1(m_1-m_2)}{m\cdot V_2}\times 10^{-4} \quad \cdots\cdots(3)$$

式中:

X_{As}——试样中砷含量,%;

m——试样质量,单位为克(g);

V_1——试样消化液总体积,单位为毫升(mL);

V_2——测定用试样消化液体积,单位为毫升(mL);

m_1——测定用试样消化液中砷的质量,单位为微克(μg);

m_2——空白试液中砷的质量,单位为微克(μg)。

4.5.5.2 结果表示

每个样品应做平行样,以其算术平均值为分析结果,结果表示至小数点后两位。当每千克试样中含砷量大于等于 1.0 μg 时,结果取三位有效数字。

4.5.5.3 允许差

分析结果的相对偏差,应符合表 2 要求。

表 2 要求

每千克碘酸钾中含砷量/mg	允许相对偏差/(%)
≤1.00	≤20
1.01~5.00	≤10
5.01~10.00	≤5
≥10.01	≤3

4.6 铅含量的测定(原子吸收光谱法)

4.6.1 方法提要

样品经消解处理后,再经萃取分离,然后导入原子吸收分光光度计中,原子化后测其在 283.3 nm 处的吸光度,与标准系列比较定量。

4.6.2 试剂和溶液

4.6.2.1 硝酸。

4.6.2.2 硫酸。

4.6.2.3 高氯酸。

4.6.2.4 甲基异丁酮。

4.6.2.5 盐酸溶液:同 4.5.2.9。

4.6.2.6 碘化钾溶液:浓度 $c(KI)$ 为 1 mol/L。称取 166 g 碘化钾,溶于 1 000 mL 水中,储存于棕色瓶中。

4.6.2.7 抗坏血酸溶液:50 g/L。称取 5.0 g 抗坏血酸,溶于水中,稀释至 100 mL,储存于棕色瓶中。

4.6.2.8 铅标准工作液:1.0 μg/mL。用铅标准溶液(1 000 μg/mL)稀释即可。

4.6.3 仪器和设备

4.6.3.1 原子吸收分光光度计。

4.6.3.2 铅空心阴极灯。

4.6.4 测定步骤

4.6.4.1 试样处理

称取试样 5 g(精确至 0.001 g)于 250 mL 三角瓶中,加水少许,湿润试样,然后加入 20 mL 硝酸,5 mL硫酸,瓶口插漏斗,放置 4 h,加入 5 mL 高氯酸,置加热板上消化。随消化时间的延长而逐渐升温,待消化液产生紫色及排出紫色气体时,继续升温消化。直至瓶内消化液完全变白后取下,放冷。加 10 mL盐酸溶液(4.5.2.9)煮沸溶解,放冷后移入 50 mL 容量瓶中,加水至刻度,摇匀,待用。

同时制备试剂空白溶液。

4.6.4.2 标准曲线绘制

精确移取 0 mL、4 mL、8 mL、12 mL、16 mL、20 mL 的铅标准工作液(4.6.2.8)于 25 mL 容量瓶中,加水至 20 mL,准确加入 2 mL 碘化钾溶液(4.6.2.6),振动摇匀;加入 1 mL 抗坏血酸溶液(4.6.2.7),振动摇匀;准确加入 2 mL 甲基异丁酮溶液,激烈振动 3 min,静置萃取后,将有机相导入原子吸收分光光度计,在 283.3 nm 波长处测定吸光度。以吸光度为纵坐标,铅含量为横坐标,绘制标准曲线。

4.6.4.3 试样测定

分别精确吸取 5 mL~10 mL 消化液和试剂空白液于 25 mL 容量瓶中,按绘制标准曲线的步骤进行测定,测出相应吸光度值和标准曲线比较定量。

4.6.5 测定结果

4.6.5.1 计算公式

以质量分数表示的铅含量(%)按式(4)计算:

$$X_{Pb} = \frac{V_1(m_1 - m_2)}{m \cdot V_2} \times 10^{-4} \qquad \cdots\cdots(4)$$

式中:

X_{Pb}——试样中铅含量,%;

m——试样质量,单位为克(g);

V_1——试样消化液总体积,单位为毫升(mL);

V_2——测定用试样消化液体积,单位为毫升(mL);

m_1——测定用试样消化液中铅的质量,单位为微克(μg);

m_2——空白试液中铅的质量,单位为微克(μg)。

4.6.5.2 结果表示

每个样品应做平行样,以其算术平均值为分析结果,结果表示至小数点后两位。

4.6.5.3 允许差

分析结果的相对偏差,应符合表 3 要求。

表 3 要求

每千克碘酸钾中含铅量/mg	允许相对偏差/(%)
≤5.00	≤20
5.01~15.00	≤15
15.01~30.00	≤10
≥30.01	≤5

4.7 水分的测定

按 GB/T 6435 执行。

4.8 **氯酸盐的测定**

4.8.1 试剂和材料:硫酸。

4.8.2 测定步骤:称取1.0 g±0.1 g试样,放入白色瓷皿中加2 mL硫酸放置10 min,应仍显白色,不得有颜色和气体产生。

5 检验规则

5.1 出厂检验:产品出厂时应检验干燥失重和主成分含量。

5.2 型式检验:本标准规定的全部要求为型式检验项目,当产品投产或原材料更换或监督抽查或停产半年以上重新生产时,须进行型式检验。

5.3 饲料级碘酸钾应由生产厂的质量检验部门按本标准的规定进行检验,生产厂应保证所有出厂产品符合本标准要求。每批出厂产品都应附有产品合格证。

5.4 使用单位有权按照本标准的规定对所收到的饲料级碘酸钾产品进行验收。

5.5 采样方法:按GB/T 14699.1执行。

5.6 判定规则:若检验结果有一项指标不符合本标准要求时,则应加倍抽样进行复验,复验结果仍有一项指标不符合本标准要求时,则整批产品判为不合格品。

6 标志、包装、运输和贮存

6.1 **标志**

包装上应有警示符及“不能直接接触皮肤、眼睛”字样。

标签

标签按GB 10648执行。

6.2 **包装**

包装物用棕色或不透光塑料袋、木桶内衬黑色塑料袋热塑封口包装,外包装以纸箱、木箱、木桶包装。

6.3 **运输**

产品在运输过程中应有遮盖物,防止日晒雨淋,严禁碰撞,防止包装物破损、严禁与有毒有害物质混运。

6.4 **贮存**

本产品应贮存在清洁、通风、干燥、阴凉的地方,严禁与有毒有害物品混贮。

中华人民共和国医药行业标准

饲料添加剂 磺胺喹噁啉

YY 0041—91

1 主题内容与适用范围

本标准规定了饲料添加剂磺胺喹噁啉产品的技术要求、试验方法、检验规则、标志、包装、运输与贮存的要求。

本标准适用于化学合成法制得的磺胺喹噁啉。本品在饲料工业中作为饲料添加剂。

结构式：

（喹噁啉-2-基）—$NHSO_2$—（苯环）—NH_2

化学名称：N^1-喹噁啉-2-磺酰胺（N^1-quinoxalin-2-ylsulphanilamide）

分子式：$C_{14}H_{12}N_4O_2S$

分子量：300.33（采用1987年国际原子量）

2 引用标准

中华人民共和国药典 1990年版 二部

3 技术要求

3.1 性状：本品为淡黄色或黄色结晶或粉末，无臭，本品遇光颜色逐渐变深。

本品在丙酮中微溶，在乙醇中极微溶解，在水中几乎不溶，在氢氧化钠或碳酸钠溶液中溶解。

3.2 项目和指标

项目		指标
含量（以 $C_{14}H_{12}N_4O_2S$ 计），%	≥	98.0
熔点（融熔同时分解），℃	≥	244
酸度（每1g样品消耗0.1mol/L氢氧化钠液），mL	≤	0.2
干燥失重，%	≤	1.0
炽灼残渣，%	≤	0.10
重金属（以Pb计），%	≤	0.002

4 试验方法

除特殊规定外，试验中所用试剂标准均为分析纯试剂，水为蒸馏水或同等纯度的水，溶液为水溶液。

4.1 试剂和材料

国家医药管理局1991-05-14批准　　1992-01-01实施

4.1.1　盐酸(GB 622)。

4.1.2　硫酸(GB 625)。

4.1.3　乙酸(冰醋酸)(GB 676)。

4.1.4　稀盐酸:10%溶液(m/V)。

4.1.5　稀乙酸:6%溶液(m/V)。

4.1.6　氨试液:取氨水(GB 631)400mL,加水至1 000mL,即得。

4.1.7　硫酸铜试液:取硫酸铜(GB 655)12.5g,加水至100mL使溶,即得。

4.1.8　氢氧化钠试液:取氢氧化钠(GB 629)4.3g,加水至100mL使溶,即得。

4.1.9　硫化氢试液:饱和硫化氢水溶液,在室温下新鲜配制。

4.1.10　碱性β-萘酚试液:称取β-萘酚0.25g,加氢氧化钠(GB 629)溶液(10%)使溶解,临用时新鲜配制。

4.1.11　氢氧化钠标准滴定溶液(0.1mol/L)配制与标定:取氢氧化钠(GB 629),采用中华人民共和国药典1990年版二部附录"滴定液"中规定的方法配制与标定。

4.1.12　亚硝酸钠标准滴定溶液(0.1mol/L)配制与标定:取亚硝酸钠(GB 633)、无水碳酸钠(GB 1255)及无水对氨基苯磺酸(GB 1261),采用中华人民共和国药典1990年版二部附录"滴定液"中规定的方法配制与标定。

4.1.13　标准铅溶液的制备:取高纯硝酸铅(HG 3—1309)、硝酸(GB 625),采用中华人民共和国药典1990年版二部附录"重金属检查法"中的"标准铅溶液的制备"中规定的方法制备。

4.1.14　含锌碘化钾淀粉指示液:取碘化钾(GB 1272)、氯化锌(HG 3—947),采用中华人民共和国药典1990年版二部附录"指示剂与指示液"中规定的方法配制,本液应在凉处密闭保存。

4.1.15　甲基红指示液:取甲基红(HG 3—958)0.1g,加氢氧化钠标准滴定溶液(0.05mol/L)7.4mL使溶解,加水稀释至200mL。

4.1.16　酚酞指示液:取酚酞(GB 10729)1g,加95%乙醇(GB 679)100mL溶解,即得。

4.1.17　碎冰。

4.2　仪器设备

除特殊规定外,仪器为一般实验室仪器。

4.3　鉴别试验

4.3.1　本品的红外光吸收图谱应与对照品图谱一致。

4.3.2　称取样品0.05g,加稀盐酸(4.1.4)4mL,温热溶解,放冷,加亚硝酸钠标准滴定溶液(0.1mol/L)数滴,滴加碱性β-萘酚试液数滴,溶液应呈黄红色。

4.3.3　称取样品0.02g,加水5mL,边搅拌边滴加氢氧化钠试液,溶解后,再加硫酸铜试液2~3滴,应生成黄色沉淀。

4.4　含量测定

4.4.1　测定方法

称取经干燥至恒重的样品0.500 0g,精确至0.000 2g,置烧杯中,加乙酸(4.1.3)75mL、盐酸(4.1.1)8mL、水25mL溶解后,冷却至15℃,加碎冰25g,将滴定管尖端插入被滴定液面下约1cm处,用亚硝酸钠标准滴定溶液(0.1mol/L)进行快速滴定,并不断振摇,滴定至近终点时,将滴定管尖端提出液面,缓缓滴定至蘸有被滴定液的玻璃棒划在涂有含锌碘化钾淀粉指示液的瓷板上时,立即显现蓝色条痕,1min后再试,仍显蓝色条痕,即为终点。

4.4.2　分析结果的表述

磺胺喹噁啉含量以质量百分数表示,由式(1)给出:

$$X_1(\%)=\frac{V \cdot c \times 0.3003}{m}\times 100 \quad \cdots\cdots (1)$$

式中：V——样品消耗亚硝酸钠标准滴定溶液(0.1mol/L)的体积，mL；

c——亚硝酸钠标准滴定溶液的实际浓度，mol/L；

m——样品的质量，g；

0.300 3——与1.00mL亚硝酸钠标准滴定溶液〔$c(NaNO_2)=0.1000$mol/L〕相当的、以克表示的磺胺喹噁啉的质量。所得结果应表示至二位小数。

4.4.3 允许误差

本方法的相对偏差允许等于或小于0.3%。

4.5 熔点的测定

采用中华人民共和国药典1990年版二部附录"熔点测定法"中规定的方法测定。

4.6 酸度的测定

称取样品约1.0g，精确至0.001g，加水50mL，在70℃加热5min，迅速冷却至室温，过滤，分取滤液25mL，加甲基红指示液2滴，加氢氧化钠标准滴定溶液(1.0mol/L)0.5mL，溶液应呈黄色。

4.7 干燥失重的测定

4.7.1 测定方法

称取样品1.000g，精确至0.000 2g，置于已恒重的称量瓶中，放置105℃恒温烘箱中，打开称量瓶盖，干燥4h取出，放入干燥器内冷却至室温称至恒重。

4.7.2 试验结果的表述

干燥失重以质量百分数表示，由式(2)给出：

$$X_2(\%)=\frac{m_1}{m_2}\times 100 \quad \cdots\cdots (2)$$

式中：m_1——样品干燥后失去的质量，g；

m_2——样品的质量，g。

4.8 炽灼残渣的测定

4.8.1 测定方法

采用中华人民共和国药典1990年版二部附录"炽灼残渣检查法"中规定的方法测定。

4.8.2 试验结果的表述

炽灼残渣以质量百分数表示，由式(3)给出：

$$X_3(\%)=\frac{m_3-m_4}{m_5}\times 100 \quad \cdots\cdots (3)$$

式中：m_3——坩埚与残渣总质量，g；

m_4——坩埚的质量，g；

m_5——样品的质量，g。

4.9 重金属的测定

称取样品约1g，精确至0.001g，采用中华人民共和国药典1990年版二部附录"重金属检查第二法"中规定的方法测定，与标准铅溶液2mL制成的对照液比较，不得更深。

5 检验规则

5.1 本品应由生产厂的质量检验部门进行检验，生产厂保证所有出厂的产品均符合本标准的要求，每批出厂的产品都应附有质量证明书。

5.2 使用单位可按照本标准规定的检验规则和试验方法对所收到的产品进行质量检验，检验其是否符合本标准的要求。

5.3 取样方法

用适当的取样工具伸入每件的四分之三深处，取足够量的样品均匀混合，用四分法缩分后，分取三倍检验量的样品置清洁、干燥的样品瓶中，贴上标签，注明制造厂名、产品名称、批号及取样日期。

5.4 如果在检验中有一项指标不符合本标准要求时，应重新取样，取样量是第一次的两倍量进行复验，重新检验结果即使有一项指标不符合本标准要求时，则整批产品不能验收。

5.5 如供需双方对产品质量发生异议时，可由双方商请仲裁单位按照本标准规定的检验规则和试验方法进行仲裁。

6 标志、包装、运输和贮存

6.1 磺胺喹噁啉标签上应写明制造厂名、产品名称、批准文号、产品批号、净重等。并应注明"饲料添加剂"字样。

6.2 磺胺喹噁啉装于适宜的避光容器中，密封保存，包装应符合运输及贮藏的要求。每件装量可根据用户要求。

6.3 运输过程中应避免日晒雨淋、受热及撞击、不得与有毒有害物质混装、混运。

6.4 磺胺喹噁啉应贮存于遮光干燥处，防止受潮受热。

6.5 原包装负责期不少于三年。

附加说明：

本标准由国家医药管理局提出。

本标准由中国医药工业公司、全国饲料工业技术标准化委员会技术归口。

本标准由上海第二制药厂负责起草。

本标准主要起草人孙玉珍。

国内相关法律、法规和规章

饲料生产企业许可条件
（中华人民共和国农业部公告第1849号）

第一章　总　　则

第一条　为加强饲料生产许可管理，保障饲料质量安全，根据《饲料和饲料添加剂管理条例》、《饲料和饲料添加剂生产许可管理办法》，制定本条件。

第二条　设立添加剂预混合饲料、浓缩饲料、配合饲料和精料补充料生产企业，应当符合本条件。

第二章　机构与人员

第三条　企业应当设立技术、生产、质量、销售、采购等管理机构。技术、生产、质量机构应当配备专职负责人，并不得互相兼任。

第四条　技术机构负责人应当具备畜牧、兽医、水产等相关专业大专以上学历或中级以上技术职称，熟悉饲料法规、动物营养、产品配方设计等专业知识，并通过现场考核。

第五条　生产机构负责人应当具备畜牧、兽医、水产、食品、机械、化工与制药等相关专业大专以上学历或中级以上技术职称，熟悉饲料法规、饲料加工技术与设备、生产过程控制、生产管理等专业知识，并通过现场考核。

第六条　质量机构负责人应当具备畜牧、兽医、水产、食品、化工与制药、生物科学等相关专业大专以上学历或中级以上技术职称，熟悉饲料法规、原料与产品质量控制、原料与产品检验、产品质量管理等专业知识，并通过现场考核。

第七条　销售和采购机构负责人应当熟悉饲料法规，并通过现场考核。

第八条　企业应当配备2名以上专职饲料检验化验员。饲料检验化验员应当取得农业部职业技能鉴定机构颁发的职业资格证书，并通过现场操作技能考核。

企业的饲料厂中央控制室操作工、饲料加工设备维修工应当取得农业部职业技能鉴定机构颁发的职业资格证书。

第三章　厂区、布局与设施

第九条　企业应当独立设置厂区，厂区周围没有影响饲料产品质量安全的污染源。

厂区应当布局合理，生产区与生活、办公等区域分开。厂区整洁卫生，道路和作业场所应当采用混凝土或沥青硬化，生活、办公等区域有密闭式生活垃圾收集设施。

第十条　生产区应当按照生产工序合理布局，固态添加剂预混合饲料、浓缩饲料、配合饲料、精料补充料有相对独立的、与生产规模相匹配的生产车间、原料库、配料间和成品库。

液态添加剂预混合饲料有与生产规模相匹配的前处理间、配料间、生产车间、罐装间、外包装间、原料库、成品库。

固态添加剂预混合饲料生产区总使用面积不低于500平方米；液态添加剂预混合饲料生产区总使用面积不低于350平方米；浓缩饲料、配合饲料、精料补充料生产区总使用面积不低于1 000平方米。

第十一条　添加剂预混合饲料生产线应当单独设立，生产设备不得与配合饲料、浓缩饲料、精料补充料生产线共用。

同时生产固态和液态添加剂预混合饲料的，生产车间应当分别设立。

同时生产添加剂预混合饲料和混合型饲料添加剂的，生产车间应当分别设立，且生产设备不得共用。

第十二条 生产区建筑物通风和采光良好，自然采光设施应当有防雨功能，人工采光灯具应当有防爆功能。

第十三条 厂区内应当配备必要的消防设施或设备。

第十四条 厂区内应当有完善的排水系统，排水系统入口处有防堵塞装置，出口处有防止动物侵入装置。

第十五条 存在安全风险的设备和设施，应当设置警示标识和防护设施：

(一) 配电柜、配电箱有警示标识，生产区电源开关有防爆功能；

(二) 高温设备和设施有隔热层和警示标识；

(三) 压力容器有安全防护装置；

(四) 设备传动装置有防护罩；

(五) 投料地坑入口处有完整的栅栏，车间内吊物孔有坚固的盖板或四周有防护栏，所有设备维修平台、操作平台和爬梯有防护栏。

企业应当为生产区作业人员配备劳动保护用品。

第十六条 企业仓储设施应当符合以下条件：

(一) 满足原料、成品、包装材料、备品备件贮存要求，并具有防霉、防潮、防鸟、防鼠等功能；

(二) 存放维生素、微生物添加剂和酶制剂等热敏物质的贮存间密闭性能良好，并配备空调；

(三) 亚硒酸钠等按危险化学品管理的饲料添加剂应当有独立的贮存间或贮存柜；

(四) 药物饲料添加剂应当有独立的贮存间；

(五) 具有立筒仓的生产企业，立筒仓应当配备通风系统和温度监测装置。

第四章　工艺与设备

第十七条 固态添加剂预混合饲料生产企业应当符合以下条件：

(一) 复合预混合饲料和微量元素预混合饲料生产企业的设计生产能力不小于 2.5 吨/小时，混合机容积不小于 0.5 立方米；维生素预混合饲料生产企业的设计生产能力不小于 1 吨/小时，混合机容积不小于 0.25 立方米；

(二) 配备成套加工机组(包括原料提升、混合和自动包装等设备)，并具有完整的除尘系统和电控系统；

(三) 有两台以上混合机，混合机(含混合机缓冲仓)与物料接触部分使用不锈钢制造，混合机的混合均匀度变异系数不大于 5%；

(四) 生产线除尘系统使用脉冲式除尘器或性能更好的除尘设备，采用集中除尘和单点除尘相结合的方式，投料口和打包口采用单点除尘方式；

(五) 小料配制和复核分别配置电子秤；

(六) 粉碎机、空气压缩机采用隔音或消音装置；

(七) 反刍动物添加剂预混合饲料生产线与其他含有动物源性成分的添加剂预混合饲料生产线应当分别设立。

第十八条 液态添加剂预混合饲料生产企业应当符合以下条件：

(一) 生产线由包括原料前处理、称量、配液、过滤、灌装等工序的成套设备组成；

(二) 生产设备、输送管道及管件使用不锈钢或性能更好的材料制造；

(三) 有均质工序的，高压均质机的工作压力不小于 50 兆帕，并具有高压报警装置；

(四) 配液罐具有加热保温功能和温度显示装置；

(五) 有独立的灌装间。

第十九条 浓缩饲料、配合饲料、精料补充料生产企业应当符合以下条件：

(一) 设计生产能力不小于 10 吨/小时，专业加工幼畜禽饲料、种畜禽饲料、水产育苗料、特种饲料、宠物饲料的企业设计生产能力不小于2.5吨/小时；

（二）配备成套加工机组（包括原料清理、粉碎、提升、配料、混合、自动包装等设备），并具有完整的除尘系统和电控系统；生产颗粒饲料产品的，还应当配备制粒或膨化、冷却、破碎、分级、干燥等后处理设备；

（三）配料、混合工段采用计算机自动化控制系统，配料动态精度不大于3‰，静态精度不大于1‰；

（四）反刍动物饲料的生产线应当单独设立，生产设备不得与其他非反刍动物饲料生产线共用；

（五）混合机的混合均匀度变异系数不大于7%；

（六）粉碎机、空气压缩机、高压风机采用隔音或消音装置，生产车间和作业场所噪音控制符合国家有关规定；

（七）生产线除尘系统使用脉冲式除尘器或性能更好的除尘设备，采用集中除尘和单点除尘相结合的方式，投料口采用单点除尘方式；作业区的粉尘浓度和排放浓度符合国家有关规定；

（八）小料配制和复核分别配置电子秤；

（九）有添加剂预混合工艺的，应当单独配备至少一台混合机，混合机（含混合机缓冲仓）与物料接触部分使用不锈钢制造，混合机的混合均匀度变异系数不大于5%。

第五章　质量检验和质量管理制度

第二十条　企业应当在厂区内独立设置检验化验室，并与生产车间和仓储区域分离。

第二十一条　添加剂预混合饲料生产企业检验化验室应当符合以下条件：

（一）除配备常规检验仪器外，还应当配备下列专用检验仪器：

1. 固态维生素预混合饲料生产企业配备万分之一分析天平、高效液相色谱仪（配备紫外检测器）、恒温干燥箱、样品粉碎机、标准筛；

2. 液态维生素预混合饲料生产企业配备万分之一分析天平、高效液相色谱仪（配备紫外检测器）、酸度计；

3. 微量元素预混合饲料生产企业配备万分之一分析天平、原子吸收分光光度计（配备火焰原子化器和被测项目的元素灯）、恒温干燥箱、样品粉碎机、标准筛；

4. 复合预混合饲料生产企业配备万分之一分析天平、高效液相色谱仪（配备紫外检测器）、原子吸收分光光度计（配备火焰原子化器和被测项目的元素灯）、恒温干燥箱、高温炉、样品粉碎机、标准筛。

（二）检验化验室应当包括天平室、前处理室、仪器室和留样观察室等功能室，使用面积应当满足仪器、设备、设施布局和检验化验工作需要：

1. 天平室有满足分析天平放置要求的天平台；

2. 前处理室有能够满足样品前处理和检验要求的通风柜、实验台、器皿柜、试剂柜、气瓶柜或气瓶固定装置以及避光、空调等设备设施；同时开展高温或明火操作和易燃试剂操作的，应当分别设立独立的操作区和通风柜；

3. 仪器室满足高效液相色谱仪、原子吸收分光光度计等仪器的使用要求，高效液相色谱仪和原子吸收分光光度计应当分室存放；

4. 留样观察室有满足原料和产品贮存要求的样品柜。

第二十二条　浓缩饲料、配合饲料、精料补充料生产企业检验化验室应当符合以下条件：

（一）除配备常规检验仪器外，还应当配备万分之一分析天平、可见光分光光度计、恒温干燥箱、高温炉、定氮装置或定氮仪、粗脂肪提取装置或粗脂肪测定仪、真空泵及抽滤装置或粗纤维测定仪、样品粉碎机、标准筛；

（二）检验化验室应当包括天平室、理化分析室、仪器室和留样观察室等功能室，使用面积应当满足仪器、设备、设施布局和检验化验工作需要：

1. 天平室有满足分析天平放置要求的天平台；

2. 理化分析室有能够满足样品理化分析和检验要求的通风柜、实验台、器皿柜、试剂柜；

3. 仪器室满足分光光度计等仪器的使用要求；

4. 留样观察室有满足原料和产品贮存要求的样品柜。

第二十三条 企业应当按照《饲料质量安全管理规范》的要求制定质量管理制度。

第六章 附 则

第二十四条 本条件自 2012 年 12 月 1 日起施行。

混合型饲料添加剂生产企业许可条件
（中华人民共和国农业部公告第1849号）

第一章 总 则

第一条 为加强混合型饲料添加剂生产许可管理，保障饲料质量安全，根据《饲料和饲料添加剂管理条例》、《饲料和饲料添加剂生产许可管理办法》，制定本条件。

第二条 本条件所称混合型饲料添加剂，是指由一种或一种以上饲料添加剂与载体或稀释剂按一定比例混合，但不属于添加剂预混合饲料的饲料添加剂产品。

第三条 设立混合型饲料添加剂生产企业，应当符合本条件。

第二章 机构与人员

第四条 企业应当设立技术、生产、质量、销售、采购等管理机构。技术、生产、质量机构应当配备专职负责人，并不得互相兼任。

第五条 技术机构负责人应当具备畜牧、兽医、水产等相关专业大专以上学历或中级以上技术职称，熟悉饲料法规、动物营养、产品配方设计等专业知识，并通过现场考核。

第六条 生产机构负责人应当具备畜牧、兽医、水产、食品、机械、化工与制药等相关专业大专以上学历或中级以上技术职称，熟悉饲料法规、饲料加工技术与设备、生产过程控制、生产管理等专业知识，并通过现场考核。

第七条 质量机构负责人应当具备畜牧、兽医、水产、食品、化工与制药、生物科学等相关专业大专以上学历或中级以上技术职称，熟悉饲料法规、原料与产品质量控制、原料与产品检验、产品质量管理等专业知识，并通过现场考核。

第八条 销售和采购机构负责人应当熟悉饲料法规，并通过现场考核。

第九条 企业应当配备2名以上专职检验化验员。检验化验员应当取得农业部职业技能鉴定机构颁发的饲料检验化验员职业资格证书或与生产产品相关的省级以上医药、化工、食品行业管理部门核发的检验类职业资格证书，并通过现场操作技能考核。

企业加工设备维修工应当取得农业部职业技能鉴定机构颁发的职业资格证书。

第三章 厂区、布局与设施

第十条 企业应当独立设置厂区，厂区周围没有影响产品质量安全的污染源。

厂区应当布局合理，生产区与生活、办公等区域分开。厂区整洁卫生，道路和作业场所应当采用混凝土或沥青硬化，生活、办公等区域有密闭式生活垃圾收集设施。

第十一条 生产区应当按照生产工序合理布局，有相对独立的、与生产规模相匹配的生产车间、原料库、配料间和成品库。

同时生产混合型饲料添加剂和添加剂预混合饲料的，生产车间应当分别设立，且生产设备不得共用。

生产区总使用面积不少于400平方米。

第十二条 生产区建筑物通风和采光良好，自然采光设施应当有防雨功能，人工采光灯具应当有防爆功能。

第十三条 厂区内应当配备必要的消防设施或设备。

第十四条 厂区内应当有完善的排水系统，排水系统入口处有防堵塞装置，出口处有防止动物侵入装置。

第十五条 存在安全风险的设备和设施，应当设置警示标识和防护设施：

（一）配电柜、配电箱有警示标识，生产区电源开关有防爆功能；

（二）设备传动装置有防护罩；

（三）投料地坑入口处有完整的栅栏，车间内吊物孔有坚固的盖板或四周有防护栏，所有设备维修平台、操作平台和爬梯有防护栏。

企业应当为生产区作业人员配备劳动保护用品。

第十六条 企业仓储设施应当符合以下条件：

（一）满足原料、成品、包装材料、备品备件贮存要求，并具有防霉、防潮、防鸟、防鼠等功能；

（二）存放维生素、微生物添加剂和酶制剂等热敏物质的贮存间密闭性能良好，并配备空调；

（三）亚硒酸钠等按危险化学品管理的饲料添加剂应当有独立的贮存间或贮存柜。

第四章 工艺与设备

第十七条 企业的设计生产能力不小于1吨/小时，混合机容积不小于0.25立方米。

第十八条 企业应当配备一台以上混合机，混合机（含混合机缓冲仓）与物料接触部分使用不锈钢制造，混合机的混合均匀度变异系数不大于5%。

产品配方中有添加比例小于0.2%的原料的，应当单独配备一台符合前款规定的混合机，用于原料的预混合。

第十九条 生产线除尘系统使用脉冲式除尘器或性能更好的除尘设备，采用集中除尘和单点除尘相结合的方式，投料口和打包口采用单点除尘方式。

第二十条 原料配制、复核、产品包装分别配备电子秤。

第二十一条 使用粉碎机、空气压缩机的，采用隔音或消音装置。

第二十二条 液态混合型饲料添加剂生产企业应当符合以下条件：

（一）生产线由包括原料前处理、称量、配液、过滤、灌装等工序的成套设备组成；

（二）生产设备、输送管道及管件使用不锈钢或性能更好的材料制造；

（三）有均质工序的，高压均质机的工作压力不小于50兆帕，并具有高压报警装置；

（四）配液罐具有加热保温功能和温度显示装置；

（五）有独立的灌装间。

第五章 质量检验和质量管理制度

第二十三条 企业应当在厂区内独立设置检验化验室，并与生产车间和仓储区域分离。

第二十四条 检验化验室应当符合以下条件：

（一）除配备常规检验仪器外，还应当配备能够满足产品主成分检验需要的专用检验仪器；

（二）检验化验室应当包括天平室、理化分析室或前处理室、仪器室和留样观察室等功能室，使用面积应当满足仪器、设备、设施布局和检验化验工作需要：

1. 天平室有满足分析天平放置要求的天平台；

2. 理化分析室有能够满足样品理化分析和检验要求的通风柜、实验台、器皿柜、试剂柜；前处理室有能够满足样品前处理和检验要求的通风柜、实验台、器皿柜、试剂柜、气瓶柜或气瓶固定装置以及避光、空调等设备设施；同时开展高温或明火操作和易燃试剂操作的，应当分别设立独立的操作区和通风柜；

3. 配备高效液相色谱仪、原子吸收分光光度计、可见紫外分光光度计等仪器的，仪器室的面积和布局应当满足其使用要求。同时配备高效液相色谱仪和原子吸收分光光度计的，应当分室存放；

4. 留样观察室有满足原料和产品贮存要求的样品柜。

第二十五条 企业应当建立原料采购与管理、生产过程控制、产品质量控制、产品贮存与运输、产品召回、人员与卫生、文件与记录等管理制度。

第二十六条 企业应当为其生产的混合型饲料添加剂产品制定企业标准，混合型饲料添加剂产品的主成分指标检测方法应当经省级饲料管理部门指定的饲料检验机构验证。

第六章 附 则

第二十七条 本条件自2012年12月1日起施行。

饲料和饲料添加剂管理条例

（中华人民共和国国务院令2011年第609号）

第一章 总 则

第一条 为了加强对饲料、饲料添加剂的管理，提高饲料、饲料添加剂的质量，保障动物产品质量安全，维护公众健康，制定本条例。

第二条 本条例所称饲料，是指经工业化加工、制作的供动物食用的产品，包括单一饲料、添加剂预混合饲料、浓缩饲料、配合饲料和精料补充料。

本条例所称饲料添加剂，是指在饲料加工、制作、使用过程中添加的少量或者微量物质，包括营养性饲料添加剂和一般饲料添加剂。

饲料原料目录和饲料添加剂品种目录由国务院农业行政主管部门制定并公布。

第三条 国务院农业行政主管部门负责全国饲料、饲料添加剂的监督管理工作。

县级以上地方人民政府负责饲料、饲料添加剂管理的部门（以下简称饲料管理部门），负责本行政区域饲料、饲料添加剂的监督管理工作。

第四条 县级以上地方人民政府统一领导本行政区域饲料、饲料添加剂的监督管理工作，建立健全监督管理机制，保障监督管理工作的开展。

第五条 饲料、饲料添加剂生产企业、经营者应当建立健全质量安全制度，对其生产、经营的饲料、饲料添加剂的质量安全负责。

第六条 任何组织或者个人有权举报在饲料、饲料添加剂生产、经营、使用过程中违反本条例的行为，有权对饲料、饲料添加剂监督管理工作提出意见和建议。

第二章 审定和登记

第七条 国家鼓励研制新饲料、新饲料添加剂。

研制新饲料、新饲料添加剂，应当遵循科学、安全、有效、环保的原则，保证新饲料、新饲料添加剂的质量安全。

第八条 研制的新饲料、新饲料添加剂投入生产前，研制者或者生产企业应当向国务院农业行政主管部门提出审定申请，并提供该新饲料、新饲料添加剂的样品和下列资料：

（一）名称、主要成分、理化性质、研制方法、生产工艺、质量标准、检测方法、检验报告、稳定性试验报告、环境影响报告和污染防治措施；

（二）国务院农业行政主管部门指定的试验机构出具的该新饲料、新饲料添加剂的饲喂效果、残留消解动态以及毒理学安全性评价报告。

申请新饲料添加剂审定的，还应当说明该新饲料添加剂的添加目的、使用方法，并提供该饲料添加剂残留可能对人体健康造成影响的分析评价报告。

第九条 国务院农业行政主管部门应当自受理申请之日起5个工作日内，将新饲料、新饲料添加剂的样品和申请资料交全国饲料评审委员会，对该新饲料、新饲料添加剂的安全性、有效性及其对环境的影响进行评审。

全国饲料评审委员会由养殖、饲料加工、动物营养、毒理、药理、代谢、卫生、化工合成、生物技术、质量标准、环境保护、食品安全风险评估等方面的专家组成。全国饲料评审委员会对新饲料、新饲料添加剂的评审采取评审会议的形式，评审会议应当有9名以上全国饲料评审委员会专家参加，根据需要也可以邀请1至2名全国饲料评审委员会专家以外的专家参加，参加评审的专家对评审事项具有表决权。评审会议应当形成评审意见和会议纪要，并由参加评审的专家审核签字；有不同意见的，应当注明。参加评审的专家应当依法公平、公正履行职责，对评审资料保密，存在回避事由的，应当主动回避。

全国饲料评审委员会应当自收到新饲料、新饲料添加剂的样品和申请资料之日起9个月内出具评审结果并提交国务院农业行政主管部门；但是，全国饲料评审委员会决定由申请人进行相关试验的，经国务院农业行政主管部门同意，评审时间可以延长3个月。

国务院农业行政主管部门应当自收到评审结果之日起10个工作日内作出是否核发新饲料、新饲料添加剂证书的决定；决定不予核发的，应当书面通知申请人并说明理由。

第十条 国务院农业行政主管部门核发新饲料、新饲料添加剂证书，应当同时按照职责权限公布该新饲料、新饲料添加剂的产品质量标准。

第十一条 新饲料、新饲料添加剂的监测期为5年。新饲料、新饲料添加剂处于监测期的，不受理其他就该新饲料、新饲料添加剂的生产申请和进口登记申请，但超过3年不投入生产的除外。

生产企业应当收集处于监测期的新饲料、新饲料添加剂的质量稳定性及其对动物产品质量安全的影响等信息，并向国务院农业行政主管部门报告；国务院农业行政主管部门应当对新饲料、新饲料添加剂的质量安全状况组织跟踪监测，证实其存在安全问题的，应当撤销新饲料、新饲料添加剂证书并予以公告。

第十二条 向中国出口中国境内尚未使用但出口国已经批准生产和使用的饲料、饲料添加剂的，应当委托中国境内代理机构向国务院农业行政主管部门申请登记，并提供该饲料、饲料添加剂的样品和下列资料：

（一）商标、标签和推广应用情况；

（二）生产地批准生产、使用的证明和生产地以外其他国家、地区的登记资料；

（三）主要成分、理化性质、研制方法、生产工艺、质量标准、检测方法、检验报告、稳定性试验报告、环境影响报告和污染防治措施；

（四）国务院农业行政主管部门指定的试验机构出具的该饲料、饲料添加剂的饲喂效果、残留消解动态以及毒理学安全性评价报告。

申请饲料添加剂进口登记的，还应当说明该饲料添加剂的添加目的、使用方法，并提供该饲料添加剂残留可能对人体健康造成影响的分析评价报告。

国务院农业行政主管部门应当依照本条例第九条规定的新饲料、新饲料添加剂的评审程序组织评审，并决定是否核发饲料、饲料添加剂进口登记证。

首次向中国出口中国境内已经使用且出口国已经批准生产和使用的饲料、饲料添加剂的，应当依照本条第一款、第二款的规定申请登记。国务院农业行政主管部门应当自受理申请之日起10个工作日内对申请资料进行审查；审查合格的，将样品交由指定的机构进行复核检测；复核检测合格的，国务院农业行政主管部门应当在10个工作日内核发饲料、饲料添加剂进口登记证。

饲料、饲料添加剂进口登记证有效期为5年。进口登记证有效期满需要继续向中国出口饲料、饲料添加剂的，应当在有效期届满6个月前申请续展。

禁止进口未取得饲料、饲料添加剂进口登记证的饲料、饲料添加剂。

第十三条 国家对已经取得新饲料、新饲料添加剂证书或者饲料、饲料添加剂进口登记证的、含有新化合物的饲料、饲料添加剂的申请人提交的其自己所取得且未披露的试验数据和其他数据实施保护。

自核发证书之日起6年内，对其他申请人未经已取得新饲料、新饲料添加剂证书或者饲料、饲料添加剂进口登记证的申请人同意，使用前款规定的数据申请新饲料、新饲料添加剂审定或者饲料、饲料添加剂进口登记的，国务院农业行政主管部门不予审定或者登记；但是，其他申请人提交其自己所取得的数据的除外。

除下列情形外，国务院农业行政主管部门不得披露本条第一款规定的数据：

（一）公共利益需要；

（二）已采取措施确保该类信息不会被不正当地进行商业使用。

第三章　生产、经营和使用

第十四条　设立饲料、饲料添加剂生产企业，应当符合饲料工业发展规划和产业政策，并具备下列条件：

（一）有与生产饲料、饲料添加剂相适应的厂房、设备和仓储设施；

（二）有与生产饲料、饲料添加剂相适应的专职技术人员；

（三）有必要的产品质量检验机构、人员、设施和质量管理制度；

（四）有符合国家规定的安全、卫生要求的生产环境；

（五）有符合国家环境保护要求的污染防治措施；

（六）国务院农业行政主管部门制定的饲料、饲料添加剂质量安全管理规范规定的其他条件。

第十五条　申请设立饲料添加剂、添加剂预混合饲料生产企业，申请人应当向省、自治区、直辖市人民政府饲料管理部门提出申请。省、自治区、直辖市人民政府饲料管理部门应当自受理申请之日起20个工作日内进行书面审查和现场审核，并将相关资料和审查、审核意见上报国务院农业行政主管部门。国务院农业行政主管部门收到资料和审查、审核意见后应当组织评审，根据评审结果在10个工作日内作出是否核发生产许可证的决定，并将决定抄送省、自治区、直辖市人民政府饲料管理部门。

申请设立其他饲料生产企业，申请人应当向省、自治区、直辖市人民政府饲料管理部门提出申请。省、自治区、直辖市人民政府饲料管理部门应当自受理申请之日起10个工作日内进行书面审查；审查合格的，组织进行现场审核，并根据审核结果在10个工作日内作出是否核发生产许可证的决定。

申请人凭生产许可证办理工商登记手续。

生产许可证有效期为5年。生产许可证有效期满需要继续生产饲料、饲料添加剂的，应当在有效期届满6个月前申请续展。

第十六条　饲料添加剂、添加剂预混合饲料生产企业取得国务院农业行政主管部门核发的生产许可证后，由省、自治区、直辖市人民政府饲料管理部门按照国务院农业行政主管部门的规定，核发相应的产品批准文号。

第十七条　饲料、饲料添加剂生产企业应当按照国务院农业行政主管部门的规定和有关标准，对采购的饲料原料、单一饲料、饲料添加剂、药物饲料添加剂、添加剂预混合饲料和用于饲料添加剂生产的原料进行查验或者检验。

饲料生产企业使用限制使用的饲料原料、单一饲料、饲料添加剂、药物饲料添加剂、添加剂预混合饲料生产饲料的，应当遵守国务院农业行政主管部门的限制性规定。禁止使用国务院农业行政主管部门公布的饲料原料目录、饲料添加剂品种目录和药物饲料添加剂品种目录以外的任何物质生产饲料。

饲料、饲料添加剂生产企业应当如实记录采购的饲料原料、单一饲料、饲料添加剂、药物饲料添加剂、添加剂预混合饲料和用于饲料添加剂生产的原料的名称、产地、数量、保质期、许可证明文件编号、质量检验信息、生产企业名称或者供货者名称及其联系方式、进货日期等。记录保存期限不得少于2年。

第十八条　饲料、饲料添加剂生产企业，应当按照产品质量标准以及国务院农业行政主管部门制定的饲料、饲料添加剂质量安全管理规范和饲料添加剂安全使用规范组织生产，对生产过程实施有效控制并实行生产记录和产品留样观察制度。

第十九条　饲料、饲料添加剂生产企业应当对生产的饲料、饲料添加剂进行产品质量检验；检验合格的，应当附具产品质量检验合格证。未经产品质量检验、检验不合格或者未附具产品质量检验合格证的，不得出厂销售。

饲料、饲料添加剂生产企业应当如实记录出厂销售的饲料、饲料添加剂的名称、数量、生产日期、生产批次、质量检验信息、购货者名称及其联系方式、销售日期等。记录保存期限不得少于2年。

第二十条　出厂销售的饲料、饲料添加剂应当包装，包装应当符合国家有关安全、卫生的规定。

饲料生产企业直接销售给养殖者的饲料可以使用罐装车运输。罐装车应当符合国家有关安全、卫生的规定，并随罐装车附具符合本条例第二十一条规定的标签。

易燃或者其他特殊的饲料、饲料添加剂的包装应当有警示标志或者说明，并注明储运注意事项。

第二十一条 饲料、饲料添加剂的包装上应当附具标签。标签应当以中文或者适用符号标明产品名称、原料组成、产品成分分析保证值、净重或者净含量、贮存条件、使用说明、注意事项、生产日期、保质期、生产企业名称以及地址、许可证明文件编号和产品质量标准等。加入药物饲料添加剂的，还应当标明“加入药物饲料添加剂”字样，并标明其通用名称、含量和休药期。乳和乳制品以外的动物源性饲料，还应当标明“本产品不得饲喂反刍动物”字样。

第二十二条 饲料、饲料添加剂经营者应当符合下列条件：

（一）有与经营饲料、饲料添加剂相适应的经营场所和仓储设施；

（二）有具备饲料、饲料添加剂使用、贮存等知识的技术人员；

（三）有必要的产品质量管理和安全管理制度。

第二十三条 饲料、饲料添加剂经营者进货时应当查验产品标签、产品质量检验合格证和相应的许可证明文件。

饲料、饲料添加剂经营者不得对饲料、饲料添加剂进行拆包、分装，不得对饲料、饲料添加剂进行再加工或者添加任何物质。

禁止经营用国务院农业行政主管部门公布的饲料原料目录、饲料添加剂品种目录和药物饲料添加剂品种目录以外的任何物质生产的饲料。

饲料、饲料添加剂经营者应当建立产品购销台账，如实记录购销产品的名称、许可证明文件编号、规格、数量、保质期、生产企业名称或者供货者名称及其联系方式、购销时间等。购销台账保存期限不得少于 2 年。

第二十四条 向中国出口的饲料、饲料添加剂应当包装，包装应当符合中国有关安全、卫生的规定，并附具符合本条例第二十一条规定的标签。

向中国出口的饲料、饲料添加剂应当符合中国有关检验检疫的要求，由出入境检验检疫机构依法实施检验检疫，并对其包装和标签进行核查。包装和标签不符合要求的，不得入境。

境外企业不得直接在中国销售饲料、饲料添加剂。境外企业在中国销售饲料、饲料添加剂的，应当依法在中国境内设立销售机构或者委托符合条件的中国境内代理机构销售。

第二十五条 养殖者应当按照产品使用说明和注意事项使用饲料。在饲料或者动物饮用水中添加饲料添加剂的，应当符合饲料添加剂使用说明和注意事项的要求，遵守国务院农业行政主管部门制定的饲料添加剂安全使用规范。

养殖者使用自行配制的饲料的，应当遵守国务院农业行政主管部门制定的自行配制饲料使用规范，并不得对外提供自行配制的饲料。

使用限制使用的物质养殖动物的，应当遵守国务院农业行政主管部门的限制性规定。禁止在饲料、动物饮用水中添加国务院农业行政主管部门公布禁用的物质以及对人体具有直接或者潜在危害的其他物质，或者直接使用上述物质养殖动物。禁止在反刍动物饲料中添加乳和乳制品以外的动物源性成分。

第二十六条 国务院农业行政主管部门和县级以上地方人民政府饲料管理部门应当加强饲料、饲料添加剂质量安全知识的宣传，提高养殖者的质量安全意识，指导养殖者安全、合理使用饲料、饲料添加剂。

第二十七条 饲料、饲料添加剂在使用过程中被证实对养殖动物、人体健康或者环境有害的，由国务院农业行政主管部门决定禁用并予以公布。

第二十八条 饲料、饲料添加剂生产企业发现其生产的饲料、饲料添加剂对养殖动物、人体健康有害或者存在其他安全隐患的，应当立即停止生产，通知经营者、使用者，向饲料管理部门报告，主动召回产品，并记录召回和通知情况。召回的产品应当在饲料管理部门监督下予以无害化处理或者销毁。

饲料、饲料添加剂经营者发现其销售的饲料、饲料添加剂具有前款规定情形的，应当立即停止销售，通知生产企业、供货者和使用者，向饲料管理部门报告，并记录通知情况。

养殖者发现其使用的饲料、饲料添加剂具有本条第一款规定情形的，应当立即停止使用，通知供货者，并向饲料管理部门报告。

第二十九条 禁止生产、经营、使用未取得新饲料、新饲料添加剂证书的新饲料、新饲料添加剂以及禁用的饲料、饲料添加剂。

禁止经营、使用无产品标签、无生产许可证、无产品质量标准、无产品质量检验合格证的饲料、饲料添加剂。禁止经营、使用无产品批准文号的饲料添加剂、添加剂预混合饲料。禁止经营、使用未取得饲料、饲料添加剂进口登记证的进口饲料、进口饲料添加剂。

第三十条 禁止对饲料、饲料添加剂作具有预防或者治疗动物疾病作用的说明或者宣传。但是，饲料中添加药物饲料添加剂的，可以对所添加的药物饲料添加剂的作用加以说明。

第三十一条 国务院农业行政主管部门和省、自治区、直辖市人民政府饲料管理部门应当按照职责权限对全国或者本行政区域饲料、饲料添加剂的质量安全状况进行监测，并根据监测情况发布饲料、饲料添加剂质量安全预警信息。

第三十二条 国务院农业行政主管部门和县级以上地方人民政府饲料管理部门，应当根据需要定期或者不定期组织实施饲料、饲料添加剂监督抽查；饲料、饲料添加剂监督抽查检测工作由国务院农业行政主管部门或者省、自治区、直辖市人民政府饲料管理部门指定的具有相应技术条件的机构承担。饲料、饲料添加剂监督抽查不得收费。

国务院农业行政主管部门和省、自治区、直辖市人民政府饲料管理部门应当按照职责权限公布监督抽查结果，并可以公布具有不良记录的饲料、饲料添加剂生产企业、经营者名单。

第三十三条 县级以上地方人民政府饲料管理部门应当建立饲料、饲料添加剂监督管理档案，记录日常监督检查、违法行为查处等情况。

第三十四条 国务院农业行政主管部门和县级以上地方人民政府饲料管理部门在监督检查中可以采取下列措施：

（一）对饲料、饲料添加剂生产、经营、使用场所实施现场检查；

（二）查阅、复制有关合同、票据、账簿和其他相关资料；

（三）查封、扣押有证据证明用于违法生产饲料的饲料原料、单一饲料、饲料添加剂、药物饲料添加剂、添加剂预混合饲料，用于违法生产饲料添加剂的原料，用于违法生产饲料、饲料添加剂的工具、设施，违法生产、经营、使用的饲料、饲料添加剂；

（四）查封违法生产、经营饲料、饲料添加剂的场所。

第四章 法律责任

第三十五条 国务院农业行政主管部门、县级以上地方人民政府饲料管理部门或者其他依照本条例规定行使监督管理权的部门及其工作人员，不履行本条例规定的职责或者滥用职权、玩忽职守、徇私舞弊的，对直接负责的主管人员和其他直接责任人员，依法给予处分；直接负责的主管人员和其他直接责任人员构成犯罪的，依法追究刑事责任。

第三十六条 提供虚假的资料、样品或者采取其他欺骗方式取得许可证明文件的，由发证机关撤销相关许可证明文件，处 5 万元以上 10 万元以下罚款，申请人 3 年内不得就同一事项申请行政许可。以欺骗方式取得许可证明文件给他人造成损失的，依法承担赔偿责任。

第三十七条 假冒、伪造或者买卖许可证明文件的，由国务院农业行政主管部门或者县级以上地方人民政府饲料管理部门按照职责权限收缴或者吊销、撤销相关许可证明文件；构成犯罪的，依法追究刑事责任。

第三十八条 未取得生产许可证生产饲料、饲料添加剂的，由县级以上地方人民政府饲料管理部门责令停止生产，没收违法所得、违法生产的产品和用于违法生产饲料的饲料原料、单一饲料、饲料添加剂、药物饲料添加剂、添加剂预混合饲料以及用于违法生产饲料添加剂的原料，违法生产的产品货值金额不足 1 万元的，并处 1 万元以上 5 万元以下罚款，货值金额 1 万元以上的，并处货值金额 5 倍以上

10 倍以下罚款；情节严重的，没收其生产设备，生产企业的主要负责人和直接负责的主管人员 10 年内不得从事饲料、饲料添加剂生产、经营活动。

已经取得生产许可证，但不再具备本条例第十四条规定的条件而继续生产饲料、饲料添加剂的，由县级以上地方人民政府饲料管理部门责令停止生产、限期改正，并处 1 万元以上 5 万元以下罚款；逾期不改正的，由发证机关吊销生产许可证。

已经取得生产许可证，但未取得产品批准文号而生产饲料添加剂、添加剂预混合饲料的，由县级以上地方人民政府饲料管理部门责令停止生产，没收违法所得、违法生产的产品和用于违法生产饲料的饲料原料、单一饲料、饲料添加剂、药物饲料添加剂以及用于违法生产饲料添加剂的原料，限期补办产品批准文号，并处违法生产的产品货值金额 1 倍以上 3 倍以下罚款；情节严重的，由发证机关吊销生产许可证。

第三十九条 饲料、饲料添加剂生产企业有下列行为之一的，由县级以上地方人民政府饲料管理部门责令改正，没收违法所得、违法生产的产品和用于违法生产饲料的饲料原料、单一饲料、饲料添加剂、药物饲料添加剂、添加剂预混合饲料以及用于违法生产饲料添加剂的原料，违法生产的产品货值金额不足 1 万元的，并处 1 万元以上 5 万元以下罚款，货值金额 1 万元以上的，并处货值金额 5 倍以上 10 倍以下罚款；情节严重的，由发证机关吊销、撤销相关许可证明文件，生产企业的主要负责人和直接负责的主管人员 10 年内不得从事饲料、饲料添加剂生产、经营活动；构成犯罪的，依法追究刑事责任：

（一）使用限制使用的饲料原料、单一饲料、饲料添加剂、药物饲料添加剂、添加剂预混合饲料生产饲料，不遵守国务院农业行政主管部门的限制性规定的；

（二）使用国务院农业行政主管部门公布的饲料原料目录、饲料添加剂品种目录和药物饲料添加剂品种目录以外的物质生产饲料的；

（三）生产未取得新饲料、新饲料添加剂证书的新饲料、新饲料添加剂或者禁用的饲料、饲料添加剂的。

第四十条 饲料、饲料添加剂生产企业有下列行为之一的，由县级以上地方人民政府饲料管理部门责令改正，处 1 万元以上 2 万元以下罚款；拒不改正的，没收违法所得、违法生产的产品和用于违法生产饲料的饲料原料、单一饲料、饲料添加剂、药物饲料添加剂、添加剂预混合饲料以及用于违法生产饲料添加剂的原料，并处 5 万元以上 10 万元以下罚款；情节严重的，责令停止生产，可以由发证机关吊销、撤销相关许可证明文件：

（一）不按照国务院农业行政主管部门的规定和有关标准对采购的饲料原料、单一饲料、饲料添加剂、药物饲料添加剂、添加剂预混合饲料和用于饲料添加剂生产的原料进行查验或者检验的；

（二）饲料、饲料添加剂生产过程中不遵守国务院农业行政主管部门制定的饲料、饲料添加剂质量安全管理规范和饲料添加剂安全使用规范的；

（三）生产的饲料、饲料添加剂未经产品质量检验的。

第四十一条 饲料、饲料添加剂生产企业不依照本条例规定实行采购、生产、销售记录制度或者产品留样观察制度的，由县级以上地方人民政府饲料管理部门责令改正，处 1 万元以上 2 万元以下罚款；拒不改正的，没收违法所得、违法生产的产品和用于违法生产饲料的饲料原料、单一饲料、饲料添加剂、药物饲料添加剂、添加剂预混合饲料以及用于违法生产饲料添加剂的原料，处 2 万元以上 5 万元以下罚款，并可以由发证机关吊销、撤销相关许可证明文件。

饲料、饲料添加剂生产企业销售的饲料、饲料添加剂未附具产品质量检验合格证或者包装、标签不符合规定的，由县级以上地方人民政府饲料管理部门责令改正；情节严重的，没收违法所得和违法销售的产品，可以处违法销售的产品货值金额 30％以下罚款。

第四十二条 不符合本条例第二十二条规定的条件经营饲料、饲料添加剂的，由县级人民政府饲料管理部门责令限期改正；逾期不改正的，没收违法所得和违法经营的产品，违法经营的产品货值金额不足 1 万元的，并处 2000 元以上 2 万元以下罚款，货值金额 1 万元以上的，并处货值金额 2 倍以上 5 倍以下罚款；情节严重的，责令停止经营，并通知工商行政管理部门，由工商行政管理部门吊销营业执照。

第四十三条　饲料、饲料添加剂经营者有下列行为之一的，由县级人民政府饲料管理部门责令改正，没收违法所得和违法经营的产品，违法经营的产品货值金额不足1万元的，并处2 000元以上2万元以下罚款，货值金额1万元以上的，并处货值金额2倍以上5倍以下罚款；情节严重的，责令停止经营，并通知工商行政管理部门，由工商行政管理部门吊销营业执照；构成犯罪的，依法追究刑事责任：

（一）对饲料、饲料添加剂进行再加工或者添加物质的；

（二）经营无产品标签、无生产许可证、无产品质量检验合格证的饲料、饲料添加剂的；

（三）经营无产品批准文号的饲料添加剂、添加剂预混合饲料的；

（四）经营用国务院农业行政主管部门公布的饲料原料目录、饲料添加剂品种目录和药物饲料添加剂品种目录以外的物质生产的饲料的；

（五）经营未取得新饲料、新饲料添加剂证书的新饲料、新饲料添加剂或者未取得饲料、饲料添加剂进口登记证的进口饲料、进口饲料添加剂以及禁用的饲料、饲料添加剂的。

第四十四条　饲料、饲料添加剂经营者有下列行为之一的，由县级人民政府饲料管理部门责令改正，没收违法所得和违法经营的产品，并处2 000元以上1万元以下罚款：

（一）对饲料、饲料添加剂进行拆包、分装的；

（二）不依照本条例规定实行产品购销台账制度的；

（三）经营的饲料、饲料添加剂失效、霉变或者超过保质期的。

第四十五条　对本条例第二十八条规定的饲料、饲料添加剂，生产企业不主动召回的，由县级以上地方人民政府饲料管理部门责令召回，并监督生产企业对召回的产品予以无害化处理或者销毁；情节严重的，没收违法所得，并处应召回的产品货值金额1倍以上3倍以下罚款，可以由发证机关吊销、撤销相关许可证明文件；生产企业对召回的产品不予以无害化处理或者销毁的，由县级人民政府饲料管理部门代为销毁，所需费用由生产企业承担。

对本条例第二十八条规定的饲料、饲料添加剂，经营者不停止销售的，由县级以上地方人民政府饲料管理部门责令停止销售；拒不停止销售的，没收违法所得，处1 000元以上5万元以下罚款；情节严重的，责令停止经营，并通知工商行政管理部门，由工商行政管理部门吊销营业执照。

第四十六条　饲料、饲料添加剂生产企业、经营者有下列行为之一的，由县级以上地方人民政府饲料管理部门责令停止生产、经营，没收违法所得和违法生产、经营的产品，违法生产、经营的产品货值金额不足1万元的，并处2 000元以上2万元以下罚款，货值金额1万元以上的，并处货值金额2倍以上5倍以下罚款；构成犯罪的，依法追究刑事责任：

（一）在生产、经营过程中，以非饲料、非饲料添加剂冒充饲料、饲料添加剂或者以此种饲料、饲料添加剂冒充他种饲料、饲料添加剂的；

（二）生产、经营无产品质量标准或者不符合产品质量标准的饲料、饲料添加剂的；

（三）生产、经营的饲料、饲料添加剂与标签标示的内容不一致的。

饲料、饲料添加剂生产企业有前款规定的行为，情节严重的，由发证机关吊销、撤销相关许可证明文件；饲料、饲料添加剂经营者有前款规定的行为，情节严重的，通知工商行政管理部门，由工商行政管理部门吊销营业执照。

第四十七条　养殖者有下列行为之一的，由县级人民政府饲料管理部门没收违法使用的产品和非法添加物质，对单位处1万元以上5万元以下罚款，对个人处5 000元以下罚款；构成犯罪的，依法追究刑事责任：

（一）使用未取得新饲料、新饲料添加剂证书的新饲料、新饲料添加剂或者未取得饲料、饲料添加剂进口登记证的进口饲料、进口饲料添加剂的；

（二）使用无产品标签、无生产许可证、无产品质量标准、无产品质量检验合格证的饲料、饲料添加剂的；

（三）使用无产品批准文号的饲料添加剂、添加剂预混合饲料的；

（四）在饲料或者动物饮用水中添加饲料添加剂，不遵守国务院农业行政主管部门制定的饲料添加剂安全使用规范的；

（五）使用自行配制的饲料，不遵守国务院农业行政主管部门制定的自行配制饲料使用规范的；

（六）使用限制使用的物质养殖动物，不遵守国务院农业行政主管部门的限制性规定的；

（七）在反刍动物饲料中添加乳和乳制品以外的动物源性成分的。

在饲料或者动物饮用水中添加国务院农业行政主管部门公布禁用的物质以及对人体具有直接或者潜在危害的其他物质，或者直接使用上述物质养殖动物的，由县级以上地方人民政府饲料管理部门责令其对饲喂了违禁物质的动物进行无害化处理，处3万元以上10万元以下罚款；构成犯罪的，依法追究刑事责任。

第四十八条 养殖者对外提供自行配制的饲料的，由县级人民政府饲料管理部门责令改正，处2 000元以上2万元以下罚款。

第五章 附 则

第四十九条 本条例下列用语的含义：

（一）饲料原料，是指来源于动物、植物、微生物或者矿物质，用于加工制作饲料但不属于饲料添加剂的饲用物质。

（二）单一饲料，是指来源于一种动物、植物、微生物或者矿物质，用于饲料产品生产的饲料。

（三）添加剂预混合饲料，是指由两种（类）或者两种（类）以上营养性饲料添加剂为主，与载体或者稀释剂按照一定比例配制的饲料，包括复合预混合饲料、微量元素预混合饲料、维生素预混合饲料。

（四）浓缩饲料，是指主要由蛋白质、矿物质和饲料添加剂按照一定比例配制的饲料。

（五）配合饲料，是指根据养殖动物营养需要，将多种饲料原料和饲料添加剂按照一定比例配制的饲料。

（六）精料补充料，是指为补充草食动物的营养，将多种饲料原料和饲料添加剂按照一定比例配制的饲料。

（七）营养性饲料添加剂，是指为补充饲料营养成分而掺入饲料中的少量或者微量物质，包括饲料级氨基酸、维生素、矿物质微量元素、酶制剂、非蛋白氮等。

（八）一般饲料添加剂，是指为保证或者改善饲料品质、提高饲料利用率而掺入饲料中的少量或者微量物质。

（九）药物饲料添加剂，是指为预防、治疗动物疾病而掺入载体或者稀释剂的兽药的预混合物质。

（十）许可证明文件，是指新饲料、新饲料添加剂证书，饲料、饲料添加剂进口登记证，饲料、饲料添加剂生产许可证，饲料添加剂、添加剂预混合饲料产品批准文号。

第五十条 药物饲料添加剂的管理，依照《兽药管理条例》的规定执行。

第五十一条 本条例自2012年5月1日起施行。

饲料添加剂和添加剂预混合饲料产品批准文号管理办法

（中华人民共和国农业部令2012年第5号）

第一条 为加强饲料添加剂和添加剂预混合饲料产品批准文号管理，根据《饲料和饲料添加剂管理条例》，制定本办法。

第二条 本办法所称饲料添加剂，是指在饲料加工、制作、使用过程中添加的少量或者微量物质，包括营养性饲料添加剂和一般饲料添加剂。

本办法所称添加剂预混合饲料，是指由两种（类）或者两种（类）以上营养性饲料添加剂为主，与载体或者稀释剂按照一定比例配制的饲料，包括复合预混合饲料、微量元素预混合饲料、维生素预混合饲料。

第三条 在中华人民共和国境内生产的饲料添加剂、添加剂预混合饲料产品，在生产前应当取得相应的产品批准文号。

第四条 饲料添加剂、添加剂预混合饲料生产企业为其他饲料、饲料添加剂生产企业生产定制产品的，定制产品可以不办理产品批准文号。

定制产品应当附具符合《饲料和饲料添加剂管理条例》第二十一条规定的标签，并标明“定制产品”字样和定制企业的名称、地址及其生产许可证编号。

定制产品仅限于定制企业自用，生产企业和定制企业不得将定制产品提供给其他饲料、饲料添加剂生产企业、经营者和养殖者。

第五条 饲料添加剂、添加剂预混合饲料生产企业应当向省级人民政府饲料管理部门（以下简称省级饲料管理部门）提出产品批准文号申请，并提交以下资料：

（一）产品批准文号申请表；

（二）生产许可证复印件；

（三）产品配方、产品质量标准和检测方法；

（四）产品标签样式和使用说明；

（五）涵盖产品主成分指标的产品自检报告；

（六）申请饲料添加剂产品批准文号的，还应当提供省级饲料管理部门指定的饲料检验机构出具的产品主成分指标检测方法验证结论，但产品有国家或行业标准的除外；

（七）申请新饲料添加剂产品批准文号的，还应当提供农业部核发的新饲料添加剂证书复印件。

第六条 省级饲料管理部门应当自受理申请之日起10个工作日内对申请资料进行审查，必要时可以进行现场核查。审查合格的，通知企业将产品样品送交指定的饲料质量检验机构进行复核检测，并根据复核检测结果在10个工作日内决定是否核发产品批准文号。

产品复核检测应当涵盖产品质量标准规定的产品主成分指标和卫生指标。

第七条 企业同时申请多个产品批准文号的，提交复核检测的样品应当符合下列要求：

（一）申请饲料添加剂产品批准文号的，每个产品均应当提交样品；

（二）申请添加剂预混合饲料产品批准文号的，同一产品类别中，相同适用动物品种和添加比例的不同产品，只需提交一个产品的样品。

第八条 省级饲料管理部门和饲料质量检验机构的工作人员应当对申请者提供的需要保密的技术资料保密。

第九条 饲料添加剂产品批准文号格式为：

×饲添字（××××）××××××

添加剂预混合饲料产品批准文号格式为：

×饲预字(××××)××××××

×:核发产品批准文号省、自治区、直辖市的简称

(××××):年份

××××××:前三位表示本辖区企业的固定编号,后三位表示该产品获得的产品批准文号序号。

第十条 饲料添加剂、添加剂预混合饲料产品质量复核检测收费,按照国家有关规定执行。

第十一条 有下列情形之一的,应当重新办理产品批准文号:

(一)产品主成分指标改变的;

(二)产品名称改变的。

第十二条 禁止假冒、伪造、买卖产品批准文号。

第十三条 饲料管理部门工作人员不履行本办法规定的职责或者滥用职权、玩忽职守、徇私舞弊的,依法给予处分;构成犯罪的,依法追究刑事责任。

第十四条 申请人隐瞒有关情况或者提供虚假材料申请产品批准文号的,省级饲料管理部门不予受理或者不予许可,并给予警告;申请人在1年内不得再次申请产品批准文号。

以欺骗、贿赂等不正当手段取得产品批准文号的,由发证机关撤销产品批准文号,申请人在3年内不得再次申请产品批准文号;以欺骗方式取得产品批准文号的,并处5万元以上10万元以下罚款;构成犯罪的,依法移送司法机关追究刑事责任。

第十五条 假冒、伪造、买卖产品批准文号的,依照《饲料和饲料添加剂管理条例》第三十七条、第三十八条处罚。

第十六条 有下列情形之一的,由省级饲料管理部门注销其产品批准文号并予以公告:

(一)企业的生产许可证被吊销、撤销、撤回、注销的;

(二)新饲料添加剂产品证书被撤销的。

第十七条 饲料添加剂、添加剂预混合饲料生产企业违反本办法规定,向定制企业以外的其他饲料、饲料添加剂生产企业、经营者或养殖者销售定制产品的,依照《饲料和饲料添加剂管理条例》第三十八条处罚。

定制企业违反本办法规定,向其他饲料、饲料添加剂生产企业、经营者和养殖者销售定制产品的,依照《饲料和饲料添加剂管理条例》第四十三条处罚。

第十八条 其他违反本办法的行为,依照《饲料和饲料添加剂管理条例》的有关规定处罚。

第十九条 本办法所称添加剂预混合饲料,包括复合预混合饲料、微量元素预混合饲料、维生素预混合饲料。

复合预混合饲料,是指以矿物质微量元素、维生素、氨基酸中任何两类或两类以上的营养性饲料添加剂为主,与其他饲料添加剂、载体和(或)稀释剂按一定比例配制的均匀混合物,其中营养性饲料添加剂的含量能够满足其适用动物特定生理阶段的基本营养需求,在配合饲料、精料补充料或动物饮用水中的添加量不低于0.1%且不高于10%。

微量元素预混合饲料,是指两种或两种以上矿物质微量元素与载体和(或)稀释剂按一定比例配制的均匀混合物,其中矿物质微量元素含量能够满足其适用动物特定生理阶段的微量元素需求,在配合饲料、精料补充料或动物饮用水中的添加量不低于0.1%且不高于10%。

维生素预混合饲料,是指两种或两种以上维生素与载体和(或)稀释剂按一定比例配制的均匀混合物,其中维生素含量应当满足其适用动物特定生理阶段的维生素需求,在配合饲料、精料补充料或动物饮用水中的添加量不低于0.01%且不高于10%。

第二十条 本办法自2012年7月1日起施行。农业部1999年12月14日发布的《饲料添加剂和添加剂预混合饲料产品批准文号管理办法》同时废止。

新饲料和新饲料添加剂管理办法

（中华人民共和国农业部令 2012 年第 4 号）

第一条 为加强新饲料、新饲料添加剂管理，保障养殖动物产品质量安全，根据《饲料和饲料添加剂管理条例》，制定本办法。

第二条 本办法所称新饲料，是指我国境内新研制开发的尚未批准使用的单一饲料。

本办法所称新饲料添加剂，是指我国境内新研制开发的尚未批准使用的饲料添加剂。

第三条 有下列情形之一的，应当向农业部提出申请，参照本办法规定的新饲料、新饲料添加剂审定程序进行评审，评审通过的，由农业部公告作为饲料、饲料添加剂生产和使用，但不发给新饲料、新饲料添加剂证书：

（一）饲料添加剂扩大适用范围的；

（二）饲料添加剂含量规格低于饲料添加剂安全使用规范要求的，但由饲料添加剂与载体或者稀释剂按照一定比例配制的除外；

（三）饲料添加剂生产工艺发生重大变化的；

（四）新饲料、新饲料添加剂自获证之日起超过 3 年未投入生产，其他企业申请生产的；

（五）农业部规定的其他情形。

第四条 研制新饲料、新饲料添加剂，应当遵循科学、安全、有效、环保的原则，保证新饲料、新饲料添加剂的质量安全。

第五条 农业部负责新饲料、新饲料添加剂审定。

全国饲料评审委员会（以下简称评审委）组织对新饲料、新饲料添加剂的安全性、有效性及其对环境的影响进行评审。

第六条 新饲料、新饲料添加剂投入生产前，研制者或者生产企业（以下简称申请人）应当向农业部提出审定申请，并提交新饲料、新饲料添加剂的申请资料和样品。

第七条 申请资料包括：

（一）新饲料、新饲料添加剂审定申请表；

（二）产品名称及命名依据、产品研制目的；

（三）有效组分、化学结构的鉴定报告及理化性质，或者动物、植物、微生物的分类鉴定报告；微生物产品或发酵制品，还应当提供农业部指定的国家级菌种保藏机构出具的菌株保藏编号；

（四）适用范围、使用方法、在配合饲料或全混合日粮中的推荐用量，必要时提供最高限量值；

（五）生产工艺、制造方法及产品稳定性试验报告；

（六）质量标准草案及其编制说明和产品检测报告；有最高限量要求的，还应提供有效组分在配合饲料、浓缩饲料、精料补充料、添加剂预混合饲料中的检测方法；

（七）农业部指定的试验机构出具的产品有效性评价试验报告、安全性评价试验报告（包括靶动物耐受性评价报告、毒理学安全评价报告、代谢和残留评价报告等）；申请新饲料添加剂审定的，还应当提供该新饲料添加剂在养殖产品中的残留可能对人体健康造成影响的分析评价报告；

（八）标签式样、包装要求、贮存条件、保质期和注意事项；

（九）中试生产总结和“三废”处理报告；

（十）对他人的专利不构成侵权的声明。

第八条 产品样品应当符合以下要求：

（一）来自中试或工业化生产线；

（二）每个产品提供连续3个批次的样品，每个批次4份样品，每份样品不少于检测需要量的5倍；

（三）必要时提供相关的标准品或化学对照品。

第九条 有效性评价试验机构和安全性评价试验机构应当按照农业部制定的技术指导文件或行业公认的技术标准，科学、客观、公正开展试验，不得与研制者、生产企业存在利害关系。

承担试验的专家不得参与该新饲料、新饲料添加剂的评审工作。

第十条 农业部自受理申请之日起5个工作日内，将申请资料和样品交评审委进行评审。

第十一条 新饲料、新饲料添加剂的评审采取评审会议的形式。评审会议应当有9名以上评审委专家参加，根据需要也可以邀请1至2名评审委专家以外的专家参加。参加评审的专家对评审事项具有表决权。

评审会议应当形成评审意见和会议纪要，并由参加评审的专家审核签字；有不同意见的，应当注明。

第十二条 参加评审的专家应当依法履行职责，科学、客观、公正提出评审意见。

评审专家与研制者、生产企业有利害关系的，应当回避。

第十三条 评审会议原则通过的，由评审委将样品交农业部指定的饲料质量检验机构进行质量复核。质量复核机构应当自收到样品之日起3个月内完成质量复核，并将质量复核报告和复核意见报评审委，同时送达申请人。需用特殊方法检测的，质量复核时间可以延长1个月。

质量复核包括标准复核和样品检测，有最高限量要求的，还应当对申报产品有效组分在饲料产品中的检测方法进行验证。

申请人对质量复核结果有异议的，可以在收到质量复核报告后15个工作日内申请复检。

第十四条 评审过程中，农业部可以组织对申请人的试验或生产条件进行现场核查，或者对试验数据进行核查或验证。

第十五条 评审委应当自收到新饲料、新饲料添加剂申请资料和样品之日起9个月内向农业部提交评审结果；但是，评审委决定由申请人进行相关试验的，经农业部同意，评审时间可以延长3个月。

第十六条 农业部自收到评审结果之日起10个工作日内作出是否核发新饲料、新饲料添加剂证书的决定。

决定核发新饲料、新饲料添加剂证书的，由农业部予以公告，同时发布该产品的质量标准。新饲料、新饲料添加剂投入生产后，按照公告中的质量标准进行监测和监督抽查。

决定不予核发的，书面通知申请人并说明理由。

第十七条 新饲料、新饲料添加剂在生产前，生产者应当按照农业部有关规定取得生产许可证。生产新饲料添加剂的，还应当取得相应的产品批准文号。

第十八条 新饲料、新饲料添加剂的监测期为5年，自新饲料、新饲料添加剂证书核发之日起计算。

监测期内不受理其他就该新饲料、新饲料添加剂提出的生产申请和进口登记申请，但该新饲料、新饲料添加剂超过3年未投入生产的除外。

第十九条 新饲料、新饲料添加剂生产企业应当收集处于监测期内的产品质量、靶动物安全和养殖动物产品质量安全等相关信息，并向农业部报告。

农业部对新饲料、新饲料添加剂的质量安全状况组织跟踪监测，必要时进行再评价，证实其存在安全问题的，撤销新饲料、新饲料添加剂证书并予以公告。

第二十条 从事新饲料、新饲料添加剂审定工作的相关单位和人员，应当对申请人提交的需要保密的技术资料保密。

第二十一条 从事新饲料、新饲料添加剂审定工作的相关人员，不履行本办法规定的职责或者滥用职权、玩忽职守、徇私舞弊的，依法给予处分；构成犯罪的，依法追究刑事责任。

第二十二条 申请人隐瞒有关情况或者提供虚假材料申请新饲料、新饲料添加剂审定的，农业部不予受理或者不予许可，并给予警告；申请人在1年内不得再次申请新饲料、新饲料添加剂审定。

以欺骗、贿赂等不正当手段取得新饲料、新饲料添加剂证书的，由农业部撤销新饲料、新饲料添加剂证书，申请人在3年内不得再次申请新饲料、新饲料添加剂审定；以欺骗方式取得新饲料、新饲料添加剂证书的,并处5万元以上10万元以下罚款;构成犯罪的,依法移送司法机关追究刑事责任。

第二十三条 其他违反本办法规定的,依照《饲料和饲料添加剂管理条例》的有关规定进行处罚。

第二十四条 本办法自2012年7月1日起施行。农业部2000年8月17日发布的《新饲料和新饲料添加剂管理办法》同时废止。

饲料和饲料添加剂生产许可管理办法

（中华人民共和国农业部令 2012 年第 3 号）

第一章　总　　则

第一条　为加强饲料、饲料添加剂生产许可管理，维护饲料、饲料添加剂生产秩序，保障饲料、饲料添加剂质量安全，根据《饲料和饲料添加剂管理条例》，制定本办法。

第二条　在中华人民共和国境内生产饲料、饲料添加剂，应当遵守本办法。

第三条　饲料添加剂和添加剂预混合饲料生产许可证由农业部核发。单一饲料、浓缩饲料、配合饲料和精料补充料生产许可证由省级人民政府饲料管理部门（以下简称省级饲料管理部门）核发。

省级饲料管理部门可以委托下级饲料管理部门承担单一饲料、浓缩饲料、配合饲料和精料补充料生产许可申请的受理工作。

第四条　农业部设立饲料和饲料添加剂生产许可证专家审核委员会，负责饲料添加剂和添加剂预混合饲料生产许可的技术评审工作。

省级饲料管理部门设立饲料生产许可证专家审核委员会，负责本行政区域内单一饲料、浓缩饲料、配合饲料和精料补充料生产许可的技术评审工作。

第五条　任何单位和个人有权举报生产许可过程中的违法行为，农业部和省级饲料管理部门应当依照权限核实、处理。

第二章　生产许可证核发

第六条　设立饲料、饲料添加剂生产企业，应当符合饲料工业发展规划和产业政策，并具备下列条件：

（一）有与生产饲料、饲料添加剂相适应的厂房、设备和仓储设施；

（二）有与生产饲料、饲料添加剂相适应的专职技术人员；

（三）有必要的产品质量检验机构、人员、设施和质量管理制度；

（四）有符合国家规定的安全、卫生要求的生产环境；

（五）有符合国家环境保护要求的污染防治措施；

（六）农业部制定的饲料、饲料添加剂质量安全管理规范规定的其他条件。

第七条　申请设立饲料、饲料添加剂生产企业，申请人应当向生产地省级饲料管理部门提出申请，并提交农业部规定的申请材料。

申请设立饲料添加剂、添加剂预混合饲料生产企业，省级饲料管理部门应当自受理申请之日起 20 个工作日内进行书面审查和现场审核，并将相关资料和审查、审核意见上报农业部。农业部收到资料和审查、审核意见后，交饲料和饲料添加剂生产许可证专家审核委员会进行评审，根据评审结果在 10 个工作日内作出是否核发生产许可证的决定，并将决定抄送省级饲料管理部门。

申请设立单一饲料、浓缩饲料、配合饲料和精料补充料生产企业，省级饲料管理部门应当自受理之日起 10 个工作日内进行书面审查；审查合格的，组织进行现场审核，并根据审核结果在 10 个工作日内作出是否核发生产许可证的决定。

生产许可证式样由农业部统一规定。

第八条　申请人凭生产许可证办理工商登记手续。

第九条　取得饲料添加剂、添加剂预混合饲料生产许可证的企业，应当向省级饲料管理部门申请核发产品批准文号。

第十条 饲料、饲料添加剂生产企业委托其他饲料、饲料添加剂企业生产的，应当具备下列条件，并向各自所在地省级饲料管理部门备案：

（一）委托产品在双方生产许可范围内；委托生产饲料添加剂、添加剂预混合饲料的，双方还应当取得委托产品的产品批准文号；

（二）签订委托合同，依法明确双方在委托产品生产技术、质量控制等方面的权利和义务。

受托方应当按照饲料、饲料添加剂质量安全管理规范和饲料添加剂安全使用规范及产品标准组织生产，委托方应当对生产全过程进行指导和监督。委托方和受托方对委托生产的饲料、饲料添加剂质量安全承担连带责任。

委托生产的产品标签应当同时标明委托企业和受托企业的名称、注册地址、许可证编号；委托生产饲料添加剂、添加剂预混合饲料的，还应当标明受托方取得的生产该产品的批准文号。

第十一条 生产许可证有效期为5年。

生产许可证有效期满需继续生产的，应当在有效期届满6个月前向省级饲料管理部门提出续展申请，并提交农业部规定的材料。

第三章 生产许可证变更和补发

第十二条 饲料、饲料添加剂生产企业有下列情形之一的，应当按照企业设立程序重新办理生产许可证：

（一）增加、更换生产线的；

（二）增加单一饲料、饲料添加剂产品品种的；

（三）生产场所迁址的；

（四）农业部规定的其他情形。

第十三条 饲料、饲料添加剂生产企业有下列情形之一的，应当在15日内向企业所在地省级饲料管理部门提出变更申请并提交相关证明，由发证机关依法办理变更手续，变更后的生产许可证证号、有效期不变：

（一）企业名称变更；

（二）企业法定代表人变更；

（三）企业注册地址或注册地址名称变更；

（四）生产地址名称变更。

第十四条 生产许可证遗失或损毁的，应当在15日内向发证机关申请补发，由发证机关补发生产许可证。

第四章 监督管理

第十五条 饲料、饲料添加剂生产企业应当按照许可条件组织生产。生产条件发生变化，可能影响产品质量安全的，企业应当经所在地县级人民政府饲料管理部门报告发证机关。

第十六条 县级以上人民政府饲料管理部门应当加强对饲料、饲料添加剂生产企业的监督检查，依法查处违法行为，并建立饲料、饲料添加剂监督管理档案，记录日常监督检查、违法行为查处等情况。

第十七条 饲料、饲料添加剂生产企业应当在每年2月底前填写备案表，将上一年度的生产经营情况报企业所在地省级饲料管理部门备案。省级饲料管理部门应当在每年4月底前将企业备案情况汇总上报农业部。

第十八条 饲料、饲料添加剂生产企业有下列情形之一的，由发证机关注销生产许可证：

（一）生产许可证依法被撤销、撤回或依法被吊销的；

（二）生产许可证有效期届满未按规定续展的；

（三）企业停产一年以上或依法终止的；

（四）企业申请注销的；

（五）依法应当注销的其他情形。

第五章 罚 则

第十九条 县级以上人民政府饲料管理部门工作人员，不履行本办法规定的职责或者滥用职权、玩忽职守、徇私舞弊的，依法给予处分；构成犯罪的，依法追究刑事责任。

第二十条 申请人隐瞒有关情况或者提供虚假材料申请生产许可的，饲料管理部门不予受理或者不予许可，并给予警告；申请人在1年内不得再次申请生产许可。

第二十一条 以欺骗、贿赂等不正当手段取得生产许可证的，由发证机关撤销生产许可证，申请人在3年内不得再次申请生产许可；以欺骗方式取得生产许可证的，并处5万元以上10万元以下罚款；构成犯罪的，依法移送司法机关追究刑事责任。

第二十二条 饲料、饲料添加剂生产企业有下列情形之一的，依照《饲料和饲料添加剂管理条例》第三十八条处罚：

（一）超出许可范围生产饲料、饲料添加剂的；

（二）生产许可证有效期届满后，未依法续展继续生产饲料、饲料添加剂的。

第二十三条 饲料、饲料添加剂生产企业采购单一饲料、饲料添加剂、药物饲料添加剂、添加剂预混合饲料，未查验相关许可证明文件的，依照《饲料和饲料添加剂管理条例》第四十条处罚。

第二十四条 其他违反本办法的行为，依照《饲料和饲料添加剂管理条例》的有关规定处罚。

第六章 附 则

第二十五条 本办法所称添加剂预混合饲料，包括复合预混合饲料、微量元素预混合饲料、维生素预混合饲料。

复合预混合饲料，是指以矿物质微量元素、维生素、氨基酸中任何两类或两类以上的营养性饲料添加剂为主，与其他饲料添加剂、载体和（或）稀释剂按一定比例配制的均匀混合物，其中营养性饲料添加剂的含量能够满足其适用动物特定生理阶段的基本营养需求，在配合饲料、精料补充料或动物饮用水中的添加量不低于0.1%且不高于10%。

微量元素预混合饲料，是指两种或两种以上矿物质微量元素与载体和（或）稀释剂按一定比例配制的均匀混合物，其中矿物质微量元素含量能够满足其适用动物特定生理阶段的微量元素需求，在配合饲料、精料补充料或动物饮用水中的添加量不低于0.1%且不高于10%。

维生素预混合饲料，是指两种或两种以上维生素与载体和（或）稀释剂按一定比例配制的均匀混合物，其中维生素含量应当满足其适用动物特定生理阶段的维生素需求，在配合饲料、精料补充料或动物饮用水中的添加量不低于0.01%且不高于10%。

第二十六条 本办法自2012年7月1日起施行。农业部1999年12月9日发布的《饲料添加剂和添加剂预混合饲料生产许可证管理办法》、2004年7月14日发布的《动物源性饲料产品安全卫生管理办法》、2006年11月24日发布的《饲料生产企业审查办法》同时废止。

本办法施行前已取得饲料生产企业审查合格证、动物源性饲料产品生产企业安全卫生合格证的饲料生产企业，应当在2014年7月1日前依照本办法规定取得生产许可证。

禁止在饲料和动物饮水中使用的物质

（中华人民共和国农业部公告第1519号）

为加强饲料及养殖环节质量安全监管，保障饲料及畜产品质量安全，根据《饲料和饲料添加剂管理条例》有关规定，禁止在饲料和动物饮水中使用苯乙醇胺A等物质（见附件）。各级畜牧饲料管理部门要加强日常监管和监督检测，严肃查处在饲料生产、经营、使用和动物饮水中违禁添加苯乙醇胺A等物质的违法行为。

特此公告。

附件：禁止在饲料和动物饮水中使用的物质

二〇一〇年十二月二十七日

附件：

禁止在饲料和动物饮水中使用的物质

1. 苯乙醇胺A（Phenylethanolamine A）：β-肾上腺素受体激动剂。
2. 班布特罗（Bambuterol）：β-肾上腺素受体激动剂。
3. 盐酸齐帕特罗（Zilpaterol Hydrochloride）：β-肾上腺素受体激动剂。
4. 盐酸氯丙那林（Clorprenaline Hydrochloride）：药典2010版二部P783。β-肾上腺素受体激动剂。
5. 马布特罗（Mabuterol）：β-肾上腺素受体激动剂。
6. 西布特罗（Cimbuterol）：β-肾上腺素受体激动剂。
7. 溴布特罗（Brombuterol）：β-肾上腺素受体激动剂。
8. 酒石酸阿福特罗（Arformoterol Tartrate）：长效型β-肾上腺素受体激动剂。
9. 富马酸福莫特罗（Formoterol Fumatrate）：长效型β-肾上腺素受体激动剂。
10. 盐酸可乐定（Clonidine Hydrochloride）：药典2010版二部P645。抗高血压药。
11. 盐酸赛庚啶（Cyproheptadine Hydrochloride）：药典2010版二部P803。抗组胺药。

进出口饲料和饲料添加剂检验检疫监督管理办法

（国家质量监督检验检疫总局令2009年第118号）

第一章　总　　则

第一条　为规范进出口饲料和饲料添加剂的检验检疫监督管理工作，提高进出口饲料和饲料添加剂安全水平，保护动物和人体健康，根据《中华人民共和国进出境动植物检疫法》及其实施条例、《中华人民共和国进出口商品检验法》及其实施条例、《国务院关于加强食品等产品安全监督管理的特别规定》等有关法律法规规定，制定本办法。

第二条　本办法适用于进口、出口及过境饲料和饲料添加剂（以下简称饲料）的检验检疫和监督管理。

作饲料用途的动植物及其产品按照本办法的规定管理。

药物饲料添加剂不适用本办法。

第三条　国家质量监督检验检疫总局（以下简称国家质检总局）统一管理全国进出口饲料的检验检疫和监督管理工作。

国家质检总局设在各地的出入境检验检疫机构（以下简称检验检疫机构）负责所辖区域进出口饲料的检验检疫和监督管理工作。

第二章　风险管理

第四条　国家质检总局对进出口饲料实施风险管理，包括在风险分析的基础上，对进出口饲料实施的产品风险分级、企业分类、监管体系审查、风险监控、风险警示等措施。

第五条　检验检疫机构按照进出口饲料的产品风险级别，采取不同的检验检疫监管模式并进行动态调整。

第六条　检验检疫机构根据进出口饲料的产品风险级别、企业诚信程度、安全卫生控制能力、监管体系有效性等，对注册登记的境外生产、加工、存放企业（以下简称境外生产企业）和国内出口饲料生产、加工、存放企业（以下简称出口生产企业）实施企业分类管理，采取不同的检验检疫监管模式并进行动态调整。

第七条　国家质检总局按照饲料产品种类分别制定进口饲料的检验检疫要求。对首次向中国出口饲料的国家或者地区进行风险分析，对曾经或者正在向中国出口饲料的国家或者地区进行回顾性审查，重点审查其饲料安全监管体系。根据风险分析或者回顾性审查结果，制定调整并公布允许进口饲料的国家或者地区名单和饲料产品种类。

第八条　国家质检总局对进出口饲料实施风险监控，制定进出口饲料年度风险监控计划，编制年度风险监控报告。直属检验检疫局结合本地实际情况制定具体实施方案并组织实施。

第九条　国家质检总局根据进出口饲料安全形势、检验检疫中发现的问题、国内外相关组织机构通报的问题以及国内外市场发生的饲料安全问题，在风险分析的基础上及时发布风险警示信息。

第三章　进口检验检疫

第一节　注册登记

第十条　国家质检总局对允许进口饲料的国家或者地区的生产企业实施注册登记制度，进口饲料应当来自注册登记的境外生产企业。

第十一条 境外生产企业应当符合输出国家或者地区法律法规和标准的相关要求，并达到与中国有关法律法规和标准的等效要求，经输出国家或者地区主管部门审查合格后向国家质检总局推荐。推荐材料应当包括：

（一）企业信息：企业名称、地址、官方批准编号；

（二）注册产品信息：注册产品名称、主要原料、用途等；

（三）官方证明：证明所推荐的企业已经主管部门批准，其产品允许在输出国家或者地区自由销售。

第十二条 国家质检总局应当对推荐材料进行审查。

审查不合格的，通知输出国家或者地区主管部门补正。

审查合格的，经与输出国家或者地区主管部门协商后，国家质检总局派出专家到输出国家或者地区对其饲料安全监管体系进行审查，并对申请注册登记的企业进行抽查。对抽查不符合要求的企业，不予注册登记，并将原因向输出国家或者地区主管部门通报；对抽查符合要求的及未被抽查的其他推荐企业，予以注册登记，并在国家质检总局官方网站上公布。

第十三条 注册登记的有效期为5年。

需要延期的境外生产企业，由输出国家或者地区主管部门在有效期届满前6个月向国家质检总局提出延期。必要时，国家质检总局可以派出专家到输出国家或者地区对其饲料安全监管体系进行回顾性审查，并对申请延期的境外生产企业进行抽查，对抽查符合要求的及未被抽查的其他申请延期境外生产企业，注册登记有效期延长5年。

第十四条 经注册登记的境外生产企业停产、转产、倒闭或者被输出国家或者地区主管部门吊销生产许可证、营业执照的，国家质检总局注销其注册登记。

第二节 检验检疫

第十五条 进口饲料需要办理进境动植物检疫许可证的，应当按照相关规定办理进境动植物检疫许可证。

第十六条 货主或者其代理人应当在饲料入境前或者入境时向检验检疫机构报检，报检时应当提供原产地证书、贸易合同、信用证、提单、发票等，并根据对产品的不同要求提供进境动植物检疫许可证、输出国家或者地区检验检疫证书、《进口饲料和饲料添加剂产品登记证》(复印件)。

第十七条 检验检疫机构按照以下要求对进口饲料实施检验检疫：

（一）中国法律法规、国家强制性标准和国家质检总局规定的检验检疫要求；

（二）双边协议、议定书、备忘录；

（三）《进境动植物检疫许可证》列明的要求。

第十八条 检验检疫机构按照下列规定对进口饲料实施现场查验：

（一）核对货证：核对单证与货物的名称、数(重)量、包装、生产日期、集装箱号码、输出国家或者地区、生产企业名称和注册登记号等是否相符；

（二）标签检查：标签是否符合饲料标签国家标准；

（三）感官检查：包装、容器是否完好，是否超过保质期，有无腐败变质，有无携带有害生物，有无土壤、动物尸体、动物排泄物等禁止进境物。

第十九条 现场查验有下列情形之一的，检验检疫机构签发《检验检疫处理通知单》，由货主或者其代理人在检验检疫机构的监督下，作退回或者销毁处理：

（一）输出国家或者地区未被列入允许进口的国家或者地区名单的；

（二）来自非注册登记境外生产企业的产品；

（三）来自注册登记境外生产企业的非注册登记产品；

（四）货证不符的；

（五）标签不符合标准且无法更正的；

（六）超过保质期或者腐败变质的；

（七）发现土壤、动物尸体、动物排泄物、检疫性有害生物，无法进行有效的检疫处理的。

第二十条 现场查验发现散包、容器破裂的，由货主或者代理人负责整理完好。包装破损且有传播动植物疫病风险的，应当对所污染的场地、物品、器具进行检疫处理。

第二十一条 检验检疫机构对来自不同类别境外生产企业的产品按照相应的检验检疫监管模式抽取样品，出具《抽/采样凭证》，送实验室进行安全卫生项目的检测。

被抽取样品送实验室检测的货物，应当调运到检验检疫机构指定的待检存放场所等待检测结果。

第二十二条 经检验检疫合格的，检验检疫机构签发《入境货物检验检疫证明》，予以放行。

经检验检疫不合格的，检验检疫机构签发《检验检疫处理通知书》，由货主或者其代理人在检验检疫机构的监督下，作除害、退回或者销毁处理，经除害处理合格的准予进境；需要对外索赔的，由检验检疫机构出具相关证书。检验检疫机构应当将进口饲料检验检疫不合格信息上报国家质检总局。

第二十三条 货主或者其代理人未取得检验检疫机构出具的《入境货物检验检疫证明》前，不得擅自转移、销售、使用进口饲料。

第二十四条 进口饲料分港卸货的，先期卸货港检验检疫机构应当以书面形式将检验检疫结果及处理情况及时通知其他分卸港所在地检验检疫机构；需要对外出证的，由卸毕港检验检疫机构汇总后出具证书。

第三节 监督管理

第二十五条 进口饲料包装上应当有中文标签，标签应当符合中国饲料标签国家标准。

散装的进口饲料，进口企业应当在检验检疫机构指定的场所包装并加施饲料标签后方可入境，直接调运到检验检疫机构指定的生产、加工企业用于饲料生产的，免予加施标签。

国家对进口动物源性饲料的饲用范围有限制的，进入市场销售的动物源性饲料包装上应当注明饲用范围。

第二十六条 检验检疫机构对饲料进口企业（以下简称进口企业）实施备案管理。进口企业应当在首次报检前或者报检时提供营业执照复印件向所在地检验检疫机构备案。

第二十七条 进口企业应当建立经营档案，记录进口饲料的报检号、品名、数/重量、包装、输出国家或者地区、国外出口商、境外生产企业名称及其注册登记号、《入境货物检验检疫证明》、进口饲料流向等信息，记录保存期限不得少于2年。

第二十八条 检验检疫机构对备案进口企业的经营档案进行定期审查，审查不合格的，将其列入不良记录企业名单，对其进口的饲料加严检验检疫。

第二十九条 国外发生的饲料安全事故涉及已经进口的饲料、国内有关部门通报或者用户投诉进口饲料出现安全卫生问题的，检验检疫机构应当开展追溯性调查，并按照国家有关规定进行处理。

进口的饲料存在前款所列情形，可能对动物和人体健康和生命安全造成损害的，饲料进口企业应当主动召回，并向检验检疫机构报告。进口企业不履行召回义务的，检验检疫机构可以责令进口企业召回并将其列入不良记录企业名单。

第四章 出口检验检疫

第一节 注册登记

第三十条 国家质检总局对出口饲料的出口生产企业实施注册登记制度，出口饲料应当来自注册登记的出口生产企业。

第三十一条 申请注册登记的企业应当符合下列条件：

（一）厂房、工艺、设备和设施。

1. 厂址应当避开工业污染源，与养殖场、屠宰场、居民点保持适当距离；

2. 厂房、车间布局合理，生产区与生活区、办公区分开；

3. 工艺设计合理，符合安全卫生要求；

4. 具备与生产能力相适应的厂房、设备及仓储设施；

5. 具备有害生物(啮齿动物、苍蝇、仓储害虫、鸟类等)防控设施。

(二) 具有与其所生产产品相适应的质量管理机构和专业技术人员。

(三) 具有与安全卫生控制相适应的检测能力。

(四) 管理制度。

1. 岗位责任制度;

2. 人员培训制度;

3. 从业人员健康检查制度;

4. 按照危害分析与关键控制点(HACCP)原理建立质量管理体系,在风险分析的基础上开展自检自控;

5. 标准卫生操作规范(SSOP);

6. 原辅料、包装材料合格供应商评价和验收制度;

7. 饲料标签管理制度和产品追溯制度;

8. 废弃物、废水处理制度;

9. 客户投诉处理制度;

10. 质量安全突发事件应急管理制度。

(五) 国家质检总局按照饲料产品种类分别制定的出口检验检疫要求。

第三十二条 出口生产企业应当向所在地直属检验检疫局申请注册登记,并提交下列材料(一式三份):

(一)《出口饲料生产、加工、存放企业检验检疫注册登记申请表》;

(二) 工商营业执照(复印件);

(三) 组织机构代码证(复印件);

(四) 国家饲料主管部门有审查、生产许可、产品批准文号等要求的,须提供获得批准的相关证明文件;

(五) 涉及环保的,须提供县级以上环保部门出具的证明文件;

(六) 第三十一条(四)规定的管理制度;

(七) 生产工艺流程图,并标明必要的工艺参数(涉及商业秘密的除外);

(八) 厂区平面图及彩色照片(包括厂区全貌、厂区大门、主要设备、实验室、原料库、包装场所、成品库、样品保存场所、档案保存场所等);

(九) 申请注册登记的产品及原料清单。

第三十三条 直属检验检疫局应当对申请材料及时进行审查,根据下列情况在5日内作出受理或者不予受理决定,并书面通知申请人:

(一) 申请材料存在可以当场更正的错误的,允许申请人当场更正;

(二) 申请材料不齐全或者不符合法定形式的,应当当场或者在5日内一次书面告知申请人需要补正的全部内容,逾期不告知的,自收到申请材料之日起即为受理;

(三) 申请材料齐全、符合法定形式或者申请人按照要求提交全部补正申请材料的,应当受理申请。

第三十四条 直属检验检疫局应当在受理申请后10日内组成评审组,对申请注册登记的出口生产企业进行现场评审。

第三十五条 评审组应当在现场评审结束后及时向直属检验检疫局提交评审报告。

第三十六条 直属检验检疫局收到评审报告后,应当在10日内分别做出下列决定:

(一) 经评审合格的,予以注册登记,颁发《出口饲料生产、加工、存放企业检验检疫注册登记证》(以下简称《注册登记证》),自做出注册登记决定之日起10日内,送达申请人;

(二) 经评审不合格的,出具《出口饲料生产、加工、存放企业检验检疫注册登记未获批准通知书》。

第三十七条 《注册登记证》自颁发之日起生效,有效期5年。

属于同一企业、位于不同地点、具有独立生产线和质量管理体系的出口生产企业应当分别申请注册登记。

每一注册登记出口生产企业使用一个注册登记编号。经注册登记的出口生产企业的注册登记编号专厂专用。

第三十八条 出口生产企业变更企业名称、法定代表人、产品品种、生产能力等的，应当在变更后30日内向所在地直属检验检疫局提出书面申请，填写《出口饲料生产、加工、存放企业检验检疫注册登记申请表》，并提交与变更内容相关的资料(一式三份)。

变更企业名称、法定代表人的，由直属检验检疫局审核有关资料后，直接办理变更手续。

变更产品品种或者生产能力的，由直属检验检疫局审核有关资料并组织现场评审，评审合格后，办理变更手续。

企业迁址的，应当重新向直属检验检疫局申请办理注册登记手续。

因停产、转产、倒闭等原因不再从事出口饲料业务的，应当向所在地直属检验检疫局办理注销手续。

第三十九条 获得注册登记的出口生产企业需要延续注册登记有效期的，应当在有效期届满前3个月按照本办法规定提出申请。

第四十条 直属检验检疫局应当在完成注册登记、变更或者注销工作后30日内，将相关信息上报国家质检总局备案。

第四十一条 进口国家或者地区要求提供注册登记的出口生产企业名单的，由直属检验检疫局审查合格后，上报国家质检总局。国家质检总局组织进行抽查评估后，统一向进口国家或者地区主管部门推荐并办理有关手续。

第二节 检验检疫

第四十二条 检验检疫机构按照下列要求对出口饲料实施检验检疫：

(一) 输入国家或者地区检验检疫要求；

(二) 双边协议、议定书、备忘录；

(三) 中国法律法规、强制性标准和国家质检总局规定的检验检疫要求；

(四) 贸易合同或者信用证注明的检疫要求。

第四十三条 饲料出口前，货主或者代理人应当向产地检验检疫机构报检，并提供贸易合同、信用证、《注册登记证》(复印件)、出厂合格证明等单证。检验检疫机构对所提供的单证进行审核，符合要求的受理报检。

第四十四条 受理报检后，检验检疫机构按照下列规定实施现场检验检疫：

(一) 核对货证：核对单证与货物的名称、数(重)量、生产日期、批号、包装、唛头、出口生产企业名称或者注册登记号等是否相符；

(二) 标签检查：标签是否符合要求；

(三) 感官检查：包装、容器是否完好，有无腐败变质，有无携带有害生物，有无土壤、动物尸体、动物排泄物等。

第四十五条 检验检疫机构对来自不同类别出口生产企业的产品按照相应的检验检疫监管模式抽取样品，出具《抽/采样凭证》，送实验室进行安全卫生项目的检测。

第四十六条 经检验检疫合格的，检验检疫机构出具《出境货物通关单》或者《出境货物换证凭单》、检验检疫证书等相关证书；检验检疫不合格的，经有效方法处理并重新检验检疫合格的，可以按照规定出具相关单证，予以放行；无有效方法处理或者虽经处理重新检验检疫仍不合格的，不予放行，并出具《出境货物不合格通知单》。

第四十七条 出境口岸检验检疫机构按照出境货物换证查验的相关规定查验，重点检查货证是否相符。查验合格的，凭产地检验检疫机构出具的《出境货物换证凭单》或者电子转单换发《出境货物通关单》。查验不合格的，不予放行。

第四十八条 产地检验检疫机构与出境口岸检验检疫机构应当及时交流信息。

在检验检疫过程中发现安全卫生问题，应当采取相应措施，并及时上报国家质检总局。

第三节　监督管理

第四十九条　取得注册登记的出口饲料生产、加工企业应当遵守下列要求：

（一）有效运行自检自控体系。

（二）按照进口国家或者地区的标准或者合同要求生产出口产品。

（三）遵守我国有关药物和添加剂管理规定，不得存放、使用我国和进口国家或者地区禁止使用的药物和添加物。

（四）出口饲料的包装、装载容器和运输工具应当符合安全卫生要求。标签应当符合进口国家或者地区的有关要求。包装或者标签上应当注明生产企业名称或者注册登记号、产品用途。

（五）建立企业档案，记录生产过程中使用的原辅料名称、数（重）量及其供应商、原料验收、半产品及成品自检自控、入库、出库、出口、有害生物控制、产品召回等情况，记录档案至少保存2年。

（六）如实填写《出口饲料监管手册》，记录检验检疫机构监管、抽样、检查、年审情况以及国外官方机构考察等内容。

取得注册登记的饲料存放企业应当建立企业档案，记录存放饲料名称、数/重量、货主、入库、出库、有害生物防控情况，记录档案至少保留2年。

第五十条　检验检疫机构对辖区内注册登记的出口生产企业实施日常监督管理，内容包括：

（一）环境卫生；

（二）有害生物防控措施；

（三）有毒有害物质自检自控的有效性；

（四）原辅料或者其供应商变更情况；

（五）包装物、铺垫材料和成品库；

（六）生产设备、用具、运输工具的安全卫生；

（七）批次及标签管理情况；

（八）涉及安全卫生的其他内容；

（九）《出口饲料监管手册》记录情况。

第五十一条　检验检疫机构对注册登记的出口生产企业实施年审，年审合格的在《注册登记证》（副本）上加注年审合格记录。

第五十二条　检验检疫机构对饲料出口企业（以下简称出口企业）实施备案管理。出口企业应当在首次报检前或者报检时提供营业执照复印件向所在地检验检疫机构备案。

出口与生产为同一企业的，不必办理备案。

第五十三条　出口企业应当建立经营档案并接受检验检疫机构的核查。档案应当记录出口饲料的报检号、品名、数（重）量、包装、进口国家或者地区、国外进口商、供货企业名称及其注册登记号、《出境货物通关单》等信息，档案至少保留2年。

第五十四条　检验检疫机构应当建立注册登记的出口生产企业以及出口企业诚信档案，建立良好记录企业名单和不良记录企业名单。

第五十五条　出口饲料被国内外检验检疫机构检出疫病、有毒有害物质超标或者其他安全卫生质量问题的，检验检疫机构核实有关情况后，实施加严检验检疫监管措施。

第五十六条　注册登记的出口生产企业和备案的出口企业发现其生产、经营的相关产品可能受到污染并影响饲料安全，或者其出口产品在国外涉嫌引发饲料安全事件时，应当在24小时内报告所在地检验检疫机构，同时采取控制措施，防止不合格产品继续出厂。检验检疫机构接到报告后，应当于24小时内逐级上报至国家质检总局。

第五十七条　已注册登记的出口生产企业发生下列情况之一的，由直属检验检疫局撤回其注册登记：

（一）准予注册登记所依据的客观情况发生重大变化，达不到注册登记条件要求的；

（二）注册登记内容发生变更，未办理变更手续的；

（三）年审不合格的。

第五十八条 有下列情形之一的，直属检验检疫局根据利害关系人的请求或者依据职权，可以撤销注册登记：

（一）直属检验检疫局工作人员滥用职权、玩忽职守作出准予注册登记的；

（二）超越法定职权作出准予注册登记的；

（三）违反法定程序作出准予注册登记的；

（四）对不具备申请资格或者不符合法定条件的出口生产企业准予注册登记的；

（五）依法可以撤销注册登记的其他情形。

出口生产企业以欺骗、贿赂等不正当手段取得注册登记的，应当予以撤销。

第五十九条 有下列情形之一的，直属检验检疫局应当依法办理注册登记的注销手续：

（一）注册登记有效期届满未延续的；

（二）出口生产企业依法终止的；

（三）企业因停产、转产、倒闭等原因不再从事出口饲料业务的；

（四）注册登记依法被撤销、撤回或者吊销的；

（五）因不可抗力导致注册登记事项无法实施的；

（六）法律、法规规定的应当注销注册登记的其他情形。

第五章 过境检验检疫

第六十条 运输饲料过境的，承运人或者押运人应当持货运单和输出国家或者地区主管部门出具的证书，向入境口岸检验检疫机构报检，并书面提交过境运输路线。

第六十一条 装载过境饲料的运输工具和包装物、装载容器应当完好，经入境口岸检验检疫机构检查，发现运输工具或者包装物、装载容器有可能造成途中散漏的，承运人或者押运人应当按照口岸检验检疫机构的要求，采取密封措施；无法采取密封措施的，不准过境。

第六十二条 输出国家或者地区未被列入第七条规定的允许进口的国家或者地区名单的，应当获得国家质检总局的批准方可过境。

第六十三条 过境的饲料，由入境口岸检验检疫机构查验单证，核对货证相符，加施封识后放行，并通知出境口岸检验检疫机构，由出境口岸检验检疫机构监督出境。

第六章 法律责任

第六十四条 有下列情形之一的，由检验检疫机构按照《国务院关于加强食品等产品安全监督管理的特别规定》予以处罚：

（一）存放、使用我国或者进口国家或者地区禁止使用的药物、添加剂以及其他原辅料的；

（二）以非注册登记饲料生产、加工企业生产的产品冒充注册登记出口生产企业产品的；

（三）明知有安全隐患，隐瞒不报，拒不履行事故报告义务继续进出口的；

（四）拒不履行产品召回义务的。

第六十五条 有下列情形之一的，由检验检疫机构按照《中华人民共和国进出境动植物检疫法实施条例》处 3 000 元以上 3 万元以下罚款：

（一）未经检验检疫机构批准，擅自将进口、过境饲料卸离运输工具或者运递的；

（二）擅自开拆过境饲料的包装，或者擅自开拆、损毁动植物检疫封识或者标志的。

第六十六条 有下列情形之一的，依法追究刑事责任；尚不构成犯罪或者犯罪情节显著轻微依法不需要判处刑罚的，由检验检疫机构按照《中华人民共和国进出境动植物检疫法实施条例》处 2 万元以上 5 万元以下的罚款：

（一）引起重大动植物疫情的；

（二）伪造、变造动植物检疫单证、印章、标志、封识的。

第六十七条 有下列情形之一，有违法所得的，由检验检疫机构处以违法所得3倍以下罚款，最高不超过3万元；没有违法所得的，处以1万元以下罚款：

（一）使用伪造、变造的动植物检疫单证、印章、标志、封识的；

（二）使用伪造、变造的输出国家或者地区主管部门检疫证明文件的；

（三）使用伪造、变造的其他相关证明文件的；

（四）拒不接受检验检疫机构监督管理的。

第六十八条 检验检疫机构工作人员滥用职权，故意刁难，徇私舞弊，伪造检验结果，或者玩忽职守，延误检验出证，依法给予行政处分；构成犯罪的，依法追究刑事责任。

第七章 附 则

第六十九条 本办法下列用语的含义是：

饲料：指经种植、养殖、加工、制作的供动物食用的产品及其原料，包括饵料用活动物、饲料用（含饵料用）冰鲜冷冻动物产品及水产品、加工动物蛋白及油脂、宠物食品及咬胶、饲草类、青贮料、饲料粮谷类、糠麸饼粕渣类、加工植物蛋白及植物粉类、配合饲料、添加剂预混合饲料等。

饲料添加剂：指饲料加工、制作、使用过程中添加的少量或者微量物质，包括营养性饲料添加剂、一般饲料添加剂等。

加工动物蛋白及油脂：包括肉粉（畜禽）、肉骨粉（畜禽）、鱼粉、鱼油、鱼膏、虾粉、鱿鱼肝粉、鱿鱼粉、乌贼膏、乌贼粉、鱼精粉、干贝精粉、血粉、血浆粉、血球粉、血细胞粉、血清粉、发酵血粉、动物下脚料粉、羽毛粉、水解羽毛粉、水解毛发蛋白粉、皮革蛋白粉、蹄粉、角粉、鸡杂粉、肠膜蛋白粉、明胶、乳清粉、乳粉、蛋粉、干蚕蛹及其粉、骨粉、骨灰、骨炭、骨制磷酸氢钙、虾壳粉、蛋壳粉、骨胶、动物油渣、动物脂肪、饲料级混合油、干虫及其粉等。

出厂合格证明：指注册登记的出口饲料或者饲料添加剂生产、加工企业出具的，证明其产品经本企业自检自控体系评定为合格的文件。

第七十条 本办法由国家质检总局负责解释。

第七十一条 本办法自2009年9月1日起施行。自施行之日起，进出口饲料有关检验检疫管理的规定与本办法不一致的，以本办法为准。

明令禁止在饲料中人为添加三聚氰胺

（中华人民共和国农业部公告第1218号）

三聚氰胺是一种化工原料，广泛应用于塑料、涂料、粘合剂、食品包装材料生产。我部已明令禁止在饲料中人为添加三聚氰胺，对非法在饲料中添加三聚氰胺的，依法追究法律责任。三聚氰胺污染源调查显示，三聚氰胺可能通过环境、饲料包装材料等途径进入到饲料中，但含量极低。大量动物验证试验及风险评估表明，饲料中三聚氰胺含量低于2.5 mg/kg时，不会通过动物产品残留对食用者健康产生危害。为确保饲料产品质量安全，保证养殖动物及其产品安全，现将饲料原料和饲料产品中三聚氰胺限量值定为2.5 mg/kg，高于2.5 mg/kg的饲料原料和饲料产品一律不得销售。

上述规定自发布之日起实施。

特此公告

二〇〇九年六月八日

动物源性饲料产品安全卫生管理办法

（中华人民共和国农业部令2004年第40号）

第一章　总　　则

第一条　为加强动物源性饲料产品安全卫生管理，根据《饲料和饲料添加剂管理条例》，制定本办法。

第二条　农业部负责全国动物源性饲料产品的管理工作。

县级以上地方人民政府饲料管理部门负责本行政区域内动物源性饲料产品的管理工作。

第三条　本办法所称动物源性饲料产品是指以动物或动物副产物为原料，经工业化加工、制作的单一饲料。

动物源性饲料产品目录由农业部发布。

第二章　企业设立审查

第四条　设立动物源性饲料产品生产企业，应当向所在地省级人民政府饲料管理部门提出申请，经审查合格，取得《动物源性饲料产品生产企业安全卫生合格证》后，方可办理企业登记手续。

第五条　设立动物源性饲料产品生产企业，应当具备下列条件：

（一）厂房设施

1. 厂房无破损，厂房及其附属设施便于清洗和消毒；

2. 相应的防蝇、防鼠、防鸟、防尘设备和仓储设施；

3. 相应的更衣室、卫生间、洗手池。

（二）生产工艺及设备

1. 生产工艺和设备能满足产品的安全卫生和质量标准要求；

2. 相应的清洗、消毒、烘干、粉碎等设施。

（三）人员

1. 技术负责人具有大专以上文化程度或中级以上技术职称，熟悉生产工艺，从事相应专业工作2年以上；

2. 质量管理及质检机构负责人具有大专以上文化程度或中级以上技术职称，从事相应专业工作3年以上；

3. 特有工种从业人员取得相应的职业资格证书。

（四）质检机构及设备

1. 设立质检机构；

2. 设立仪器室（区）、检验操作室（区）和留样观察室（区）；

3. 质量检验所需的基本设备。

（五）生产环境

1. 企业所在地远离动物饲养场地，最小距离1 000米。如靠近屠宰场所，需有必要的隔离措施；

2. 厂区内禁止饲养动物；

3. 生产厂区布局合理，原料整理、生产加工、成品储存等区域分开，保证成品和原料单独存放，防止交叉污染。

（六）污染防治措施

完备的废弃物收集、处理系统和污染防治设施，其排放符合环保要求。

第六条 申请设立动物源性饲料产品生产企业的，应当填报《动物源性饲料产品生产申请书》，并提供符合第五条规定条件的相关材料。

《动物源性饲料产品生产申请书》可以从所在地省级人民政府饲料管理部门免费领取或从中国饲料工业信息网（网址：http://www.chinafeed.org.cn）下载。

第七条 省级人民政府饲料管理部门收到《动物源性饲料产品生产申请书》及其相关材料后，应当在15个工作日内完成对企业的材料审核，交评审组评审；并在收到评审意见后5个工作日内作出审查决定。决定不予颁发的，书面通知申请人，并说明理由。

申请材料不齐全或者不符合规定条件的，应当在5个工作日内一次告知申请人需补正的全部内容。

《动物源性饲料产品生产企业安全卫生合格证》样式由农业部制定。

第八条 评审组由评审员、技术专家3～5人组成，评审员须经农业部培训合格。

评审组应当对申请人的生产条件进行实地考察。

第三章　生产管理

第九条 企业应当建立下列制度：

（一）岗位责任制度；

（二）生产管理制度；

（三）检验化验制度；

（四）标准及质量保证制度；

（五）安全卫生制度；

（六）产品留样观察制度；

（七）计量管理制度。

第十条 企业原料管理应当符合下列要求：

（一）原料采购和出库有完整记录，并至少保存二年。禁止采购腐败、污染或来自动物疫区的动物原料；

（二）原料分类堆放并明确标识，保证合格原料与不合格原料、哺乳类动物原料与其他原料分开。禁止露天放置原料；

（三）原料使用遵循先进先出原则。使用前进行筛选，去除不合格原料并作无害化处理。

第十一条 企业生产过程管理应当符合下列要求：

（一）禁止在厂区内堆积不必要的器材、物品，以免有害生物孳生；

（二）对用于制造、包装、储运的设备及器具定期清洗、消毒；

（三）使用同一设备生产不同动物源性饲料产品前，应当对设备进行彻底清洗，防止交叉污染；

（四）操作人员应当有健康证明，特殊作业人员须半年体检一次；

（五）严格按照生产工艺流程生产；

（六）制作生产记录，包括原料种类、原料数量、生产日期、产品数量、生产工艺条件等内容，并至少保存二年。

第十二条 企业成品管理应当符合下列要求：

（一）成品检验合格，并制作检验记录和检验报告。检验项目包括：总菌数、大肠杆菌、沙门氏菌、重金属、特定病原菌等安全卫生指标；

（二）成品被有害、有毒物质污染或因其他原因导致品质破坏时，立即予以销毁，并追查原因，制作记录；

（三）成品分类存放，防止误装混装。

第十三条 产品包装物不得破损，并附具明确、醒目的标识和标签。

包装物需重复使用的，应当进行清洁、冲洗、消毒。

第十四条 产品标签应当符合国家饲料标签标准，并标明动物源名称和《动物源性饲料产品生产企业安全卫生合格证》编号。

乳及乳制品之外的动物源性饲料产品还应当在标签上标注“本产品不得饲喂反刍动物”字样。

第四章 经营、进口和使用管理

第十五条 产品经营者购进动物源性饲料产品时，应当核对产品标签、产品质量合格证。

禁止经营标签标注不符合本办法第十四条规定的动物源性饲料产品。

第十六条 进口动物源性饲料产品，应当按照《进口饲料和饲料添加剂登记管理办法》的规定办理进口产品登记证。

禁止进口动物疫情流行国家(地区)的动物源性饲料产品。

禁止进口经第三国(地区)转口的动物疫情流行国家和地区的动物源性饲料产品。

第十七条 对已获得产品登记证的进口动物源性饲料产品，在农业部宣布禁用后，其产品登记证自禁用之日起失效。获证企业应当将产品登记证退回农业部，由农业部注销并予公告。

农业部宣布暂停进口的动物源性饲料产品，其产品登记证在暂停期间停止使用。

第十八条 禁止在反刍动物饲料中使用动物源性饲料产品，但乳及乳制品除外。

第十九条 禁止经营、使用无产品登记证的进口动物源性饲料产品；禁止经营、使用未取得《动物源性饲料产品生产企业安全卫生合格证》的动物源性饲料产品。

第五章 监督检查

第二十条 生产企业应当填写生产经营状况备案表，于每年3月底前报省级人民政府饲料管理部门备案。

备案表由省级人民政府饲料管理部门免费提供，企业也可从中国饲料工业信息网(网址：http://www.chinafeed.org.cn)下载。

农业部不定期对备案工作进行督查。

第二十一条 县级以上地方人民政府饲料管理部门应当不定期对动物源性饲料产品生产企业进行现场检查，但不得妨碍企业正常的生产经营活动，不得索取或收受财物，不得牟取其他利益。

第二十二条 在备案和现场检查中，发现动物源性饲料产品生产企业生产条件发生重大变化、存在严重安全卫生隐患或产品质量安全问题，或者有其他违反本办法情形的，县级以上地方人民政府饲料管理部门应当依法调查，并及时作出处理决定。

第二十三条 生产企业有下列情形之一的，省级人民政府饲料管理部门应当收回、注销其《动物源性饲料产品生产企业安全卫生合格证》，并予公告：

(一) 基本情况发生较大变化，已不具备基本生产条件或安全卫生条件的；

(二) 停产两年以上的；

(三) 破产或被兼并的；

(四) 迁址未通知主管部门的；

(五) 买卖、转让、租借《动物源性饲料生产企业安全卫生合格证》的；

(六) 连续两年没有上报备案材料，经督促拒不改正的。

第六章 罚　　则

第二十四条 通过欺骗、贿赂等不正当手段取得《动物源性饲料生产企业安全卫生合格证》的，由省级人民政府饲料管理部门撤销其《动物源性饲料生产企业安全卫生合格证》，并予公告，三年内不再受理该申请人提出的申请。

第二十五条 买卖、转让、租借《动物源性饲料生产企业安全卫生合格证》，有违法所得的，处违法所得三倍以下罚款，但最高不超过三万元；无违法所得的，处一万元以下罚款。

第二十六条　未取得或假冒、伪造《动物源性饲料生产企业安全卫生合格证》生产动物源性饲料产品，有违法所得的，处违法所得三倍以下罚款，但最高不超过三万元；无违法所得的，处一万元以下罚款。

第二十七条　违反本办法第十、十一、十二条规定的，给予警告，限期改正；逾期不改或者再次出现同类违法行为的，处一千元以上一万元以下罚款。

第二十八条　经营、使用未取得《动物源性饲料生产企业安全卫生合格证》的动物源性饲料产品的，责令改正。有违法所得的，处违法所得二倍以下罚款，但最高不超过三万元；无违法所得的，处一万元以下罚款。

第二十九条　其他违反本办法规定的行为，依照《饲料和饲料添加剂管理条例》的有关规定处罚。

第七章　附　　则

第三十条　本办法施行前已设立的动物源性饲料产品生产企业，应当自本办法施行之日起六个月内办理《动物源性饲料生产企业安全卫生合格证》。

第三十一条　本办法自2004年10月1日起施行。

附件：

动物源性饲料产品目录

一、肉粉（畜和禽）、肉骨粉（畜和禽）

二、鱼粉、鱼油、鱼膏、虾粉、鱿鱼肝粉、鱿鱼粉、乌贼膏、乌贼粉、鱼精粉、干贝精粉

三、血粉、血浆粉、血球粉、血细胞粉、血清粉、发酵血粉

四、动物下脚料粉、羽毛粉、水解羽毛粉、水解毛发蛋白粉、皮革蛋白粉、蹄粉、角粉、鸡杂粉、肠粘膜蛋白粉、明胶

五、乳清粉、乳粉、巧克力乳粉、蛋粉

六、蚕蛹、蛆、卤虫卵

七、骨粉、骨灰、骨炭、骨制磷酸氢钙、虾壳粉、蛋壳粉、骨胶

八、动物油渣、动物脂肪、饲料级混合油

最高人民法院、最高人民检察院关于办理非法生产、销售、使用禁止在饲料和动物饮用水中使用的药品等刑事案件具体应用法律若干问题的解释

（法释[2002]26号）

为依法惩治非法生产、销售、使用盐酸克仑特(ClenbuterolHydrochloride，俗称"瘦肉精")等禁止在饲料和动物饮用水中使用的药品等犯罪活动，维护社会主义市场经济秩序，保护公民身体健康，根据刑法有关规定，现就办理这类刑事案件具体应用法律的若干问题解释如下：

第一条 未取得药品生产、经营许可证件和批准文号，非法生产、销售盐酸克仑特罗等禁止在饲料和动物饮用水中使用的药品，扰乱药品市场秩序，情节严重的，依照刑法第二百二十五条第(一)项的规定，以非法经营罪追究刑事责任。

第二条 在生产、销售的饲料中添加盐酸克仑特罗等禁止在饲料和动物饮用水中使用的药品，或者销售明知是添加有该类药品的饲料，情节严重的，依照刑法第二百二十五条第(四)项的规定，以非法经营罪追究刑事责任。

第三条 使用盐酸克仑特罗等禁止在饲料和动物饮用水中使用的药品或者含有该类药品的饲料养殖供人食用的动物，或者销售明知是使用该类药品或者含有该类药品的饲料养殖的供人食用的动物的，依照刑法第一百四十四条的规定，以生产、销售有毒、有害食品罪追究刑事责任。

第四条 明知是使用盐酸克仑特罗等禁止在饲料和动物饮用水中使用的药品或者含有该类药品的饲料养殖的供人食用的动物，而提供屠宰等加工服务，或者销售其制品的，依照刑法第一百四十四条的规定，以生产、销售有毒、有害食品罪追究刑事责任。

第五条 实施本解释规定的行为，同时触犯刑法规定的两种以上犯罪的，依照处罚较重的规定追究刑事责任。

第六条 禁止在饲料和动物饮用水中使用的药品，依照国家有关部门公告的禁止在饲料和动物饮用水中使用的药物品种目录确定。

附：农业部、卫生部、国家药品监督管理局公告的《禁止在饲料和动物饮用水中使用的药物品种目录》。

2002年8月16日

附：

农业部、卫生部、国家药品监督管理局公告的《禁止在饲料和动物饮用水中使用的药物品种目录》

一、肾上腺素受体激动剂

1. 盐酸克仑特罗(ClenbuterolHydrochloride)：中华人民共和国药典(以下简称药典)2000年二部P605。β2肾上腺素受体激动药。

2. 沙丁胺醇(Salbutamol)：药典2000年二部P316。β2肾上腺素受体激动药。

3. 硫酸沙丁胺醇(SalbutamolSulfate)：药典2000年二部P870。β2肾上腺素受体激动药。

4. 莱克多巴胺(Ractopamine)：一种β兴奋剂，美国食品和药物管理局(FDA)已批准，中国未批准。

5. 盐酴多巴胺(DopamineHydrochloride):药典2000年二部P591。多巴胺受体激动药。

6. 西巴特罗(Cimaterol):美国氰胺公司开发的产品,一种β兴奋剂,FDA未批准。

7. 硫酸特布他林(TerbutalineSulfate):药典2000年二部P890。β2肾上腺受体激动药。

二、性激素

8. 己烯雌酚(Diethylstibestrol):药典2000年二部P42。雌激素类药。

9. 雌二醇(Estradiol):药典2000年二部P1005。雌激素类药。

10. 戊酸雌二醇(EstradiolValcrate):药典2000年二部P124。雌激素类药。

11. 苯甲酸雌二醇(EstradiolBenzoate):药典2000年二部P369。雌激素类药。中华人民共和国兽药典(以下简称兽药典)2000年版一部P109。雌激素类药。用于发情不明显动物的催情及胎衣滞留、死胎的排除。

12. 氯烯雌醚(Chlorotrianisene)药典2000年二部P919。

13. 炔诺醇(Ethinylestradiol)药典2000年二部P422。

14. 炔诺醚(Quinestrol)药典2000年二部P424。

15. 醋酸氯地孕酮(Chlormadinoneacetate)药典2000年二部P1037。

16. 左炔诺孕酮(Levonorgestrel)药典2000年二部P107。

17. 炔诺酮(Norethisterone)药典2000年二部P420。

18. 绒毛膜促性腺激素(绒促性素)(ChorionicConadotro－phin):药典2000年二部P534。促性腺激素药。兽药典2000年版一部P146。激素类药。用于性功能障碍、习惯性流产及卵巢囊肿等。

19. 促卵泡生长激素(尿促性素主要含卵泡刺激FSHT和黄体生成素LH)(Menotropins):药典2000年二部P321。促性腺激素类药。

三、蛋白同化激素。

20. 碘化酷蛋白(IodinatedCasein):蛋白同化激素类,为甲状腺素的前驱物质,具有类似甲状腺素的生理作用。

21. 苯丙酸诺龙及苯丙酸诺龙注射液(Nandrolonephenylpro－pionate)药典2000年二部P365。

四、精神药品

22. (盐酸)氯丙嗪(ChlorpromazineHydrochloride):药典2000年二部P676。抗精神病药。兽药典2000年版一部P177。镇静药。用于强化麻醉以及使动物安静等。

23. 盐酸异丙嗪(PromethazineHydrochloride):药典2000年二部P602。抗组胺药。兽药典2000年版一部P164。抗组胺药。用于变态反应性疾病,如荨麻疹、血清病等。

24. 安定(地西泮)(Diazepam):药典2000年二部P214。抗焦虑药、抗惊厥药。兽药典2000年版一部P61。镇静药、抗惊厥药。

25. 苯巴比妥(Phenobarbital):药典2000年二部P362。镇静催眠药、抗惊厥药。兽药典2000年版一部P103。巴比妥类药。缓解脑炎、破伤风、士的宁中毒所致的惊厥。

26. 苯巴比妥钠(PhenobarbitalSodium)。兽药典2000年版一部P105。巴比妥类药。缓解脑炎、破伤风、士的宁中毒所致的惊厥。

27. 巴比妥(Barbital):兽药典2000年版一部P27。中枢抑制和增强解热镇痛。

28. 异戊巴比妥(Amobarbital):药典2000年二部P252。催眠药、抗惊厥药。

29. 异戊巴比妥钠(AmobarbitalSodium):兽药典2000年版一部P82。巴比妥类药。用于小动物的镇静、抗惊厥和麻醉。

30. 利血平(Reserpine):药典2000年二部P304。抗高血压药。

31. 艾司唑仑(Estazolam)。

32. 甲丙氨脂(Mcprobamate)。

33. 咪达唑仑(Midazolam)。

34. 硝西泮(Nitrazepam)。

35. 奥沙西泮(Oxazcpam)。

36. 匹莫林(Pemoline)。

37. 三唑仑(Triazolam)。

38. 唑吡旦(Zolpidem)。

39. 其他国家管制的精神药品。

五、各种抗生素滤渣

40. 抗生素滤渣:该类物质是抗生素类产品生产过程中产生的工业三废,因含有微量抗生素成分,在饲料和饲养过程中使用后对动物有一定的促生长作用。但对养殖业的危害很大,一是容易引起耐药性,二是由于未做安全性试验,存在各种安全隐患。

关于禁止在反刍动物饲料中添加和使用动物性饲料的通知

（农牧发[2001]7号）

各省、自治区、直辖市畜牧（农业、农牧）厅（委、办、局），饲料工业（工作）办公室：

根据《饲料和饲料添加剂管理条例》（以下简称《条例》）第十七条和第十八条的规定，饲料、饲料添加剂的使用过程中，证实对饲养动物、人体健康和环境有害的，要予以限用、停用或禁用。疯牛病的发生和蔓延已给欧盟国家养牛业和经济带来重大损失，而且感染人，危害人体健康，引发社会动荡。鉴于该病的主要传播途径是使用被疯牛病和绵羊痒病病原因子污染的肉骨粉等动物性饲料饲喂反刍动物，为了彻底切断疯牛病的传播途径，防止疯牛病在我国境内发生，我部研究决定，自即日起，禁止在反刍动物饲料中添加和使用以下动物性饲料产品：肉骨粉、骨粉、血粉、血浆粉、动物下脚料、动物脂肪、干血浆及其他血液制品、脱水蛋白、蹄粉、角粉、鸡杂碎粉、羽毛粉、油渣、鱼粉、骨胶等。

各级饲料管理部门要对反刍动物饲料的生产、经营进行全面检查，对违反本通知规定的，按照《条例》的规定予以处罚。各级畜牧管理部门要认真贯彻本通知精神，对反刍动物饲料的使用情况进行调查了解，禁止使用动物性饲料饲喂反刍动物。

中华人民共和国农业部

2001年2月28日

进口饲料和饲料添加剂登记管理办法

（中华人民共和国农业部令2000年第38号）

第一条 为加强进口饲料、饲料添加剂监督管理，保证养殖动物的安全生产，根据《饲料和饲料添加剂管理条例》的规定，制定本办法。

第二条 本办法所称饲料是指经工业化加工、制作的供动物食用的饲料，包括单一饲料、添加剂预混合饲料、浓缩饲料、配合饲料和精料补充料。

本办法所称饲料添加剂是指饲料加工、制作、使用过程中添加的少量或者微量物质，包括营养性饲料添加剂和一般饲料添加剂。

第三条 外国企业生产的饲料和饲料添加剂首次在中华人民共和国境内销售的，应当向中华人民共和国农业部申请登记，取得产品登记证；未取得产品登记证的饲料、饲料添加剂不得在中国境内销售、使用。

第四条 进口的饲料、饲料添加剂应当符合安全、有效和污染环境的原则。生产国（地区）已淘汰或禁止生产、销售、使用的饲料和饲料添加剂，不予登记。

第五条 外国厂商或其代理人申请进口饲料和饲料添加剂产品登记证，应当向中华人民共和国农业部提交下列资料和产品样品：

（一）进口饲料或饲料添加剂登记申请表（一式二份，中英文填写）。

（二）代理人需提交生产企业委托登记授权书。

（三）提交申请资料（中英文一式二份），包括下列内容：

1. 产品名称（通用名称、商品名称）；

2. 生产国（地区）批准在本国允许生产、销售的证明和在其他国家的登记资料；

3. 产品来源、组成成分和制造方法；

4. 质量标准和检验方法；

5. 标签式样、使用说明书和商标；

6. 适用范围和使用方法或添加量；

7. 包装规格、贮存注意事项及保质期；

8. 必要时提供安全性评价试验报告和稳定性试验报告；

9. 饲喂试验资料及推广应用情况；

10. 其他相关资料。

（四）提交产品样品。

1. 每个品种需3个不同批号，每个批号3份样品，每份为检验需要量的3-5倍。同时附同批号样品的质检报告单；

2. 必要时提供该产品相对应的标准品或对照品。

第六条 农业部在收到上述全部申请资料和产品样品后15个工作日内做出是否受理的决定。决定受理的，交农业部指定的饲料质量检验机构进行产品质量复核检验。

第七条 饲料质量检验机构应当在收到产品样品和相关资料后3个月内完成产品质量复核检验，并将检验结果报送农业部全国饲料工作办公室。申请人应当协助饲料质量检验机构进行复核质量检验。

第八条 凡未获得生产国（地区）注册登记许可的饲料和饲料添加剂在中国境内登记时，必须进行喂试验和安全性评价试验。试验费用由申请人承担。

第九条 进口中华人民共和国尚未允许使用但出口国已批准生产和使用的饲料和饲料添加剂，应当进行饲料喂试验，必要时进行安全性评价试验。试验方案应经农业部审查，试验承担单位由农业部认可。试验费用由申请人承担。

第十条 试验过程中因产品样品应用造成的不良后果，由申请人承担责任。

第十一条 申请资料完整，质量复核检验合格的产品，经农业部审核合格后，发给进口饲料、饲料添加剂产品登记。属于第八条、第九条规定情况的，应当将饲喂试验、安全性评价试验结果提交全国饲料评审委员会审定通过后，由农业部发给产品登记证。

第十二条 凡已登记并在中华人民共和国使用的饲料和饲料添加剂，一旦证实对人体、养殖动物和环境有危害时，立即宣布限用或撤销登记。外国厂商应当赔偿全部经济损失。

第十三条 从事进口饲料和饲料添加剂登记、评审、复核试验等工作的有关单位和人员，应当为申请人提供的需要保密的技术资料保密。

第十四条 进口饲料和饲料添加剂产品登记证的有效期限为五年。期满后，仍需继续在中国境内销售的，应当在产品登记证期满前六个月内申请续展登记。

第十五条 办理续展登记需提供以下资料和产品样品：

（一）提交续展登记申请表；

（二）提交原产品登记证复印件；

（三）提供生产国（地区）最新批准文件、质量标准和产品说明书等其他必要的资料。

第十六条 未按规定时限办理续展登记或监督抽查检验1次不合格的进口饲料和饲料添加剂，需送交产品样品，进行复核检验。但受到停止经营处罚的除外。

第十七条 生产国（地区）已停止生产、使用的饲料和饲料添加剂，或连续两次以上监督抽查检验不合格的进口饲料和饲料添加剂不予续展。

第十八条 改变生产厂址、产品标准、产品配方成分和使用范围的，应当重新办理登记。

第十九条 进口的饲料、饲料添加剂在国内销售的，必须按《饲料标签》标准（GB 10648）的要求附具中文标签，并在标签上标明产品登记证号。

第二十条 办理进口饲料、饲料添加剂产品登记证需按有关规定交纳登记费、检验费和评审费。

第二十一条 违反本办法规定的，按《饲料和饲料添加剂管理条例》有关规定处罚。

第二十二条 本办法由中华人民共和国农业部负责解释。

第二十三条 本办法自公布之日起施行。《中华人民共和国农业部关于进口饲料添加剂登记的暂行规定》同时废止。

二〇〇〇年八月十七日